BIM建筑设计实战

主编
刘启波 刘启泓 张 炜
编委会
郭 琴 山 锋 叶 征 田静峰
刘 伟 王伶俐 方罗强 鲁子良

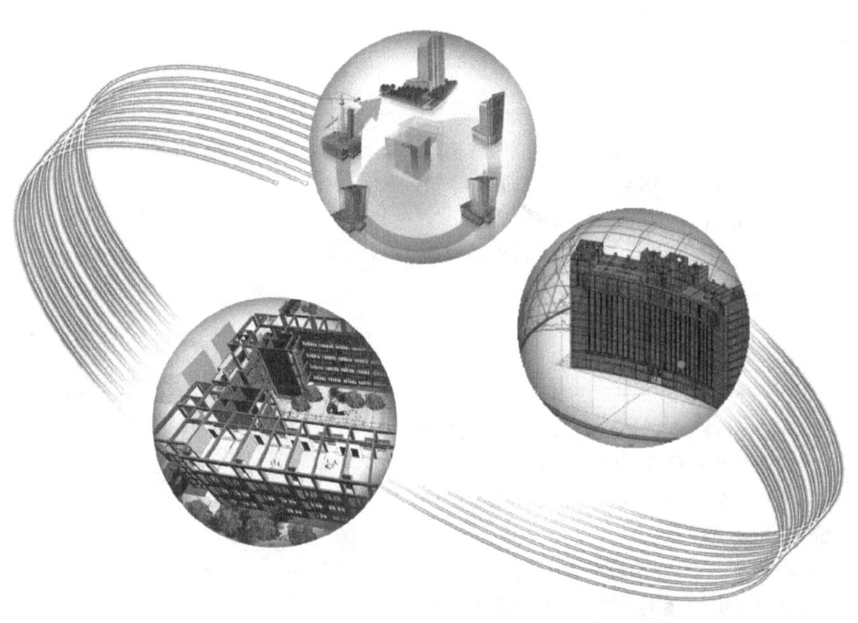

西安交通大学出版社
XI'AN JIAOTONG UNIVERSITY PRESS
国家一级出版社
全国百佳图书出版单位

图书在版编目(CIP)数据

BIM建筑设计实战/刘启波,刘启泓,张炜主编.—西安:西安交通大学出版社,2022.8(2023.2重印)
ISBN 978-7-5693-2664-2

Ⅰ.①B… Ⅱ.①刘… ②刘… ③张… Ⅲ.①建筑设计-计算机辅助设计-应用软件 Ⅳ.①TU201.4

中国版本图书馆CIP数据核字(2022)第113887号

书　　名 BIM建筑设计实战
BIM JIANZHU SHEJI SHIZHAN
主　　编 刘启波　刘启泓　张　炜
责任编辑 韦鸽鸽
责任校对 祝翠华

出版发行 西安交通大学出版社
(西安市兴庆南路1号　邮政编码710048)
网　　址 http://www.xjtupress.com
电　　话 (029)82668357　82667874(市场营销中心)
(029)82668315(总编办)
传　　真 (029)82668280
印　　刷 西安日报社印务中心

开　　本 787mm×1092mm　1/16　**印张** 18.375　**字数** 461千字
版次印次 2022年8月第1版　2023年2月第2次印刷
书　　号 ISBN 978-7-5693-2664-2
定　　价 59.80元

如发现印装质量问题,请与本社市场营销中心联系。
订购热线:(029)82665248　(029)82667874
投稿热线:(029)82665249
读者信箱:xjdcbs_zhsyb@163.com

前言

工程应该由两部分组成，一个是“工”，另一个为“程”。“工”最早的含义是技术、技能，而“程”这个词更多地融入了管理思想，从量词逐渐演变成标准、规范、管理、程序等。计算机技术出现以后，信息技术逐步成为工程体系的知识基础。在“工”方面，我们依靠科学的发展，依靠技术的发展；在“程”方面，我们更多需要考虑政治、文化、法律、伦理等方面。

党的二十大提出“推进新型工业化，加快建设制造强国、质量强国、航天强国、交通强国、网络强国、数字中国”。BIM 技术是一种创新的建筑设计、施工与管理方法，其在三维数字技术的基础上实现了集成建筑工程项目等有关信息的工程数据模型，体现了建筑工程中数字技术的应用。BIM 技术的应用是建筑行业的第二次信息革命，在我国，越来越多的设计企业对其已有所了解，并在不同程度上进行了项目实践应用。BIM 技术对传统建筑设计方法的冲击巨大，其应用目的在于用新的思维和方法来反思现状，推动传统方式得到更好的提升。基于 BIM 的思维可以将建筑的室内空间、室外空间、建筑表皮、平面功能整合在一个相互关联的逻辑系统中。设计师在布置平面时也在同步设计建筑空间，而这空间又可以被直观地反映在建筑立面造型上，最终形成的图纸是一个模型在不同面上的表达。之后，设计师以三维的方式观察设计对象，模拟人的视点进行空间推敲。

本书注重培养学生解决实际问题的能力，通过与东辰国际建筑工程设计有限公司的合作，以一个真实的工程案例开展从场地到方案，再到施工图深化的建筑设计全过程建模，并对建筑常用族的创建方法进行讲解，提高设计工作进程和对三维模型创建的效率。利用本教材构建的三维建筑信息模型，可以创建建筑渲染效果图和漫游动画，全方位展示设计成果，特别是 BIM＋VR 技术的运用，使学生能够体验沉浸式的场地与建筑可视化的效果。

本书的编写特别强调正向设计概念及其在全过程设计中所起的作用和意义，教材编写逻辑和讲授的方法也是按照正向设计思维展开的，每章内容均布置思考题和练习题，重点章节如第 2、3、4、5 章均有电子化拓展内容。教材编写人员主要为高等院校、高职高专院校的建筑学专业教师，或者是具有丰富的数字化技术教学经验及工程经验的设计院建筑师。第 1 章由长安大学刘启波编写；第 2 章由刘启波，西安思源学院张炜、蒋文婷、王嘉萌编写；第 3 章由刘启波，陕西交通职业技术学院刘启泓，西安思源学院张江波编写；第 4 章由刘启泓，西安思源学院田静峰、王伶俐，陕西交通职业技术学院孙召英编写；第 5 章由刘启波、刘启泓、华洋国际工程设计有限公司赵嘉伟编写；第 6 章由刘启泓、赵嘉伟编写。

数字中国离不开数字产业，数字产业离不开数字人才培养，工程领域的数字建筑和数字建造成为驱动建筑业创新发展的一个新动能。《BIM 建筑设计实战》响应国家号召，以培养新时代数字人才为己任，图书内容不但适用于建筑学专业学生，也适用于土建类专业学生，以及建筑师、土木工程师等专业技术人员。

本书的编写工作得到长安大学、陕西交通职业技术学院、西安思源学院的大力支持。特别鸣谢欧特克中国的关注与技术支持。特别鸣谢东辰国际建筑工程设计有限公司唐晓东总经理的大力支持。特别鸣谢光辉城市（重庆）科技有限公司徐杨先生的大力支持。

编　者
2022 年 8 月

目　录

第1章 绪 论

教学导入

本章主要介绍了BIM基础、常用术语，以及正向技术，使学生了解BIM技术的先进性与实践性特征，并对国际上常用的BIM软件及其适用领域进行了阐述。在此基础之上，特别强调正向设计概念及其在全过程设计中所起的作用和意义。

1.1 BIM基础

1.1.1 BIM的基本概念

随着科技的进步、计算机技术的发展，数字化技术在建筑设计领域的应用也越来越广泛。在传统的设计模式下，整个项目的执行过程中，信息的不连续以及信息的丢失是造成效率低下的重要原因。相较于传统建筑设计方法而言，数字化技术具有信息量大、综合性强、交互性好、准确度高等特点，尤其在建筑全生命周期智能化、建筑形式复杂化、建筑功能综合化的大背景下，使用数字化技术进行建筑设计已经是大势所趋，见图1-1。

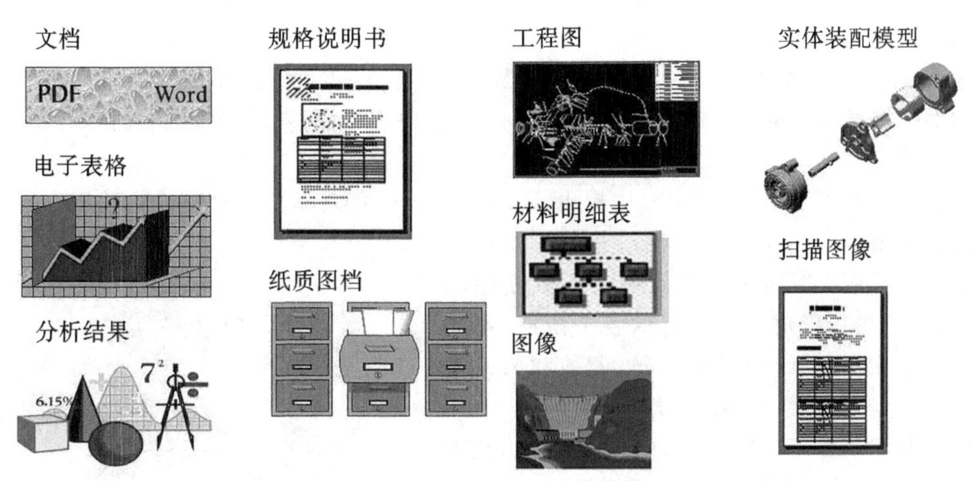

图1-1 建筑工程包含的大量设计信息

BIM技术是数字化技术在建筑领域应用最多的技术之一，BIM技术并非指单一的某项技术，而是一系列的数字化技术的集合。BIM技术通过集成建筑全生命周期中各项数据信息，并据此建立三维信息模型，在建筑全生命周期内可对建筑内部信息进行调取、共享、修改与计算，极大地方便了建筑师处理各种复杂信息，为设计团队间的协同、建筑设计团队与后期运营维护部门的对接提供了便利，各方在同一平台进行数据处理，提高了效率、降低了风险，其协同设计各阶段的主要步骤如表1-1所示。BIM建筑信息模型是一个富含可用建筑信息的构件模型,并且各构件之间存在着内在的逻辑联系,从而能将多个构件整合成一个单一的、高度集成的工程项目模型。

表1-1 协同设计各阶段的主要步骤

协同设计阶段	协同设计步骤
前期设计分析阶段	各专业工程师需将前期收集的资料信息整合分享,在各自领域提供对建筑工程项目的技术支持,提出需初期解决的问题,并做出合理决策
设计初步模型阶段	基于建筑信息模型数据库,根据业主和多专业技术要求制定初步图纸,进行多方面评估,优化设计方案
施工图阶段	得到初步施工图后,应与各专业工程师、设计师进行施工图共享,在合理建筑结构、材料深入工程设计的前提下,保证多专业同步设计,针对各自领域进行深入分析考量,共同完成工程设计工作
设备协同检查阶段	从多专业角度进行分析检查,协调图纸中设备和结构的合理配布,避免设计细节冲突,保证项目方案的科学性
自动出图	最终在得出最合理的建筑信息模型之后,可直接用软件出图,经过多专业、统一化的调整之后,不需要再单项修改施工图,可直接投入工程项目的应用

资料来源:李畅、刘启波,《论BIM技术在建筑生命周期领域的综合运用》。

BIM (Building Information Modeling),全称为建筑信息模型,是建筑工程设计、土木工程施工管理的数据化工具。BIM通过对建筑信息的集成,构建与实际工程信息一致的后台数据库,建立虚拟的三维建筑信息模型,利用数字化技术将工程信息通过模型进行完整可视的展现。

英国在2009年发布的"AEC(UK) BIM标准"中指出,建筑信息模型并不只是图形,同时包含图形中的信息数据,在设计和施工流程中创建和使用协调、内部一致且可计算的建筑项目信息。

美国国家BIM标准(NBIMS)中提出,BIM是工程信息共享和项目特性的数字化表达,作为建筑的规划设计为全生命周期决策的理论提供支持依据,实现了作为信息资源储备的数据库功能,同时保证在工程建设和运行的各个阶段,不同利益方可在BIM系统中及时更新、调取和修改工程信息,支持各专业单位协同工作。

BIM技术贯穿于建筑工程的全生命周期,从项目的设计阶段、施工阶段,到运维管理阶段,再到建筑全生命周期的结束,集成信息可始终云储存于三维建筑模型的数据库中,使各部门基于BIM数据系统进行协同工作,并及时更新数据,或进行建筑系统检测,有效地提高工作效率,节省资源成本,实现可持续发展,见图1-2。

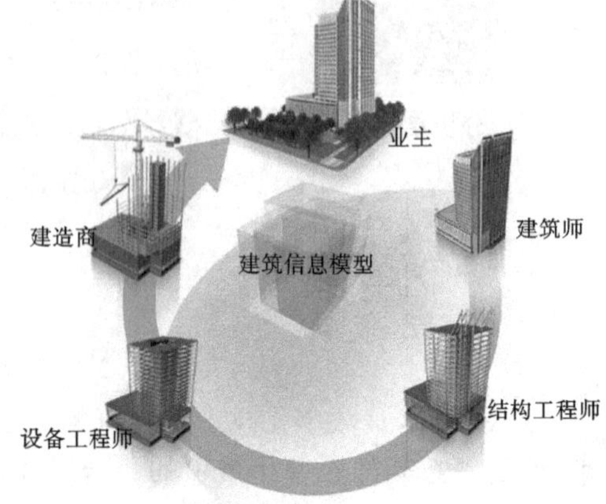

图1-2 建筑工程全生命周期BIM应用示意图

1.1.2 BIM技术的特点与应用

1. BIM技术的特点

相比传统的设计手段，在建筑设计项目中引入BIM技术，主要包括以下特点。

(1)工程数据与建筑构件模型高度集成。BIM软件内包含了多种建筑构件与数据，并且支持自定义与修改，大大简化了建筑构件的制作。

(2)项目修改高度智能化及自动化。在BIM文件中，所有的数据都是参数化并且相互关联，任何对象的修改都会通过参数化引擎在整个设计中反映出来，最大程度减少出错。

(3)支持电子工程文档的创建、管理与共享。与传统建筑设计软件不同，BIM模型一旦被创建，其包含的信息量非常大，支持二维、三维及矢量格式输出，支持用户批改与签名，为工程文档电子化提供了技术支持。

(4)高度集成的平台支持多专业协同工作。BIM平台集成了多专业的应用，并且不同专业设计人员在不同应用内创建的文件均可完整准确识别。

(5)支持在BIM模型上进行建筑性能分析。BIM模型为不同专业提供了一致的数据接口，可直接在BIM模型中进行声环境、光环境、热环境等分析模拟。

2. BIM技术的应用

(1)前期设计：在建筑前期设计阶段可通过BIM相关软件进行场地气候、光照、风向等分析，结合分析结果进行建筑布局选取与优化，确保建筑充分融入自然地域，同时可初步确定建筑体型，建模后进行相关模拟分析，综合考虑各项因素进而优化建筑设计方案。BIM技术还可在方案造价、环境交通、施工难度、结构安全等方面进行可行性评价，帮助设计人员及时调整和优化前期构思，见图1-3。

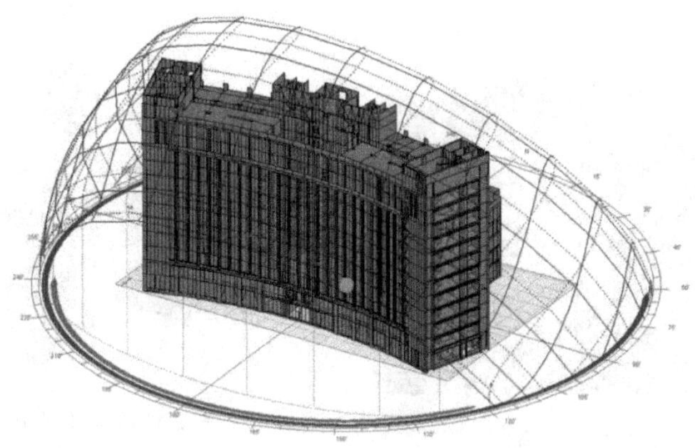

图1-3 建筑太阳逐时运行轨迹图
(资料来源：Revit建模，自绘)

(2)方案设计：在方案设计阶段可利用BIM技术进行建筑窗墙比、体型系数计算，以及能耗模拟分析，深入分析建筑内部空间布局、室内采光、通风和热湿环境是否满足绿色建筑要求，通过输入不同的参数对比优选最佳设计方案。BIM技术也可将方案构思以三维的形式呈现，设计人员可以身临其境感受建筑空间，更加高效地完善形体和内部空间设计，见图1-4。

图 1-4　某高校创客中心室内设计方案展示
（资料来源：ArchiCAD 建模，自绘）

（3）细部设计：在进行细部设计时可利用 BIM 软件详细分析建筑围护结构构造方案，选择合适的建筑围护结构材料与做法，以及建筑门窗尺寸与形式，可以有效地降低建筑能耗，保证舒适的室内热湿环境。利用 BIM 技术可进行管线布置优化与碰撞检查，合理利用建筑内部空间，避免管线冲突与二次返工，见图 1-5。

（4）建筑评价：在项目建成后使用 BIM 技术进行评价，综合评判建筑从设计、施工到建成维护方面的综合性能，判断建筑是否达到绿色建筑的要求。建筑的环境效益评价也十分重要，在施工前进行环境效益评价可有效规避在施工过程中可能产生的噪声、扬尘、废弃物污染等环境问题，建筑后期运维阶段 BIM 技术可结合设计图纸和现场设备运行情况进行故障监测与预警，确保建筑运行安全，见图 1-6。

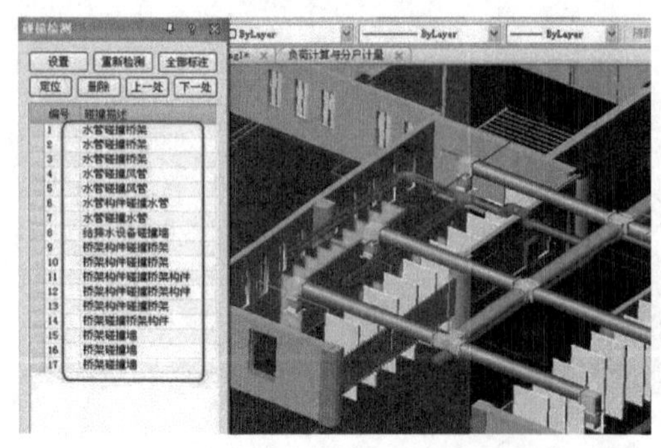

图 1-5　管线碰撞基础示意图
（资料来源：Revit 建模，改绘）

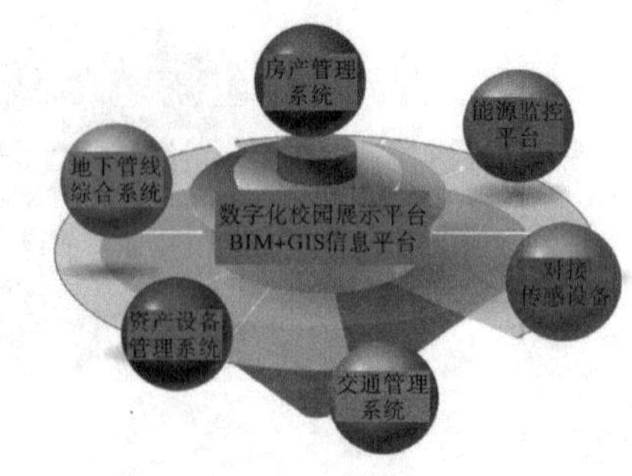

图 1-6　某高校数字化校园运维管理系统示意图

（5）可视化设计：效果图、动画、实时漫游、虚拟现实系统等项目展示手段也是 BIM 应用的一部分，见图 1-7。

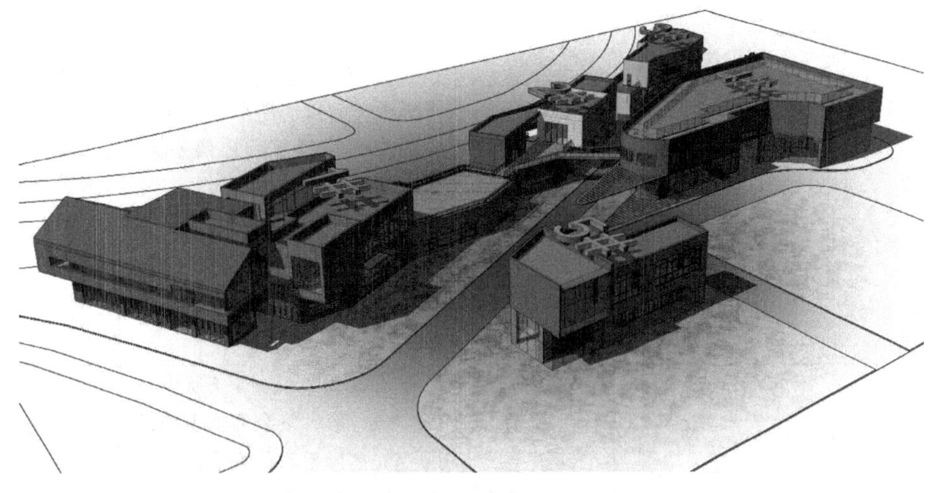

图 1-7 某高校商业街 BIM 渲染效果图
(资料来源:Revit 建模,自绘)

1.1.3 BIM 技术常用软件

建筑信息模型 BIM 技术贯穿于建筑全生命周期的各个阶段,是覆盖建筑、结构、机电、暖通、给排水、工程管理等多专业领域的应用工具。在不同专业研究范围内,根据研究项目的需求可将几种或几十种软件协调搭配使用。

目前,在国际研究项目中应用的 BIM 技术软件大概有数十种,根据应用范围大致可区分为建模软件、设计软件、分析软件、检查软件和管理软件五类。

1. BIM 建模软件

BIM 建模软件,又称 BIM 核心建模软件(BIM authoring software),是 BIM 技术多领域延伸的基础,也是接触 BIM 相关行业工作首先要掌握的软件,常用建模软件类型及特点如表 1-2 所示。

表 1-2 常用建模软件类型及特点

种类	常用软件	软件特点	适用领域
Autodesk	Revit Architecture Revit Structural Revit MEP	Autodesk 是最早投身 BIM 软件研发的公司之一,Revit 系列软件主要针对建筑、结构、机电专业的三维信息模型建立,形成最为专业全面的建模系统,与早期的 AutoCAD 系列产品相关联,开放程度高,基础操作简单,推广程度高	以民用建筑为主的建筑、结构、机电设备相关领域
Bentley	Bentley Architecture Bentley Structural Bentley Building Mechanical Systems	Bentley 系列涵盖建筑、结构和设备专业方面,主要优势在石油、化工、电力、医药等工业建筑领域和道路、桥梁、市政、水利等公共设施领域,在可视化程度实现交互式全信息 3D 浏览,广泛兼容市场上投入使用的 3D 文件格式,保证了 BIM 模型的丰富度和完整性	工业建筑 基础设施

续表

种类	常用软件	软件特点	适用领域
Nemetschek Graphisoft	ArchiCAD All PLAN Vector Works	ArchiCAD是全球范围内使用率最高的BIM软件，拥有最高影响力的BIM核心建模系统，开放程度高，参数化设定交互方便，但难以实现多专业协同工作的特性，在中国综合设计单位使用率较低 All PLAN和Vector Works的主要应用市场分别是德语区和北美区	单专业建筑领域
Gery Technology Dassault	CATIA Digital Project	CATIA属于高端机械设计软件，在航空航天等领域达到全球垄断，形体复杂和大型建筑的建模系统十分健全，在模型和信息管理方面有较大优势，但在建筑工程的专业对接和兼容方面存在弊端 Digital Project是基于CATIA平台的二次开发软件	机械设计 工程建设

资料来源：作者自绘。

2. BIM设计软件

BIM方案设计在工程项目初期，可定义为基础功能设计与几何形体设计，有的设计软件可以基于任务书功能要求，转化为几何形体方案，进行与业主方的初步对接；有些设计软件则可实现模型形体推敲，工作效率高于BIM核心建模软件。

主要应用软件有Onuma Planning System、Affinity、Sketchup、Rhino、FormZ等。

3. BIM分析软件

BIM分析软件基于BIM核心模型，通过对其环境数据、排布形式的模拟，为优化设计提供理论依据，见表1-3。

表1-3　常用BIM分析软件及特点

分析类型	常用软件	软件作用
可持续（能耗）分析	Ecotect Analysis、GBS	可持续分析软件基于BIM模型属性，对项目进行日照、热工环境、地形地貌、声环境等方面的模拟分析，计算建筑能耗的模拟结果
	DeST	对建筑环境分析与空调系统节能技术分析有巨大优势，主要分为DeST-c和DeST-h两个版本
	EnergyPlus	建筑能耗分析引擎，建筑能耗模拟功能十分强大且具有专业性
机电分析	DesignmasterIES Virtual Environment Trane Trace	对水电、暖通、消防、给排水系统等设备进行模拟分析
结构分析	Robot、PKPM、ETABS、STAAD	结构分析软件在分析类别软件中应用最为广泛，与BIM核心建模软件集成度较高，可使用CIM+BIM技术协同工作，高效进行结构分析并反馈到BIM核心模型软件

资料来源：作者自绘。

4. BIM 检查软件

检查软件主要功能是检查 BIM 核心模型的完成度和建模质量，避免结构、设备冲突碰撞，确保各专业相关的 BIM 核心建模在同一平台链接进行设计、模拟、分析工作，实现协同设计。

主要应用软件有 Solibri Model Checker、Xsteel 等。

5. BIM 管理软件

管理软件分为施工管理和运维管理两种。施工管理软件利用 BIM 模型信息计算工程量和项目成本，根据施工计划获得工程造价数据，实现对施工程序和造价的管理。运维管理在建筑投入使用阶段，BIM 技术的主要作用在于融合运维管理系统，采用信息技术手段，依据建筑信息模型数据库，对建筑空间、设备运行、人员信息进行维护和管理。

主要软件有鲁班、Innovaya、Solibri、ArchiBUS 等。

1.2 常用术语

为加快 BIM 在建筑行业中的发展，国家陆续出台了多个关于 BIM 的标准规范，推进 BIM 技术集成应用。支持推动 BIM 自主知识产权底层平台软件的研发。组织开展 BIM 工程应用评价指标体系和评价方法研究，进一步推进 BIM 技术在设计、施工和运营维护全过程的集成应用。如《建筑信息模型应用统一标准》(GB/T 51212—2016)、《建筑信息模型分类和编码标准》(GB/T 51269—2017)、《建筑信息模型施工应用标准》(2GB/T 51235—2017)、《建筑工程设计信息模型制图标准》(JGJ/T 448—2018)、《建筑信息模型设计交付标准》(GB/T 51301—2018)等。其中与本书相关的术语如下。

(1)建筑信息模型：在建设工程及设施全生命期内，对其物理和功能特性进行数字化表达，并依此设计、施工、运营的过程和结果的总称。

(2)模型细度(Level of Development，LOD)：模型元素组织及几何信息、非几何信息的详细程度。

(3)建筑信息模型软件(BIM software)：对建筑信息模型进行创建、使用、管理的软件。

(4)全生命周期(Life - Cycle)：建筑物从计划建设到使用过程终止所经历的所有阶段的总称，包括但不限于策划、立项、设计、招投标、施工、审批、验收、运营、维护、拆除等环节。

(5)协同(Collaboration)：基于建筑信息模型数据共享及互操作性的协调工作过程，主要包括项目参与方之间的协同、项目各参与方内部不同专业之间或专业内部不同成员之间的协同、上下游阶段之间的数据传递及反馈等。从概念上看，协同包括软件、硬件及管理体系三方面的内容。

(6)交付物(Deliverables)：基于建筑信息模型的可供交付的设计成果，包括但不限于各专业信息模型(原始模型或经产权保护处理后的模型)、基于信息模型形成的各类视图、分析表格、说明文档、辅助多媒体等。

(7)碰撞检测(Collision Detection)：检测建筑信息模型包含的各类构件或设施是否满足空间相互关系的过程。通常包括重叠检测，如结构构件与建筑门窗的重叠，设备管线与结构构件的穿插等，以及最小距离检测，如管线与其他管线或构件间是否满足最小设计及安装距离的要求等。

1.3 正向设计

1.3.1 正向设计基本概念

BIM 正向设计是项目从方案设计开始到项目施工完成交付使用全过程基于 BIM 模型进行设计、施工、管理、运营。项目设计方创建 BIM 模型，基于模型进行设计优化、管线碰撞、性能分析、三维协同等工作，最后基于协调模型剖切视图进行标注深化出图；施工方在设计模型基础上进行施工方案深化设计、施工模拟、进度管理等；甲方基于模型进行项目管理和运营。各参与单位依据模型进行设计交互、信息共享，项目工作流程、工作方式、交付成果均发生改变，使项目从设计阶段开始到施工、运营，全面提升项目质量和项目管理水平。

BIM 正向设计是对传统项目设计流程的再造，各专业设计师集中在三维信息化平台实现工程设计，其优势一是减少了传统逆向设计工程中各专业之间冗杂的提资程序，极大地提高了工作效率；二是进行建筑信息管理，施工措施整合、资源整合及设计阶段的各方提资；三是直接以模型消费模式进行模型的设计优化、工程算量、造价、出图等一系列管理模式，提高了设计的完成度和精细度，减少二维的设计盲区，让模型服务后期施工成为可能，这也是 BIM 正向设计的最终目的。

目前国际通用的 BIM 软件在设计全过程中都有不同的应用，如表 1-4 所示。

表 1-4 常用 BIM 软件在设计全过程中的应用

软件工具		设计阶段			施工阶段				运维阶段		
公司	软件	方案设计	初步设计	施工图设计	施工招标	施工组织	深化设计	施工管理	设施维护	空间管理	设备应急
Trimble	SktetchUp	●	●								
	Tekla Structure		●	●	●	●	●				
RobertMCNeel	Rhino	●	●				○				
Autodesk	Revit	●	●	●	●	●	●				
	NavisWorks		●	●	●	●	●	●	○	○	○
	Ecotect Analysis		●								
	Robot Structural		●	●							
	Advance Steel		●	●	●	●	●				
	Inventor						●				
	InfraWorks	●	●								
	Civil 3D		●	●	●	●					
Graphisoft	ArchiCAD	●	●	●	●	●	●				
广联达	MagiCAD		●	●	●	●	●				
	BIM5D				●	●	●	●			

续表

软件工具		设计阶段			施工阶段				运维阶段		
Bentley	AECOsim Building	●	●	●	●	●	●				
	AECOsim Energy		●	●							
	Hevacomp		●	●							
	STAAD. Pro		●	●							
	Prosteel			●							
	Navigator		●	●	●	●	●	●			

资料来源:许良梅等,《基于 Revit 平台的 BIM 全过程正向设计》。

1.3.2 正向设计下的全过程设计

以建筑领域常用的 Revit 平台为例,其全过程正向设计首先是对设计全过程的变革。

(1)对设计方式的改变。BIM 设计以模型和信息为基础,图形之间相互关联,模型、信息、图形高度统一,平面图、剖面图、立面图、详图实际为一个模型不同的剖切视图,强调三维空间,解决了专业内与专业间信息不统一、图纸对不上的问题。

(2)强调协同设计。要求专业内设置中心文件进行协同,一个模型一张图可多人同时协同完成,专业间链接中心模型进行设计,修改提资只需点击同步与更新,修改信息会实时反馈到各专业。通过专业内中心文件+专业间链接中心模型的三维协同,对其他人或其他专业的影响会实时呈现,特点是按工作集划分工作内容。

(3)可以进行项目模拟分析。通过利用设计模型转换模型格式,导入计算模拟软件,设计师能独立完成模拟、分析、计算,更好地把控成果。

(4)可以进行项目信息整合。因为进行了数据集中管理,所以通过模型输入项目信息,如门的具体尺寸、防火等级、生产厂家、材质等参数,可通过软件进行数据筛分,对项目信息进行整合,实现不同参与方对项目的不同需求。

(5)实现设计任务前置。各专业工种的设计工作都可以前置,如扩初深度要求结构、机电管线均需按尺寸建模,三次管线综合分别在项目周期的 50%、70%、90%阶段,初步设计阶段前置施工图工作量占 10%~20%。

其次是对设计流程的改变。在方案设计阶段,利用多种 BIM 软件,在概念设计阶段建立真实的地形模型,用于设计的方案推敲、计算土方量、经济技术指标统计等,并实时导出数据,这些数据内容将支撑整个协同平台运行,如表 1-6 所示。

表 1-6 方案阶段 BIM 设计工作内容

阶段	专业	设计内容	BIM 工作
方案启动会	建筑	建筑形体创作	体量
	建筑	方案平面及平立面设计	体量到 Revit 构件
	建筑	建筑绿建分析	Revit 导入绿建软件

续表

阶段	专业	设计内容	BIM 工作
方案比选会	结构	柱位布置	结构柱
	建筑	机电设计指标数据	体量和空间划分
方案确定会	机电	接受建筑提供的机电指标数据	输入参数化模块
	机电	机房布置	机房体量模型

资料来源：焦柯等，《BIM 正向设计实践中若干关键技术研究》。

在施工图设计阶段，基于 BIM 正向设计的项目可以在整体层面提高设计效率。由于模型包含参与设计的所有专业，很多设计问题都可以及时被发现，有效提高了设计质量，减少后期改图、施工配合出现问题的可能。施工图设计协调会将与实际项目实施深度和难度相结合，合理安排协调会次数。施工图阶段设计协调第一时段工作流程如表 1－5 所示。

表 1－5　施工图阶段设计协调会第一时段工作内容

专业配合工作	提出专业	接收专业	设计内容	BIM 工作
建筑提第一版提资视图，防火分区	建筑	各专业	作为机电专业设计的参照底图，结构专业配合依据	建筑链接结构，建筑视图分为三层：建模视图、配合底图视图、出图视图（配合底图视图与出图视图为关联视图）
设备专业给各专业提供机房、管井	机电	建筑	管井、机房定位和面积需求	提资视图
结构提资：梁、柱资料	结构	各专业	明确开洞情况、梁高，机电专业在设计中规避大梁	及时更新链接
管线初步综合设计	建筑	结构、机电	建筑根据技术设计需求对净高要求复核各专业初步设计成果，优化设计平面	BIM 负责人协助建筑专业解决发现的问题

资料来源：焦柯等，《BIM 正向设计实践中若干关键技术研究》。

设计流程的改变不仅体现在实施过程的变化，还包括工作模式、协同方法等方面的变化。而 BIM 软件的功能应用、设计方法和协同平台的迭代演化流程不同程度上影响着整个设计进程。

BIM 正向设计打破了目前以翻模为主的 BIM 应用，从方案设计开始到项目施工完成交付使用，全过程基于 BIM 模型进行设计、施工、管理、运营。项目设计方创建 BIM 模型，基于模型进行设计优化、管线碰撞、性能分析、三维协同等工作，最后基于协调模型剖切视图进行标注深化出图；施工方在设计模型基础上进行施工方案深化设计、施工模拟、进度管理等；甲方基于模型进行项目管理和运营。各参与单位依据模型进行设计交互、信息共享，项目工作流程、工作方式、交付成果均发生改变，使项目从设计阶段开始到施工、运营，从而发挥 BIM 技术的优势，真正全面提升工程项目质量和管理水平。

思考题

1. 数字化技术对建设行业的推动主要体现在哪些方面？
2. 试结合具体工程实例阐述 BIM 技术的协同设计优点。
3. 为什么说正向设计更能体现 BIM 技术的优势？

第 2 章　建筑场地 BIM 设计

教学导入

本章使用 Revit 2020 软件对“××中心小学教学楼”项目(以下简称小学教学楼项目)以正向设计思路进行场地创建。首先,对 Revit 2020 操作界面进行详细解读,使学生快速掌握软件功能区的布局、属性工具栏的应用、项目浏览器的应用和项目中场地设计与创建等相关内容;其次,对于场地的不同构成要素,如道路、绿化、消防水池、小学特有的运动场地等内容,运用多种方法进行创建。特别是运用放置点、等高线、导入指定点文件三种方法,创建不同复杂程度的场地。

2.1　基本操作界面及常用术语

2.1.1　基本操作界面

使用者应对软件基本操作界面有较为深入的了解。

应用程序菜单,即文件菜单,包含“新建”“打开”“保存”“另存为”“导出”等选项,也包含最近“打开文档”选项等内容,见图 2－1。

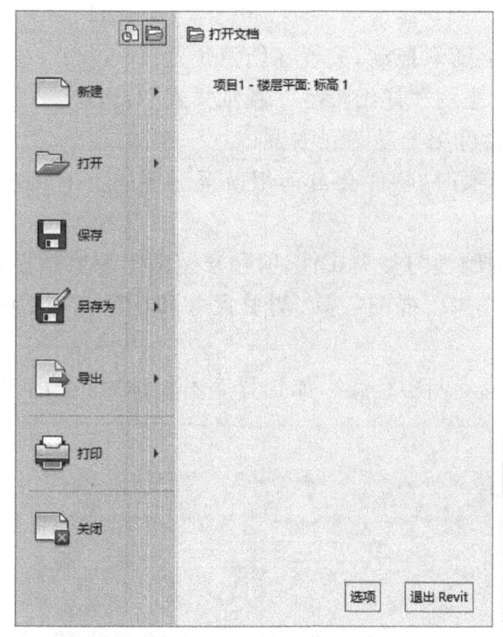

图 2－1　应用程序菜单

(1)选项卡:选项卡和功能区是建模的基本工具,包含“建筑”“结构”“系统”“插入”等选项。

(2)功能区:功能区是选项卡内容的进一步细化,包含创建建筑模型所需的大部分工具,如建筑选项卡的功能区包含墙、门、窗、构件等内容。

(3)快速访问工具栏:显示对文件进行保存、撤销、粗细线切换等选项,可自行设置,用鼠标右键单击所需的功能按钮,选择“添加到快速访问工具栏”即可。

(4)属性工具栏:可从属性工具栏对选择对象的各种信息进行查看和修改。

(5)项目浏览器:用于组织和管理当前项目中包含的所有信息,包括视图、明细表/数量、族等项目资源。Revit 按逻辑层次关系组织这些项目资源,方便用户管理。

为了获得更多的屏幕操作空间,可以将属性工具栏和项目浏览器关掉,单击各自对话框右上角的关闭按钮就可关闭。如需还原,则可打开视图选项卡中的“用户界面”,勾选复选框即可,见图 2-2。

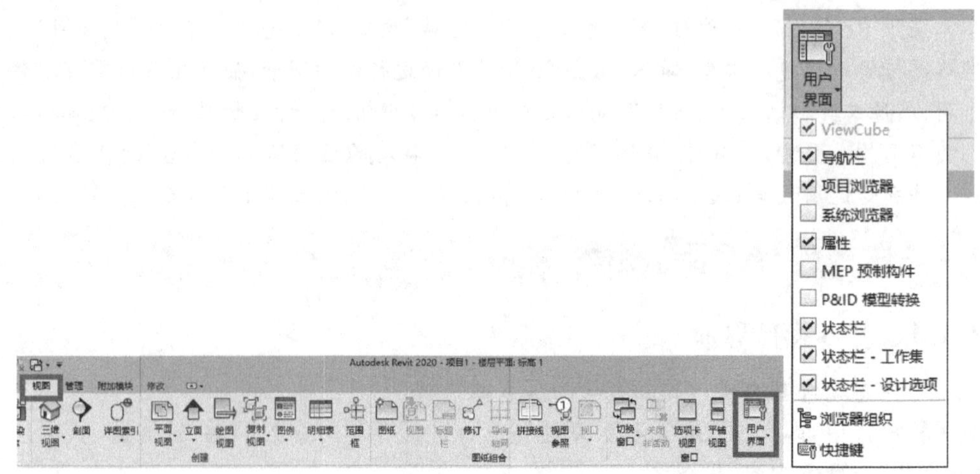

图 2-2　用户界面

注:属性工具栏和项目浏览器也可以在屏幕上随意拖动,放置在任意位置。

(6)视图控制栏:用于调整视图的属性,包含“比例”“详细程度”“视觉样式”等内容。

(7)导航栏与导航盘:与 AutoCAD 相同,主要可用于动态观测。

(8)上下文选项卡:当使用功能区中的某个选项时,软件会自动切换至对应的上下文选项卡,对特定的图元进行绘制或修改。

上下文选项卡中基础工具包括修改工具、实例属性与类型属性、剪贴复制图元的剪贴板、绘制几何图形的修改选项、创建模型过程中的绘图工具、视图工具、测量尺寸和标注工具、创建工具。

当选择特定图元时,会出现相关的上下文工具,见图 2-3。如选择基本墙体时,会出现墙体模式选择以及修改工具等。

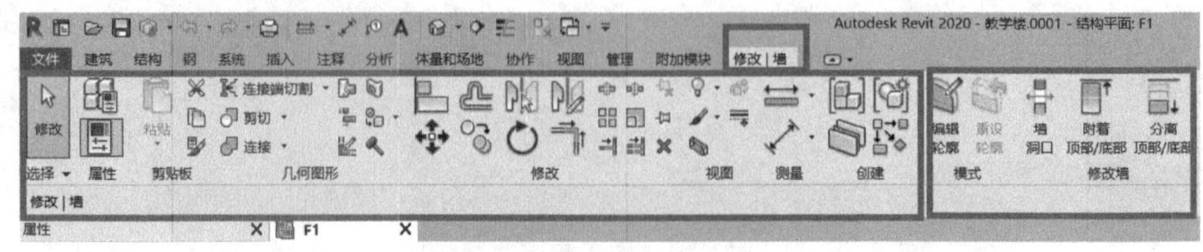

图 2-3　上下文选项卡功能区

以上八项为操作界面的主要内容,见图 2-4、图 2-5。

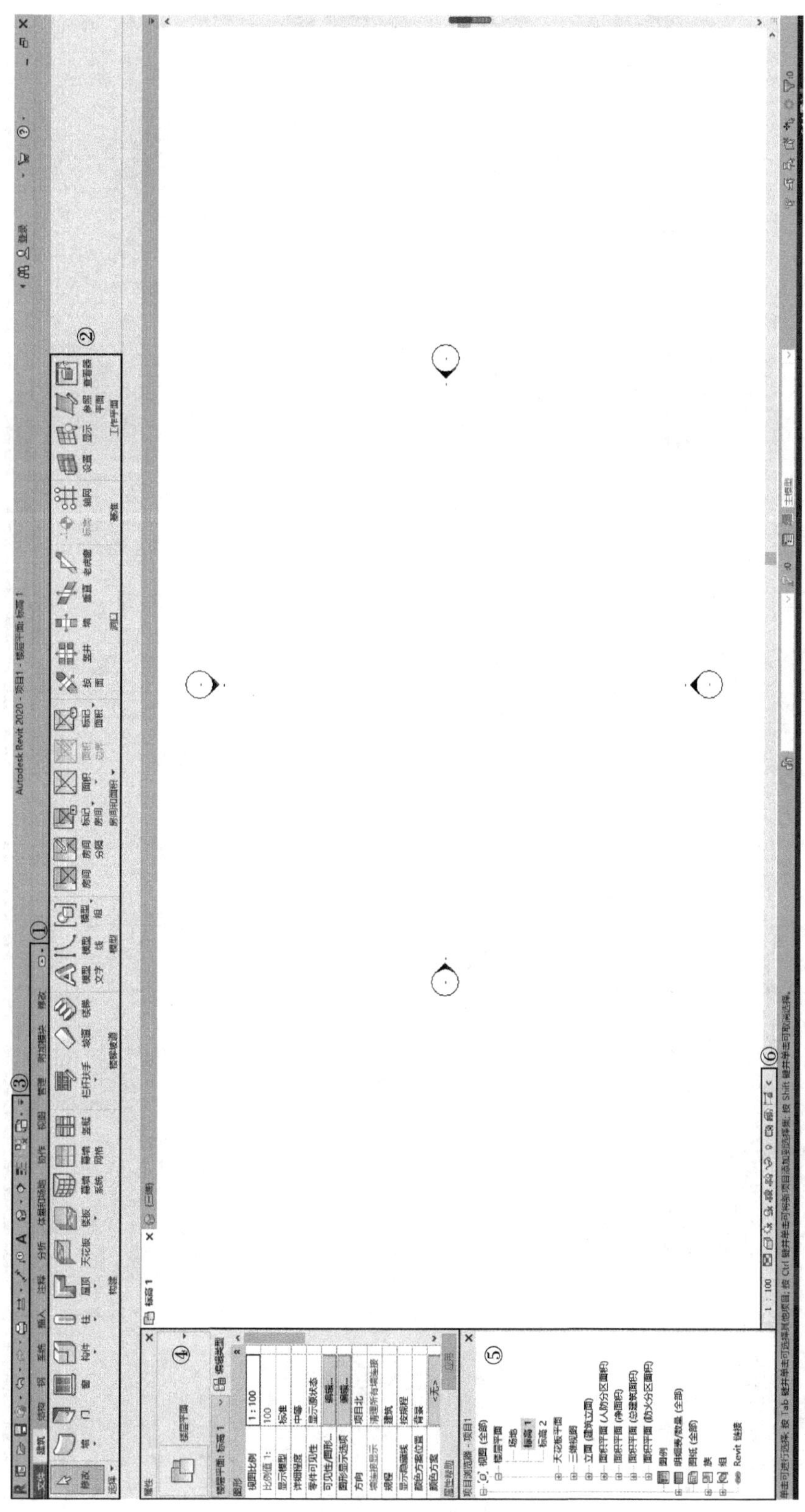

图 2-4　操作界面Ⅰ

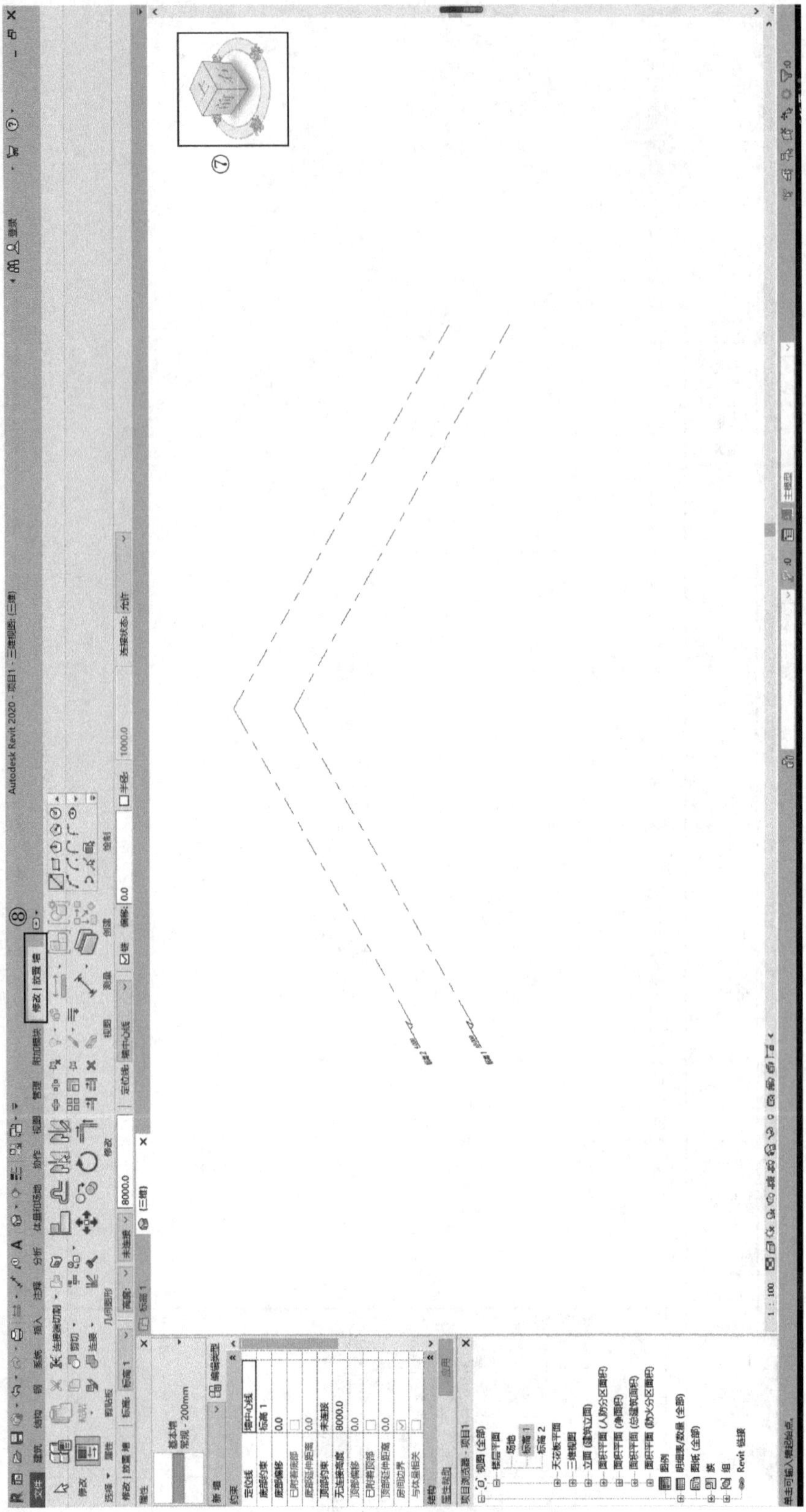

图 2-5　操作界面Ⅱ

2.1.2 常用术语

打开 Revit 的启动界面，将出现“项目”“样板”“族”“体量”等专业术语，本节将对常用术语进行阐述说明。

1. 项目

在 Revit 中，“项目”可以理解为一个虚拟的工程项目，即建筑信息模型，项目文件包含了工程项目的所有设计信息，如模型、图纸等，见图 2-6。项目文件名以“.rvt”为扩展名。

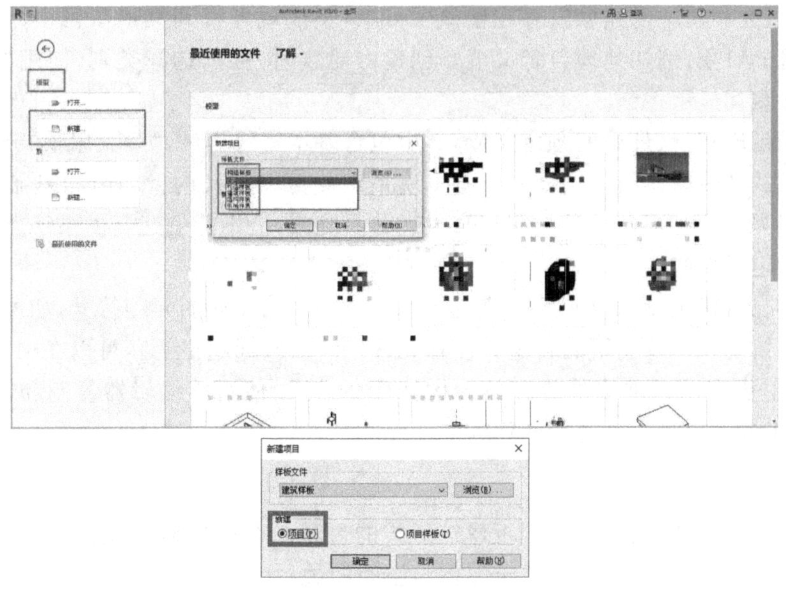

图 2-6 新建项目

2. 样板

(1)视图样板：一组视图属性，例如视图比例、规程、详细程度和可见性设置。使用视图样板可以将标准设置应用于视图，有助于确保符合标准并实现施工图文档集中的一致性。可通过复制现有的视图样板，并进行必要的修改来创建新的视图样板，也可以从项目视图或图形显示选项对话框中创建视图样板。

(2)项目样板：当新建一个“项目”的时候，会弹出“样板文件”的选择面板。Revit 样板文件的理念类似于 CAD 中的样板文件，用以定义“项目”的初始状态，其中项目样板的文件名以“.rte”为扩展名，见图 2-7。

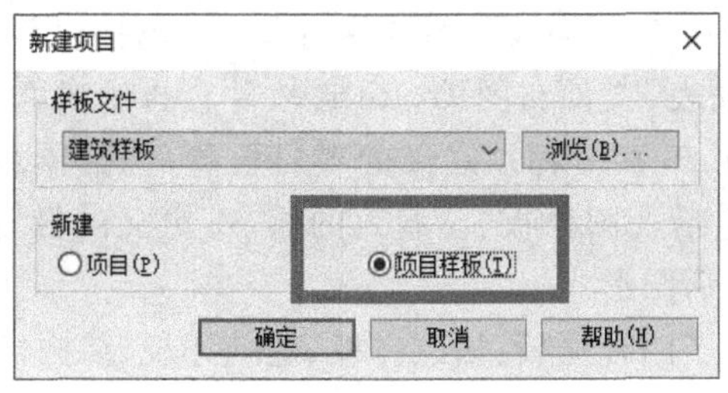

图 2-7 样板文件选择

3.族

族是一个包含通用属性(称作参数)集和相关图形表示的图元组。通过族的创建和定制，使该软件具有参数化设计的特点和本地化项目定制的可能性。添加到 Revit 项目中的所有图元，无论是构成建筑模型的结构构件、墙、屋顶、门窗，还是记录模型的详图索引、装置、标记和详图构件，都是使用族创建的。“族”的文件名以“.rfa”为扩展名。

在 Revit 中，族有三种类型：

(1)内建族：为当前项目中的特定构件创建的族。它可以是特定项目中的模型组件或注释组件，不需要重复利用。内建族仅存在于该项目中，不能载入带到其他项目中，因此它们只能用于特定项目的对象，例如处理自定义墙。创建内建族时，可以选择类别，使用的类别决定项目中构件的外观和显示控制。

(2)系统族：Revit 软件中的预定义族，其中包含基本建筑构件，如墙、屋顶、天花板、楼板和施工现场使用的其他图元组。例如一个基本墙系统族可以定义内壁、外墙、基础墙、常规墙和隔墙样式的墙类型。使用者可以复制和修改现有系统族，但不能创建新的系统族，也可以通过指定新参数来定义新的族类型。

(3)可载入族：建筑设计中使用的建筑构件、标准尺寸、注释图元和符号，如窗、门、橱柜、固定装置、家具、植物和一些通用的自定义注释元素(如符号、标题栏等)，可以在项目样板中载入标准构件族，但更多的标准构件族存储在构件库中，可以使用族编辑器复制和修改现有构件族，也可以基于各种族样板创建新构件族。

4.体量

“体量”用来实例观察、研究和解析建筑形式的过程。在项目概念设计与方案设计阶段经常从体量着手，运用体量模型研究建筑形体与空间的关系。

Revit 不仅提供了专用的创建和分析体量的工具，而且在概念设计完成后，还可以直接拾取体量的平面或曲面自动创建楼板、墙体、幕墙和屋顶。

5.参数化

参数化建模是指通过参数建立和模型分析，简单地改变模型中的参数值就能建立和分析新的模型。BIM 中图元以构件的形式出现，这些构件之间的不同，是通过参数的调整反映出来的，参数保存了图元作为数字化建筑构件的所有信息。

2.2 创建项目

2.2.1 创建项目

项目(文件格式为.rvt)：工程项目常用的保存格式，包括设计所需的全部信息，如平立剖面、节点、三维模型、明细表、文件布图等，Revit 软件会自动关联项目中所有的设计信息。

项目样板(文件格式为.rte)：一种预定义的项目设置，包括预载入族的预设属性参数，为新项目提供了参考模板，包括视图样板、已载入的族、已定义的设置(如单位、填充样式、线样式、线宽、视图比例等)和几何图形。

Revit 软件中系统默认了四种样板：构造样板、建筑样板、结构样板、机械样板，它们分别对应不同专业建模所需的预定义设置，这四种样板在视图、族等元素中有所区别，所以使用者需要根据专业需求，选择对应的样板。也可以创建自定义样板，以满足特定的需要。本教材主要介绍的是以建筑样板为例，进行建筑设计及相应建筑模型的构建。

项目样板的存储位置：点击文件下拉菜单，在选项对话框中选择“文件位置”，通过“↑E”和“↓E”两个按键可调整样板的顺序，通过“➕”和“▭”添加和删除样板文件，见图 2-8。

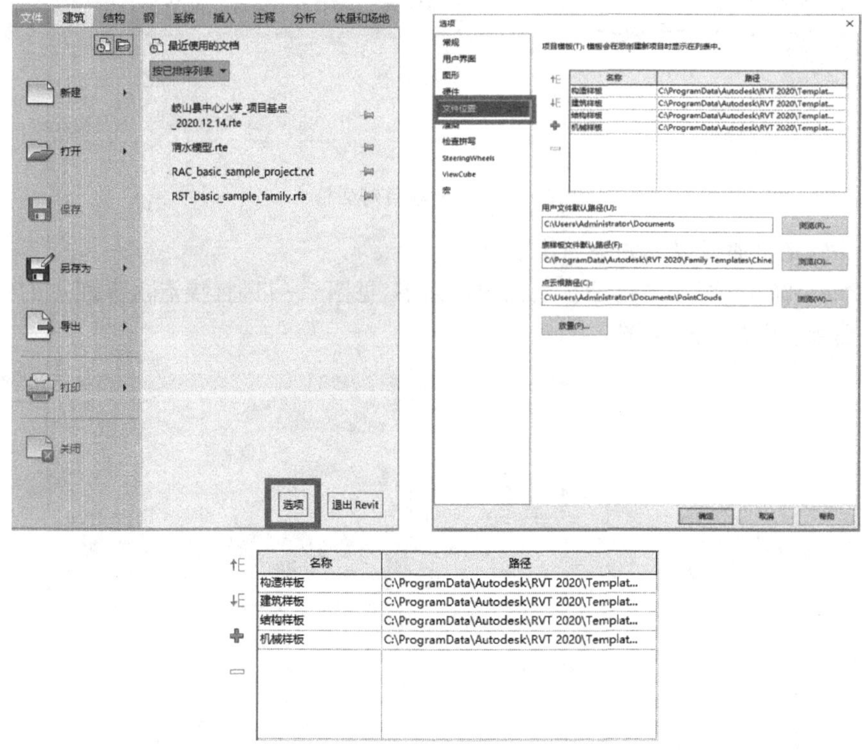

图 2-8　文件位置

打开 Revit 2020 软件，点击“文件”下拉菜单“新建”中的“项目”，见图 2-9。

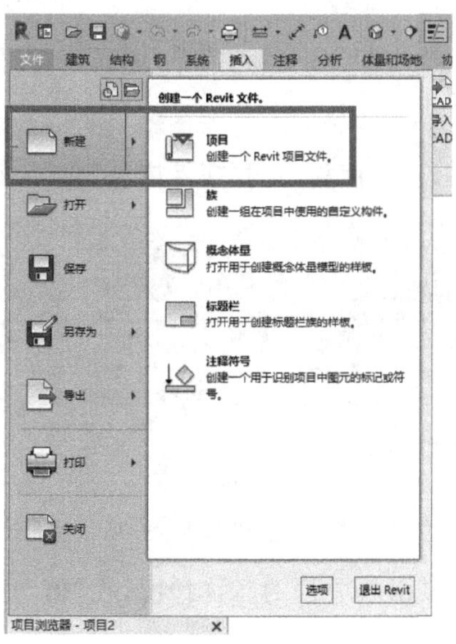

图 2-9　“文件”下拉菜单

弹出“新建项目”对话框，选择“建筑样板”，见图 2-10。

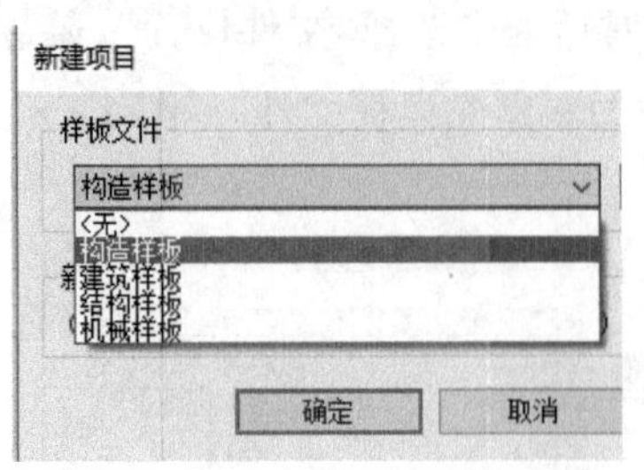

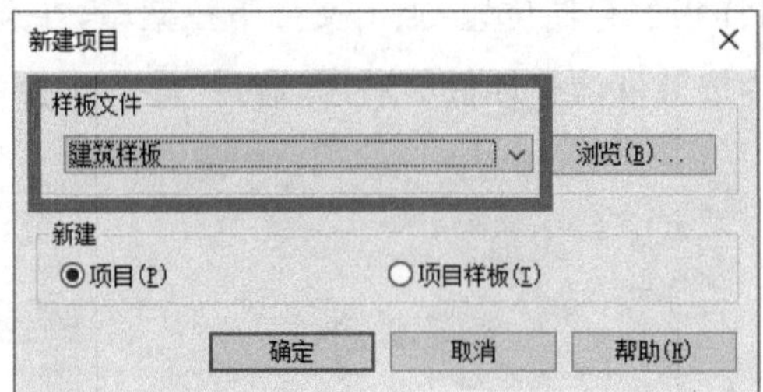

图 2-10　新建项目对话框 Ⅰ

除此以外，还可通过以下方法创建项目：

打开 Revit 2020 软件，确定是在主视图界面下，见图 2-11，直接点击界面上的“新建”，也可弹出“新建项目”对话框，见图 2-12。

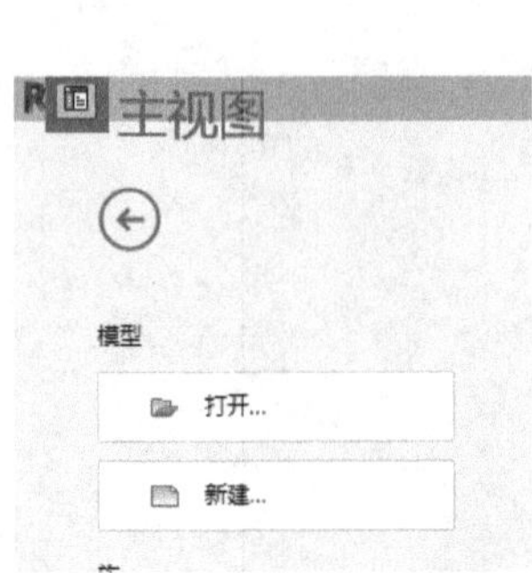

图 2-11　主视图界面

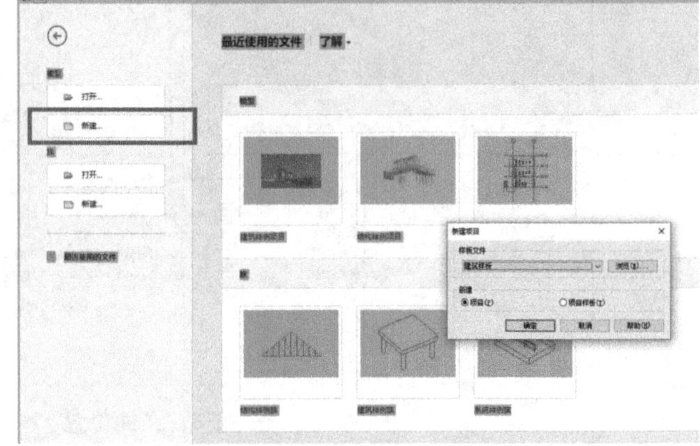

图 2-12　新建项目对话框 Ⅱ

项目创建好后，保存为“××中心小学教学楼项目.rvt”。

2.2.2　设置项目信息

打开“管理”选项卡，点击“设置”面板中的“项目信息”选项，见图 2-13。

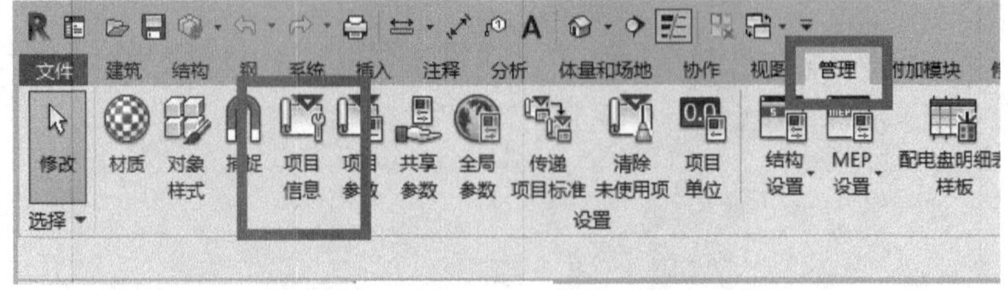

图 2-13　“管理”选项卡—项目信息

弹出“项目信息”对话框，根据本项目的具体情况，在“值”这一列按图示依次填写具体内容，见图 2-14。

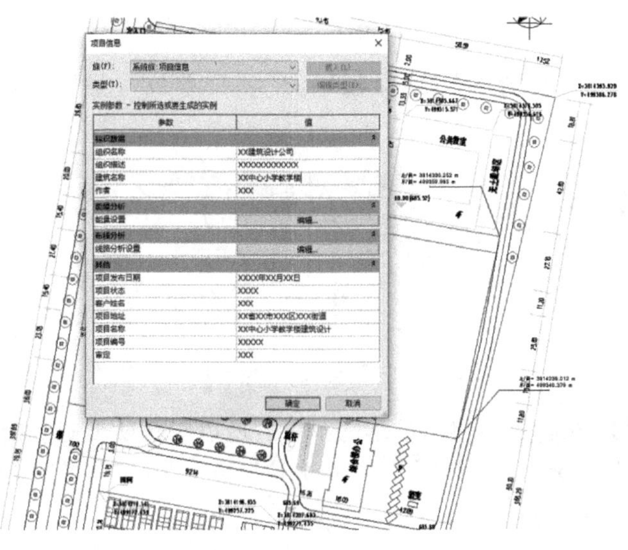

图 2-14　项目信息对话框

2.2.3　项目地点

在“管理”选项卡中点击“项目位置”面板中的“地点”，见图 2-15。

图 2-15　“管理”选项卡—地点

在弹出的“位置、气候和场地”对话框中的“定义位置依据”中选取“默认城市列表”，见图 2-16，城市中包含北京、上海、西安等多个中国的主要城市，选择其中一个城市，对话框将自动显示出该城市的纬度和经度。本项目地处的纬度为 34.45°，经度为 107.62°，当使用者自行输入此纬度、经度时，城市名称会自动转变为“用户定义”。

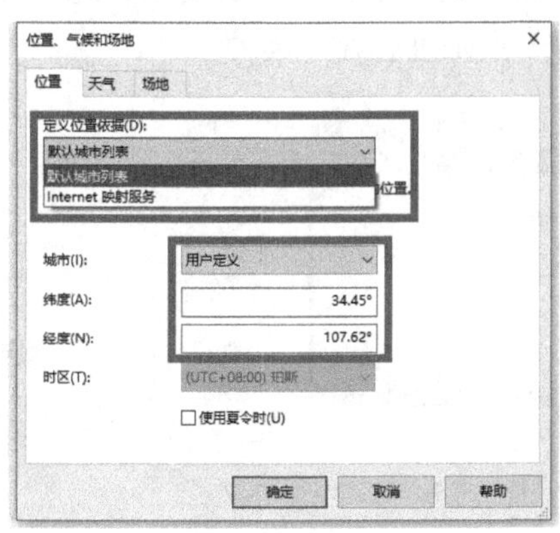

图 2-16　位置、气候和场地对话框

2.2.4 项目单位

打开“管理”选项卡，点击“设置”面板中的“项目单位”，弹出“项目单位”对话框，见图2-17。

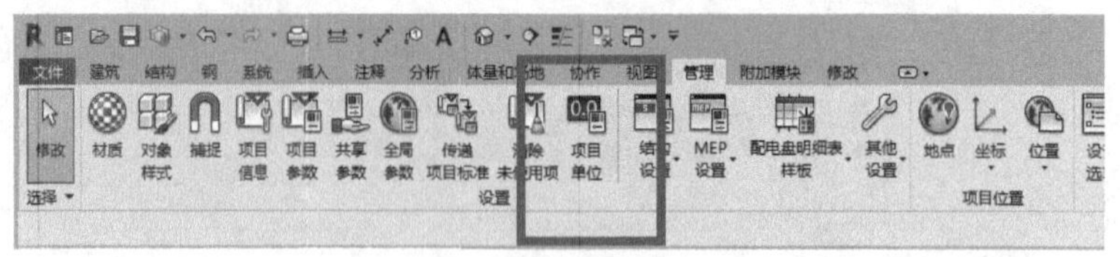

图 2-17 “管理”选项卡—项目单位

创建场地时，因为场地设计一般以“米”为单位，所以在对话框中点击“长度 1235[mm]”，修改长度中的“单位”为“米”，“舍入”为“3 个小数位”，点击“确定”，见图 2-18。

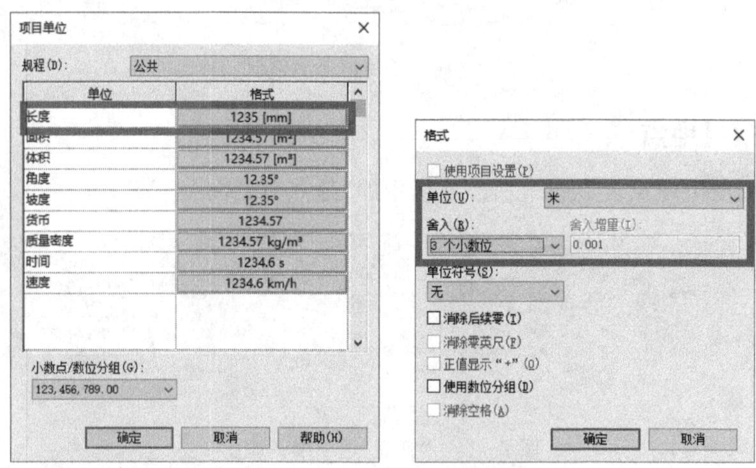

图 2-18 项目单位、格式对话框

2.3 项目基点与测量点

双击“项目浏览器”中的“场地”，见图 2-19，切换至场地平面，就可以看到测量点和项目基点，见图 2-20，系统默认两个点是重合在一起的。

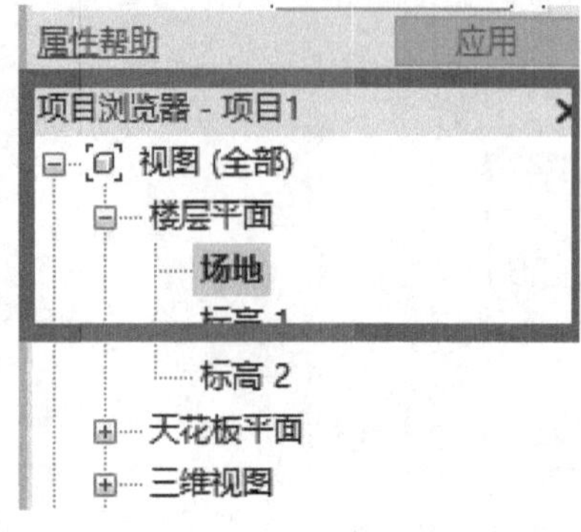

图 2-19 项目浏览器“场地”

图 2-20 测量点和项目基点

测量点:项目在世界坐标系中实际测量定位的参考坐标原点,简单地说就是项目在城市坐标系统中的具体位置。

当测量点显示为裁剪状态时,其数值不能修改,属性栏此时呈灰色,且移动测量点时,测量点坐标保持不变,但项目基点坐标会发生相应变化,见图 2-21。

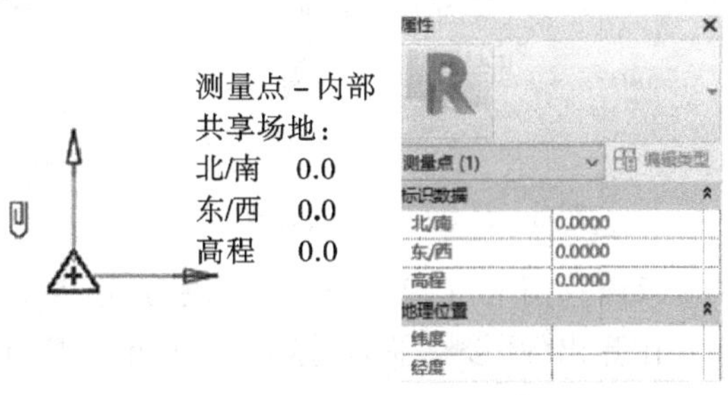

图 2-21 测量点(不可编辑)

当测量点显示为非裁剪状态时,其数值可以修改,属性栏此时的标识数据均可修改,移动测量点时,测量点坐标发生变化,但项目基点坐标不变,见图 2-22。

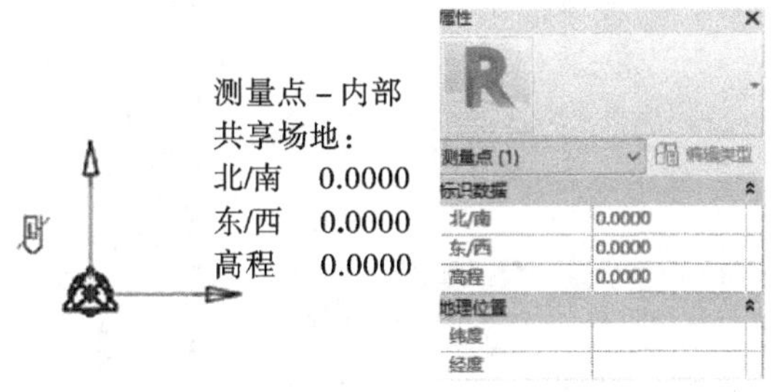

图 2-22 测量点(可编辑)

项目基点:项目在用户坐标系中测量定位的相对参考坐标原点,需要根据项目特点确定此点的合理位置,简单地说就是项目在基地的定位点,见图 2-23。

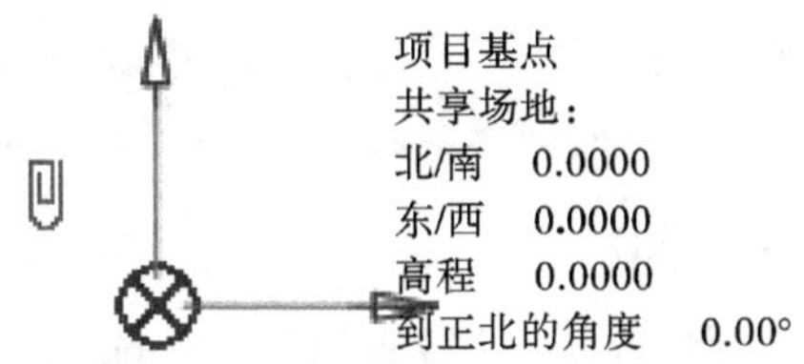

图 2-23 项目基点

本项目中,项目基点是 1 轴—A 轴的交点,需要将项目基点坐标改为北/南(X)3814271.4260,东/西(Y)499286.9520,在“修改|项目基点”选项卡中选择锁定按钮,将项目测量点锁定,见图 2-24。

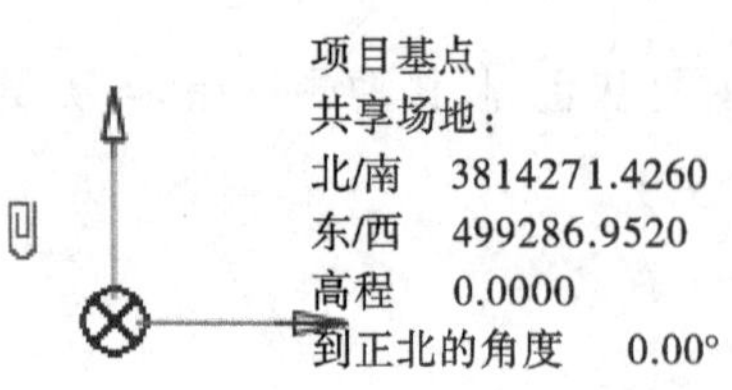

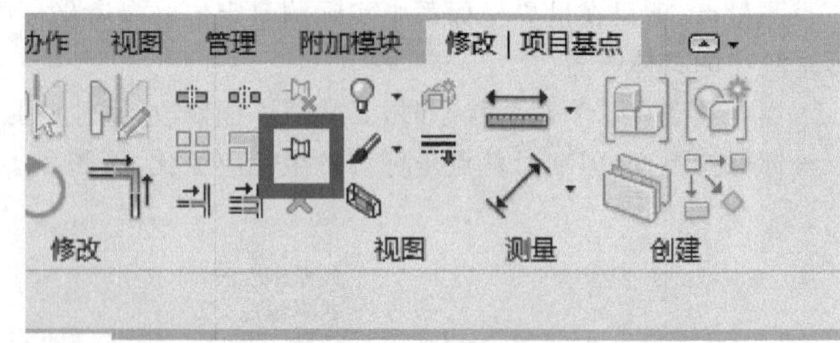

图 2-24 项目基点修改与锁定

如果想在楼层平面中显示出这两个点，只需要在“视图”选项卡中选择“可见性/图形”选项或者输入其简化命令(VV)，在弹出的“楼层平面:标高 1 的“可见性/图形替换”对话框中勾选这两个点即可，见图 2-25。

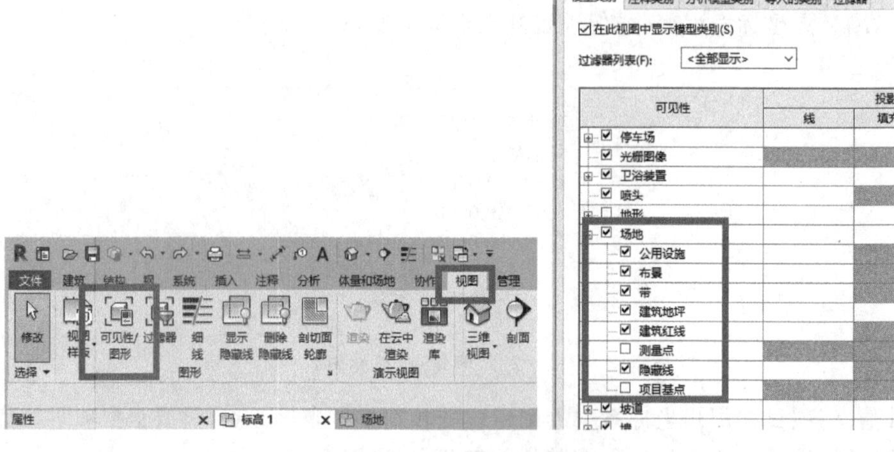

图 2-25 可见性/图形替换

2.4 创建场地

2.4.1 通过 Revit 导入 CAD

打开 CAD 资料图，点击“管理”选项卡“设置”面板中的“项目单位”，或者输入快捷命令 UN(UNITS)“项目单位”命令，确定单位为“米”，保存后关闭该文件。打开 Revit 软件，点击“插入”选项卡中的“导入 CAD”选项，见图 2-26。

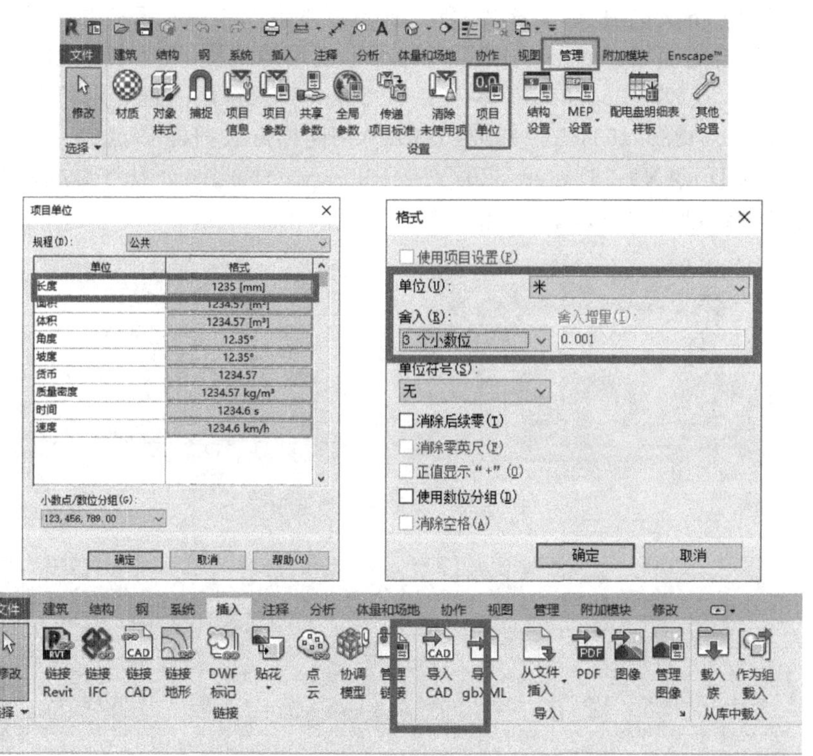

图 2-26 “插入”选项卡—导入 CAD

弹出“导入 CAD 格式”对话框，设置“导入单位”为“米”，见图 2-27。

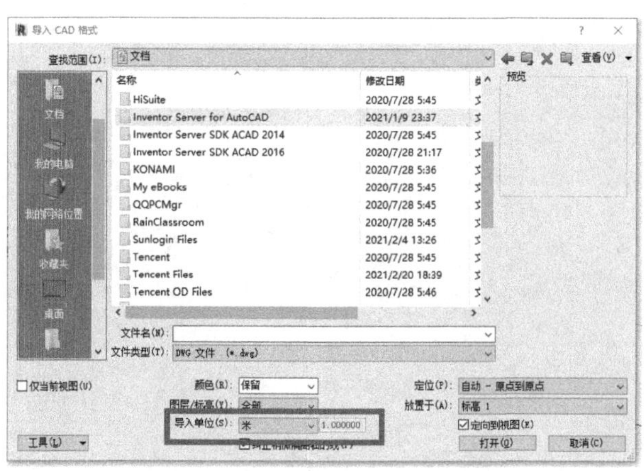

图 2-27 导入 CAD 格式对话框

2.4.2 创建场地

创建地形表面

本节将介绍三种创建地形表面的方法。

方法一：利用放置点方法创建地形。

选择“体量和场地”选项卡中“场地建模”面板中的“地形表面”，见图 2-28，自动切换为

“修改|编辑表面”上下文选项卡，见图 2－29，点击“放置点”，根据任务提供的用地边界坐标及高程信息，创建闭合的面域。如果点击“√”，即可生成用地范围，此方法适用于创建简单地形表面。捕捉选择 A 点（X＝3814336.676，Y＝499227.336），将该高程点定义为高程原点，接下来捕捉 B 点（X＝3814285.493，Y＝499218.155），用同样方法捕捉 C 点（X＝3814259.378，Y＝499339.958）和 D 点（X＝3814309.820，Y＝499353.272），这四个点将形成闭合区域。点击“√”，完成地形创建，见图 2－30。

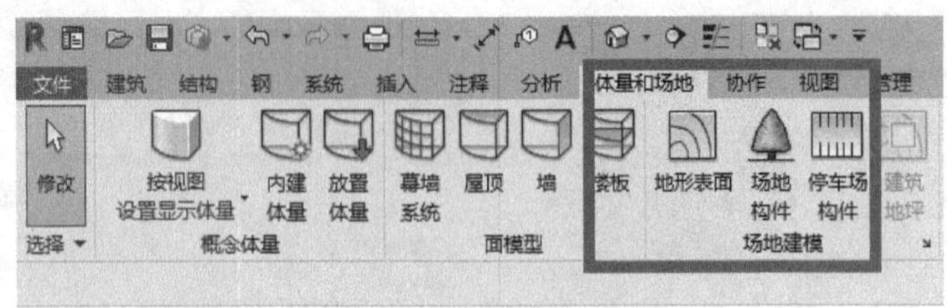

图 2－28 体量和场地选项卡

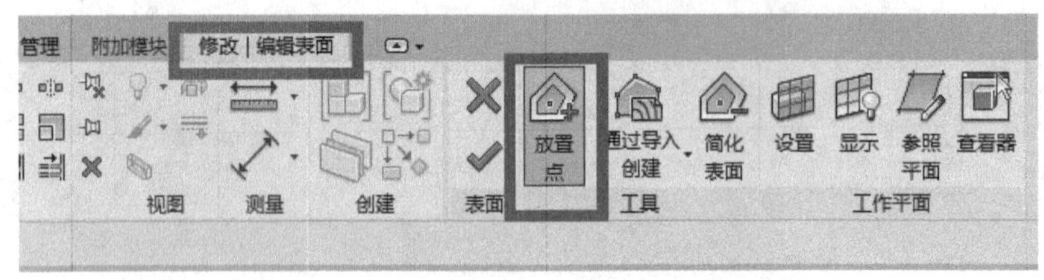

图 2－29 修改|编辑表面上下文选项卡

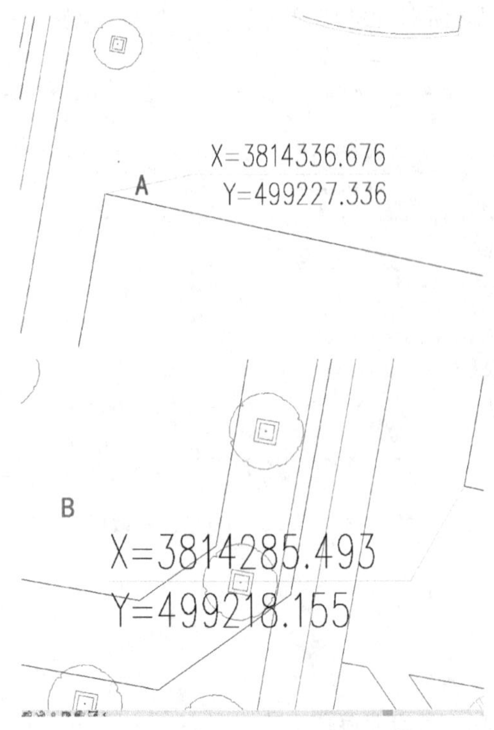

图 2－30(a) 创建完成的地形

图 2-30(b) 创建完成的地形

方法二：利用等高线创建地形。

选择“插入”选项卡中的“导入 CAD”，选择“等高线案例.dwg”文件，导入单位为“米”，打开文件，见图 2-31、图 2-32。

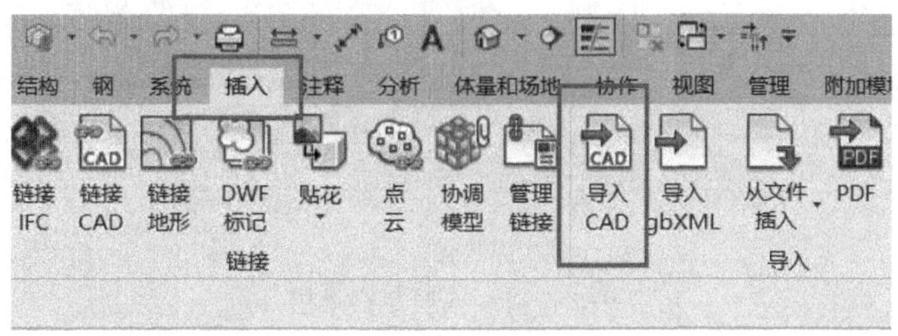

图 2-31 “插入”选项卡—导入 CAD

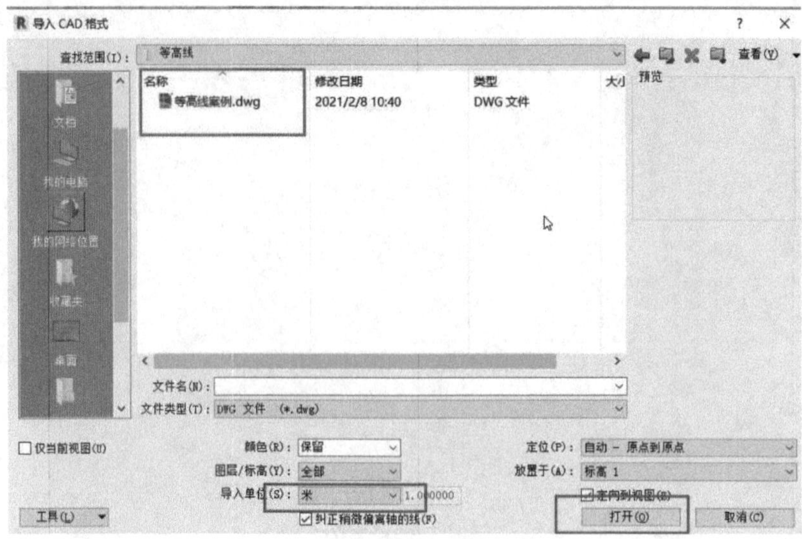

图 2 - 32　导入案例

选择“体量和场地”选项卡“场地建模”面板中的“地形表面”，见图 2 - 33，自动切换为“修改|编辑表面”上下文选项卡。点击“通过导入创建”选项中的“选择导入实例”，见图 2 - 34，选择已导入的案例地形，见图 2 - 35，在弹出的“从所选图层添加点”对话框中只勾选“等高线”选项，见图 2 - 36，关闭右下角弹出的“警告”内容，见图 2 - 37，即可完成地形创建，见图 2 - 38。观测时可使用三维模式，并将“视图控制栏”中的“视觉样式”改为“着色”。

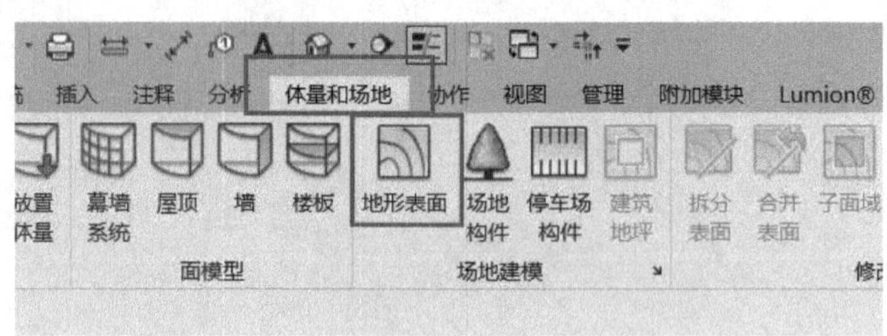

图 2 - 33　体量和场地—地形表面

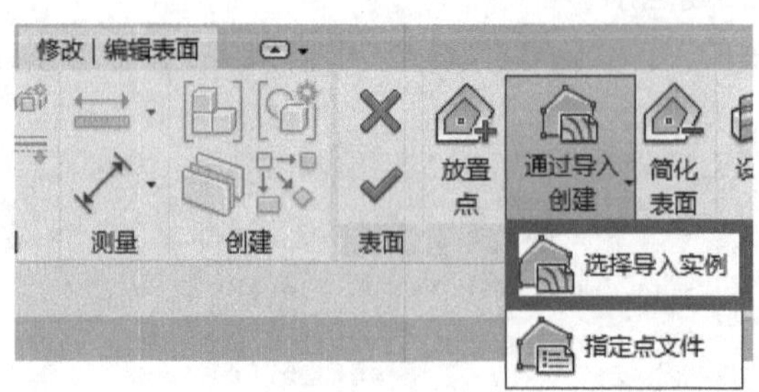

图 2 - 34　选择导入实例

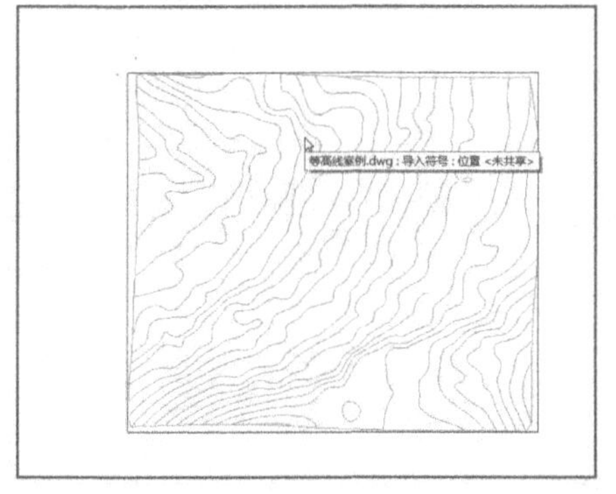

图 2-35　选择等高线案例

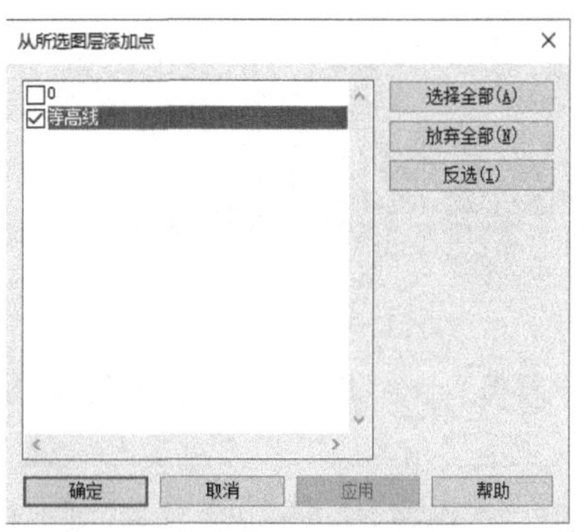

图 2-36　从所选图层添加点对话框

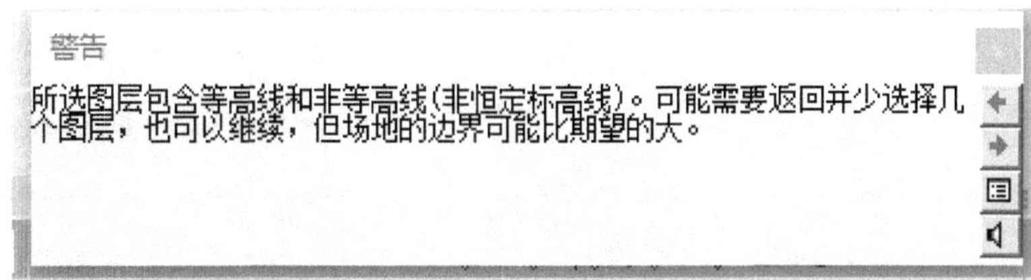

警告
所选图层包含等高线和非等高线(非恒定标高线)。可能需要返回并少选择几个图层，也可以继续，但场地的边界可能比期望的大。

图 2-37　关闭该警告内容

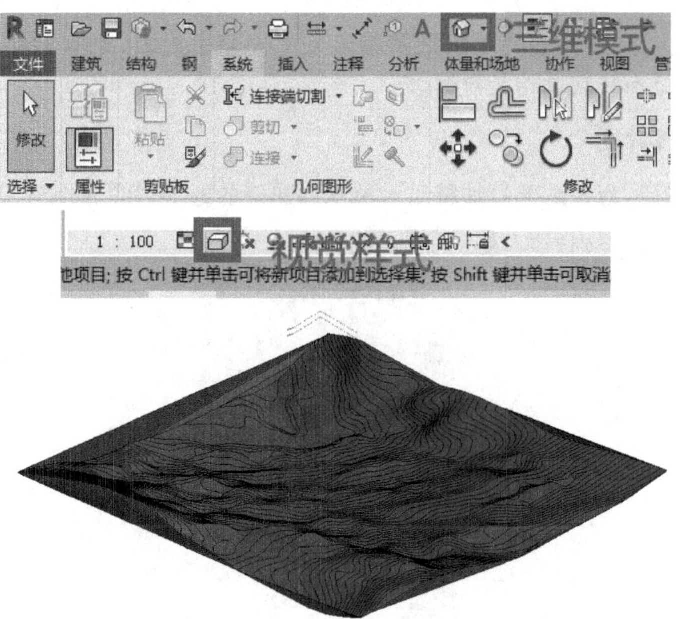

图 2-38　创建完成的地形

方法三:通过导入指定点文件创建地形。

选择“体量和场地”选项卡“场地建模”面板中的“地形表面”,见图 2-39;在“通过导入创建”下拉菜单中选择“指定点文件”,见图 2-40;在弹出的“选择文件”对话框中选择“点云.txt”文件,见图 2-41;单位选择“米”即可创建完成,见图 2-42,以三维模式查看最终效果。

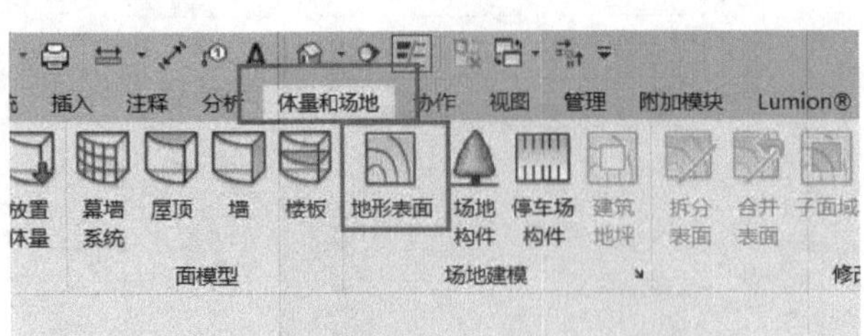

图 2-39　体量和场地—地形表面

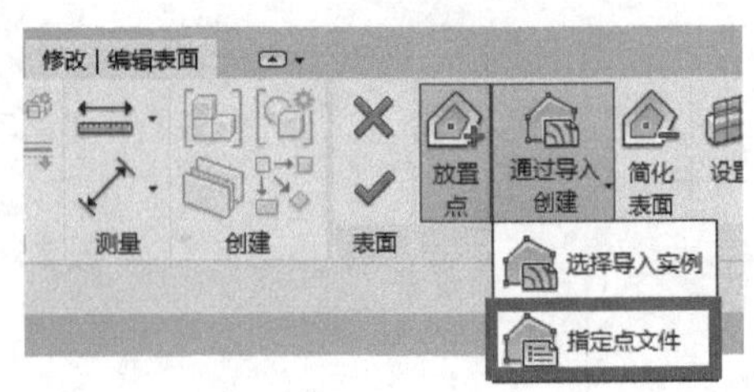

图 2-40　指定点文件

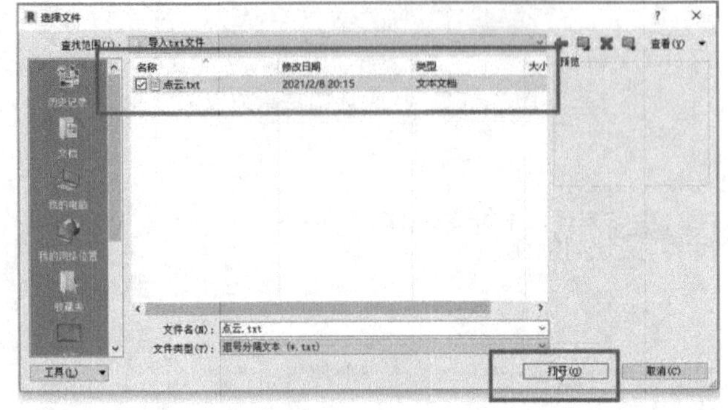

图 2-41　选择文件

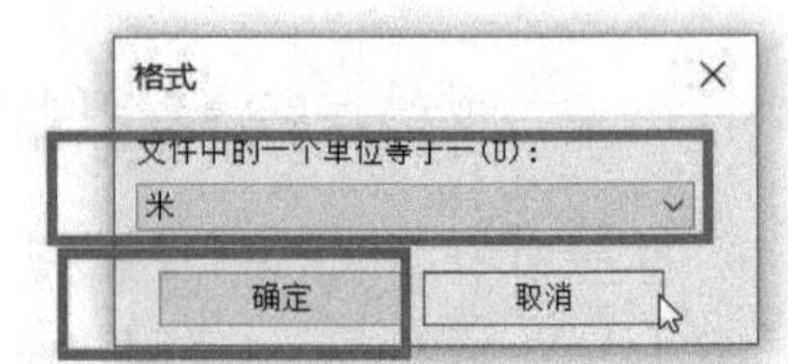

图 2-42　单位格式修改

注：方法二及方法三中，等高线图纸及指定点文件均由规划、土木工程、测量专业人员提供，建筑学专业人员不必获取相关数据。

2.4.3　地形材质

场地创建完成后，为该地形添加材质。单击创建好的地形，在“属性”工具栏“材质和装饰”中点击“材质”里“＜按类别＞”右侧的 ... ，见图 2-43。

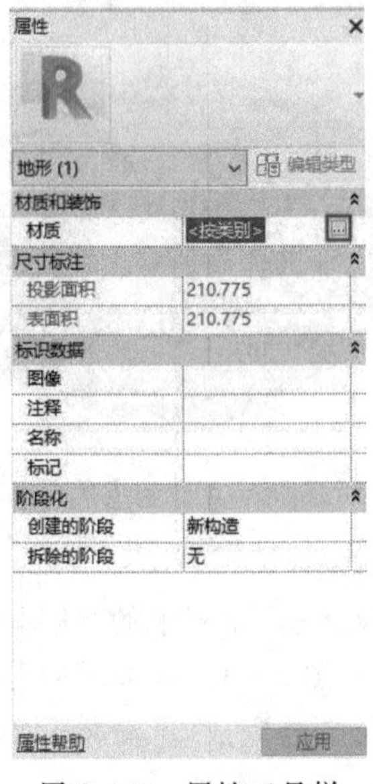

图 2-43　属性工具栏

在弹出的“材质浏览器”中，点击按钮，选择“新建材质”，见图 2－44，在列表中会增加“默认为新材质”项，见图 2－45；点击鼠标右键，在弹出的菜单中选择“重命名”，重命名为“场地一草”，见图 2－46。

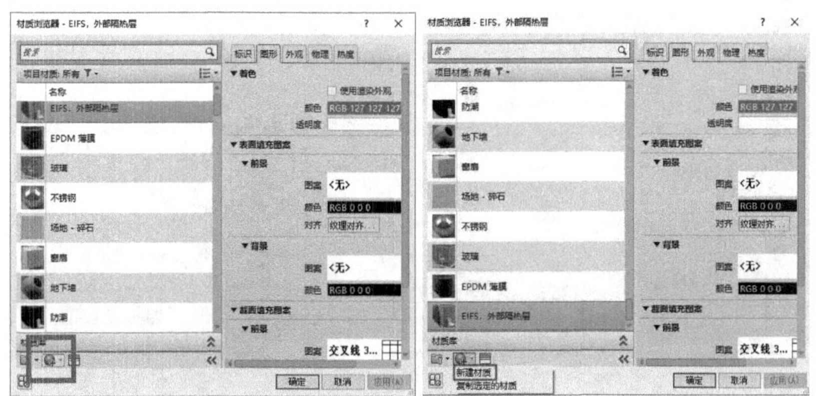

图 2－44　材质浏览器

图 2－45　默认为新材质

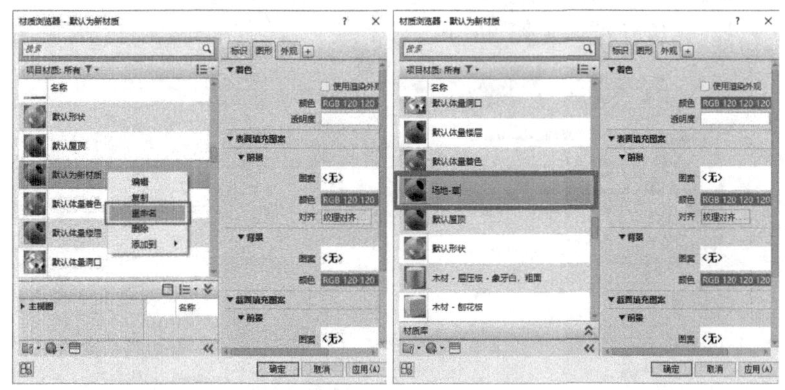

图 2－46　重命名为“场地一草”

点击“材质浏览器”界面左下角的按钮，即打开/关闭资源浏览器，在资源浏览器“现场工作”中选择“草皮-高质量”，然后点击“确定”，见图 2－47，完成材质修改。将“视图控制栏”

中的“视觉样式”改为“着色”，达到图 2－48 所示的效果。

注：其他场地材质修改也按此方法处理。

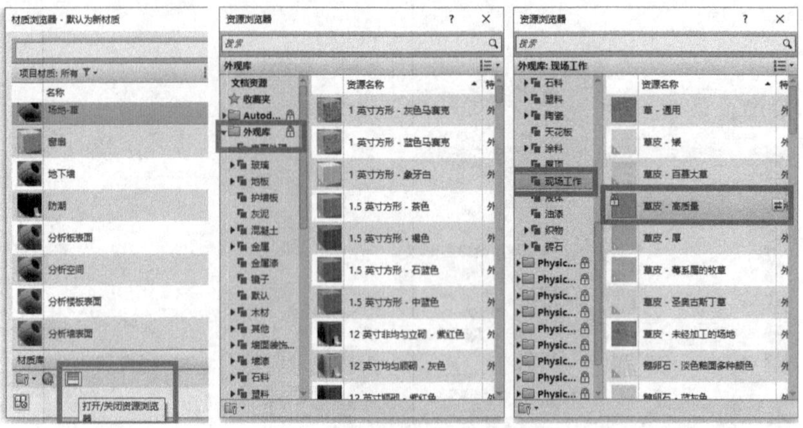

图 2－47　场地材质修改

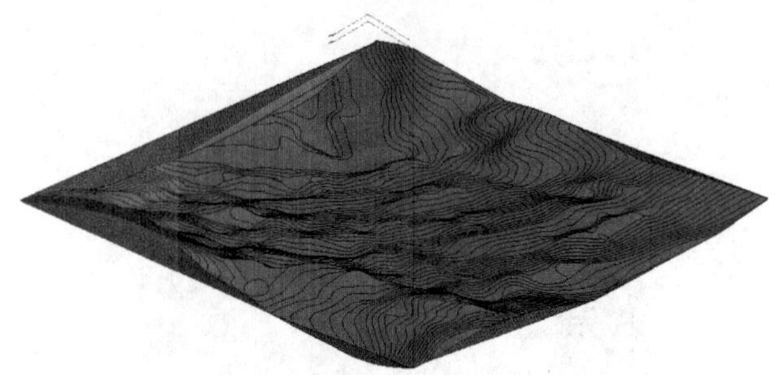

图 2－48　完成后的场地表面

2.5　场地道路

本节将介绍两种常用场地道路的创建方法。

方法一：利用建筑地坪工具绘制。

新建项目，选择“建筑样板”，见图 2－49。

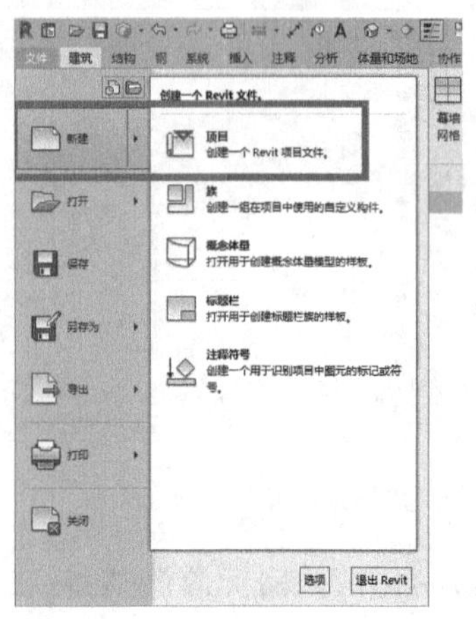

图 2－49　新建项目

在“插入”选项卡中选择“导入 CAD”，见图 2-50。

图 2-50　导入 CAD

导入“场地道路方法一示例.dwg”文件，“导入单位”改为“米”，见图 2-51。

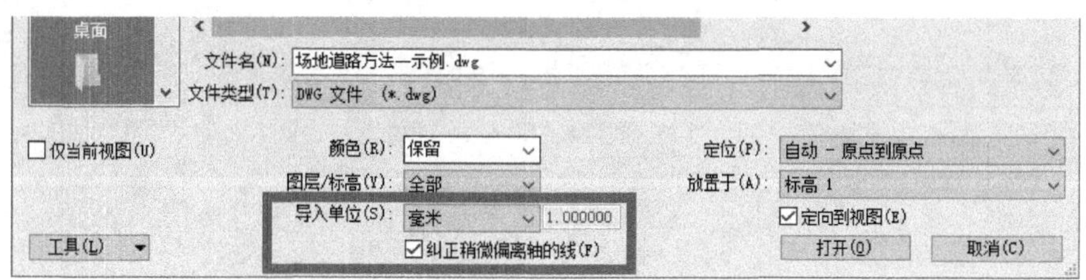

图 2-51　修改导入单位

拖动四个视点，保证建筑在可视范围内，见图 2-52。

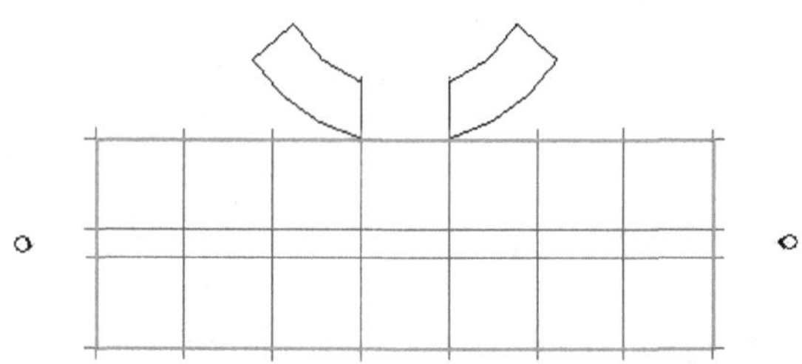

图 2-52　修改视点位置

在项目浏览器中双击“楼层平面”中的“场地”，见图 2-53。

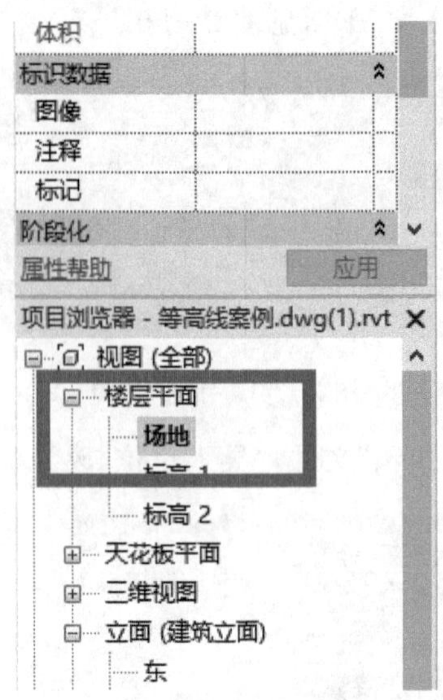

图 2-53　切换至场地楼层平面

按照之前创建场地的方法，分别选择 A1、B1、C1、D1 四个角点，见图 2-54。

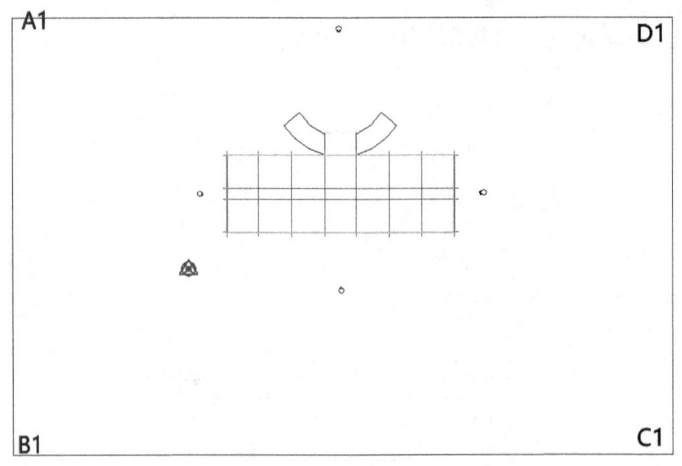

图 2-54　选择四个角点

高程改为−0.6 m，见图 2-55，切换至场地楼层平面，点击“√”完成场地创建。

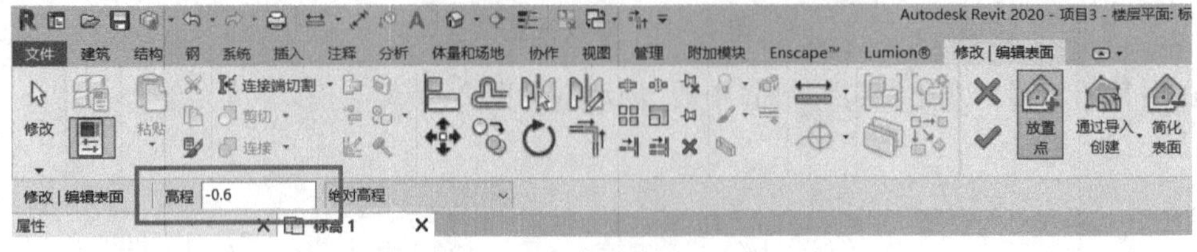

图 2-55　修改高程点

选择“体量和场地”选项卡“场地建模”面板中的“建筑地坪”，见图 2-56。

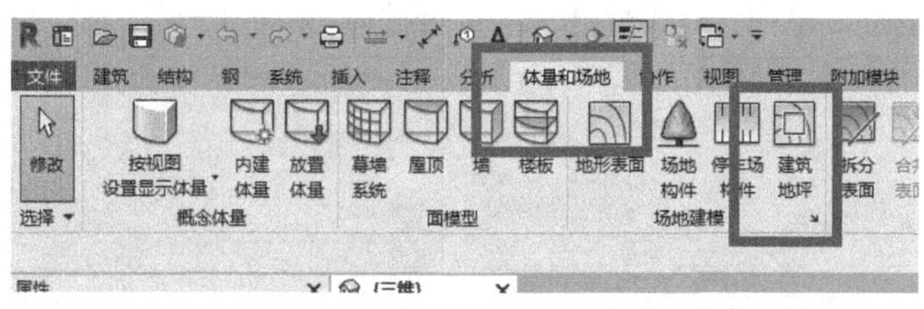

图 2－56　体量和场地—建筑地坪工具

在“属性”工具栏中点击“编辑类型”，复制并修改名称为“场地道路－沥青”，见图 2－57。

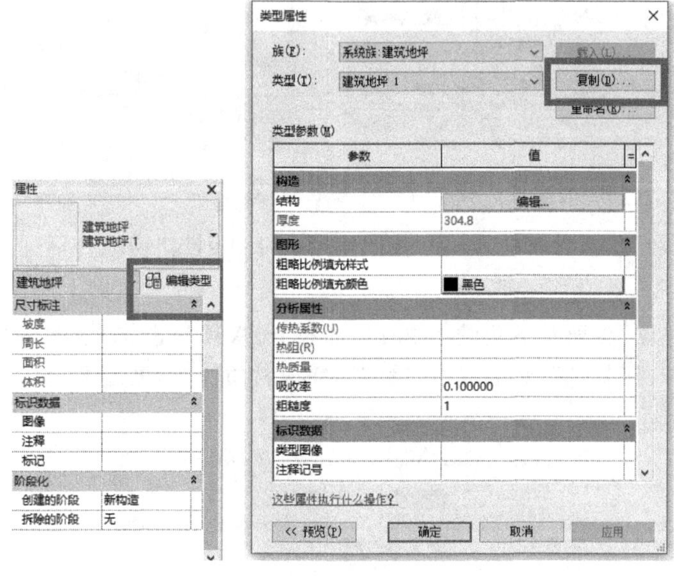

图 2－57　创建“场地道路－沥青”

点击“构造”中“结构”后的“编辑”，将厚度改为“300”。点击材质列“＜按类别＞”右侧的 ... 按钮，见图 2－58。

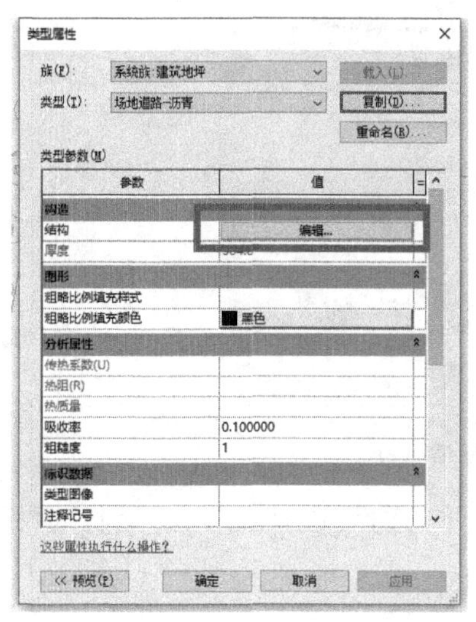

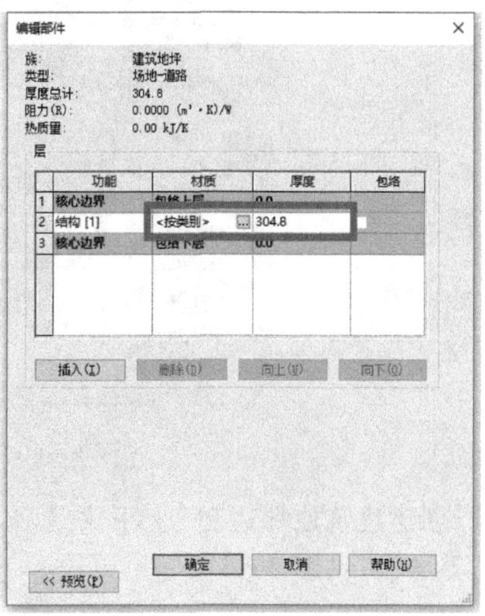

图 2－58　类型属性编辑

在弹出的“材质浏览器”中，点击 按钮，新建材质，见图 2－59。

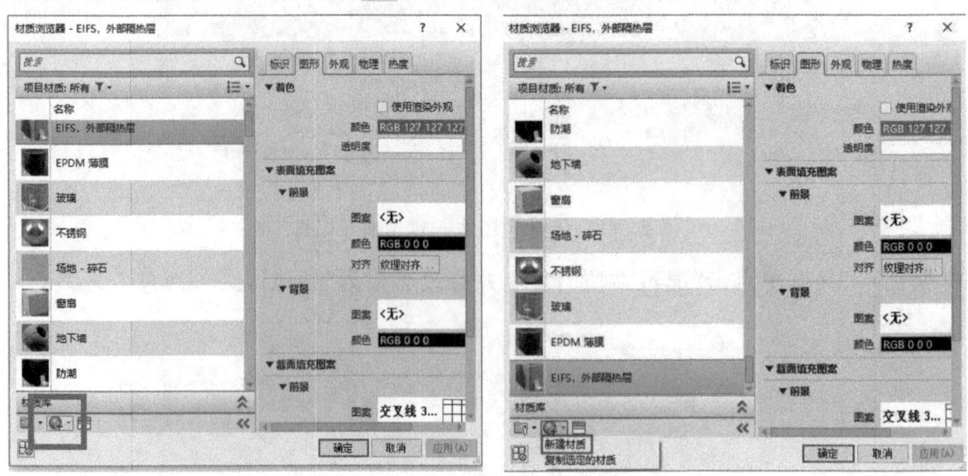

图 2－59　新建材质

在列表中会增加“默认为新材质”项，按照本章 2.4.3 创建“场地－草”的方法创建“场地道路－沥青”。

点击“材质浏览器”界面左下角的 按钮，即打开/关闭资源浏览器，在资源浏览器“现场工作”中选择“沥青－深灰色”，然后点击“确定”，完成材质修改，见图 2－60。

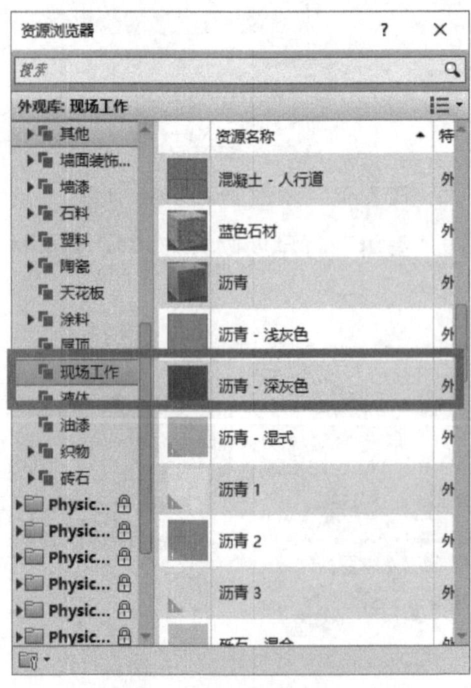

图 2－60　材质修改

在“修改|创建建筑地坪边界”上下文选项卡中，选择“边界线”，在“绘制”面板中用线、矩形、圆弧等工具绘制，见图 2－61。

图 2-61 “修改|创建建筑地坪边界”上下文选项卡

根据图 2-62 所示尺寸，勾勒出场地道路的形状。

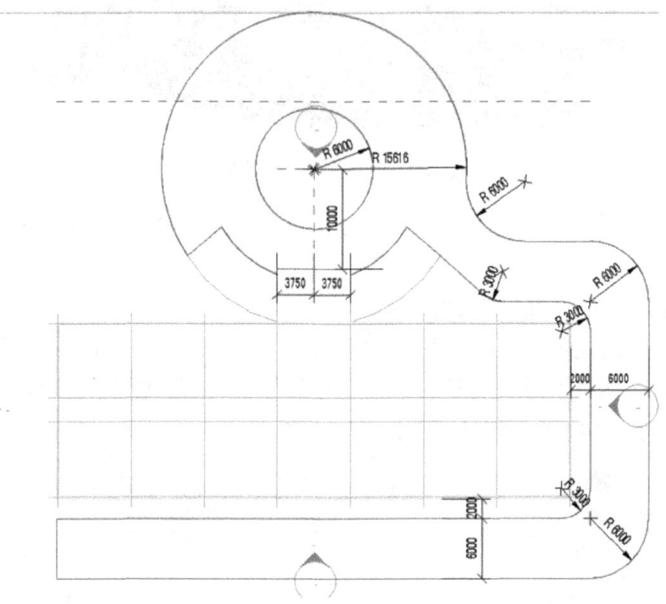

图 2-62 道路形状

修改“属性”工具栏中“自标高的高度偏移”的数值为“－600.0”，见图 2-63。

图 2-63 修改“自标高的高度偏移”数值

点击“ ”，完成道路绘制，见图 2－64。

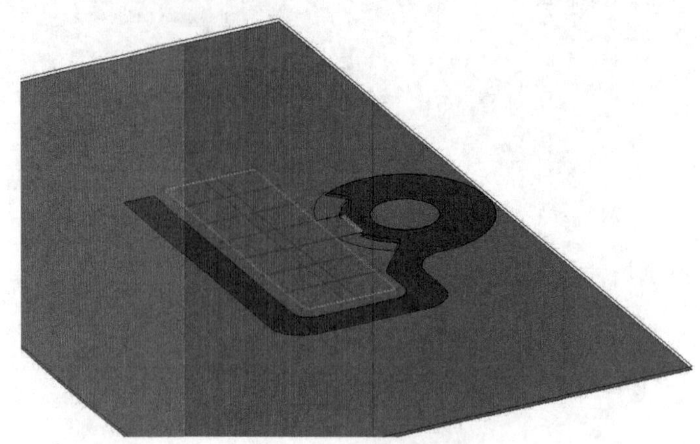

图 2－64　绘制完成的道路

注：1）道路边界必须是闭合的区域，否则不执行；2）道路不能超出用地范围，否则无法生成。

方法二：利用修改“子面域”工具绘制。

接上节内容，绘制小学教学楼项目的路网，创建完成场地平面后，在“项目浏览器”中双击楼层平面“场地”视图，在“体量和场地”选项卡中点击“修改场地”面板中的“子面域”，见图 2－65，自动切换至“修改|创建子面域边界”上下文选项卡。

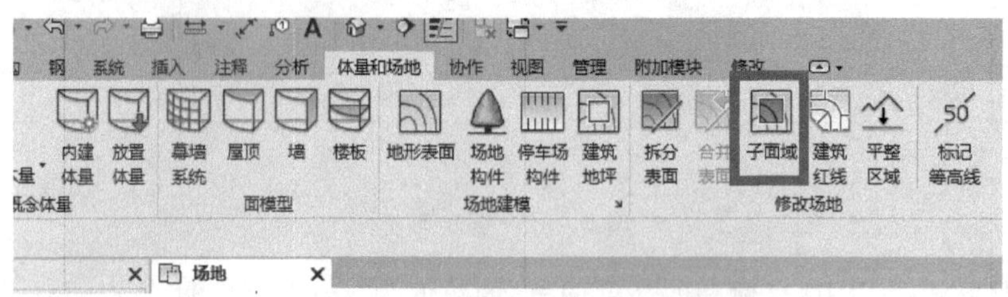

图 2－65　体量和场地—子面域

点击“材质”中 “<按类别>” 右侧的 ... 按钮，创建“场地道路－沥青”材料。

在“修改|创建子面域边界”上下文选项卡中，与第一种方法相同，使用绘制面板中的工具勾勒出场地道路的形状，见图 2－66，修改属性工具栏中“自标高的高度偏移”的数值为－150，点击“ ”，完成道路绘制。

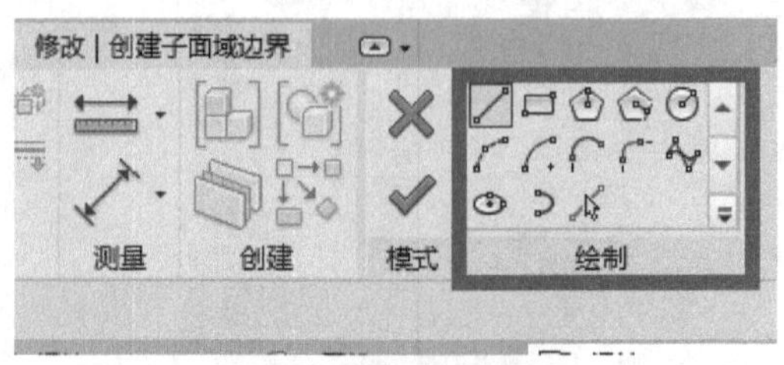

图 2－66　绘制工具

小学教学楼项目基地外围路网的详细尺寸见 CAD 图纸，最终效果如图 2－67 所示。

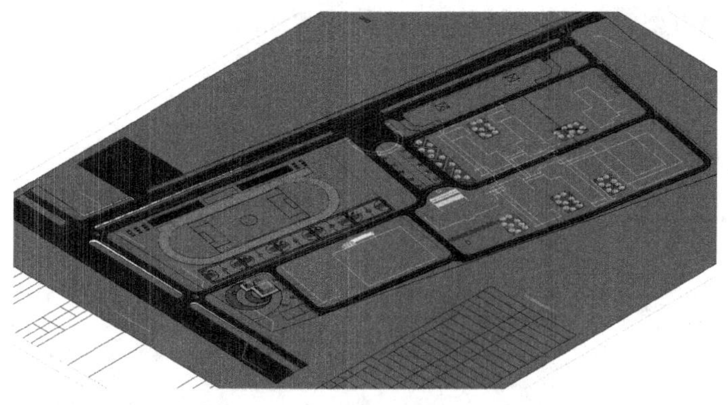

图 2-67　基地外部道路

2.6　建筑红线

选择“体量与场地”选项卡“修改场地”面板中的“建筑红线”，见图 2-68。

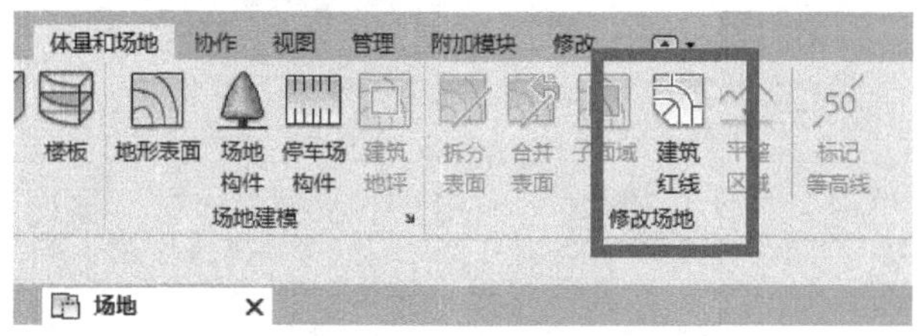

图 2-68　体量和场地—建筑红线

在“创建建筑红线”弹出框中选择“通过绘制来创建”，见图 2-69。

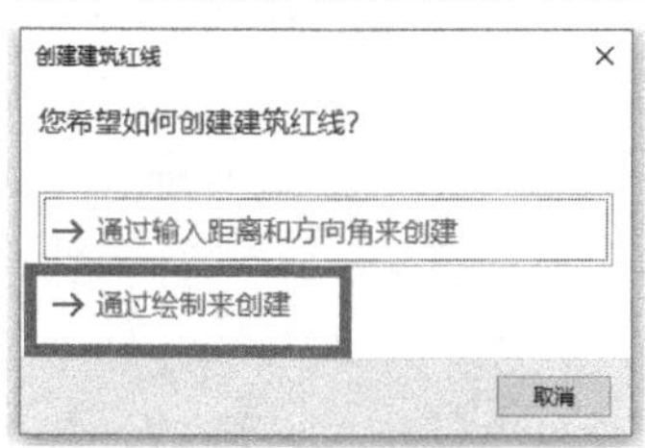

图 2-69　通过绘制来创建

自动切换至“修改|创建建筑红线草图”上下文选项卡，选择“绘制”面板中的“线”，图2-70。

图 2-70　修改|创建建筑红线草图上下文选项卡

根据导入的CAD资料图中已知的坐标点绘制基地的建筑红线，见图2－71。

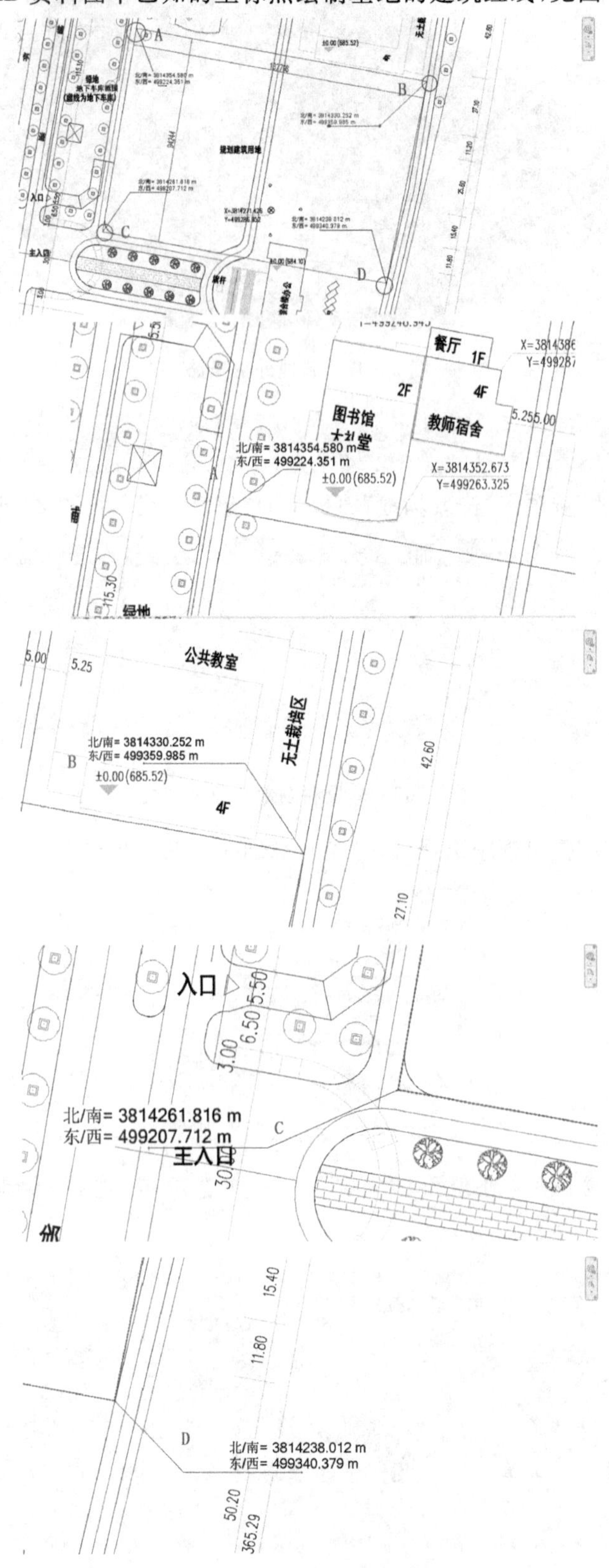

图2－71　已知坐标点信息

2.7 核查地形

选择“注释”选项卡“尺寸标注”面板中的“高程点坐标”，见图 2-72。

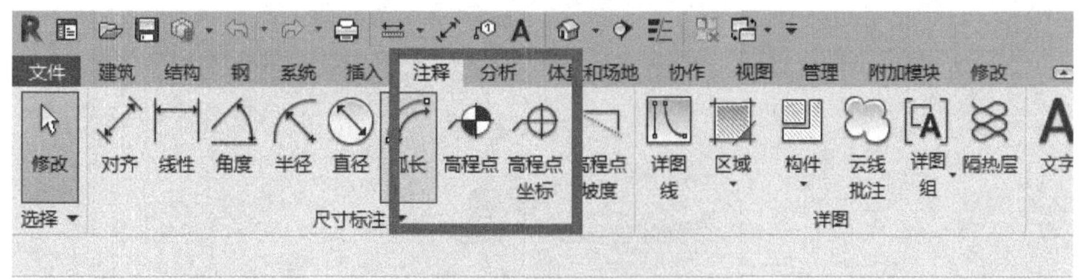

图 2-72　高程点坐标工具

自动切换至“修改|放置尺寸标注”上下文选项卡，见图 2-73，在绘制完成的总平面图中点取除项目基点以外的任意有已知坐标信息的两点，核对其与原 CAD 图纸上的坐标是否一致，完成最终图纸定位。

图 2-73　修改|放置尺寸标注上下文选项卡

2.8 建立绿化

点击“体量和场地”选项卡“修改场地”面板中的“子面域”，见图 2-74。

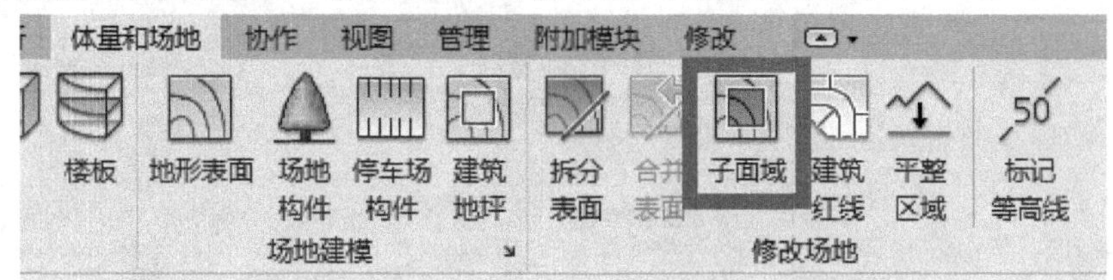

图 2-74　子面域选项

自动切换至“修改|创建子面域边界”上下文选项卡，使用“绘制”工具中的各选项，根据设计需要绘制闭合的区域，点击✓按钮，结束绘制，见图 2-75。

图 2-75　修改|创建子面域边界上下文选项卡

选择刚绘制完的子面域边界，拟赋予其草地材质，点击“属性”工具栏，再点击“材质”中“＜按类别＞”右侧的 ... 按钮，见图 2－76。

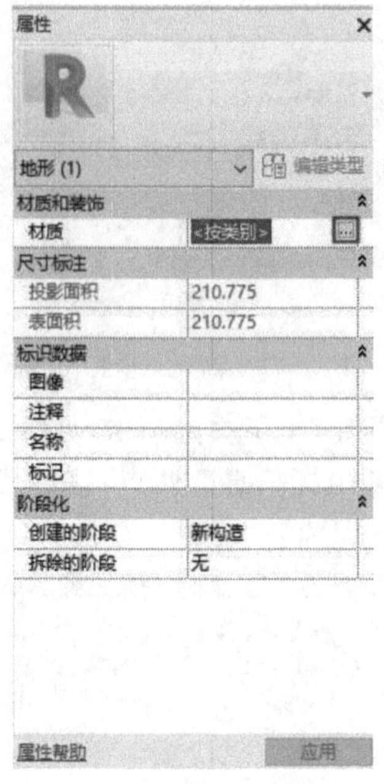

图 2－76　属性工具栏中的材质选项

在弹出的“材质浏览器”中，点击按钮，新建材质，见图 2－77 创建“绿化一草”材质，在资源浏览器“现场工作”中选择“草皮一高质量”，见图 2－78。

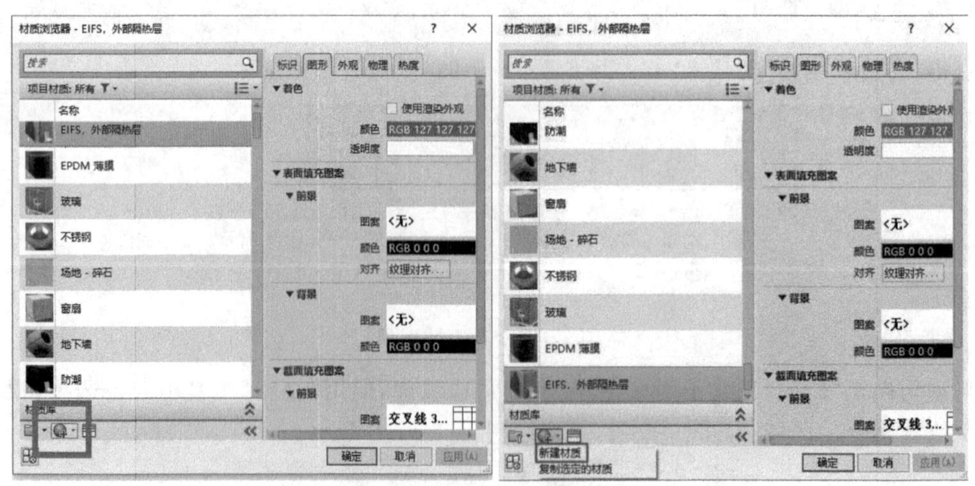

图 2－77　材质浏览器

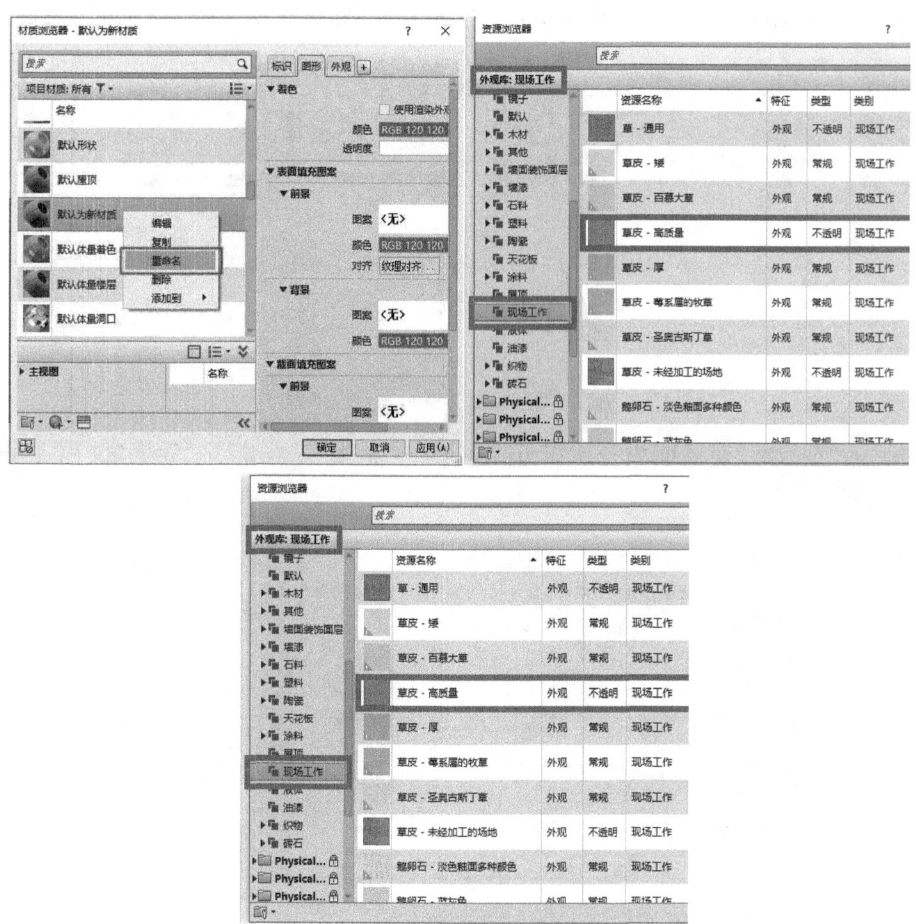

图 2-78 创建绿化—草材质

如是硬质铺地，用上述方法新建材质并重命名为“铺地 01”，在资源浏览器砖石的“砖块”中选择“板岩—红色方形”，见图 2-79。

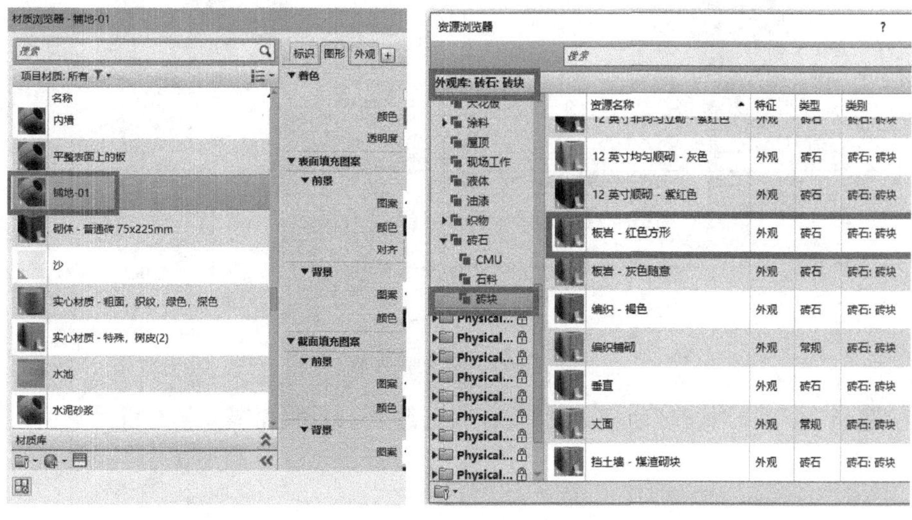

图 2-79 创建铺地 01 材质

接下来布置树木，打开“插入”选项卡，选择“从库中载入”面板中的“载入族”，见图 2－80。

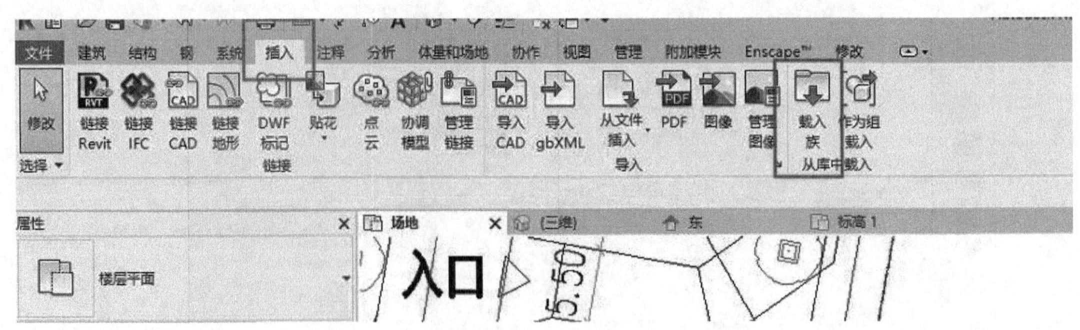

图 2－80　载入族

在弹出的“载入族”对话框中依次打开“建筑”—“植物”—“3D”—“乔木”文件夹，选择“乔木 3 3D”，见图 2－81。

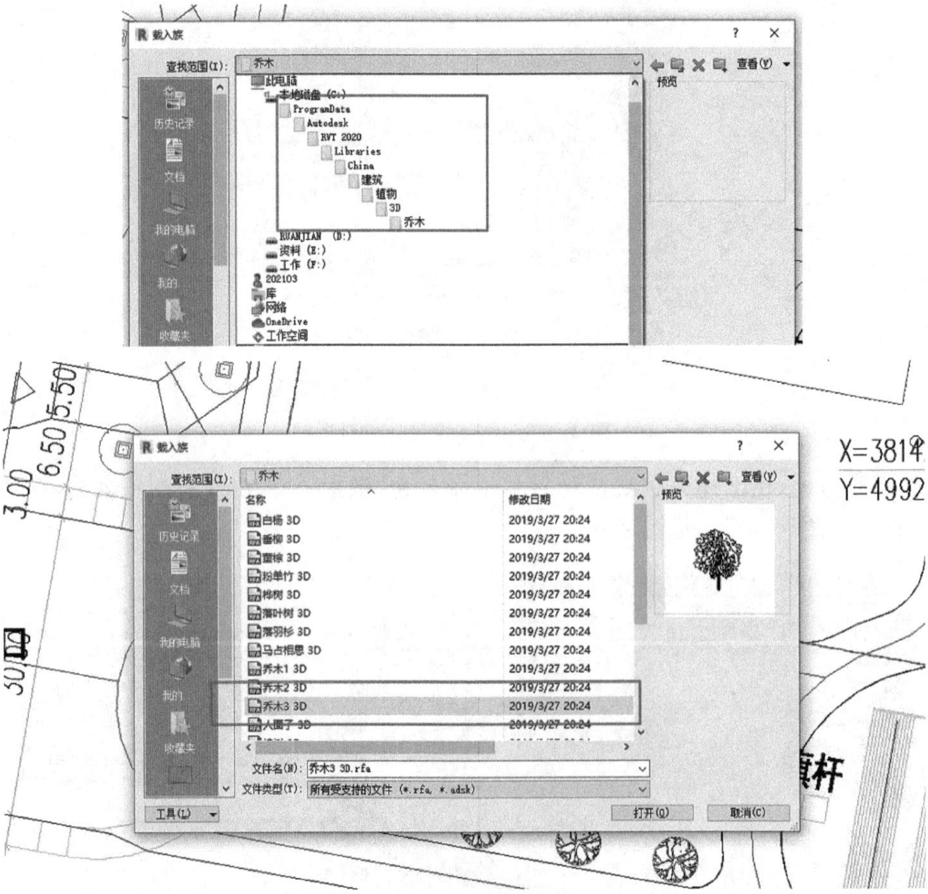

图 2－81　载入乔木族

点击“建筑”选项卡“构建”面板中的“构件”，见图 2－82，根据需要插入乔木族。

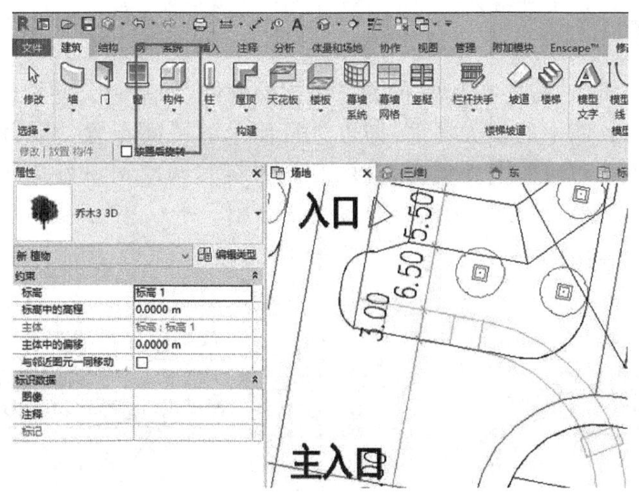

图 2-82　构件工具

绘制完成后的效果如图 2-83 所示。

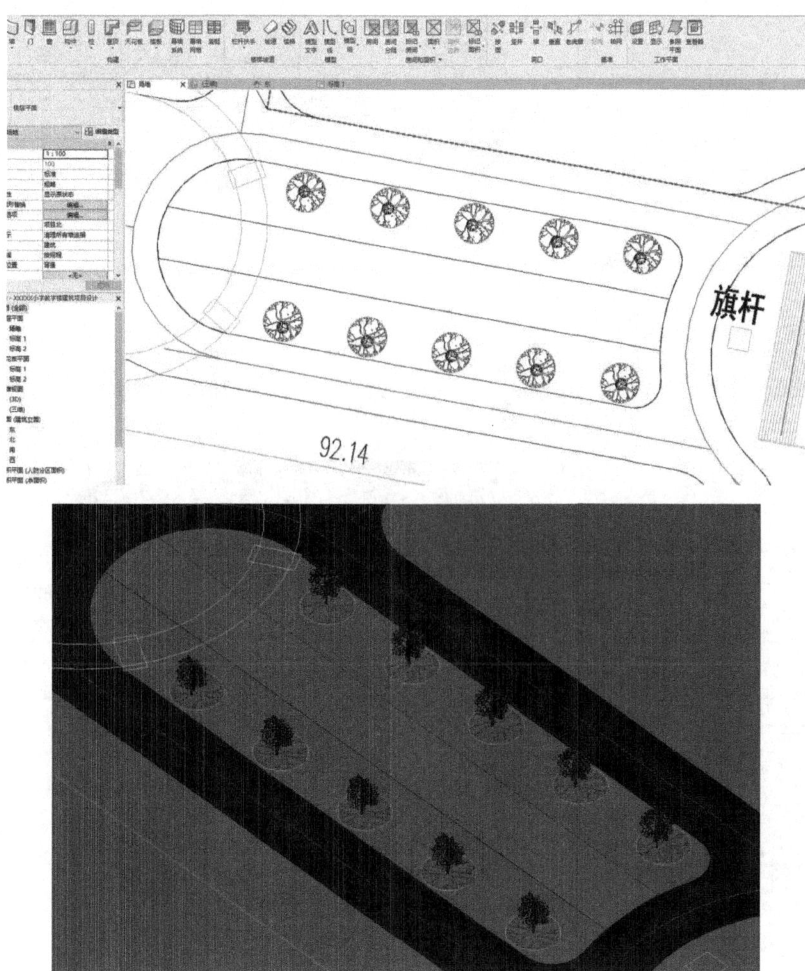

图 2-83　校园绿化

2.9 建立场地构件

场地模型创建完成后，需要在其中布置一些相关构件，如基础公共设施、活动场地、交通工具等。通过调取选用族库中的相关构件，即可进行简单的平面布置。项目中需要用到的相关构件被统一整理放置在对应的文件夹内，使用时需要将其调取到项目文件中。这里以教学场地中布置篮球场构件为例，对场地构件的布置进行介绍。

点击“插入”选项卡中的“载入族”，见图 2－84。

图 2－84　载入族选项

在弹出的“载入族”对话框中依次选择“建筑—场地—体育设施—体育场”，选择“篮球场”族，见图 2－85。

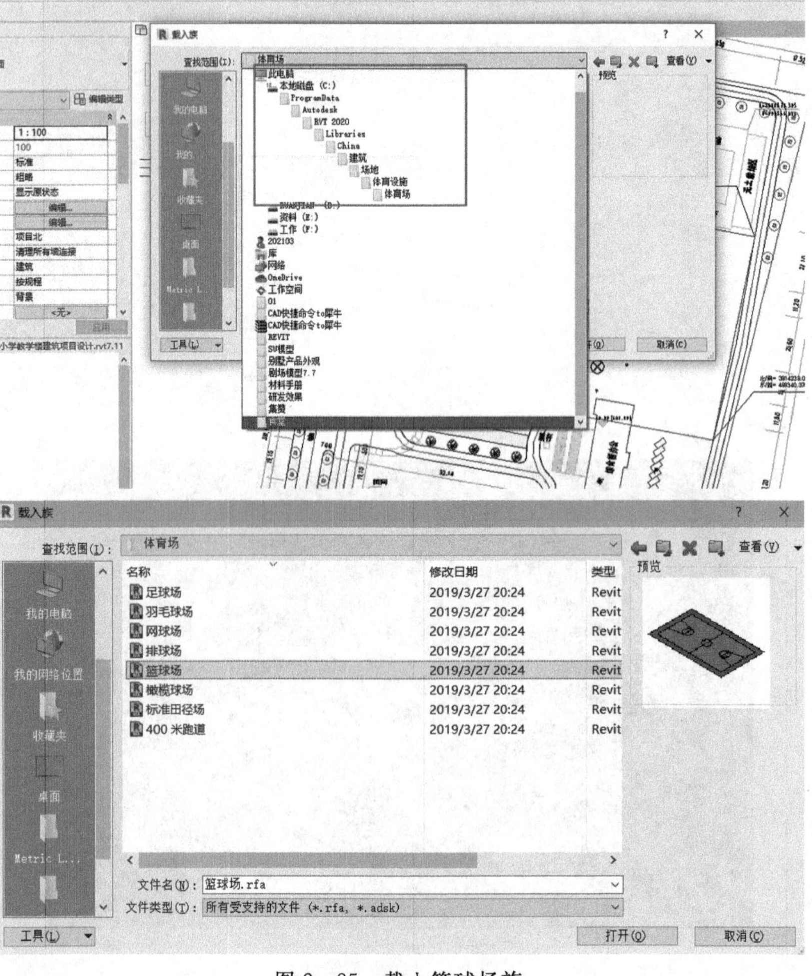

图 2－85　载入篮球场族

点击“建筑”选项卡“构建”面板中的“构件”，见图 2－86。

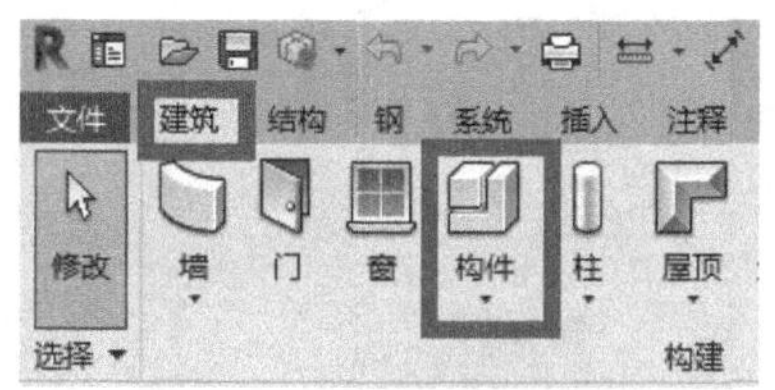

图 2－86　构件选项

将篮球场构件放到场地中，完成篮球场的设置，见图 2－87。

羽毛球场的设置同上。

接下来绘制 400 m 跑道，根据设计需要，用子面域绘制闭合的跑道，见图 2－88。

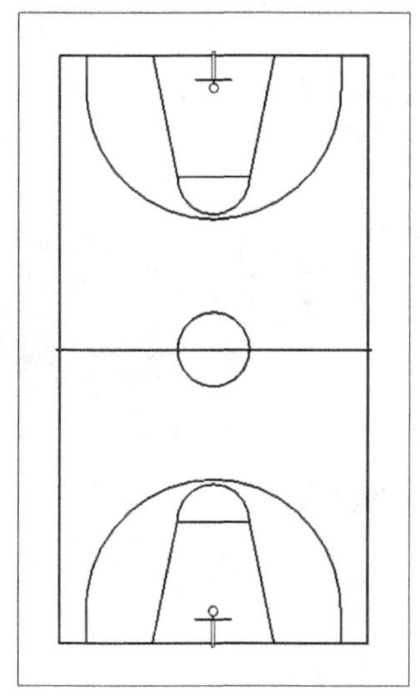

图 2－87　篮球场构件

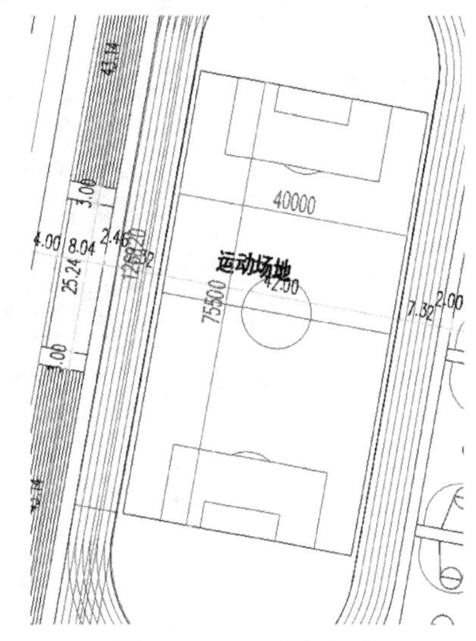

图 2－88　运动场尺寸

点击✔按钮，结束绘制，运用之前创建材质的方法新建材质并重命名为“操场-跑道”，在资源浏览器 Autodesk 物理资源的“塑料”中选择“尼龙”，外观颜色改为红色，见图 2－89。

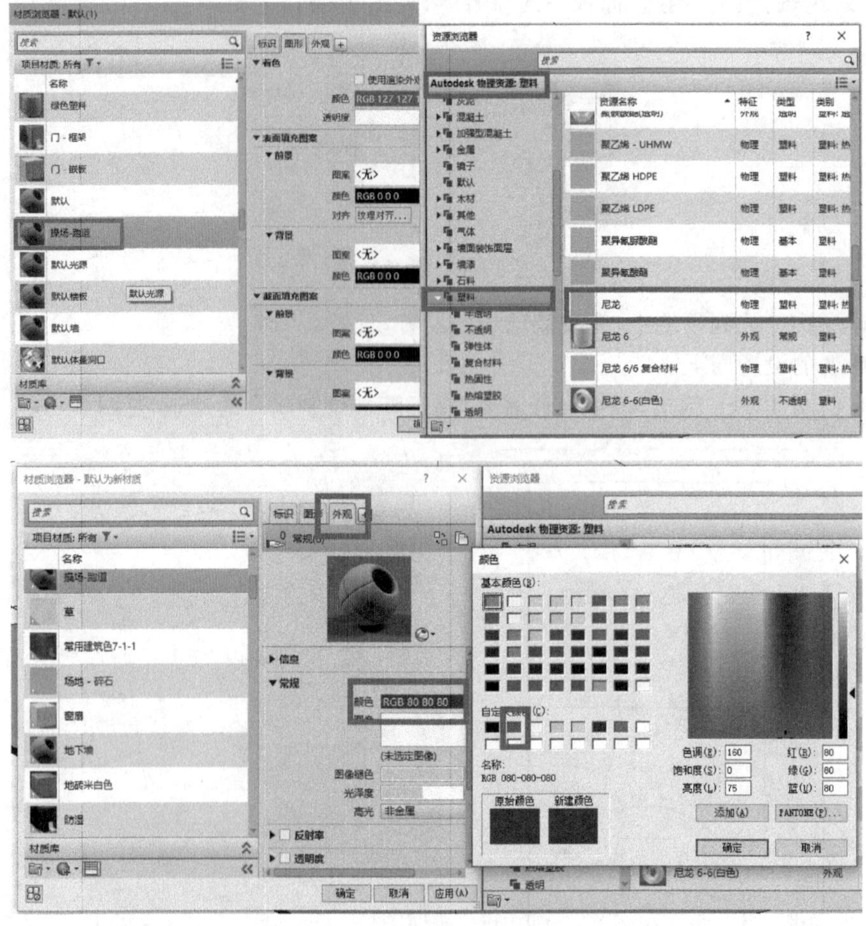

图 2-89　新建操场—跑道材质

足球场的绘制方法：打开子面域，按图绘制出足球场的轮廓，见图 2-90，用“体量和场地”选项卡中的“拆分表面”将两端的球门区、中圈和其他部分分别拆分出来，按创建材质方法新建材质并重命名为“足球场-草”。在资源浏览器中搜索“草”，选取“草皮-高质量”，点击外观选项卡参数中的图像，修改，样例尺寸高度和宽度均为“3.72”，勾选掉图形选项卡着色中的“使用渲染外观”选项，并点击下方的颜色，修改颜色中的各参数，见图 2-91。

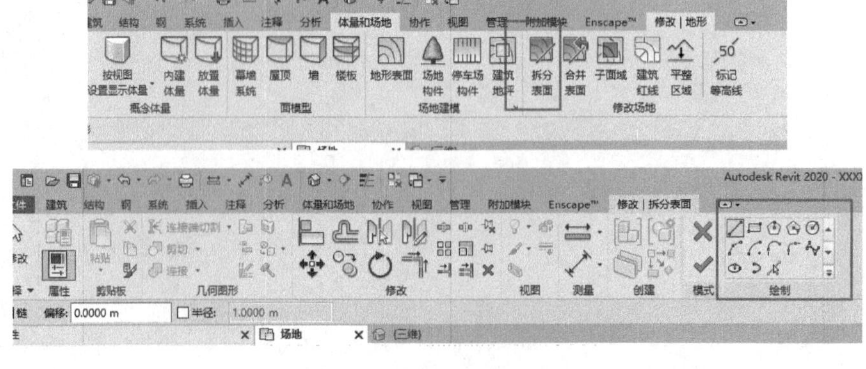

图 2-90　足球场轮廓绘制

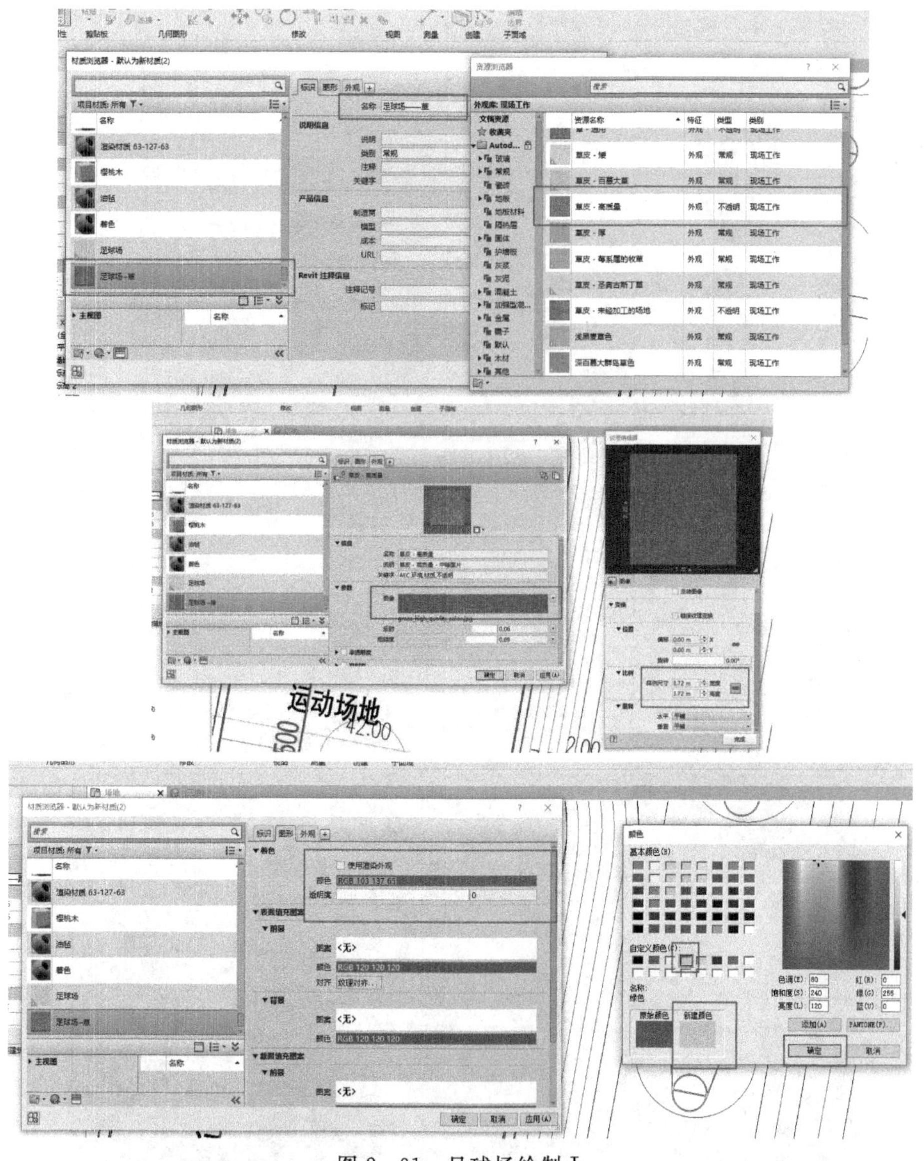

图 2-91 足球场绘制 I

继续使用体量和场地选项卡中的“拆分表面”，点击属性工具栏材质“<按类别>”右侧的 ... 按钮，复制“足球场-草材质”，重命名为“足球场-边线”。在资源浏览器中搜索“白”，选取“亚麻一白色”，见图 2-92，把两侧球门区、中圈的边线绘制出来。

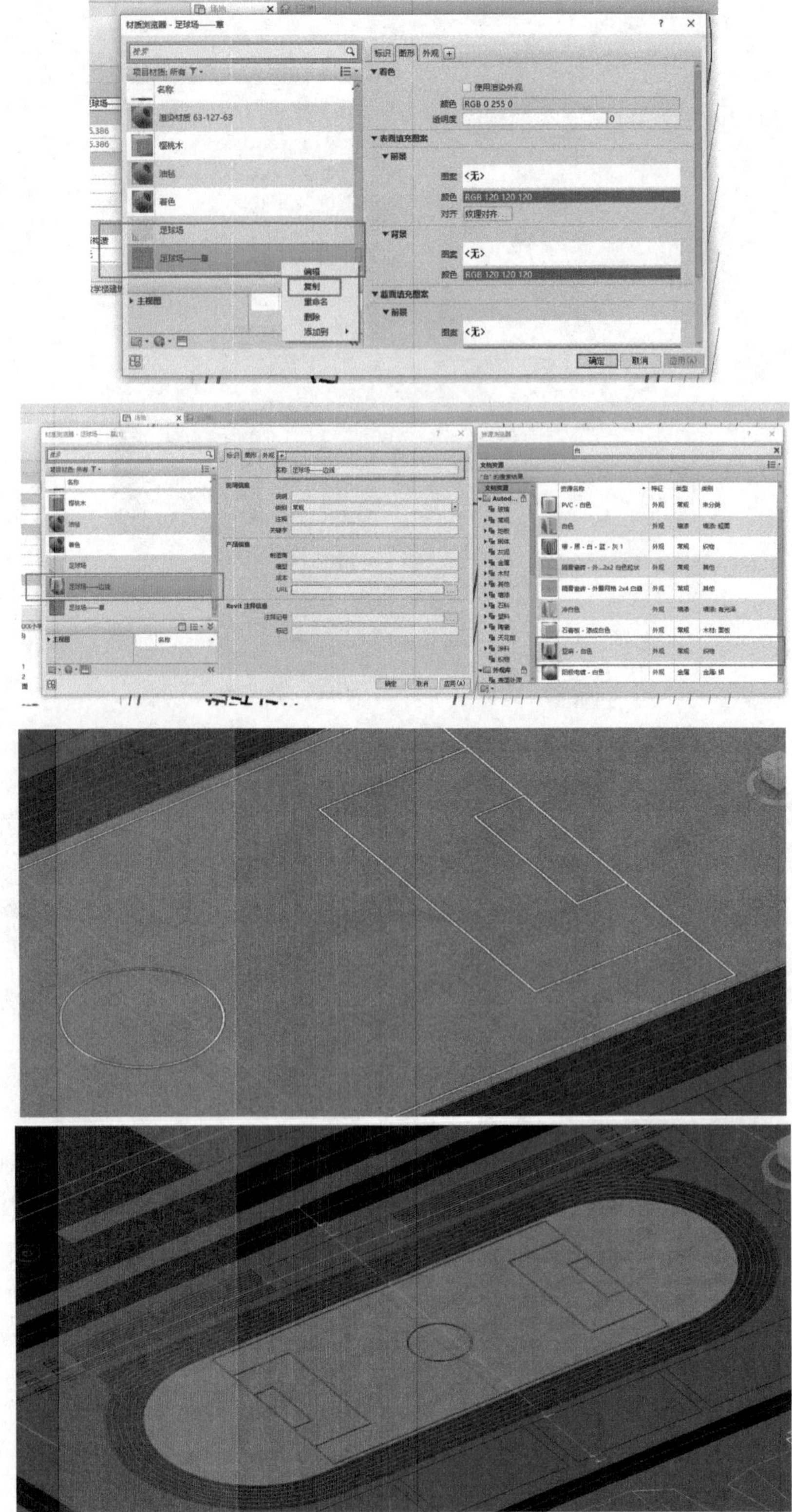

图 2-92　足球场绘制Ⅱ

根据上述方法，在平面视图下，将场地内需要的其他构件合理布置在空间范围内即可。

2.10 建立消防水池

点击“属性”工具栏“视图范围”中的“编辑”按钮，弹出“视图范围”对话框，将主要范围中“底部”和视图深度中“标高”均改为“标高之下”，“偏移”改为 1.0000 m，见图 2－93。

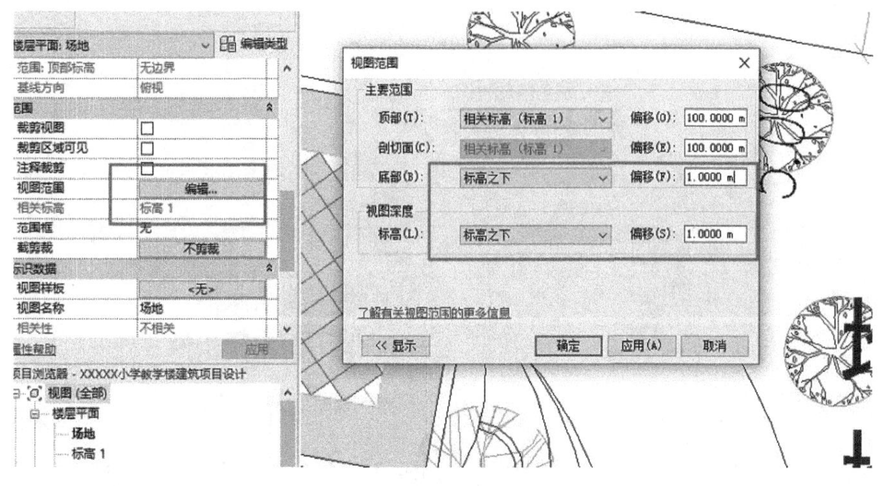

图 2－93　修改视图范围

首先绘制建筑地坪，选择“体量和场地”选项卡“修改场地”面板中的“建筑地坪”，自动切换至“修改|创建建筑地坪边界”上下文选项卡，修改“属性”工具栏中“自标高的高度偏移”为－0.8000 m，见图 2－94。

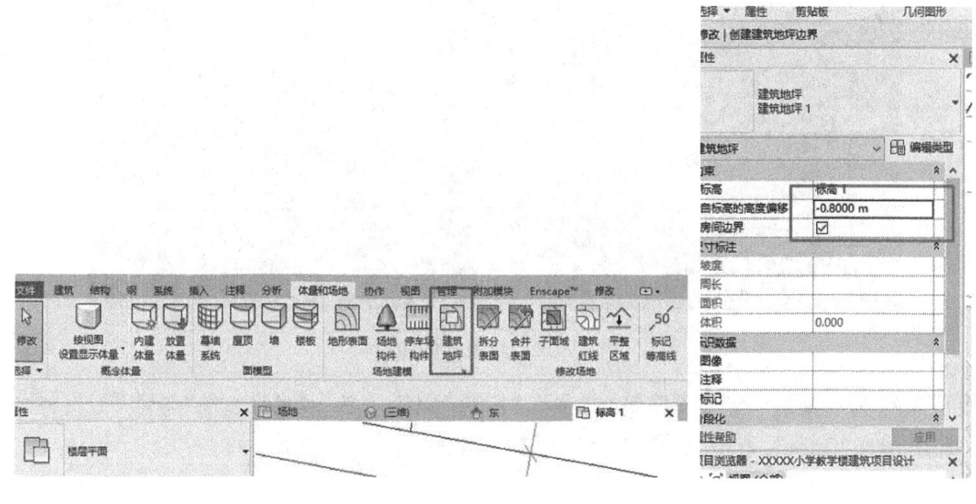

图 2－94　建筑地坪工具

使用绘制工具根据图 2－95 所示尺寸绘制出水池轮廓，完成后点击✔按钮，完成水池轮廓绘制。

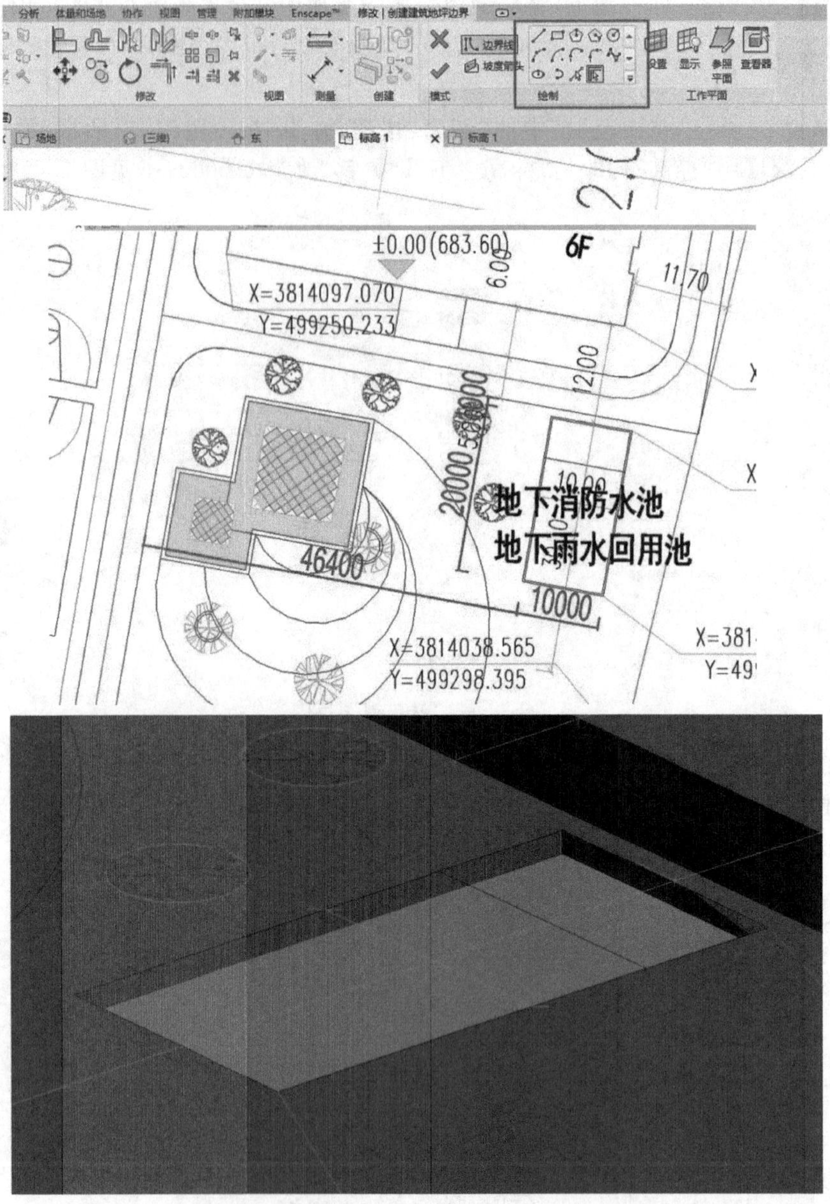

图 2 - 95　绘制水池轮廓

接下来绘制水池底。点击“建筑”选项卡“构建”面板中的“楼板”。在“属性”工具栏中选择“楼板 常规－150 mm”，点击“编辑类型”，创建水池底类型，见图 2 - 96。

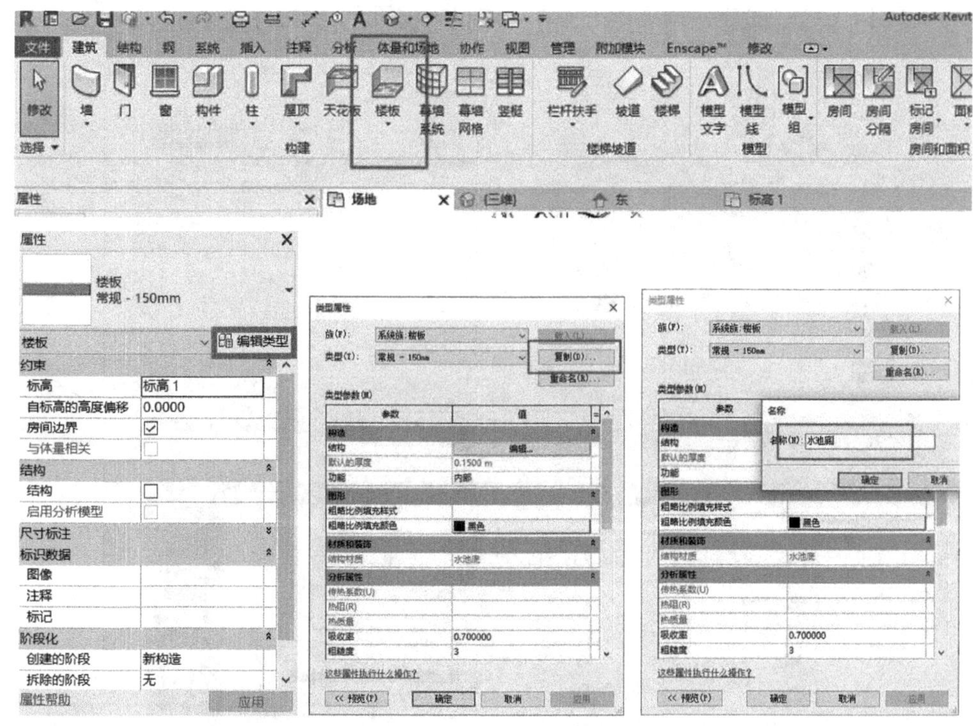

图 2-96　创建水池底类型

点击“构造”选项“结构”右侧的“编辑”按钮，选择结构[1]中“＜按类别＞”右侧的 … 按钮，新建材质并重命名为“水池底”，在资源浏览器“砖石”下的“石料”中选择“石灰石－碎石”材质，点击“确定”，见图 2-97。

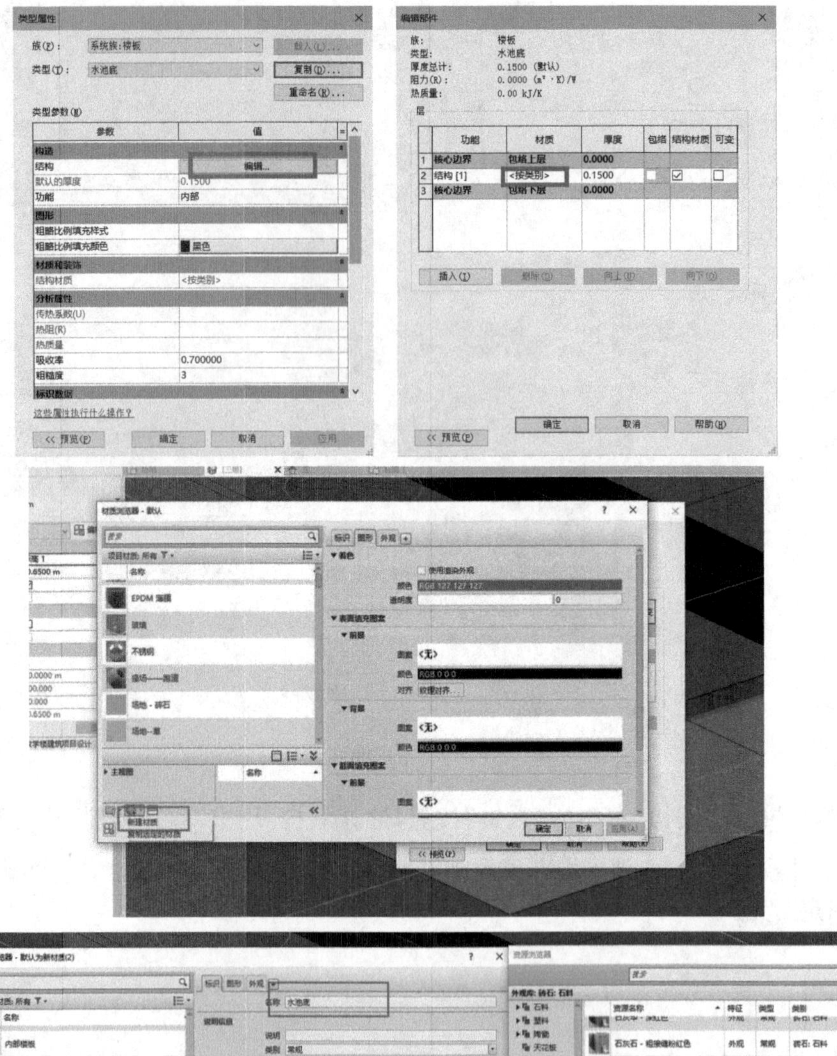

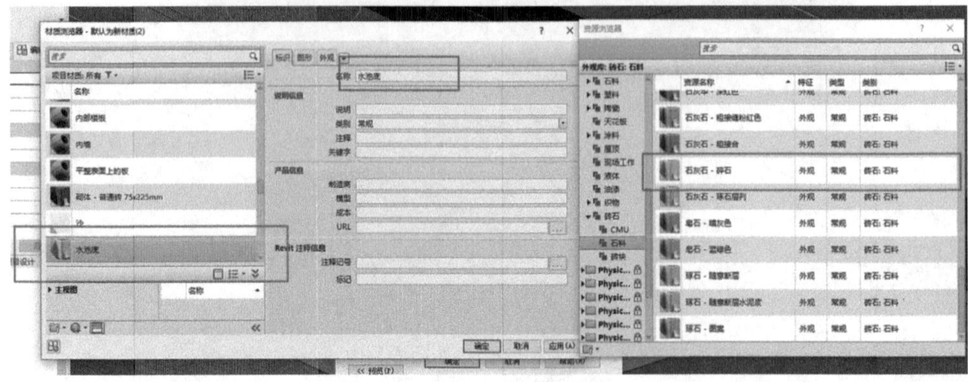

图 2-97　新建水池底材质

修改“属性”工具栏中的标高为“标高 1”，“自标高的高度偏移”为−0.6500，并勾选“房间边界”，使用绘制工具中的应用图中按钮小图拾取水池边界内侧，形成闭合区域，点击“✔”按钮完成绘制，见图 2-98。

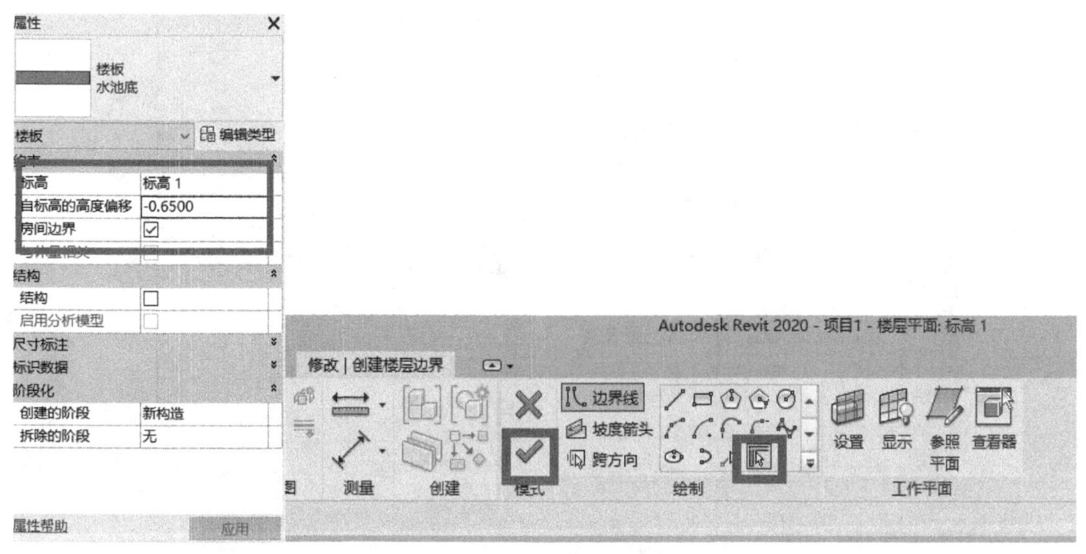

图 2-98 绘制水池底

接下来绘制水池围边，选择"建筑"选项卡"构建"面板中的"墙"，系统默认"基本墙 常规一200 mm"，点击"属性"工具栏中的"编辑类型"，创建水池围边类型，见图 2-99。

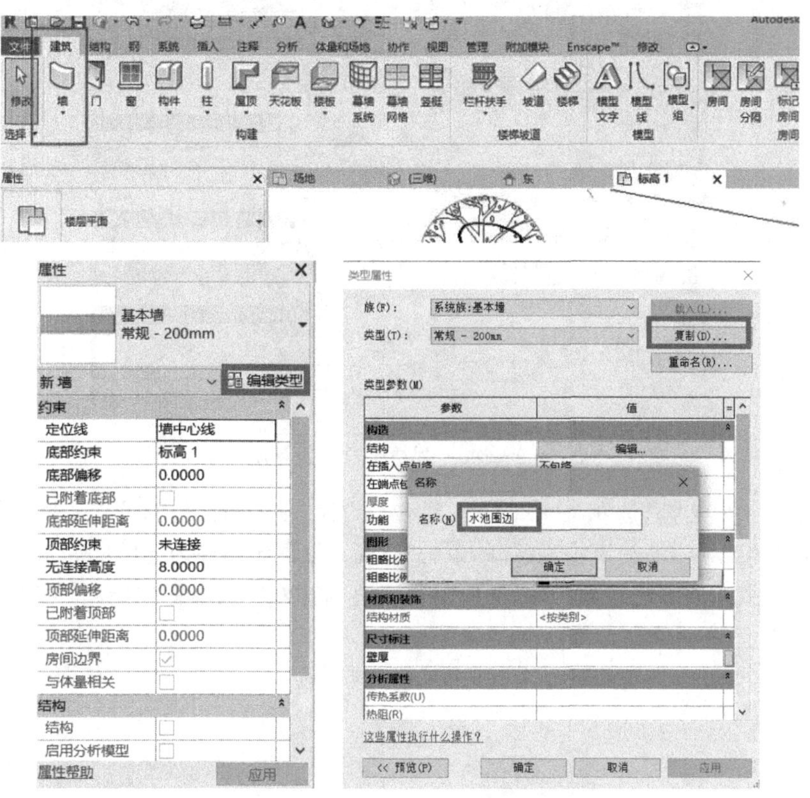

图 2-99 创建水池围边类型

点击"结构"参数中的"编辑"按钮，选择结构[1]"材质"中"<按类别>"右侧的 ... 按钮，新建材质并重命名为“水池围边”,点击“确定”,见图 2－100。

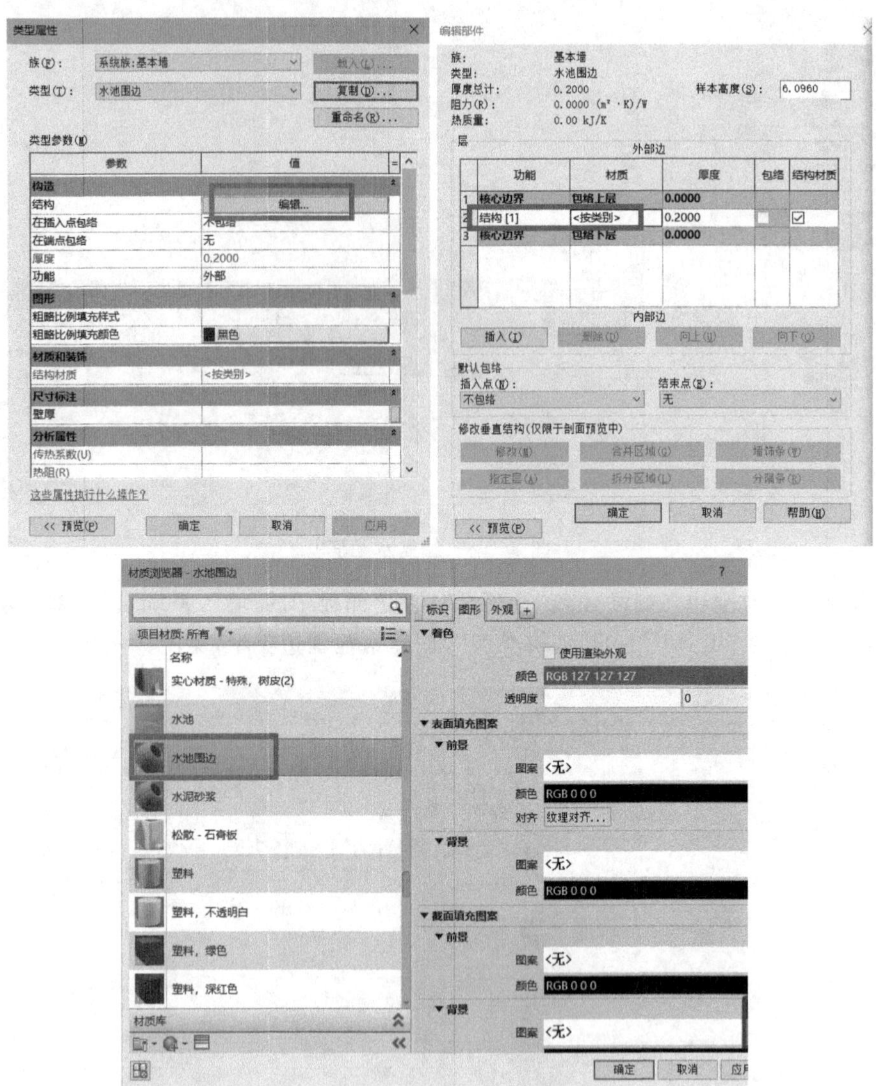

图 2－100　创建水池围边材质

设置“修改|放置墙”选项栏中的墙“定位线”为“面层面:外部”,“高度”选择未连接、1.0000 m。“属性”工具栏的约束中,底部约束为“标高 1”,底部偏移为－0.8000 m,使用绘制工具中的“拾取线”方式拾取水池边界内侧,形成闭合区域,点击✓按钮,完成绘制,见图 2－101。

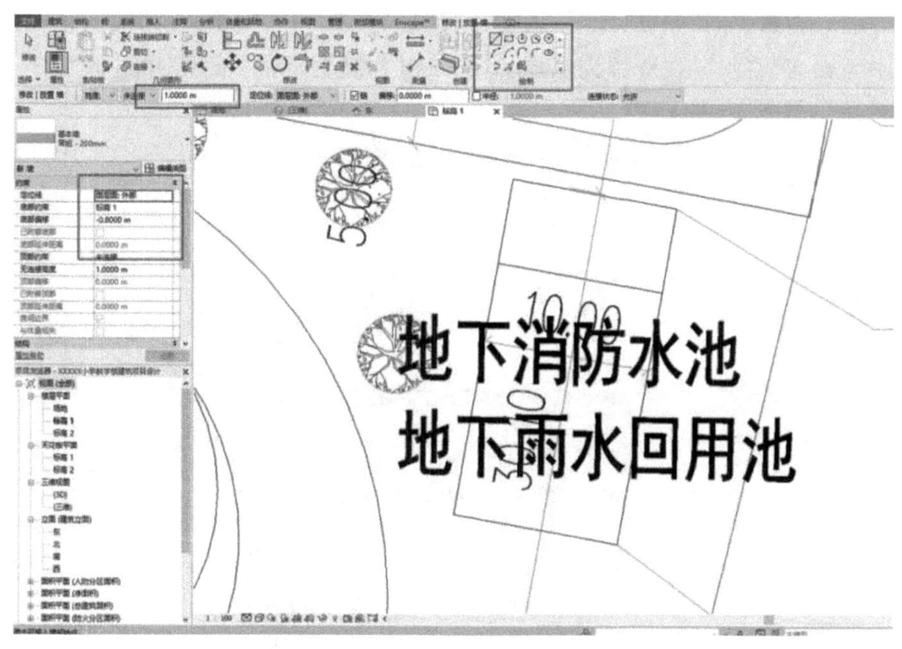

图 2-101　绘制水池围边

最后，为水池制作液态表面，点击“建筑”选项卡“构建”面板中的“楼板”。选择“楼板 水池底”，点击“属性”工具栏中的“编辑类型”，创建水类型，见图 2-102。

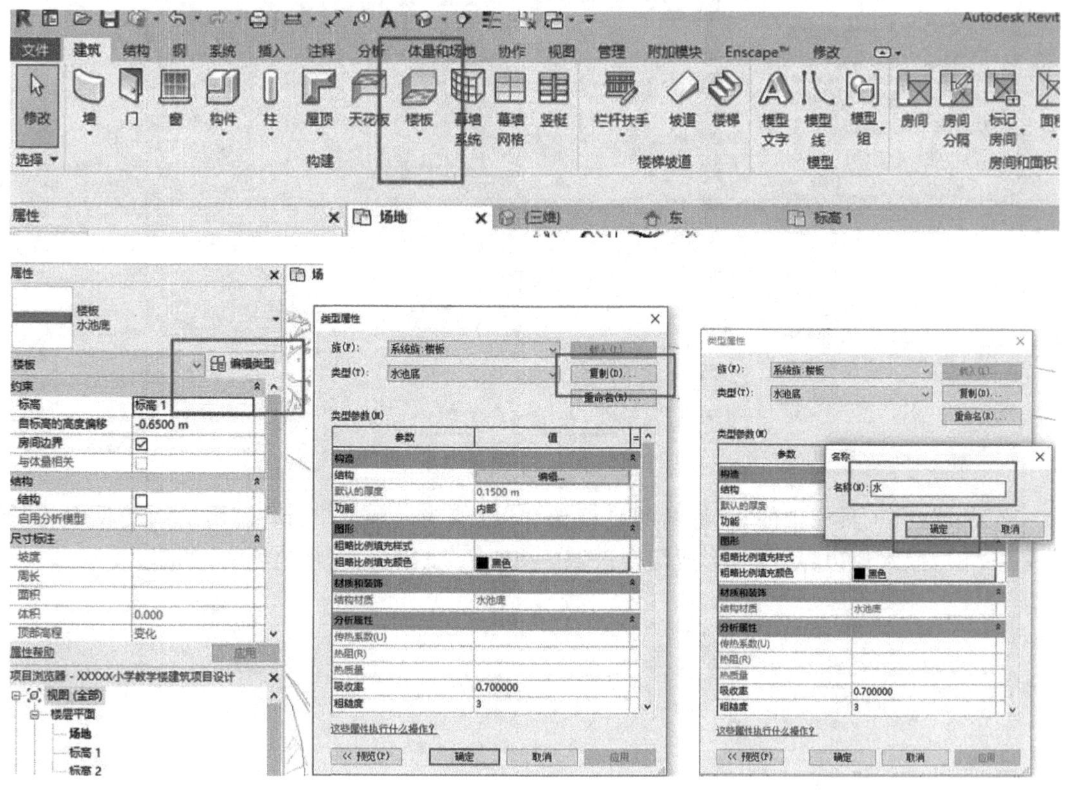

图 2-102　创建水类型

点击“结构”参数中的“编辑”按钮，选择结构[1]“材质”中“＜按类别＞”右侧的 ... 按钮，新建材质并重命名为“水”，在资源浏览器 Autodesk 物理资源的“液体”中选择“水－透明”材质，点击“确定”，见图 2－103。

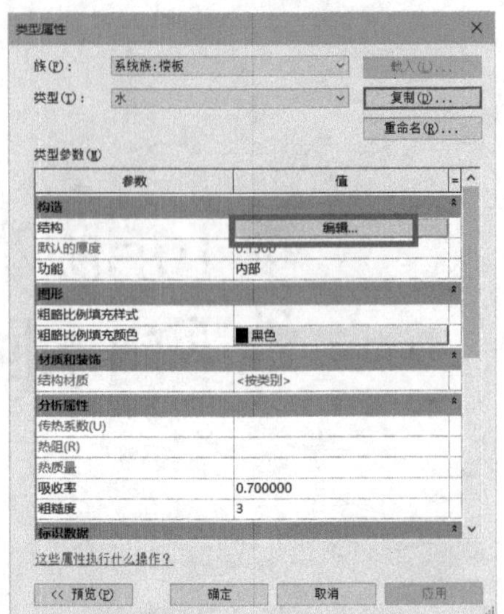

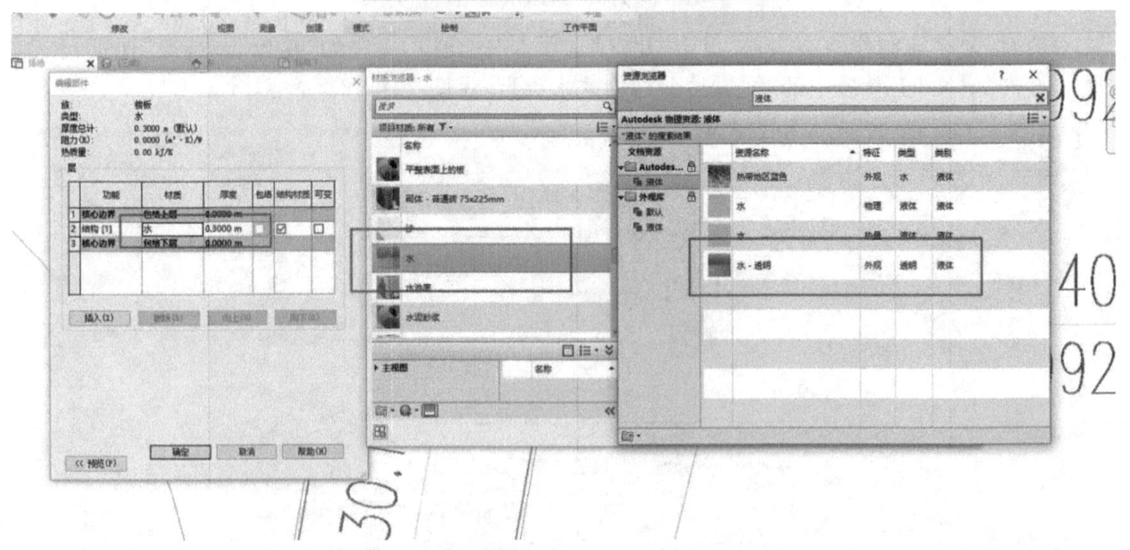

图 2－103　新建水材质

修改“属性”工具栏中的“自标高的高度偏移”数值为－0.4000 m，使用绘制工具中的“拾取线”方式拾取水池边界内侧，形成闭合区域。点击✓按钮，完成水池绘制，见图 2－104。

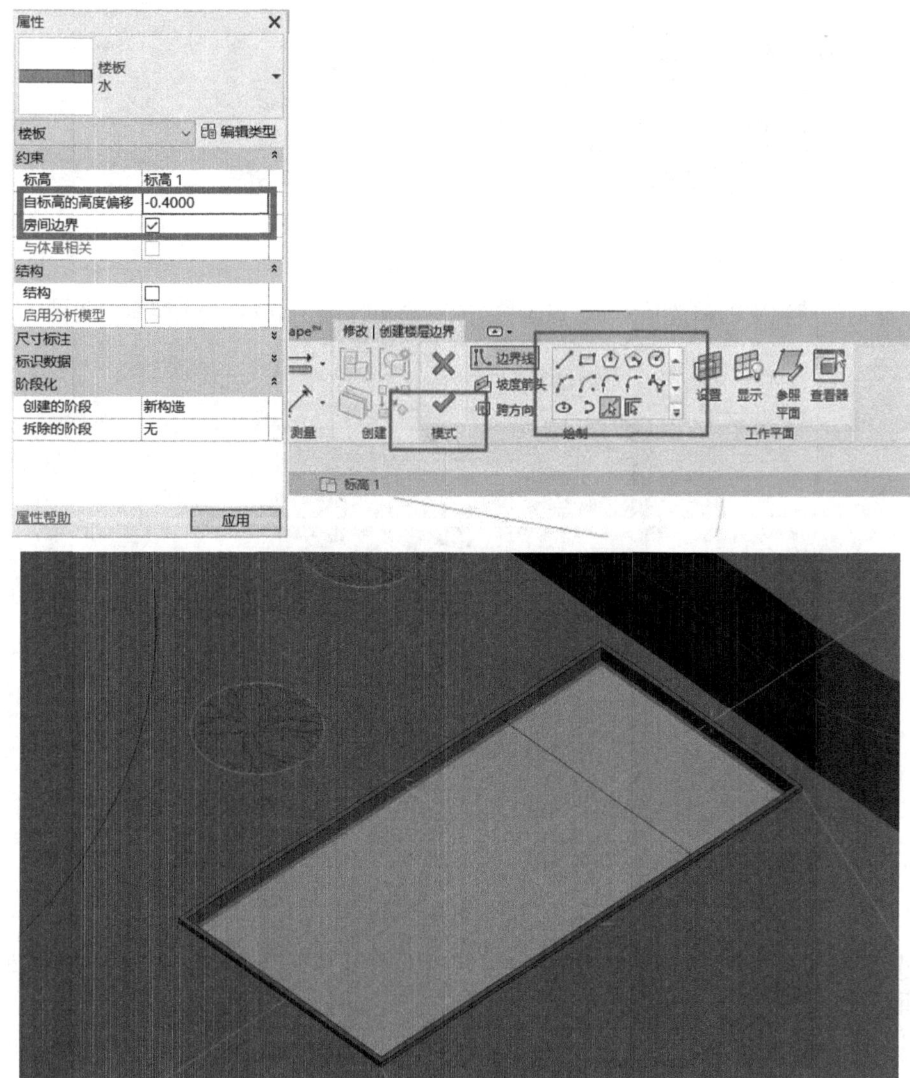

图 2-104　绘制水表面

2.11　创建体量

Revit 软件提供了概念体量工具，用于在项目前期概念设计阶段，为建筑师提供灵活、简单、快速的概念设计模型。使用概念体量模型可以帮助设计师推敲建筑形态，还可以统计概念体量模型的建筑楼层面积、占地面积、外表面积等设计数据，可以根据概念体量模型表面创建建筑模型中的墙、楼板、屋顶等图元对象，完成从概念设计阶段到方案、施工图设计的转换。

利用 Revit 灵活的体量建模功能，可以创建 NURBS 曲面模型，并通过该曲面转换为屋顶、墙体等对象，在项目中创建复杂对象模型。在 Revit 中，还可以对概念体量的表面进行划分，配合使用“自适应构件”生成多种复杂表面肌理。

体量属于族。在 Revit 中创建体量有两种方式，一种是在“项目中创建体量”，实现方式为：体量和场地—概念体量—内建体量，见图 2-105。

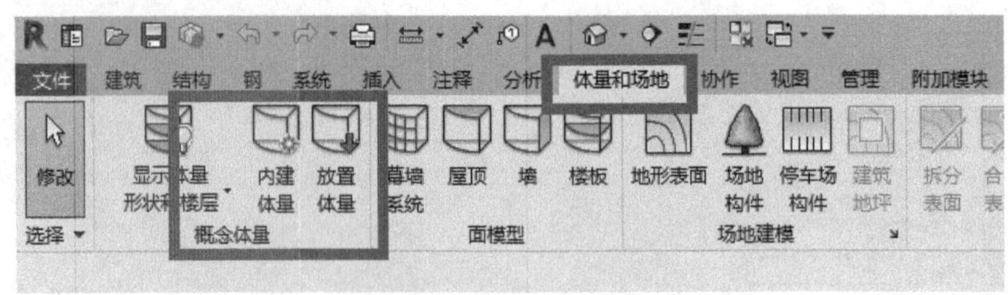

图 2 - 105　内建体量工具

另一种是创建独立的概念体量族，点击“文件”，选择“新建”中的“概念体量”，见图 2 - 106。

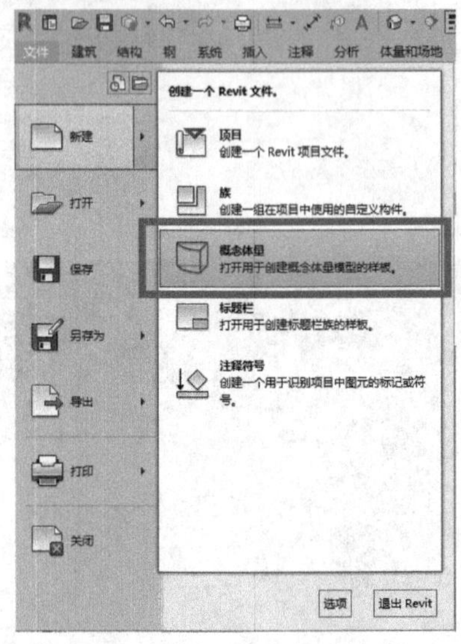

图 2 - 106　概念体量工具

弹出的“新概念体量”对话框选择“公制体量. rft”族样板文件，见图 2 - 107，即可进入概念体量编辑模式。

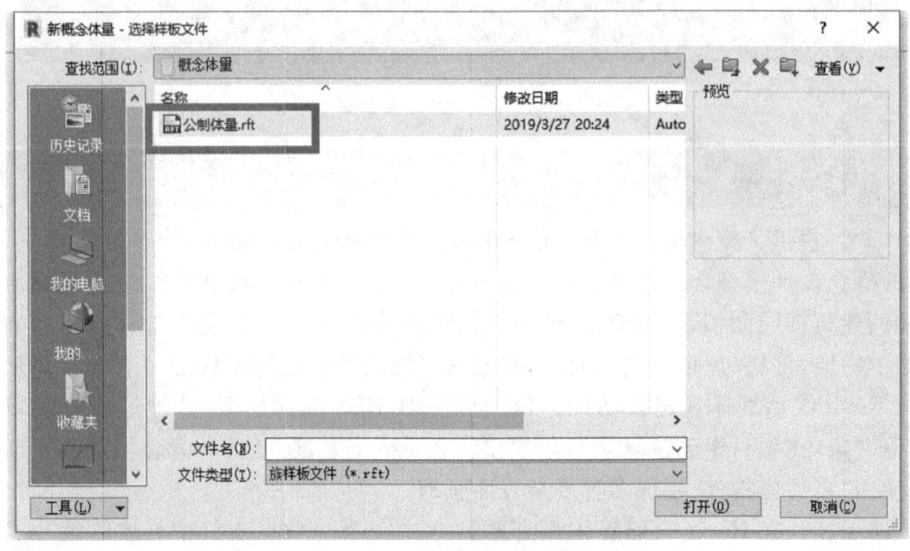

图 2 - 107　内建体量工具

或者启动软件时，依次点击初始界面中“族”—“新建”，在弹出的“新族－选择样板文件”对话框中双击打开“概念体量”文件夹，见图 2－108。

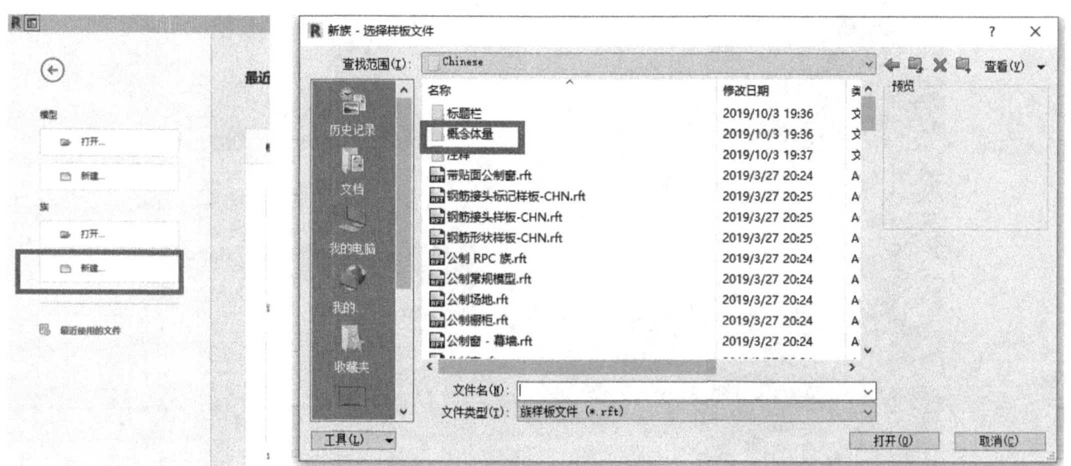

图 2－108　新建—概念体量

选择“公制体量. rft”。

在本项目中，将通过“内建体量”方式创建用地内建筑红线周边既有建筑的概念体量。

接上节内容，打开路网已创建好的地形表面，选择“修改|放置 线”上下文选项卡，点击“模型”，放置平面需改为“标高：室外地坪”，需将偏移值改为半墙厚，本项目中改为 0.1200 m，见图 2－109，然后选择绘制面板中的各种绘制方式根据导入的 CAD 文件中相应位置绘制出需要的轮廓形状，形状必须是闭合的。

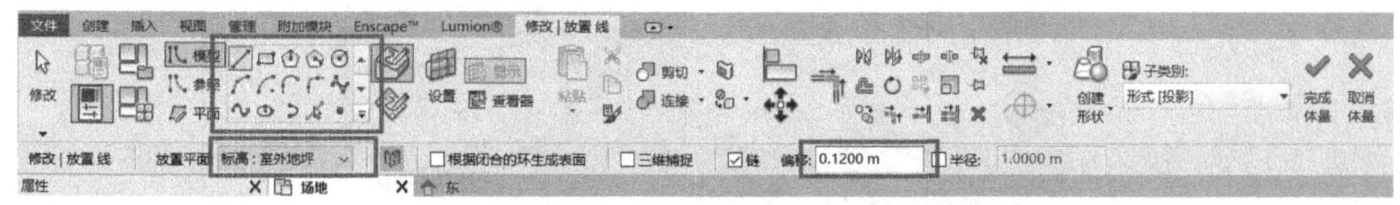

图 2－109　修改|放置 线上下文选项卡

点击创建好的形状，自动切换至“修改|线”上下文选项卡，选择“创建形状”中的实心形状，见图 2－110。

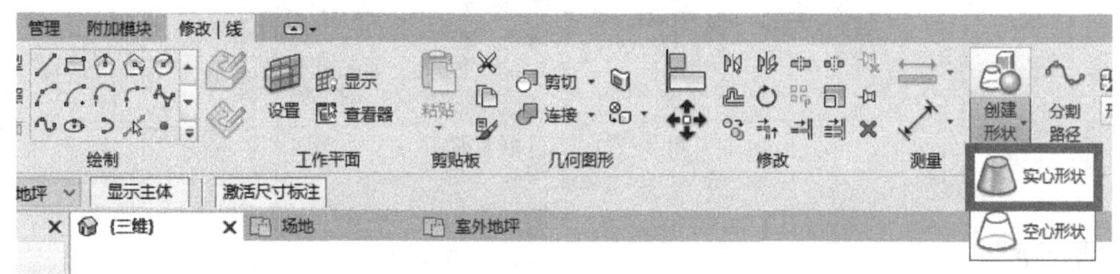

图 2－110　创建形状工具

将高度改为实际建筑高度，单位(mm)，点击属性工具栏“材质和装饰”中的“材质 ＜按类别＞”右侧的“...”，见图 2－111。

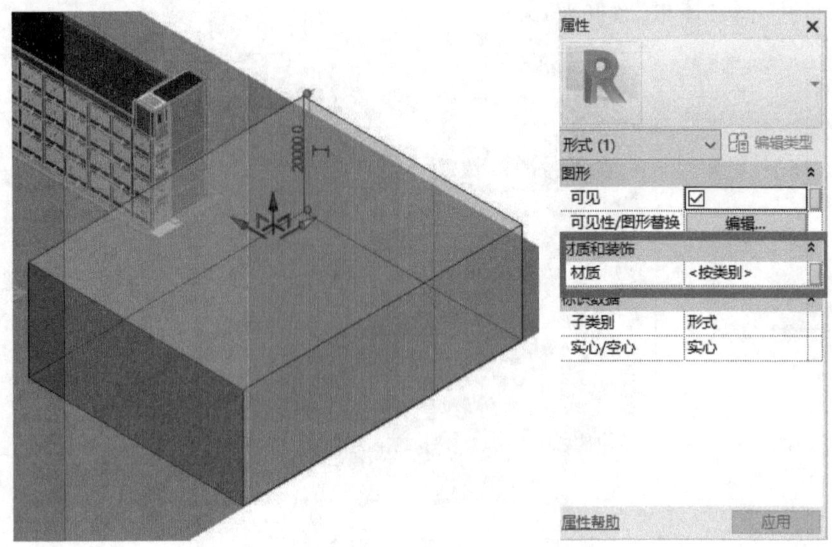

图 2－111　属性－材质－＜按类别＞

将材质改为“玻璃”，见图 2－112，点击“确定”，退出命令。用此方法绘制出基地外部所有既有建筑。

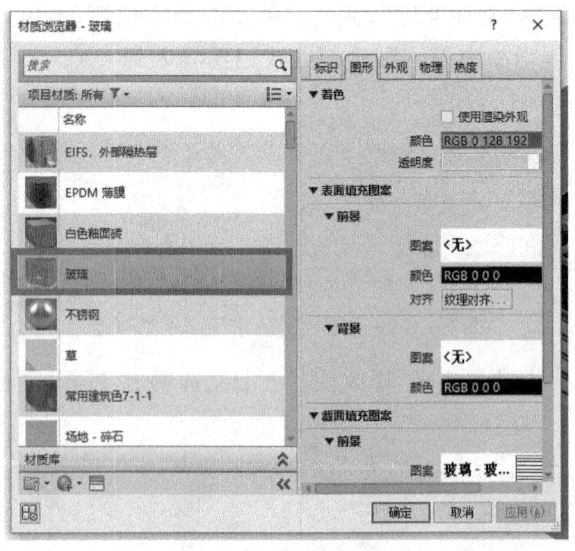

图 2－112　玻璃材质

思考题

1. 在 Revit 新建项目的窗口中，共有几种样板类型，分别是什么？
2. 创建场地过程中，在导入 DWG 地形文件时需要注意什么？
3. 在场地平面中创建一个长边为 6 m，短边为 3 m，深为 0.5 m 的矩形消防水池。

第 3 章　建筑方案 BIM 设计

教学导入

本章在场地创建完成的基础上介绍了案例方案设计过程中的环境设计、建筑单体定位、承重结构、围护结构、交通枢纽空间、附属设施设计等内容，讲解了 BIM 技术在方案设计阶段的综合应用，特别是对于难度高的围护结构的坡屋顶、交通枢纽-剪刀梯、异形构件的创建方法进行了详细的诠释，使学生能够进一步掌握 BIM 技术在方案正向设计过程中的优势。

3.1　场地环境景观设计

本节内容主要运用 Revit 软件中的“体量和场地”的相关命令完成小学教学楼项目建筑概念体量和基地内部景观、道路的设计。

3.1.1　创建教学楼建筑概念体量

点击“体量和场地”选项卡概念体量面板中的“内建体量”，弹出“名称”对话框，将名称改为教学楼，见图 3 - 1。

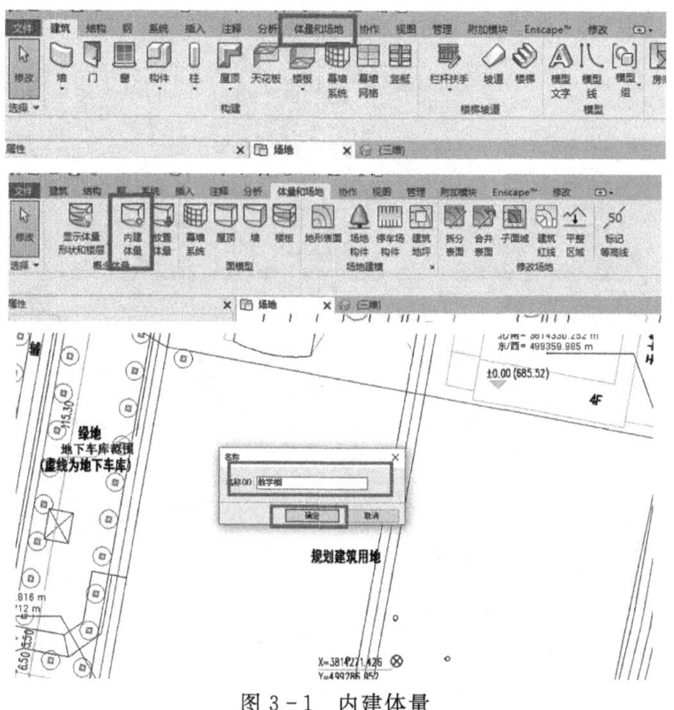

图 3 - 1　内建体量

点击“创建”选项卡“绘制”面板中的相应工具，按图示平面尺寸绘制出教学楼概念体量轮廓，见图 3 - 2。

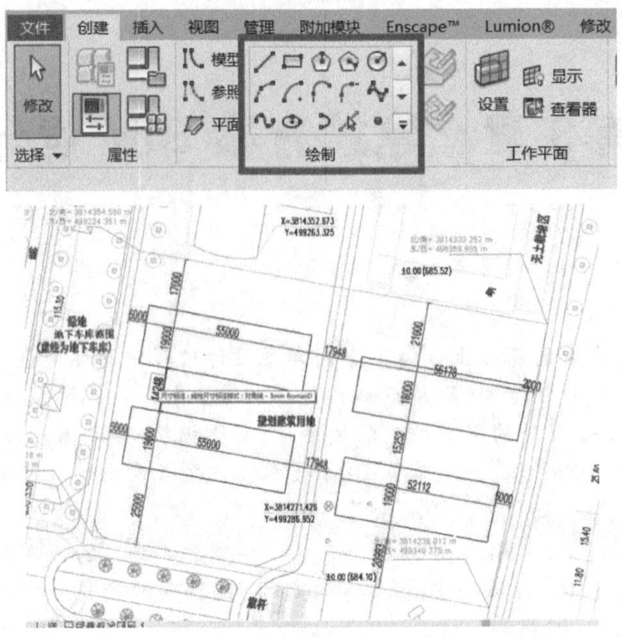

图 3-2 绘制教学楼平面轮廓

选中上一步创建的轮廓，自动切换至“修改|参照线”上下文选项卡，点击“形状”面板中的“创建形状”，选择“实心形状”，会出现“长方体”和“矩形面”两个选项，选择“长方体”，见图3-3。

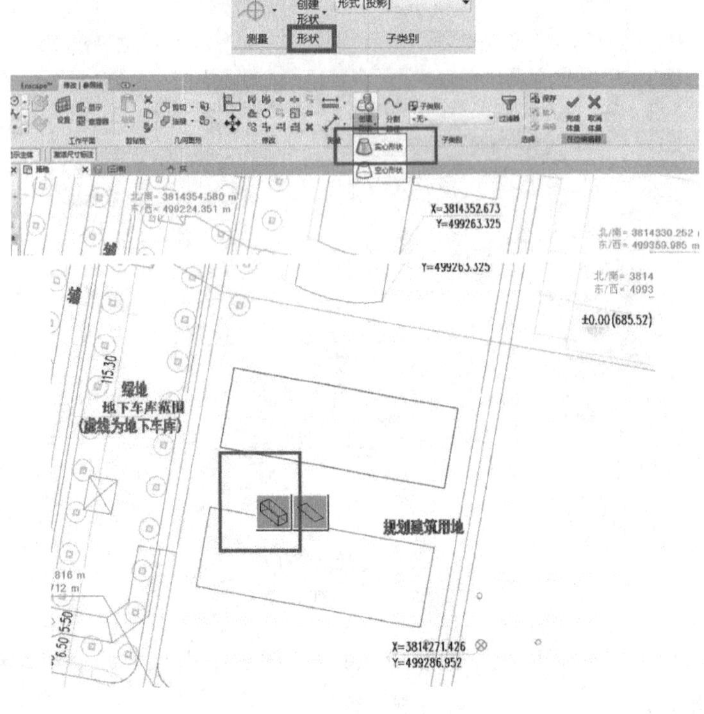

图 3-3 创建实心形状

将鼠标移至实心形状顶面的任一位置，用键盘上的“Tab”键切换至顶面，此时顶面呈高亮状态，用鼠标左键单击顶面，高度将修改为“15.6000 m”，见图 3-4。

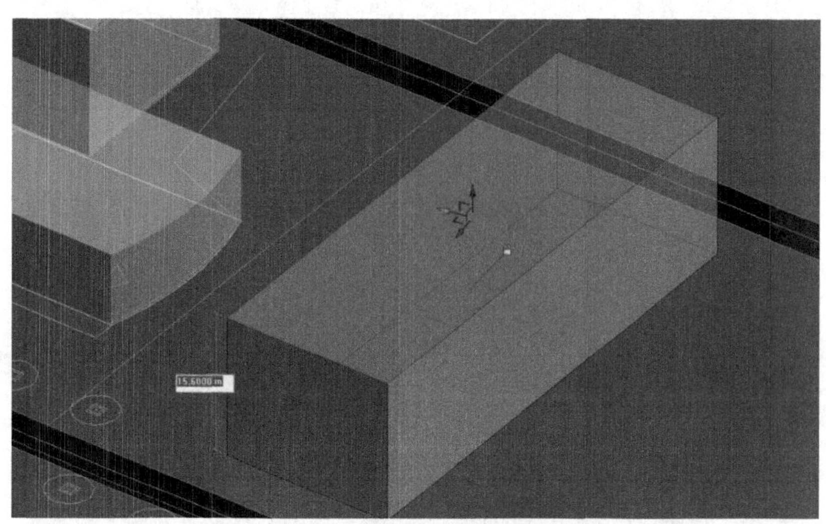

图 3-4　修改实心形状高度

教学楼由两个独立的长方体构成，另外一个长方体可用相同方法绘制，完成后效果如图 3-5所示。

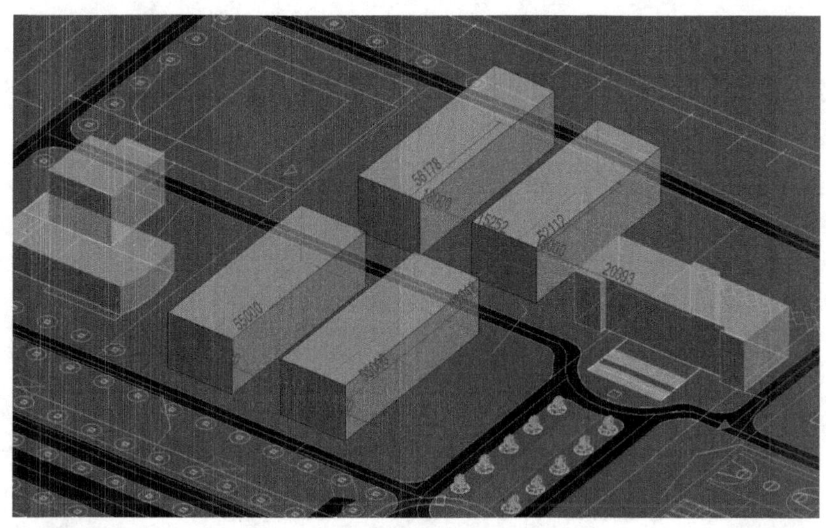

图 3-5　教学楼概念体量

因第 2 章已介绍了概念体量的创建方法，包括玻璃材质的选取等内容，本节不再赘述。

注：两个实心形状必须逐一创建，否则不予执行。

3.1.2　创建停车场地

主要道路旁边设置的停车场地需要同道路一起使用“拆分表面工具”切割开。

点击“体量和场地”选项卡“修改场地”面板中的“拆分表面”工具，见图 3-6，按图示尺寸绘制出停车场的范围，见图 3-7。

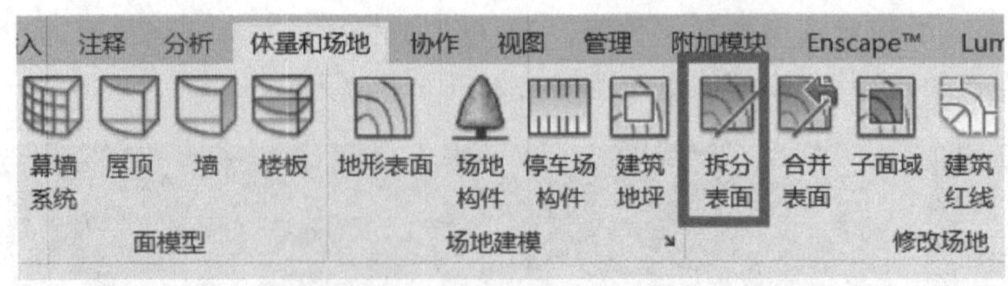

图 3-6 停车场构件

图 3-7 停车场范围

点击停车场范围，属性工具栏中显示材质为“场地—草”，点击该材质后的“...”，见图 3-8；进入材质浏览器，新建材质并命名为“停车场”，打开资源浏览器，选择“外观库：现场工作”中的“混凝土—人行道”，见图 3-9；完成停车场范围绘制，见图 3-10。

图 3-8 停车场范围内当前材质

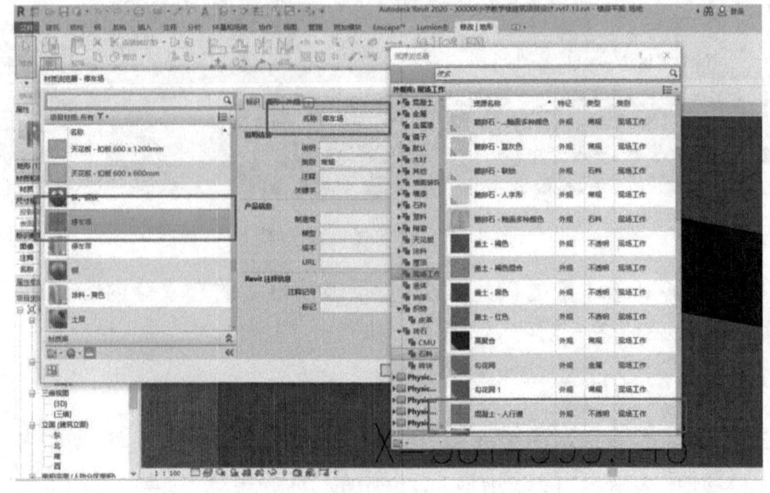

图 3-9 新建停车场范围内材质

图 3-10　新建停车场范围

点击“插入”选项卡“从库中载入”面板中的“载入族”，依次选择建筑-场地-停车场中的“停车位-有车辆数据.rfa”，选择“小型车”即可，见图 3-11。

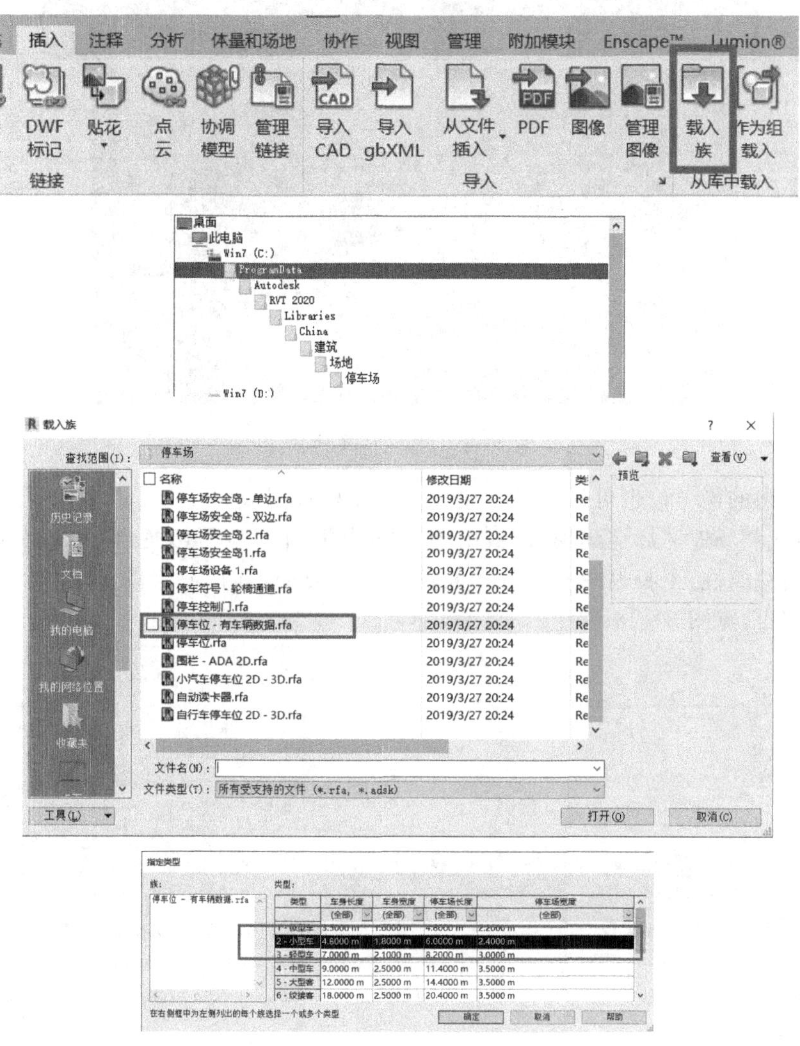

图 3-11　载入停车位族

点击“建筑”选项卡“构建”面板中的“构件”,根据绘制好的停车场范围插入设定好的停车位,完成停车场布置,见图 3-12。

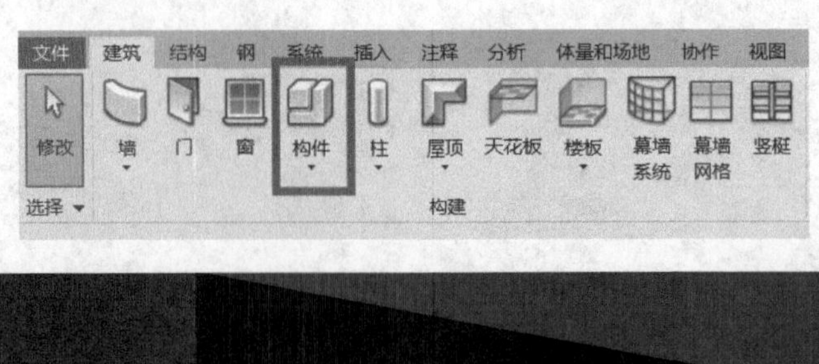

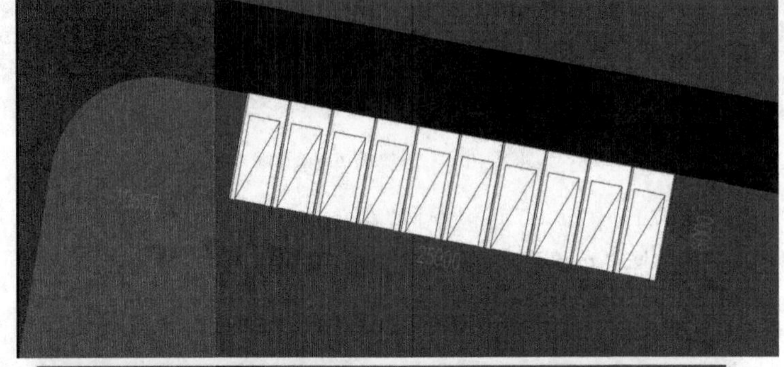

图 3-12 插入停车位构件

停车场地内的停车位也可通过简单放置停车场构件完成。

点击“体量和场地”“场地建模”面板中的“停车场构件”,自动切换至“修改|停车场构件”上下文选项卡,在“属性”工具栏中有默认的四种停车位类型,选择适合的停车位类型,根据停车场范围设置即可,见图 3-13。

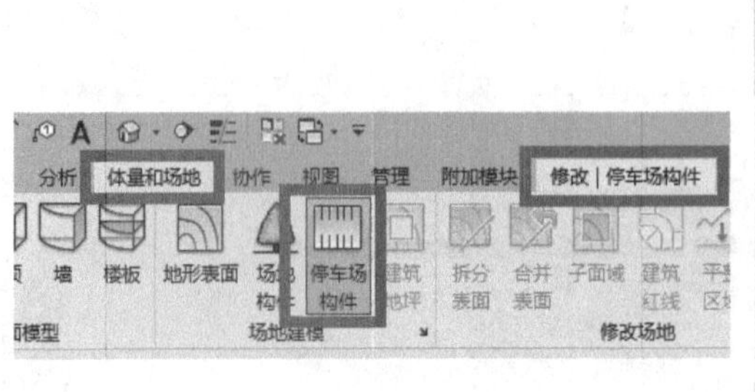

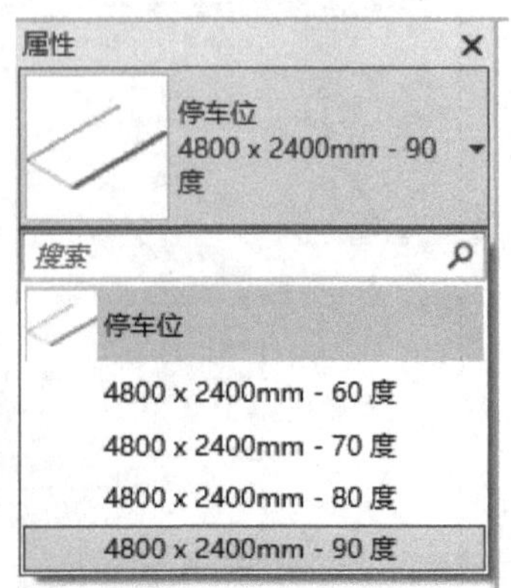

图 3-13 停车位构件及类型选择

3.2 建筑单体定位

下面绘制小学教学楼项目建筑单体，注意创建单体时要采用“新建项目”的方式，选择“建筑样板”，项目单位采用默认的“mm”，文件名保存为“教学楼. rvt”，待全部绘制完成后，再插入场地中进行组合，如图 3-14 所示。

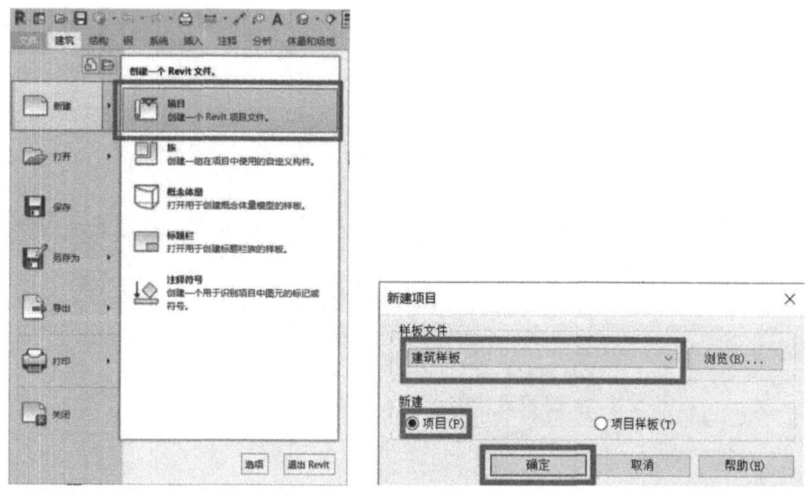

图 3-14　新建项目

在建筑设计中，标高和轴网是非常重要的定位信息，在 Revit 软件中，标高和轴网同样是建筑单体模型创建的开始。

3.2.1　创建建筑标高

新建建筑项目，打开“项目浏览器”中的“立面”视图，双击“南”立面视图名称，切换至南立面视图，系统默认标高为标高 1 和标高 2，标高 1 数值为±0.000 m，标高 2 数值为 4.000 m，见图 3-15。

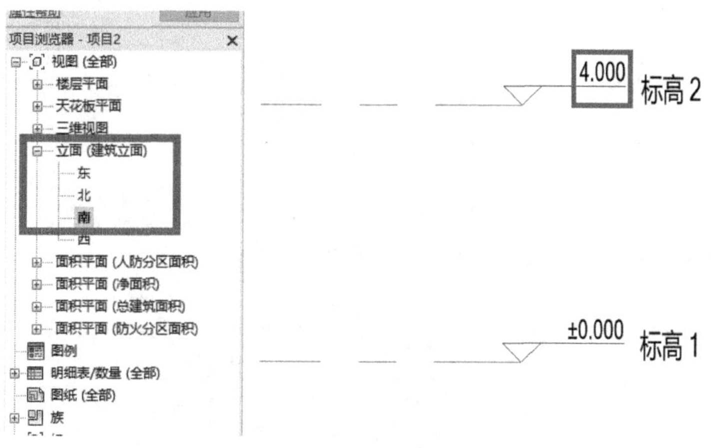

图 3-15　南立面视图

双击标高名称，分别改为 F1 和 F2，修改时弹出“确认标高重命名”，选择“是(Y)”，相应的视图名称也会修改，见图 3-16。

注：标高以米(m)为单位，但实际距离仍以毫米(mm)为单位。

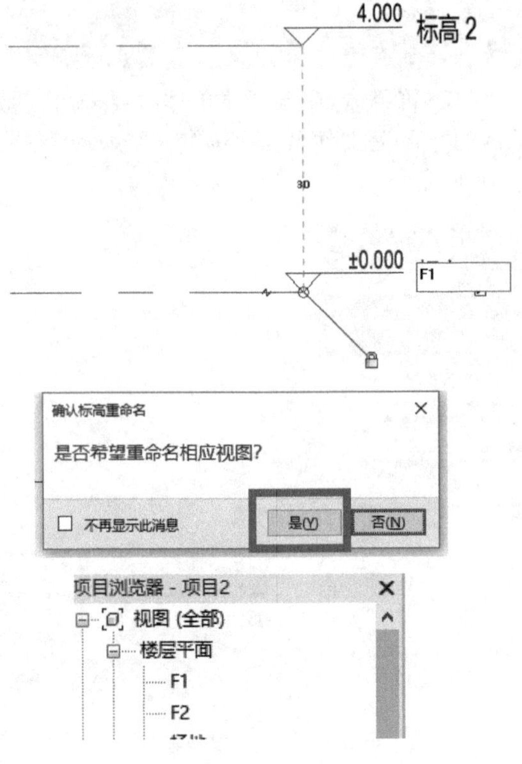

图 3-16　重命名视图

将鼠标指针移至“F2”，则该标高呈高亮状态，双击数字“4.000”，修改为“3.900”，在空白处点击一下，则 F2 处的标高立即改为 3.900 m，见图 3-17。

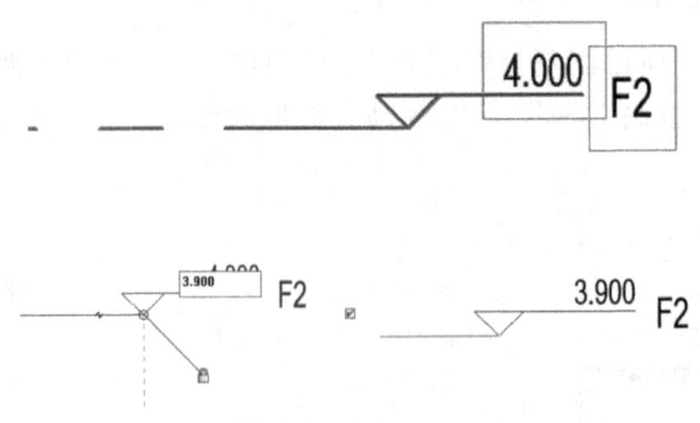

图 3-17　修改标高

点击“建筑”选项卡基准面板中的“标高”，见图 3-18。

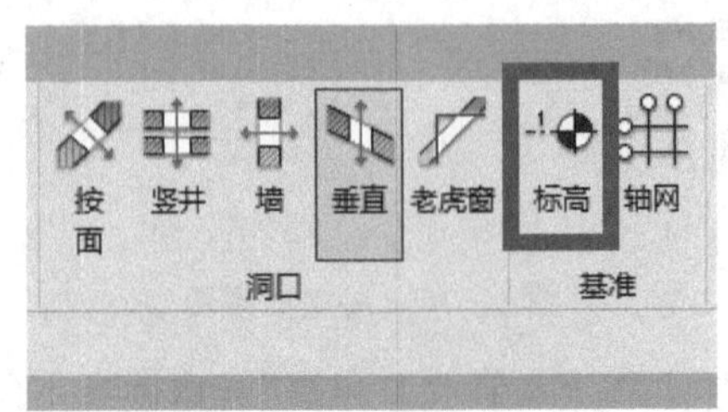

图 3-18　标高选项

自动切换至“修改|放置 标高”上下文选项卡，绘制面板中选择“直线”，确认已勾选选项栏中“创建平面视图”选项，点击“平面视图类型”，在弹出的“平面视图类型”对话框中选择“楼层平面”，点击“确定”，见图3－19。

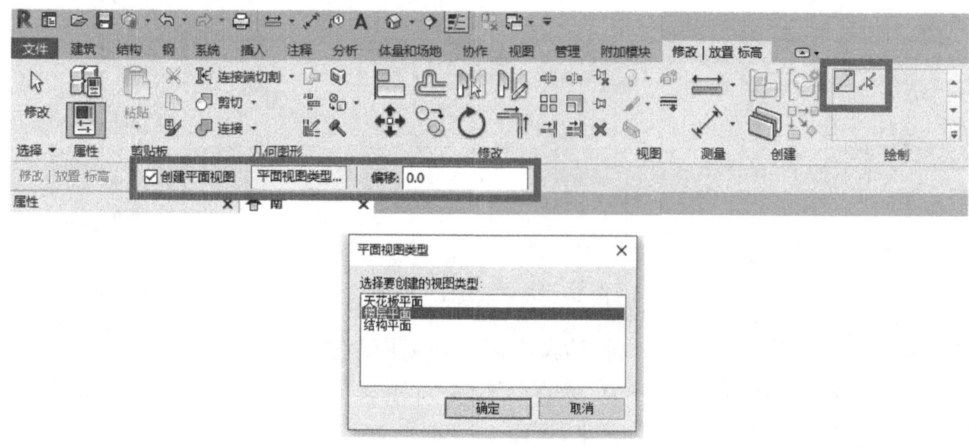

图3－19　修改|放置 标高上下文选项卡

设置偏移量为“0.0”，属性工具栏显示默认为“标高 上标头”，见图3－20。

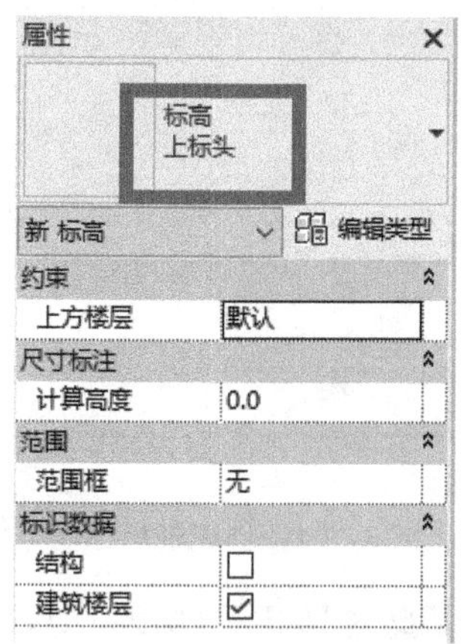

图3－20　标高 上标头

将鼠标指针移至F2上方任意位置，在指针与标高F2之间显示临时尺寸标注，标注内容为二者之间的距离，见图3－21。当指针与F2左侧端点对齐时，还将显示蓝色虚线，见图3－22，在3900位置点击鼠标左键，作为新标高的起点，向右移动鼠标至右侧端点位置，同样会出现蓝色虚线，再点鼠标左键确定，完成标高F3绘制，标高F3处的数值为“7.800”，见图3－23。

图3－21　临时尺寸标注1

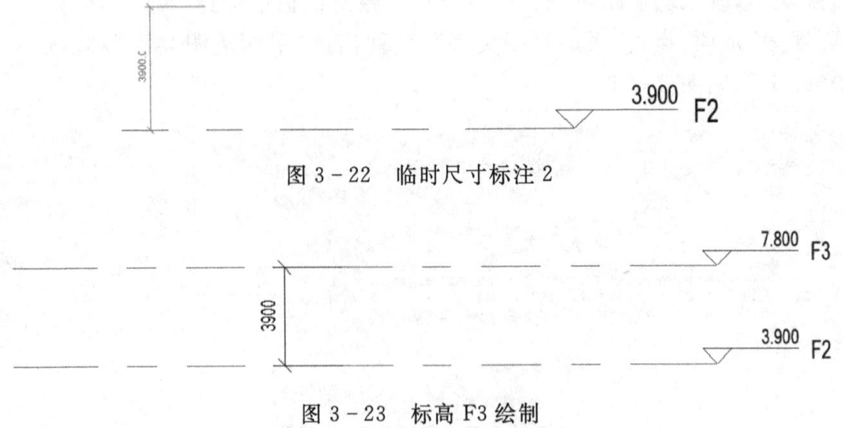

图 3-22　临时尺寸标注 2

图 3-23　标高 F3 绘制

以此方法继续创建 F4、屋面标高、楼梯间屋面距屋面距离均为 3900 mm。

将属性工具栏中的标高样式改为“标高 下标头”，距离±0.000 以下 100 mm 的位置绘制标高，改名为“室外地坪”，完成标高创建，见图 3-24。

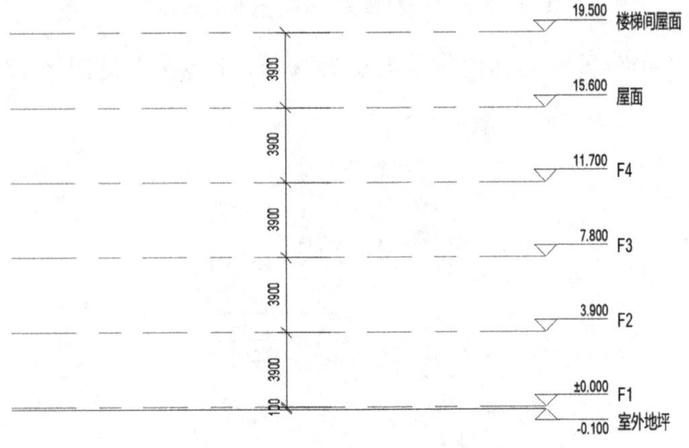

图 3-24　创建各层标高

注：“项目浏览器”中“楼层平面”此时只显示“场地、F1、F2”，见图 3-25。此时，需要点击“视图”选项卡“创建”面板中的“平面视图”，选择“楼层平面”选项，选择看到的全部楼层平面，点击“确定”，“项目浏览器”中“楼层平面”将全部显示，见图 3-26。

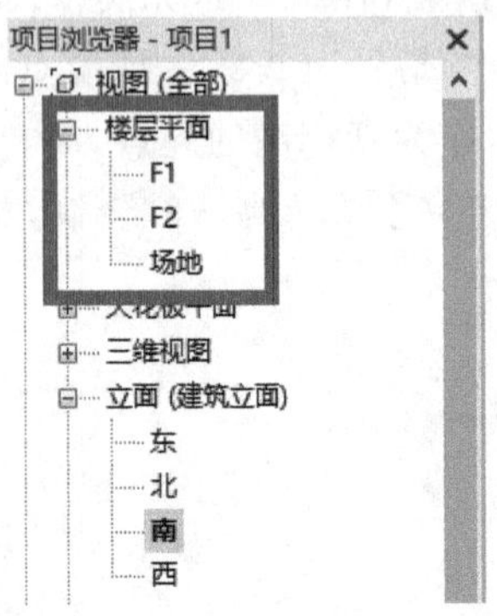

图 3-25　楼层平面显示不全

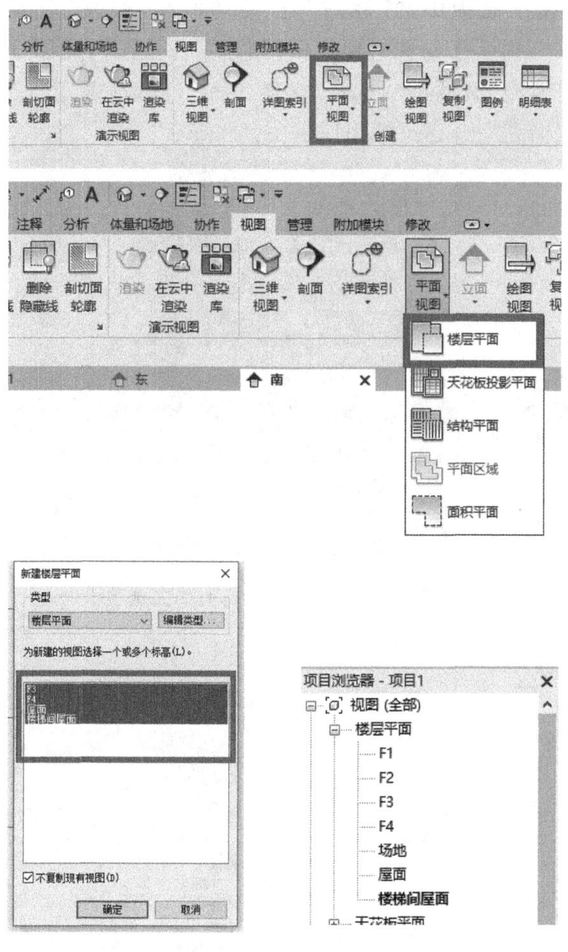

图 3－26　平面视图选项中的楼层平面

创建标高还可利用拾取线的方法，当多个标高距离相同时可利用阵列命令。

拾取线方法如下：

将鼠标指针移至“标高 2”，则该标高呈高亮状态，双击数字“4.000”，修改为“3.900”，在空白处点击一下，则 F2 处的标高立即改为 3.900 m，见图 3－27。

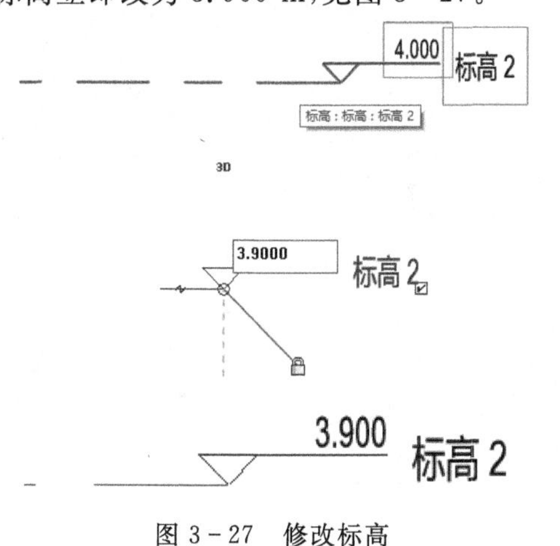

图 3－27　修改标高

点击“建筑”选项卡基准面板中的“标高”，自动切换至“修改|放置 标高”上下文选项卡。绘制面板中选择“拾取线”，确认已勾选选项栏中“创建平面视图”，见图 3-28，点击“平面视图类型”，在弹出的“平面视图类型”对话框中选择“楼层平面”，点击“确定”，设置偏移量为“3900.0”，属性工具栏显示默认为“标高 上标头”，见图 3-29。

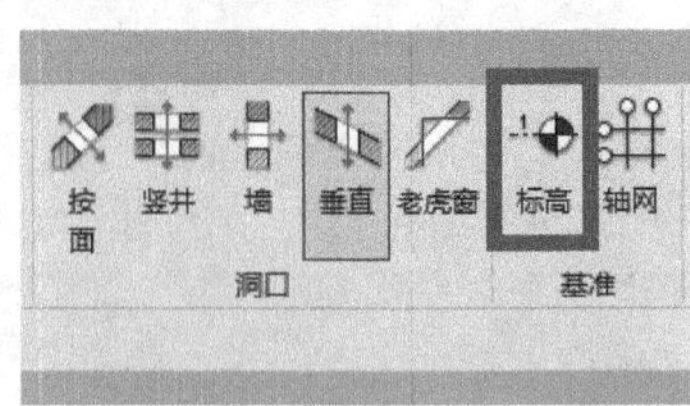

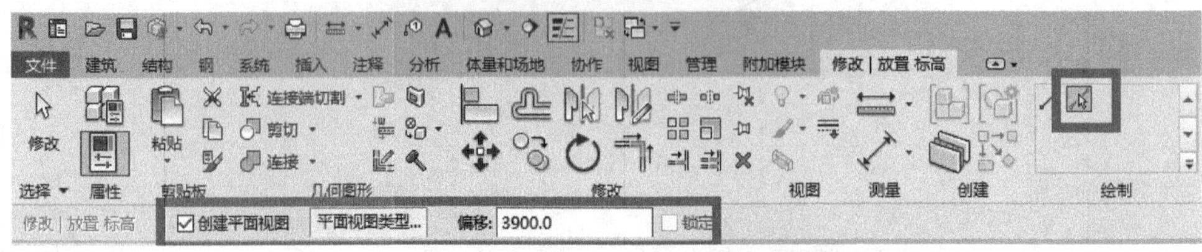

图 3-28 修改|放置 标高上下文选项卡

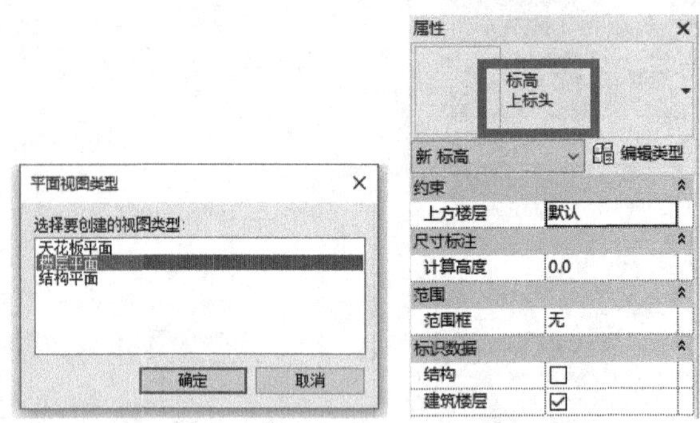

图 3-29 修改|放置 标高上下文选项卡

鼠标移至标高 F2，会在 F2 上方或下方出现蓝色虚线，当蓝色虚线出现在上方时，点击鼠标左键确认，则会生成标高 F3，且与标高 F2 间距为 3900 mm，黑白截图见图 3-30，继续把鼠标移至标高 F3，同样方法依次绘制出标高 F4、屋面标高、楼梯间屋面距屋面标高，距离均为 3900 mm。

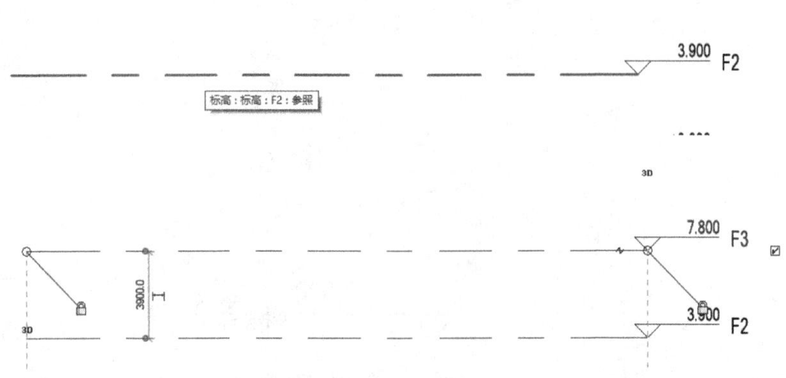

图 3-30 生成 F3 标高

创建室外地坪标高的方法与之前相同，不再赘述。

阵列命令如下：

标高 F2 及以上标高间距均是 3900 mm，所以可运用阵列命令绘制。

鼠标左键点击标高 F2，自动切换至“修改|标高”上下文选项卡，选择“修改面板”中的“阵列”，选择选项栏中的“线性”，项目数为“5”，勾选“约束”选项，见图 3-31。

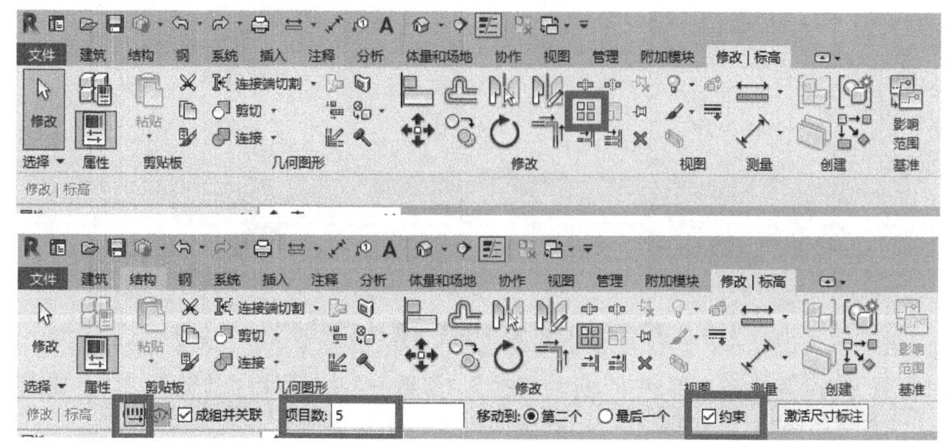

图 3-31　阵列

在标高 F2 上任意点击一下鼠标左键，鼠标向上滑动，输入“3900”，然后点击回车，见图 3-32。

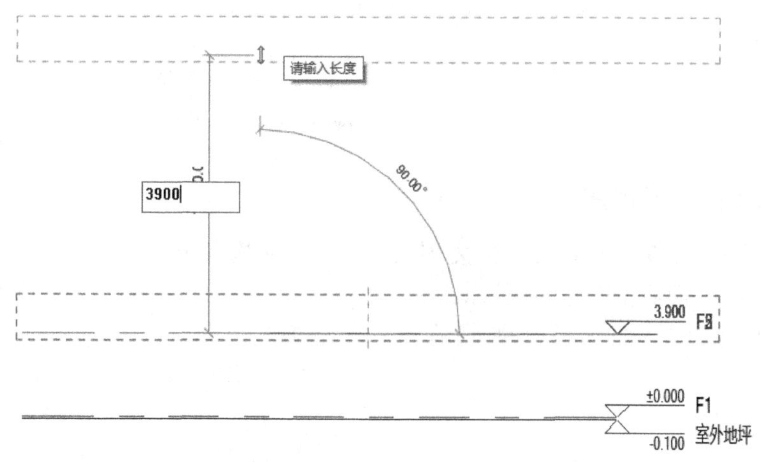

图 3-32　由标高 F2 开始阵列

生成的标高 F3 至 F6 和源对象 F2 是一个组，见图 3-33，此时不能进行名称修改等编辑，若要编辑，则需要进行解组操作。

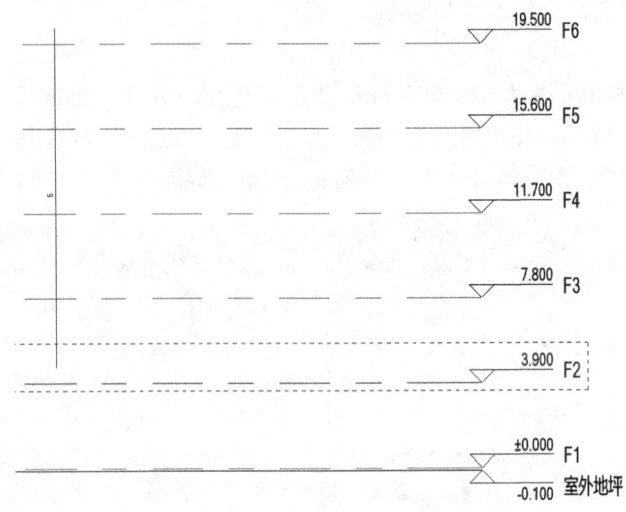

图 3-33 生成的标高与源对象成组

将 F2 至 F6 所有标高全部选中，自动切换至“修改|模型组”上下文选项卡，在成组面板中点击“解组”完成解组操作，见图 3-34，然后即可进行名称修改。

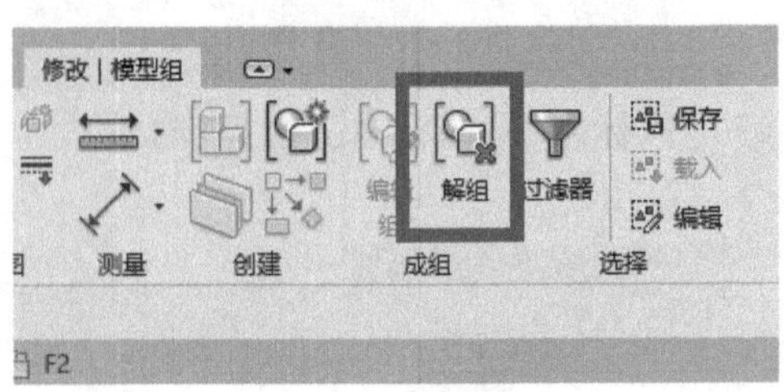

图 3-34 解组

3.2.2 创建建筑轴网

本项目中，以Ⓐ轴和①轴的交点作为项目基点，项目基点坐标值为：X＝3814271.4260，Y＝499286.9520，合图后偏转角：北偏东 10.17°。

点击“建筑”选项卡基准面板中的“轴网”，见图 3-35。

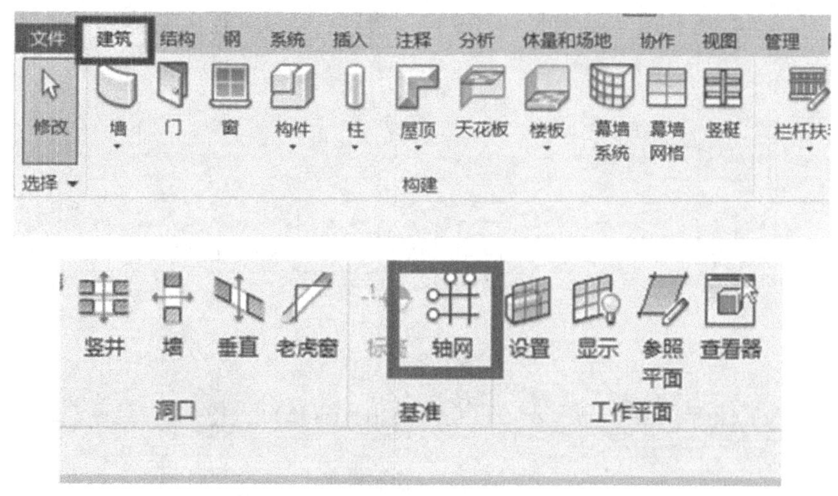

图 3-35　轴网工具

点击“属性”工具栏中的“编辑类型”，默认 6.5 mm 编号间隙，复制出“教学楼轴网”，轴线中段由“无”改为“连续”，轴线末端颜色改为红色，并勾选“平面视图轴号端点 1(默认)”。绘制①轴，见图 3-36。

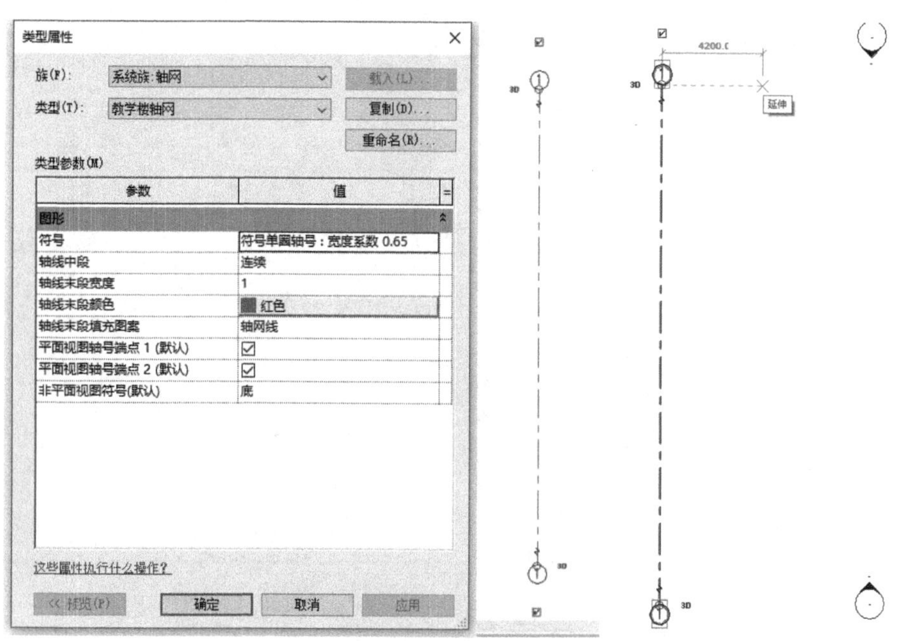

图 3-36　修改轴网类型属性

距离①轴 4200mm 的位置画②轴，按此方法依次输入 3600、2400、2250、3200、1450、8×4650、4200，单位为 mm，见图 3-37。

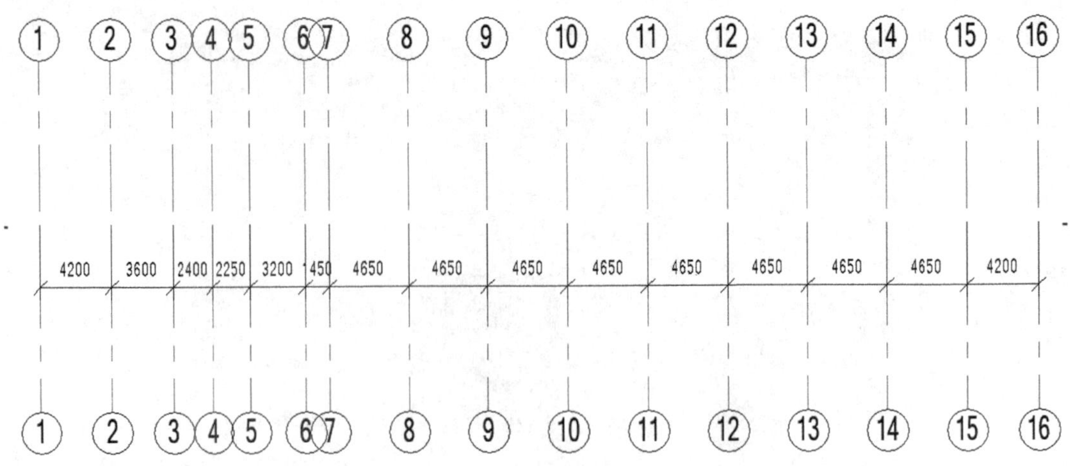

图 3－37　绘制轴网 1

注：因为诸如 2250 mm 这样的数值一般不好直接确定，可先按 2300 mm 画出，再进行修改，具体方法如下：

距离④轴 2300 mm 的位置画出⑤轴，单击⑤轴，出现临时标注尺寸，只需将 2300 改为 2250 即可，在空白处点击鼠标左键即可完成修改，见图 3－38。

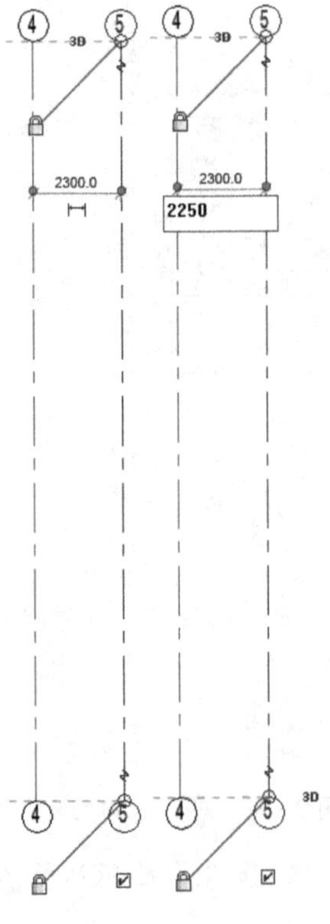

图 3－38　绘制轴网 2

接下来绘制水平方向轴网。在之前确定的项目基点处绘制①轴和Ⓐ轴的交点。此时，软件会“智能”的从⑰轴开始排序，需要读者双击轴号，将轴号修改为Ⓐ，见图 3－39。

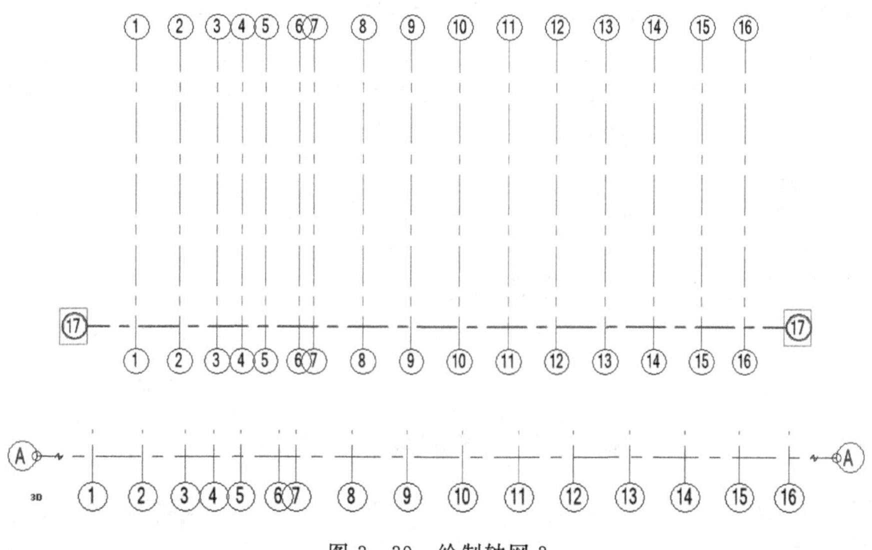

图 3-39　绘制轴网 3

依次输入 2500、5500、3000、2700、600、900、3200、300、4300、6000、4300、300、4100、600、2700、3000、5500、2500，单位为 mm，见图 3-40，轴网创建完成，见图 3-41。

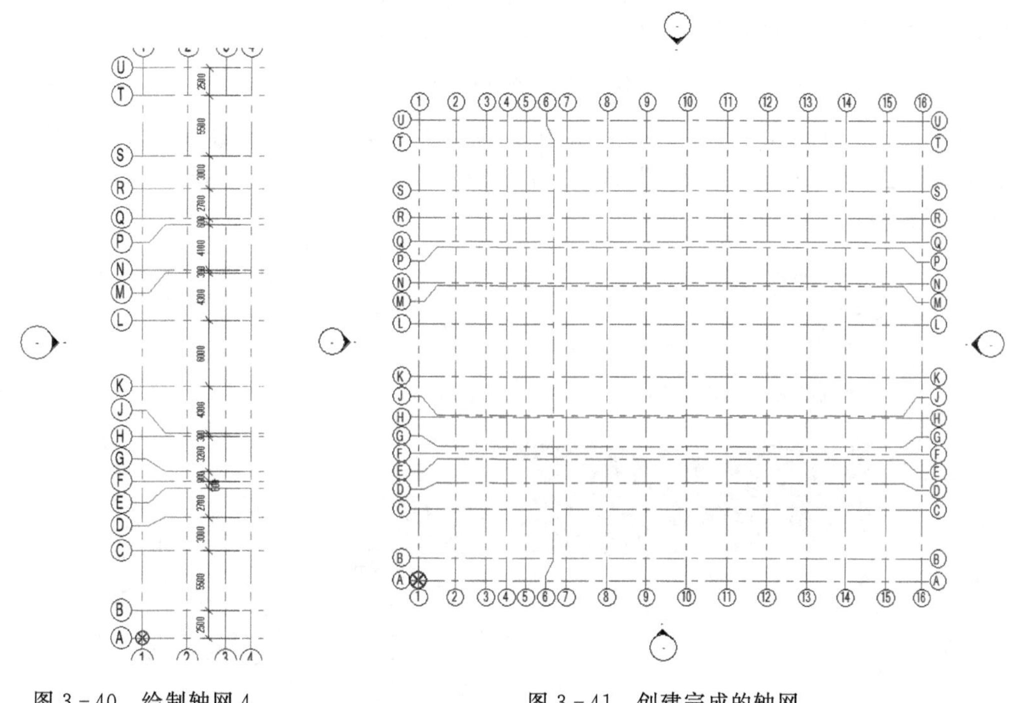

图 3-40　绘制轴网 4　　　图 3-41　创建完成的轴网

3.3　承重结构布置

3.3.1　布置结构柱

在建筑设计过程中需要排布柱网，其中包括结构柱和建筑柱。

结构柱是用于对建筑中的垂直承重图元建模，适用于钢筋混凝土等与墙材质不同的柱类型，是承载梁和板等构件的承重构件，其截面尺寸由结构工程经过专业计算后确定。

结构柱在面板上有两种调用方式：第一种方式，在“建筑”选项卡“构建”面板中选择“柱”命令的下拉按钮，可选择“结构柱”，选择后将自动切换至“修改|放置结构柱”上下文选项卡，见图3-42。第二种方式，打开“结构”选项卡，直接选择“结构柱”，见图3-43。

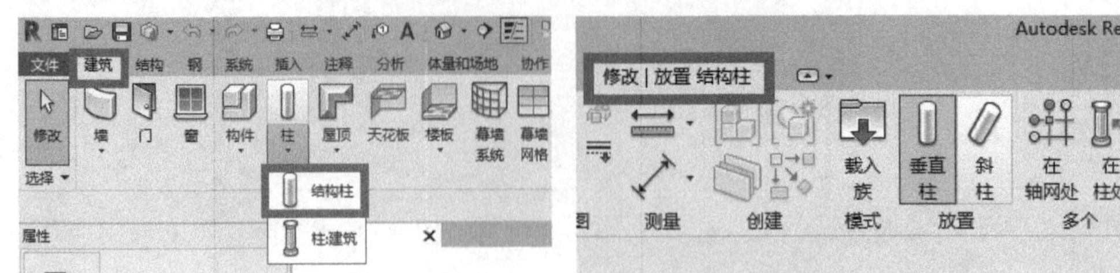

图3-42 “结构柱”命令调用方法1

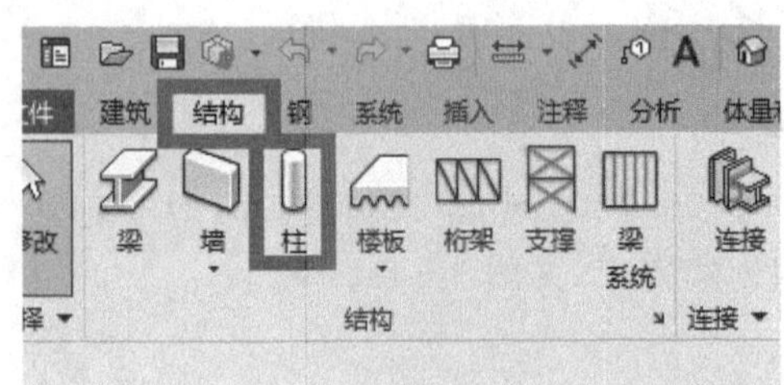

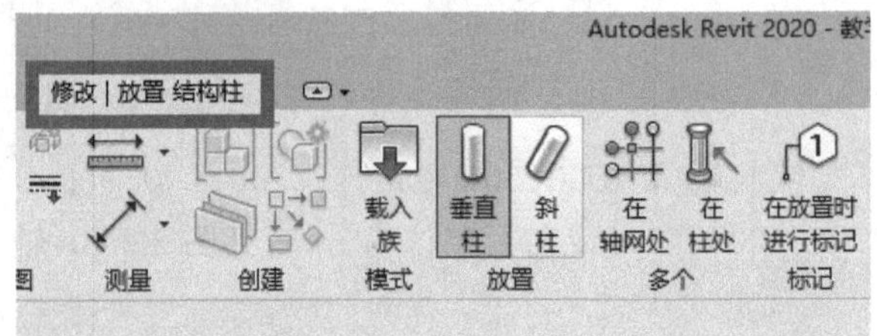

图3-43 “结构柱”命令调用方法2

结构柱需建立在结构平面中。接上节内容，布置小学教学楼项目的结构柱网。点击“视图”选项卡创建面板中的“平面视图”，选择“结构视图”，选择所有标高，点击“确定”，为该项目所有标高创建结构平面，见图3-44。

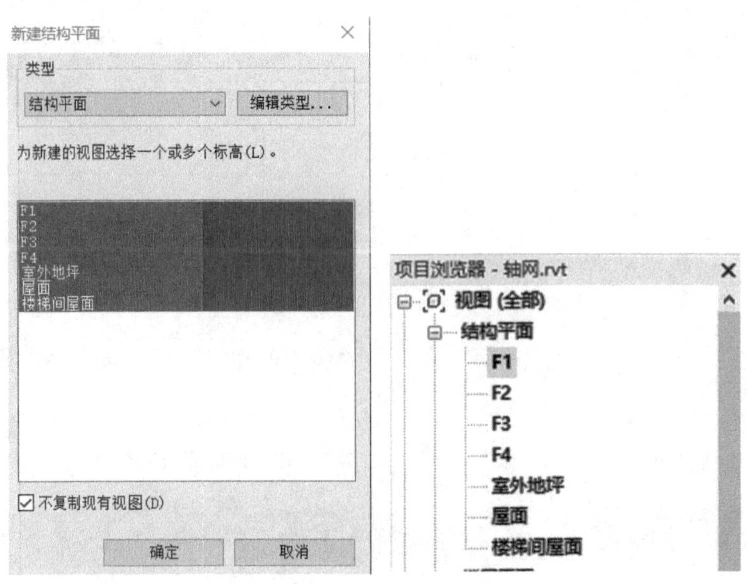

图3-44 创建结构平面

双击“项目浏览器”下“结构平面”中的“F1”，打开首层平面视图，点击“结构”选项卡结构面板中的“柱”，见图3-45。

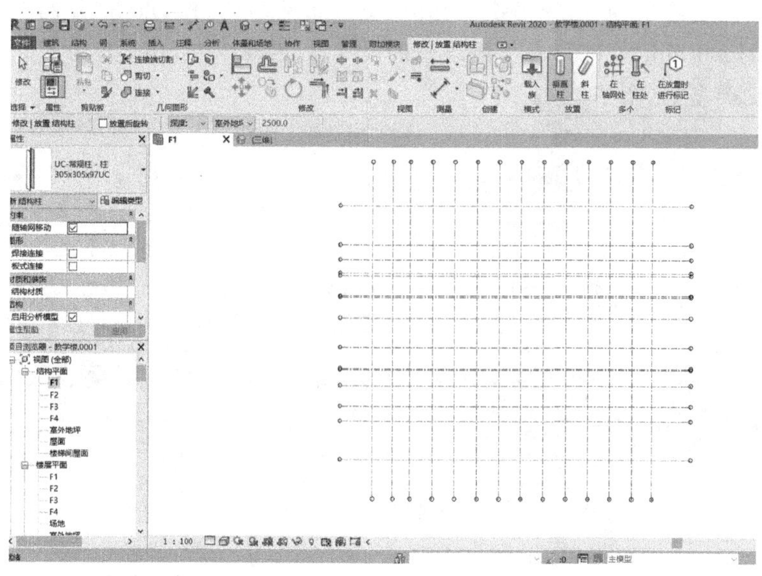

图 3-45 结构柱

自动切换至“修改|放置结构柱”上下文选项卡，点击模式面板中的“载入族”，依次选择系统族中的“结构”—“柱”—“混凝土”—“混凝土-矩形-柱”，见图 3-46。

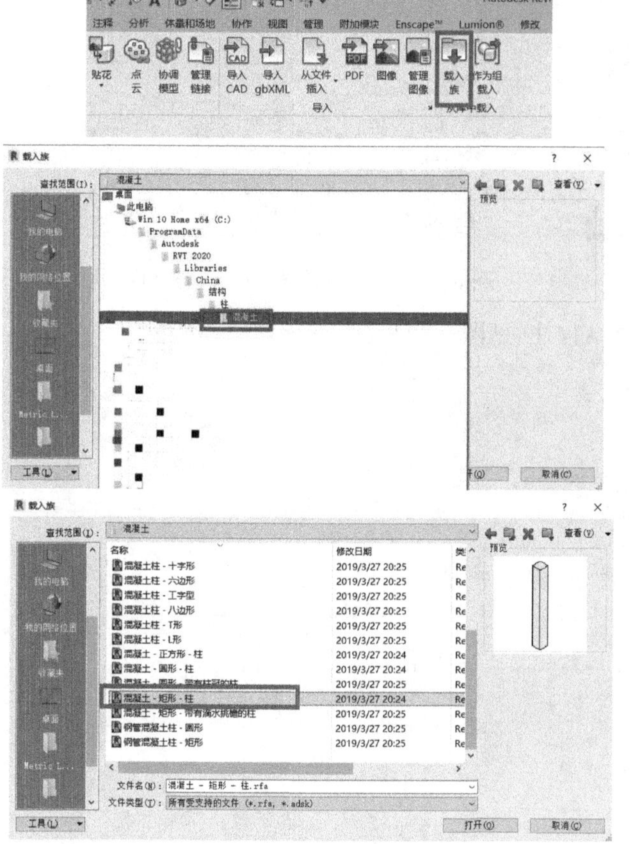

图 3-46 结构柱

点击“属性”工具栏中的“编辑类型”，弹出“类型属性”对话框，点击“复制”按钮，输入类型名称为“F1 KZ1 600 mm×600 mm”，修改柱的尺寸：b 为 600.0 mm，h 为 600.0 mm，得到符合设计要求的柱类型，见图 3 - 47。

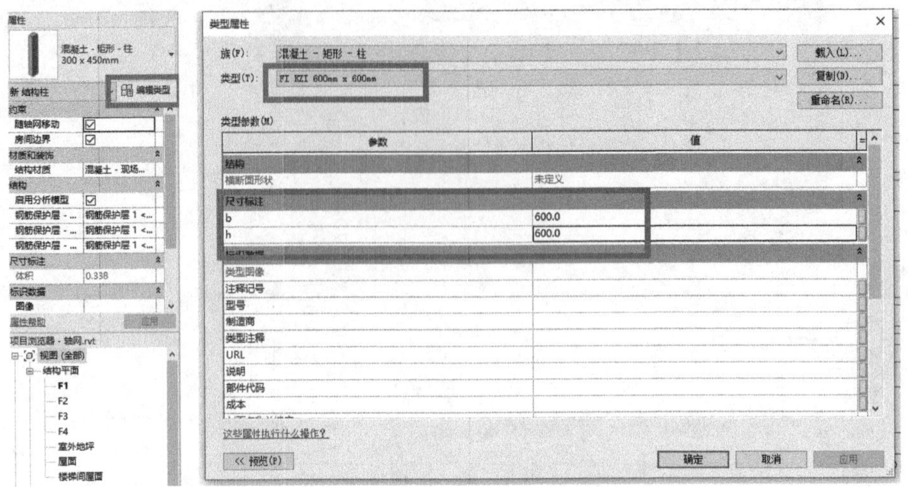

图 3 - 47　复制修改结构柱类型属性

在“修改|放置结构柱”上下文选项卡中选择“垂直柱”，选项栏中选择“高度”为“F2”，以确定结构柱从 F1 到 F2 的高度，见图 3 - 48。

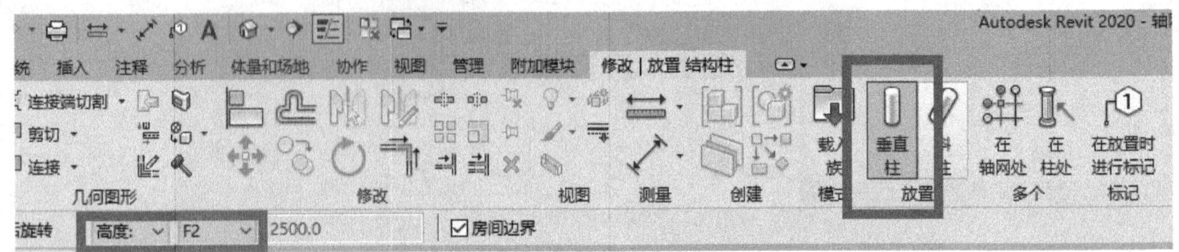

图 3 - 48　设定结构柱的形式与高度

按图示位置放置结构柱，见图 3 - 49。

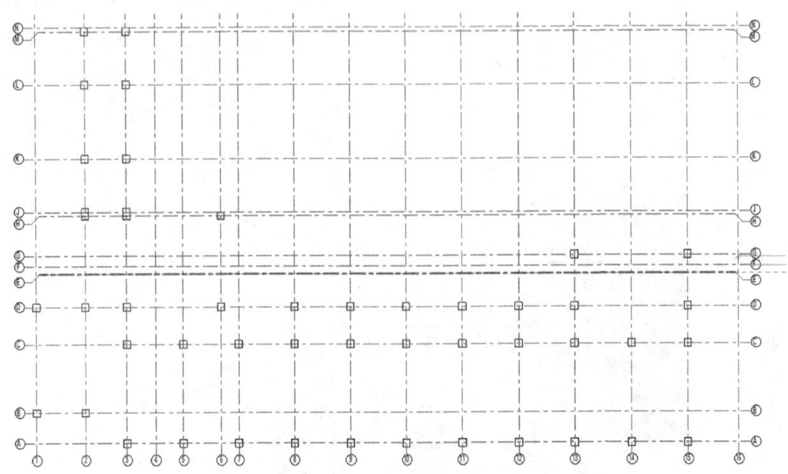

图 3 - 49　放置结构柱

点击“建筑”选项卡工作平面面板中的“参照平面”，自动切换至“修改|放置 参照平面”上下文选项卡，选择“拾取线”，选项栏中偏移改为“100.0”，按图所示在①、②轴两侧绘制参照平面，用修改面板中的“移动”命令将图中的结构柱移动到合适的位置，见图3-50。

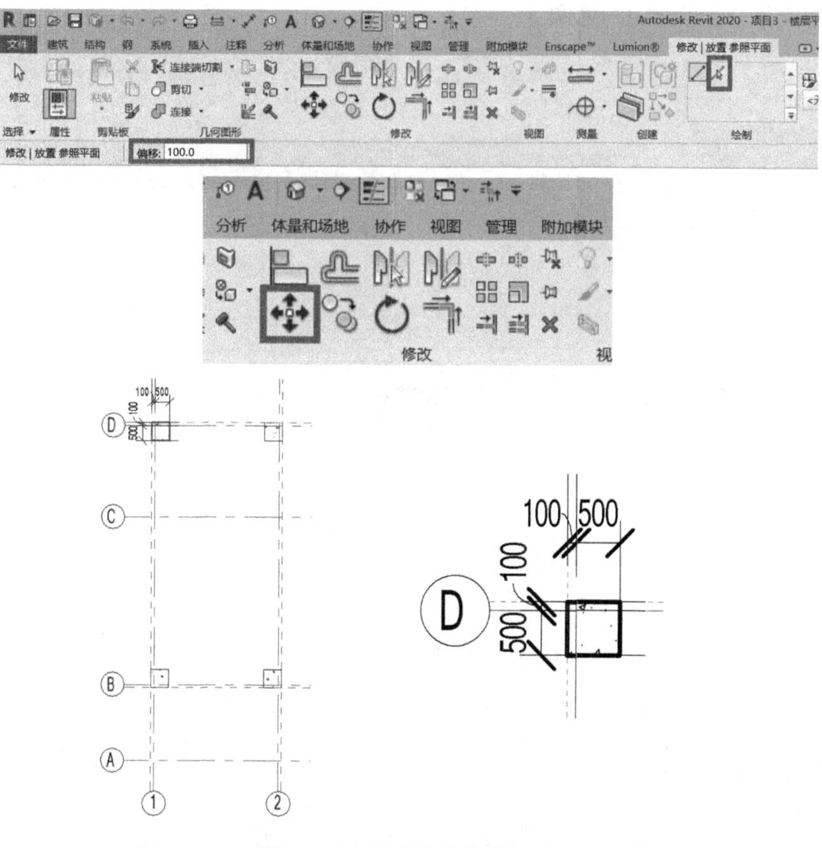

图3-50　调整结构柱位置1

③～⑤轴与Ⓐ轴相交的结构柱可使用修改面板中的“对齐”，并勾选多重对齐，点选距Ⓐ轴下方100 mm的参照平面，逐一对齐，其他柱子用同样的方法进行调整，见图3-51。

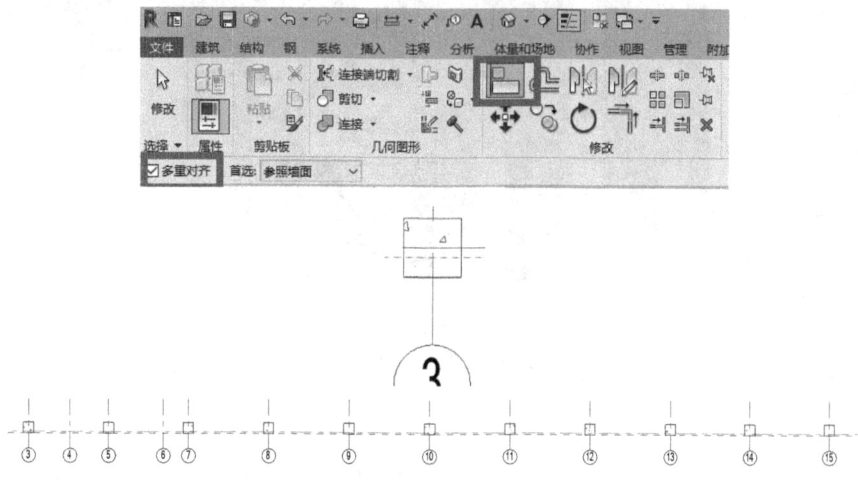

图3-51　调整结构柱位置2

放置斜柱:创建斜柱的方法与创建垂直柱的方法基本相同,只需要在选择工具时将“垂直柱”改为“斜柱”即可。选项栏中选择“第一次单击”为“F1”,选择“第二次单击”为“F2”,在轴网上单击一层斜柱所在的位置(在此可任意找一个点尝试)。在轴网上单击二层斜柱所在的位置(在此可任意找另一个点单击,见图 3-52)。

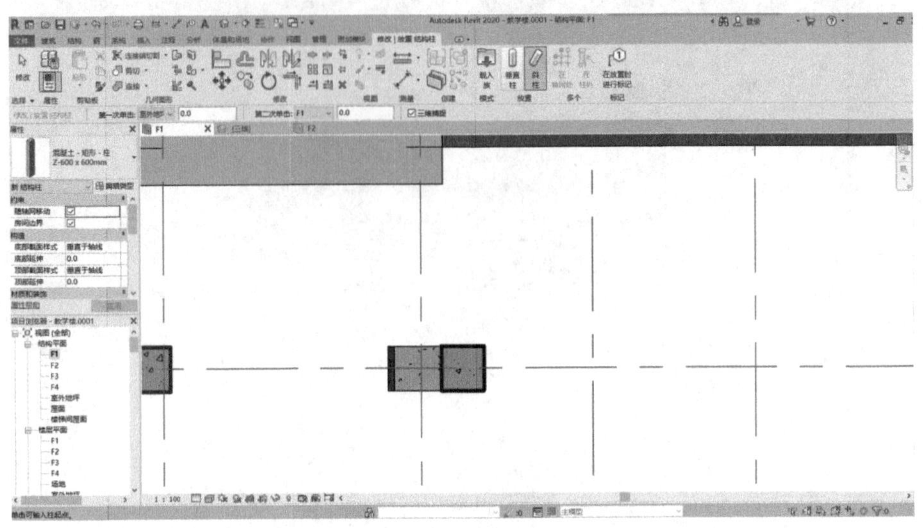

图 3-52 放置斜柱

选择“项目浏览器”三维视图中的“三维”选项,将显示三维的柱,见图 3-53。

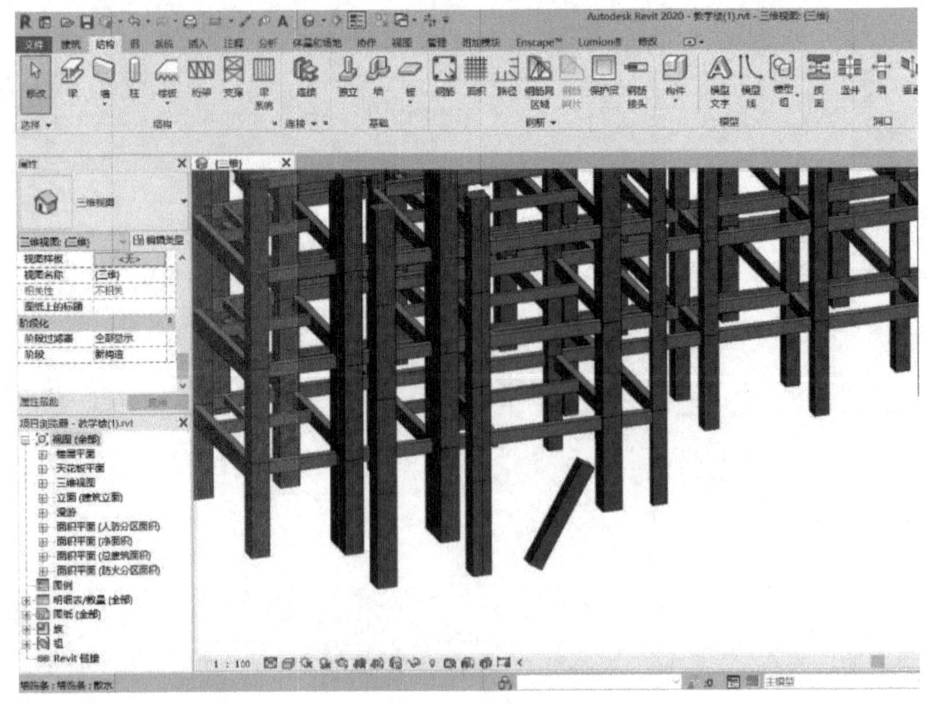

图 3-53 三维视图

结构柱实例属性:单击任意一根结构柱,属性工具栏中将显示结构柱的实例属性,可通过属性值的设置改变结构柱的实例属性,见图 3-54。

图 3－54　结构柱实例属性

3.3.2　绘制结构梁

结构梁是用于承重用途的结构图元。每个梁的图元都是通过特定梁族的类型属性定义的，此外，还可以修改各种实例属性来定义梁的功能。

本书的小学教学楼项目的建筑类型是框架建筑，布置结构梁的时候有主梁和次梁之分，结构柱之间搭接的是主梁，构造柱上搭接的是次梁，本小节以创建结构主梁为例介绍结构梁的绘制方法。

双击“项目浏览器”中的“结构平面”，双击“F2”，打开 F2 楼层平面视图，点击“结构”选项卡结构面板中的“梁”，见图 3－55。

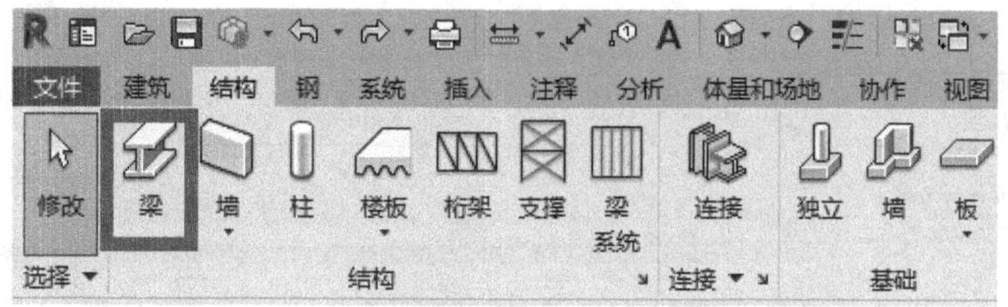

图 3－55　结构梁

自动切换至“修改|放置 梁”上下文选项卡，点击“模式”面板中的“载入族”，选择系统族中“结构”目录下的“框架”—混凝土—“混凝土－矩形梁”，见图 3－56。

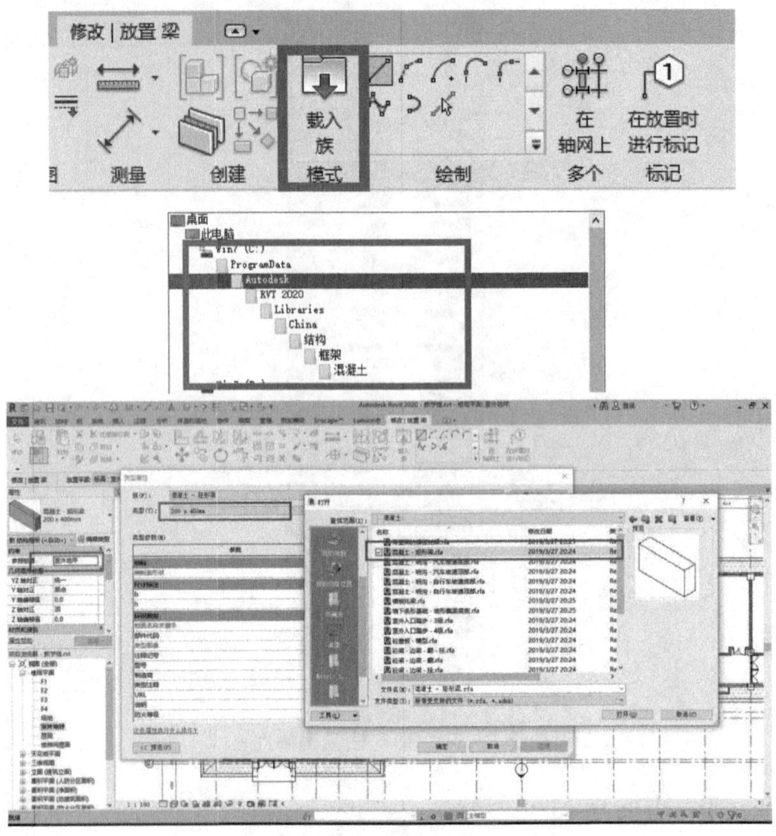

图 3-56　载入混凝土—矩形梁族

点击“属性”工具栏中的“编辑类型”，弹出“类型属性”对话框，点击“复制”，输入类型名称为“F2 KLI 240 mm×750 mm”，修改梁的尺寸：b 为“240.0 mm”，h 为 750.0 mm，得到符合图纸要求的梁类型，见图 3-57。

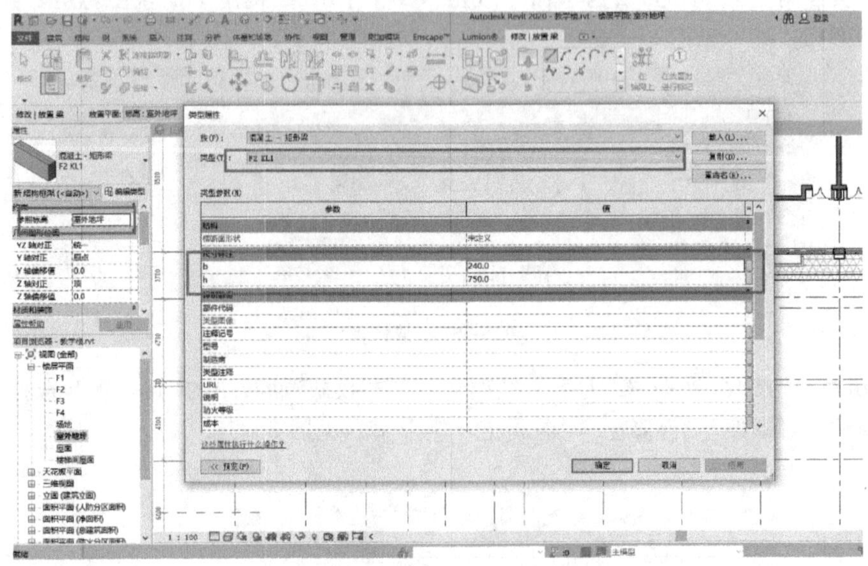

图 3-57　复制修改矩形梁类型

选择“线”，在“修改|放置 梁”选项栏中，“放置平面”选择“标高：F2”，“结构用途”选择“自动”，在B—1至K—1之间绘制框架梁KLI，见图3-58。

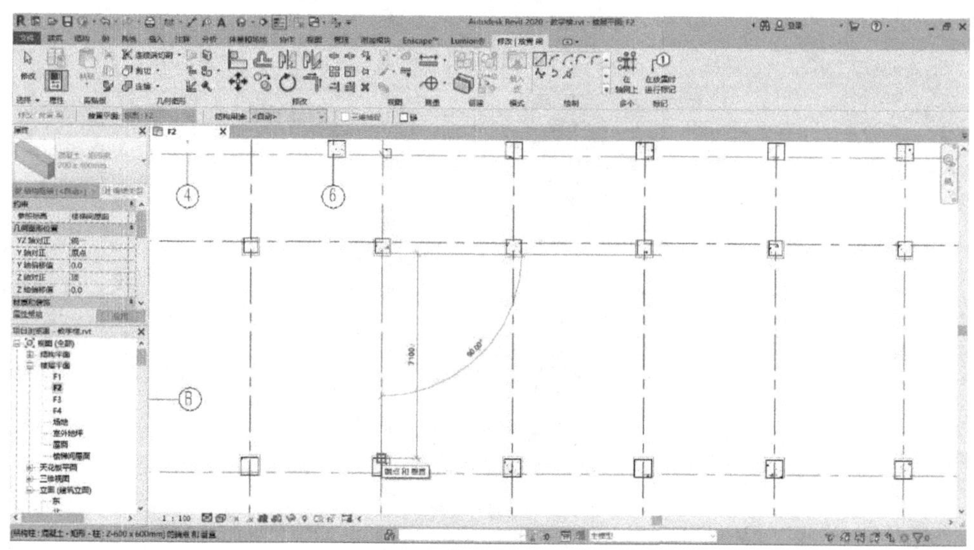

图3-58　绘制梁

选择“项目浏览器”“三维视图”中的“三维”，将显示三维的梁，见图3-59。次梁的绘制方法也同样如此，只需根据实际情况修改高度和宽度即可。本书演示部分所有主、次梁都按KL1来处理。

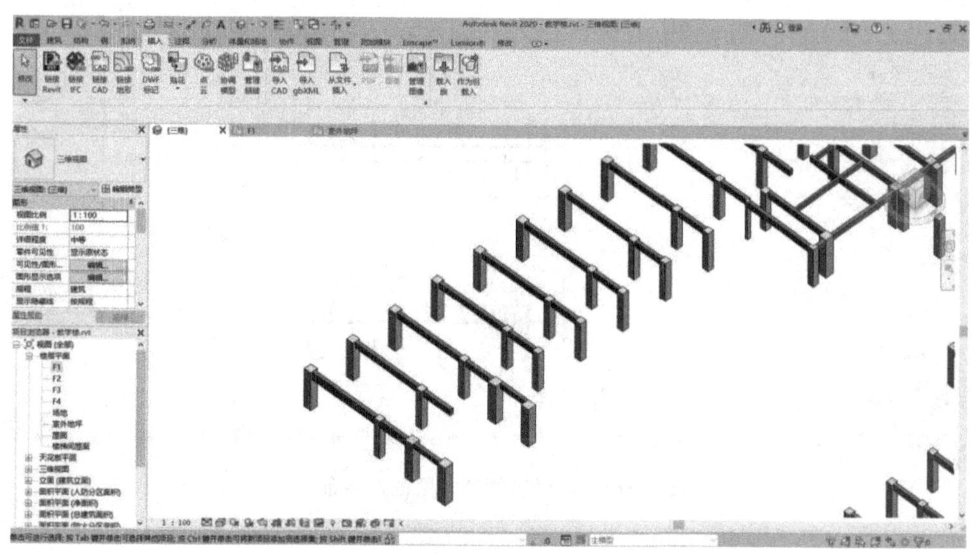

图3-59　三维视图

点击KL1，属性工具栏中将显示梁的实例属性，见图3-60，可通过对属性工具栏中参数值的设置，改变梁的实例属性，可修改起点标高偏移“—1600.0”，观察三维视图中梁的变化。

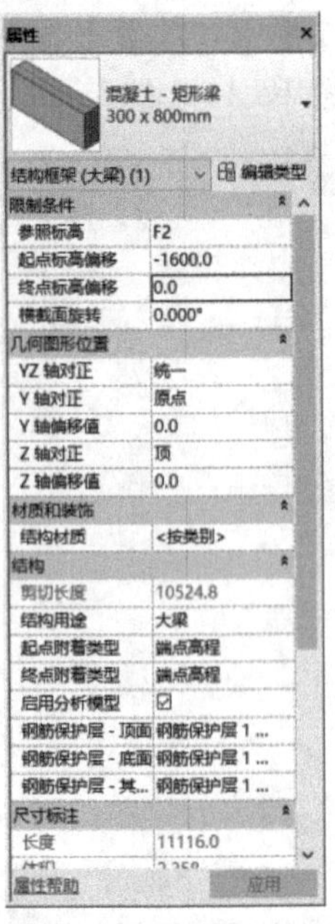

图 3－60　梁实例属性

绘制完成的 F2 框架梁布置图，见图 3－61，切换至三维视图，效果应如图 3－62 所示。

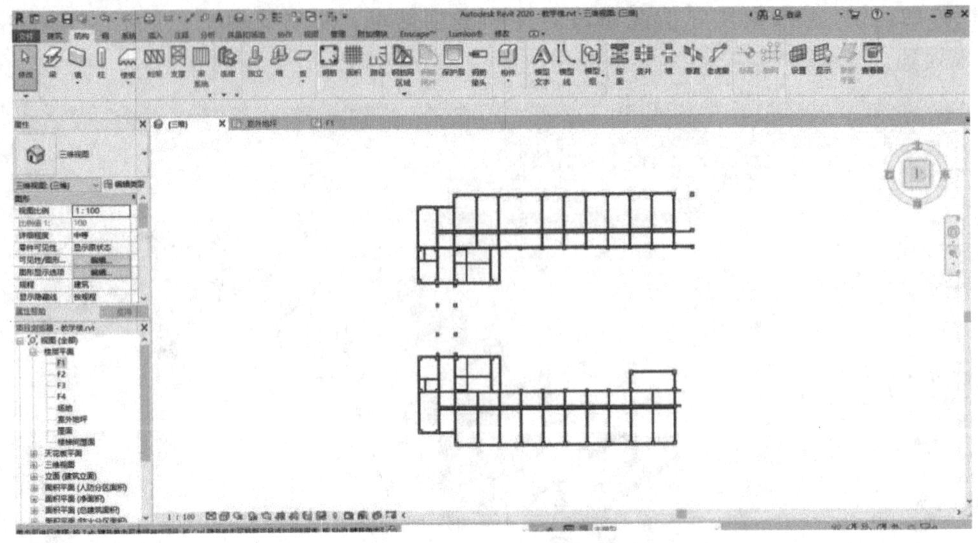

图 3－61　小学教学楼首层框架梁布置

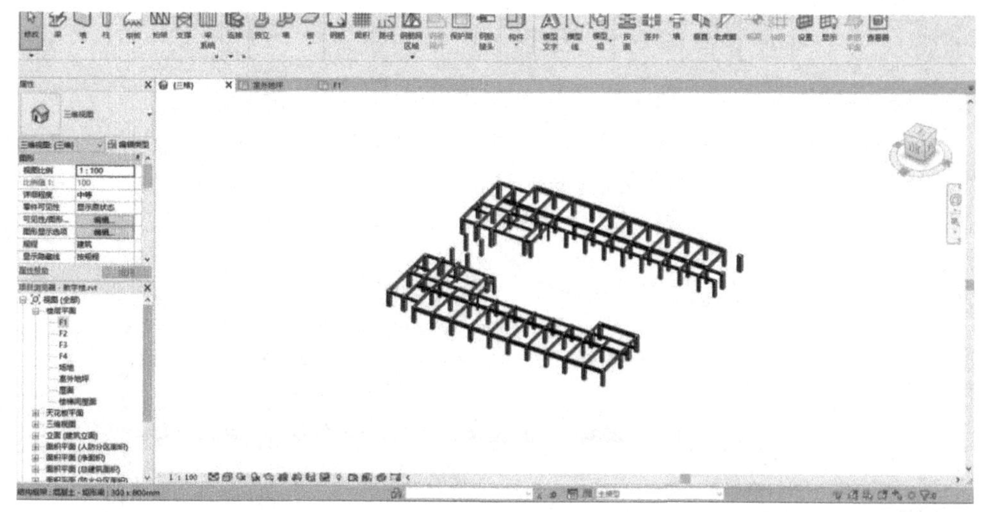

图 3-62 小学教学楼首层结构三维图

3.3.3 布置建筑柱

建筑柱主要起到装饰作用，并不参与结构计算，适用于墙垛等柱类型，可以自动匹配其连接到墙体等其他构件的材质。

双击“项目浏览器”楼层平面中的“F1”，打开 F1 楼层平面视图，点击“建筑”选项卡“构建”面板“柱”下方的小三角，下拉菜单中选择“柱：建筑”，自动切换至“修改|放置 柱”上下文选项卡，见图 3-63。

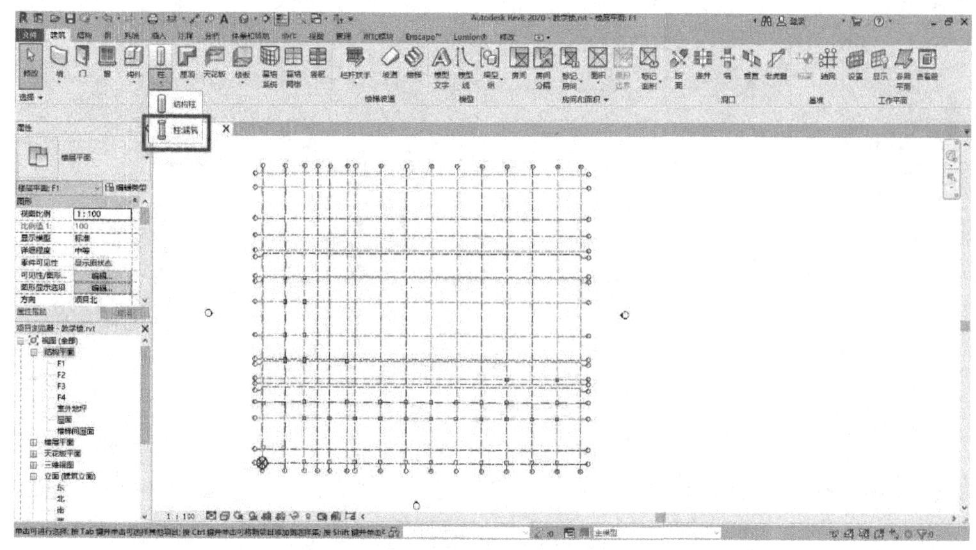

图 3-63 选择建筑柱

点击“属性”工具栏中的“编辑类型”，弹出“类型属性”对话框，点击“复制”，输入类型名称为“F1 GZ1”，修改柱的尺寸：深度为 240.0 mm，高度为 240.0 mm，得到符合图纸要求的建筑柱类型，见图 3-64。

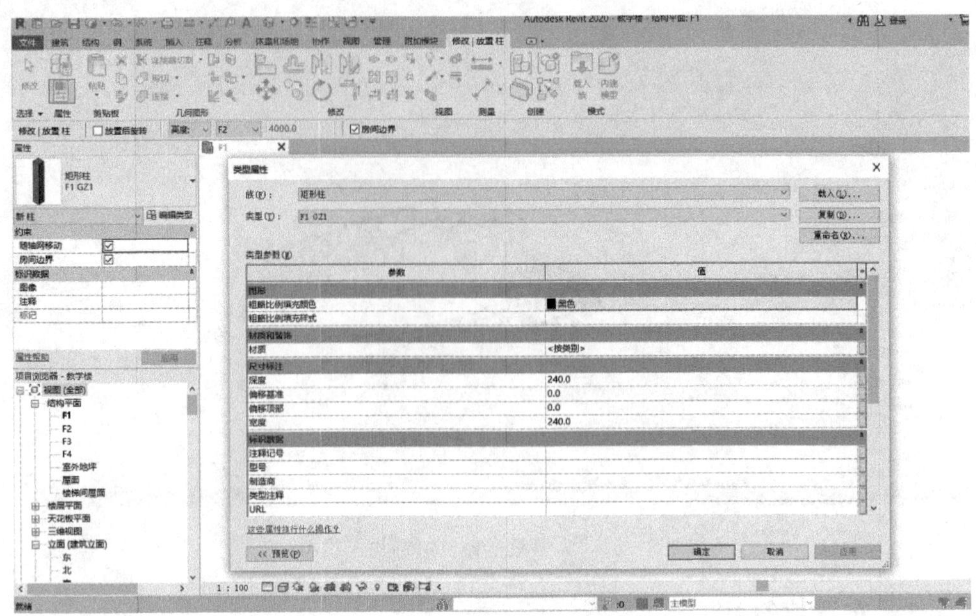

图 3－64　复制修改矩形柱类型

在“修改|放置 柱”选项栏中选择高度“F2”，以确定建筑柱从 F1 到 F2 的高度，点击两条相交轴线的交点，完成一根建筑柱的放置，见图 3－65。根据设计思路，放置所有的建筑柱，完成柱网设计。

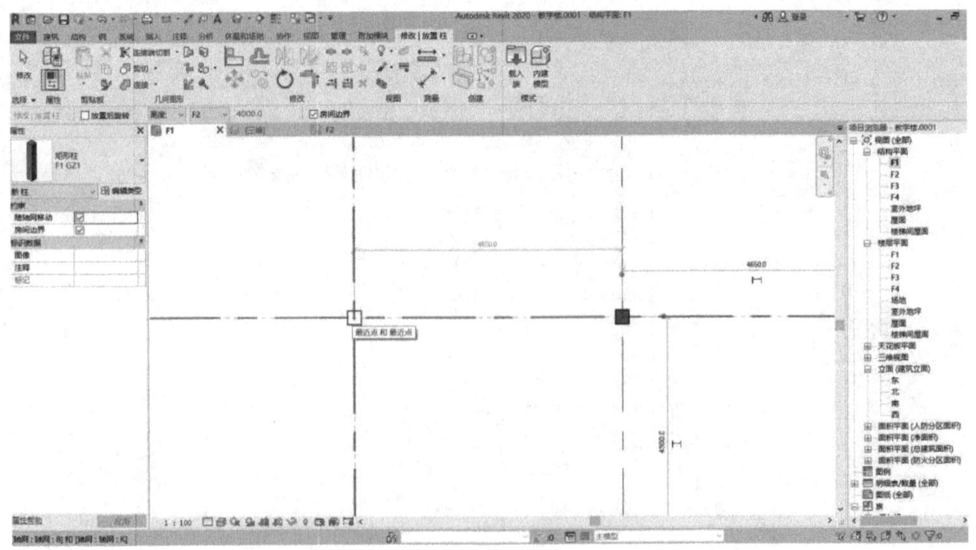

图 3－65　创建结构柱

建筑柱实例属性：单击该建筑柱，属性工具栏中将显示建筑柱的实例属性，见图 3－66，可通过对属性值的设置改变建筑柱的实例属性。

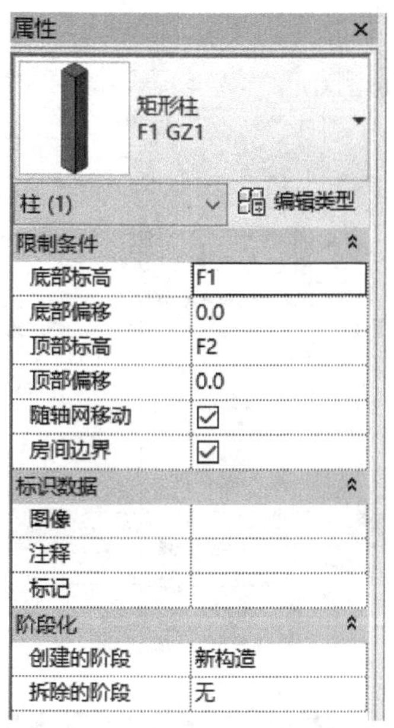

图 3-66 建筑柱实例属性

3.4 围护结构设计

Revit 提供了围护结构建造工具，建筑中的维护结构包含墙体、门窗、楼板、屋顶、天花板等。

3.4.1 创建墙体

1)外墙与内墙的绘制

(1)墙体创建。

在 Revit 中创建墙体时，可以定义墙体的类型，包括墙的厚度、高度、做法、材质、功能、平面位置等参数。Revit 提供基本墙、幕墙和叠层墙三种族，使用“基本墙”可以创建项目的外墙、内墙及分隔墙等墙体。但设计初期，只需区分内、外墙两种类型，其余的待设计深化时再做修改。下面使用“基本墙”创建小学教学楼项目墙体。

打开项目文件，切换至 F1 楼层平面视图。点击“建筑”选项卡“构建”面板中的“墙”下方的小三角，在下拉列表中选择“墙:建筑”，见图 3-67，自动切换至“修改|放置 墙”上下文选项卡，内含绘制面板，同时在选项栏中也会出现一系列的可变参数，见图 3-68。

图 3－67　墙工具

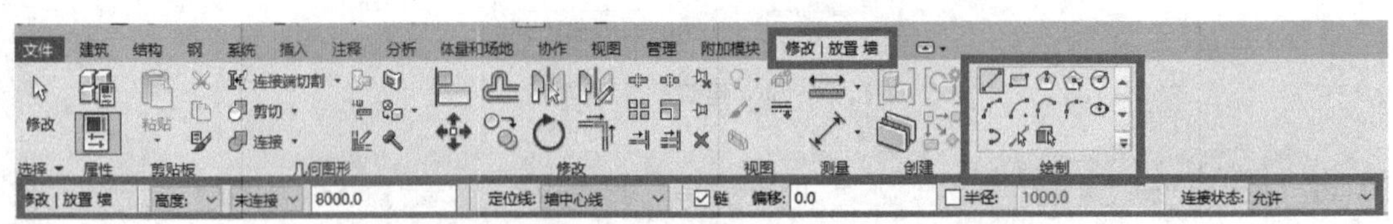

图 3－68　修改|放置墙上下文选项卡

“属性”工具栏中包含定位线、底部约束、底部偏移、顶部约束、顶部偏移等内容。点击属性工具栏中的“编辑类型”，弹出“类型属性”对话框，见图 3－69。

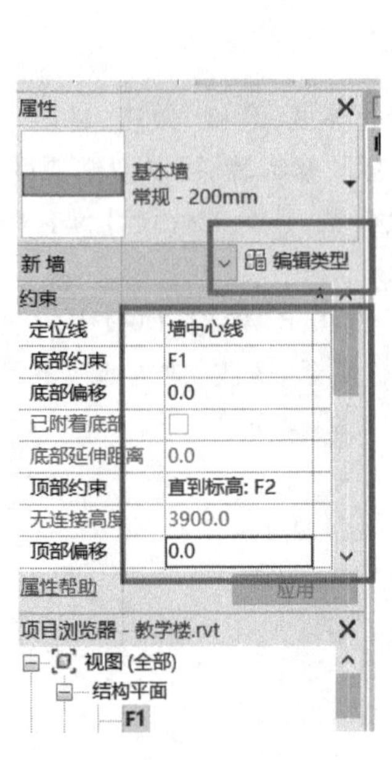

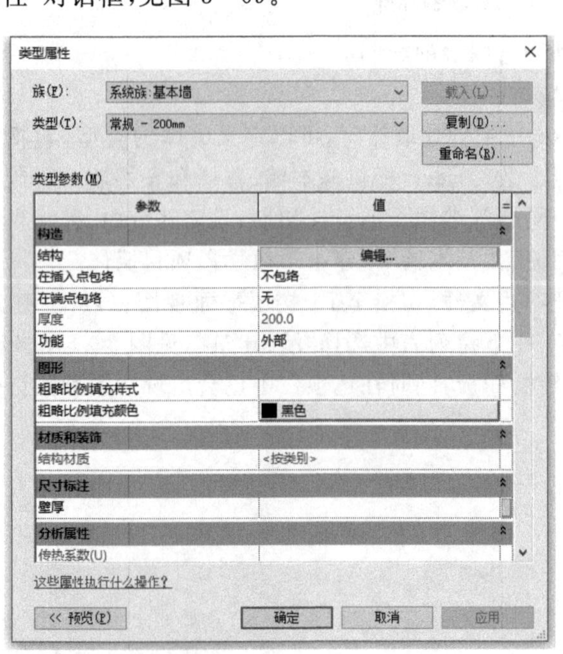

图 3－69　属性工具栏

点击“族”下拉列表，注意当前列表中包含“系统族：叠层墙”“系统族：基本墙”“系统族：幕墙”三种族，设置当前族为“系统族：基本墙”，此时类型列表中将显示“基本墙”族中包含的族类型。在类型列表中，查找并设置当前类型为“基本墙 常规－300 mm”，见图 3－70。

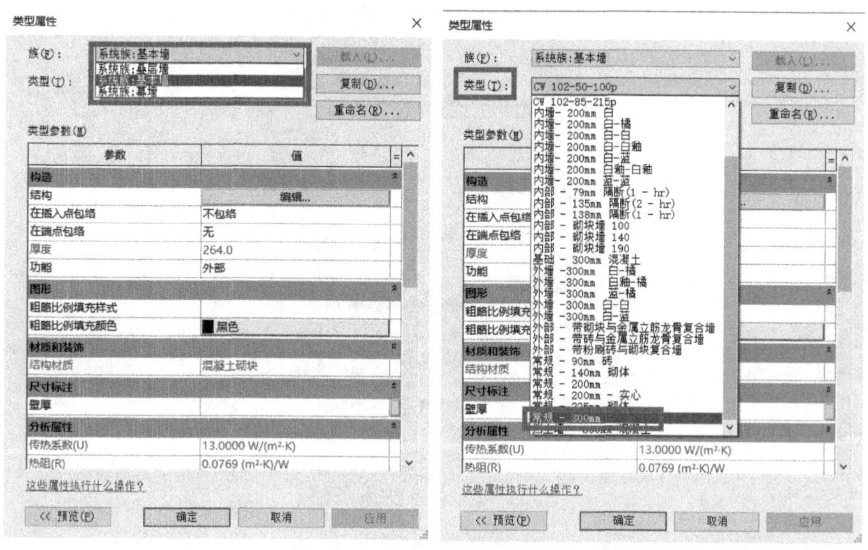

图 3－70 属性工具栏

点击类型右侧的“复制”，在“名称”对话框中输入“教学楼－300mm－外墙”作为新墙族类型名称，单击“确定”，返回“类型属性”对话框，为基本墙族创建名称为“教学楼－300mm－外墙”的族类型。确认“类型属性”对话框墙体类型参数列表中的“功能”为“外部”，见图 3－71，点击“确定”，退出“类型属性”。

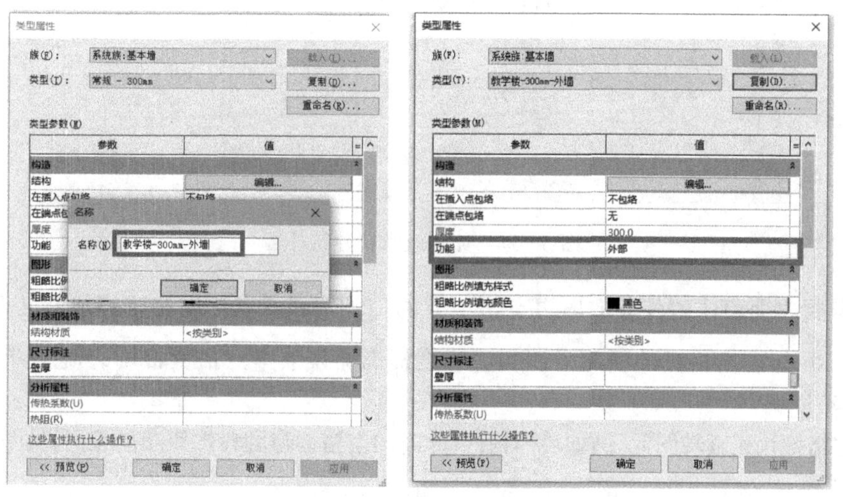

图 3－71 类型属性

切换至 F1 楼层平面视图，点击“建筑”选项卡构建面板中“墙”下方的小三角，选择“墙：建筑”，属性工具栏中将默认为刚才创建的“教学楼－300 mm－外墙”类型，选择墙体的底部约束为“F1”，顶部约束为“直到标高：F2”，底部和顶部偏移均为“0.0”，见图 3－72。

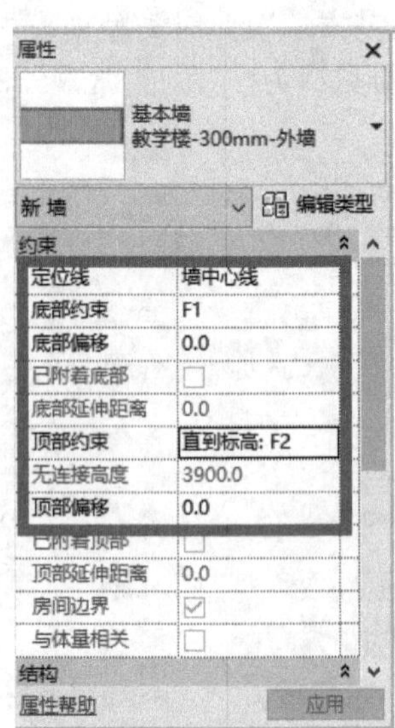

图 3-72　修改约束条件

根据之前创建的轴网和柱网绘制教学楼建筑的外墙，见图 3-73。

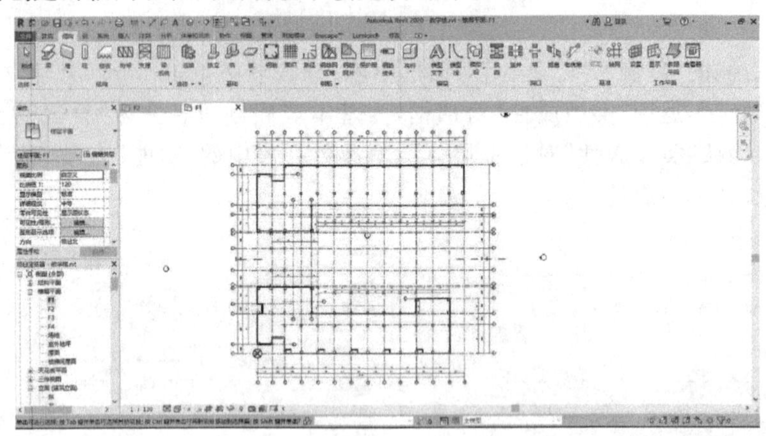

图 3-73　绘制教学楼建筑外墙

此处需要改变墙体内外方向时可点击上方的“⇅”按钮或点击空格键完成翻转命令。

注：在 Revit 中空格键的使用可以很大程度提高建模效率空格键常用的使用方式如下：

(1)翻转图元。

利用空格键快速翻转图元，例如墙体构件，此时的空格键与翻转按钮功能相同，见图 3-74。

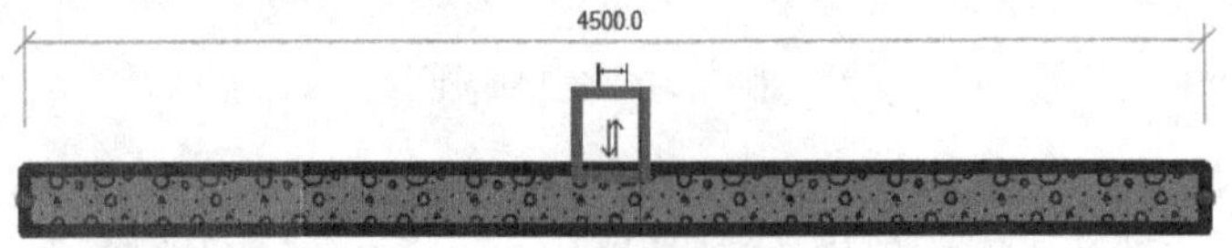

图 3-74　翻转墙体

(2)旋转构件。

放置构件时，可利用空格键对构件进行水平旋转，见图 3-75。

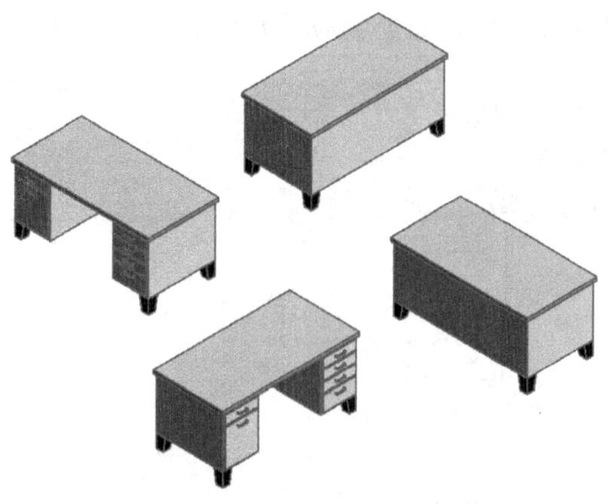

图 3-75 水平旋转构件方向

同时在放置构件过程中，构件在靠近线时，若线变为蓝色拾取状态，点击“空格键”，则构件将会与线平行放置，见图 3-76。

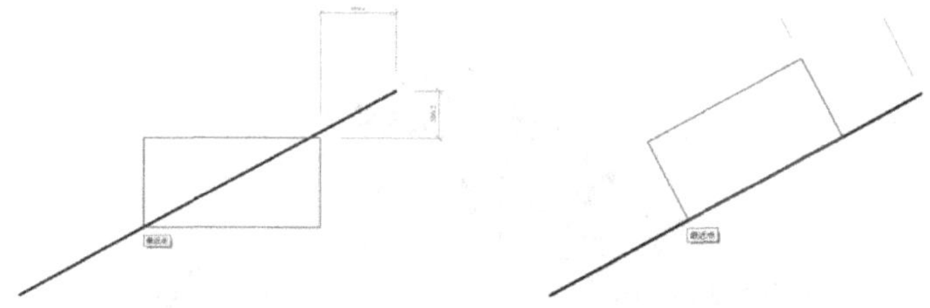

图 3-76 控制构件方向

(3)激活快捷键。

在 Revit 中，如果输入的快捷键命令为单字母，则需要在输入的字母后单击“空格键”才能激活命令。

内墙绘制与外墙绘制方法相同，点击“建筑”选项卡“构建”面板中“墙”下方的小三角，下拉菜单中选择“墙:建筑”，属性工具栏查找“基本墙 常规－200 mm”，点击属性工具栏中的“编辑类型”，弹出“类型属性”对话框，复制出“教学楼－200mm－内墙”类型，见图 3-77。

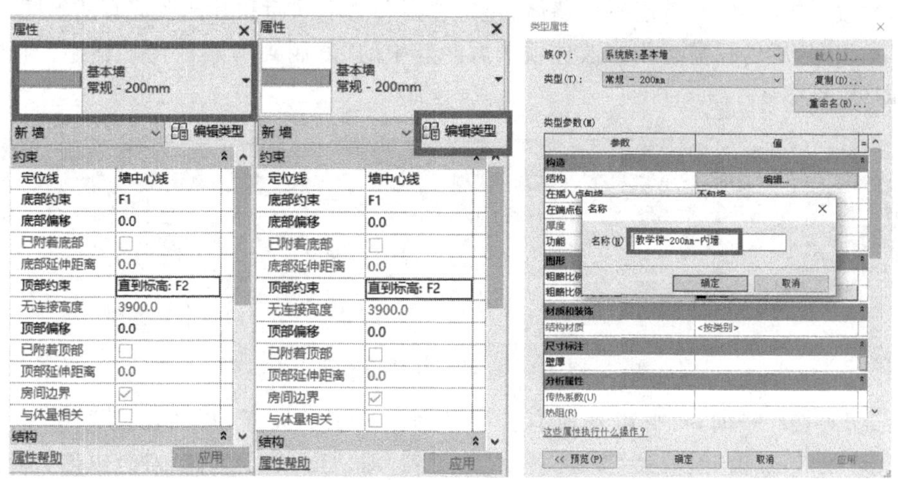

图 3-77 创建教学楼内墙

根据设计思路按照轴网和柱网排布绘制教学楼内墙，布置完成后应如图 3－78 所示。

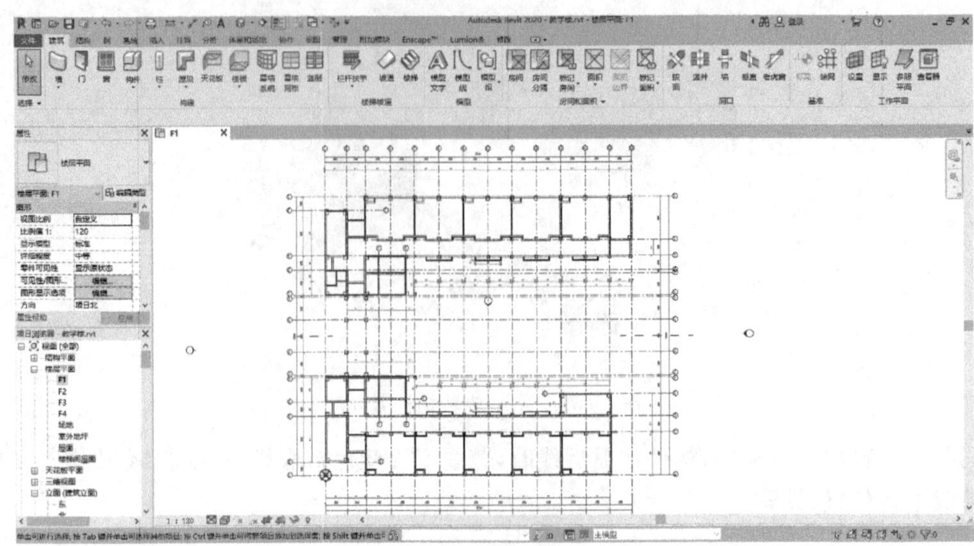

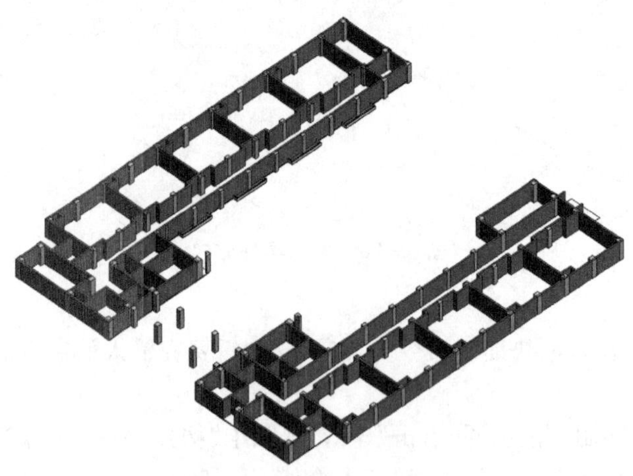

图 3－78　教学楼首层内墙布置

在小学教学楼项目中，首层平面墙体、建筑柱因层高不同而和其他各层有所不同，但位置、尺寸等基本相同，所以只需运用修改选项卡剪贴板中的“复制到剪贴板”和“粘贴：与选定的标高对齐”即可，见图 3－79。

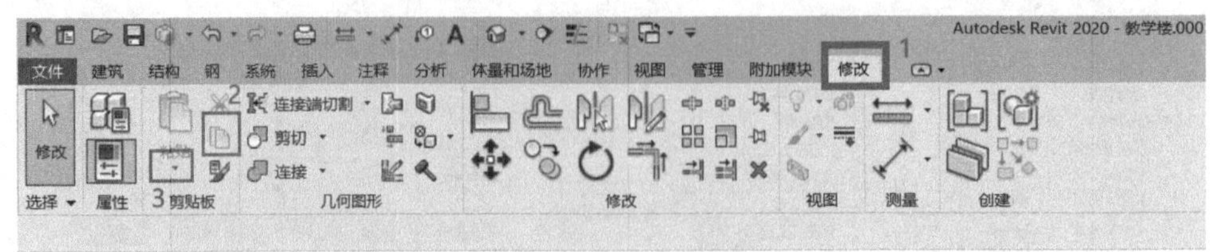

图 3－79　教学楼墙体复制

切换至 F1 楼层平面，鼠标框选所有首层平面已绘制的元素，自动切换至“修改 | 选择多个”上下文选项卡，点击“过滤器”按钮，弹出“过滤器”对话框，取消勾选轴网，点击“确定”，可看到首层的墙体和建筑柱已全部被选中，见图 3－80。

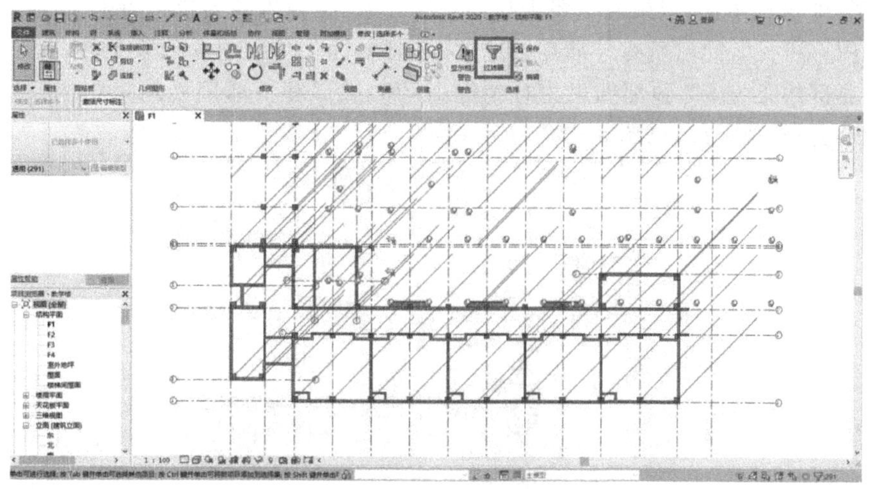

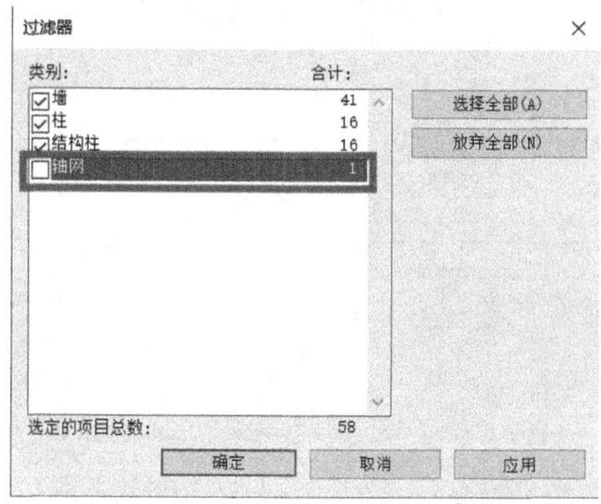

图 3－80　教学楼首层墙体选择

点击剪贴板中的“复制到剪贴板”按钮，再点击“粘贴”下方小三角，下拉菜单中选择“粘贴：与选定的标高对齐”，选择 F2，点击“确定”，则 F1 标高上的墙体和建筑柱都复制到了 F2 标高上，见图 3－81。

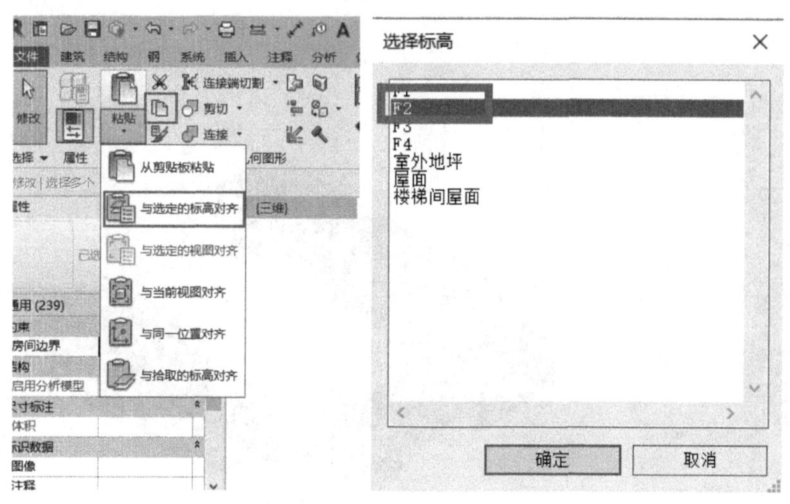

图 3－81　教学楼墙体复制

切换至 F2 楼层平面，鼠标右键单击任意一段外墙，在弹出的菜单中点击“选择全部实例”中的“在视图中可见”，此时所有外墙均被选中，修改属性工具栏中的约束条件，其中定位线为墙中心线，底部约束为 F2，顶部约束为直到标高：F3，底部和顶部偏移均为 0。内墙和建筑柱也按此方法调整约束条件，见图 3－82。

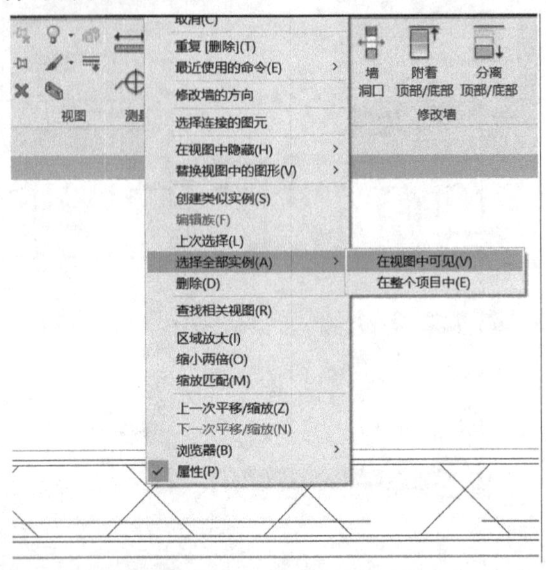

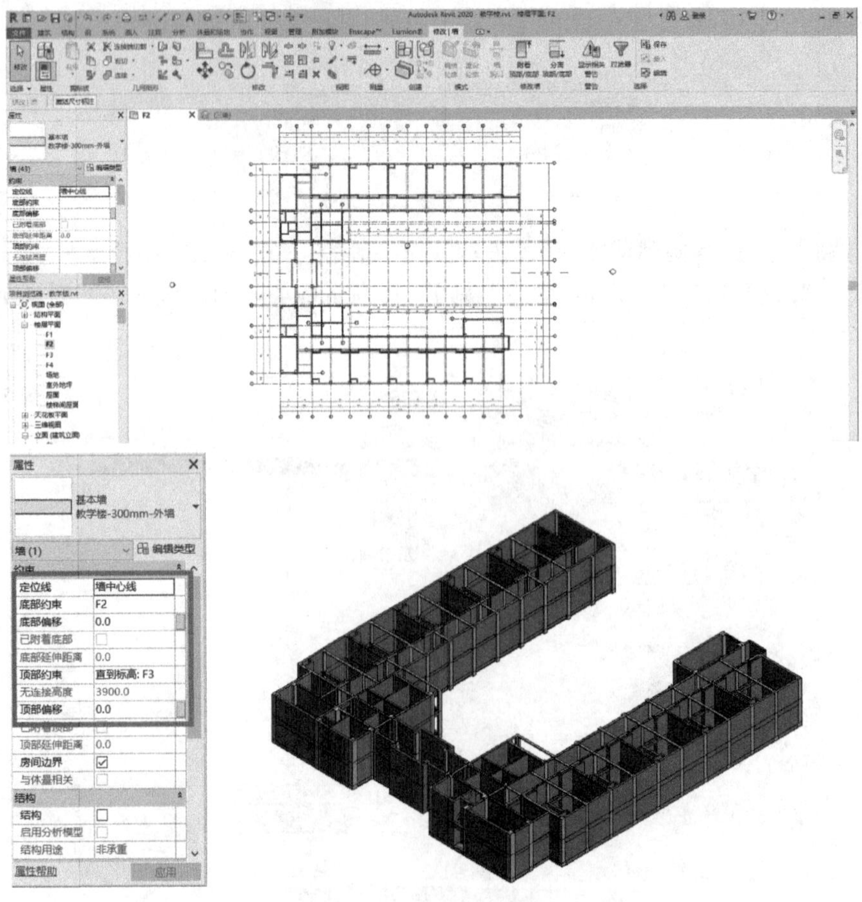

图 3－82　教学楼 F2 墙体生成

2)室外高差的绘制

建筑物室内外必定会设置高差,防止雨水回流。本书介绍一种常用的方法来创建建筑首层外墙与室外地坪的关系。

切换至F1楼层平面,鼠标右键单击任意一段外墙,在弹出的菜单中点击“选择全部实例”中的“在视图中可见”,此时所有外墙均被选中,将属性工具栏中的底部约束条件改为“室外地坪”,其他不改,见图3-83。

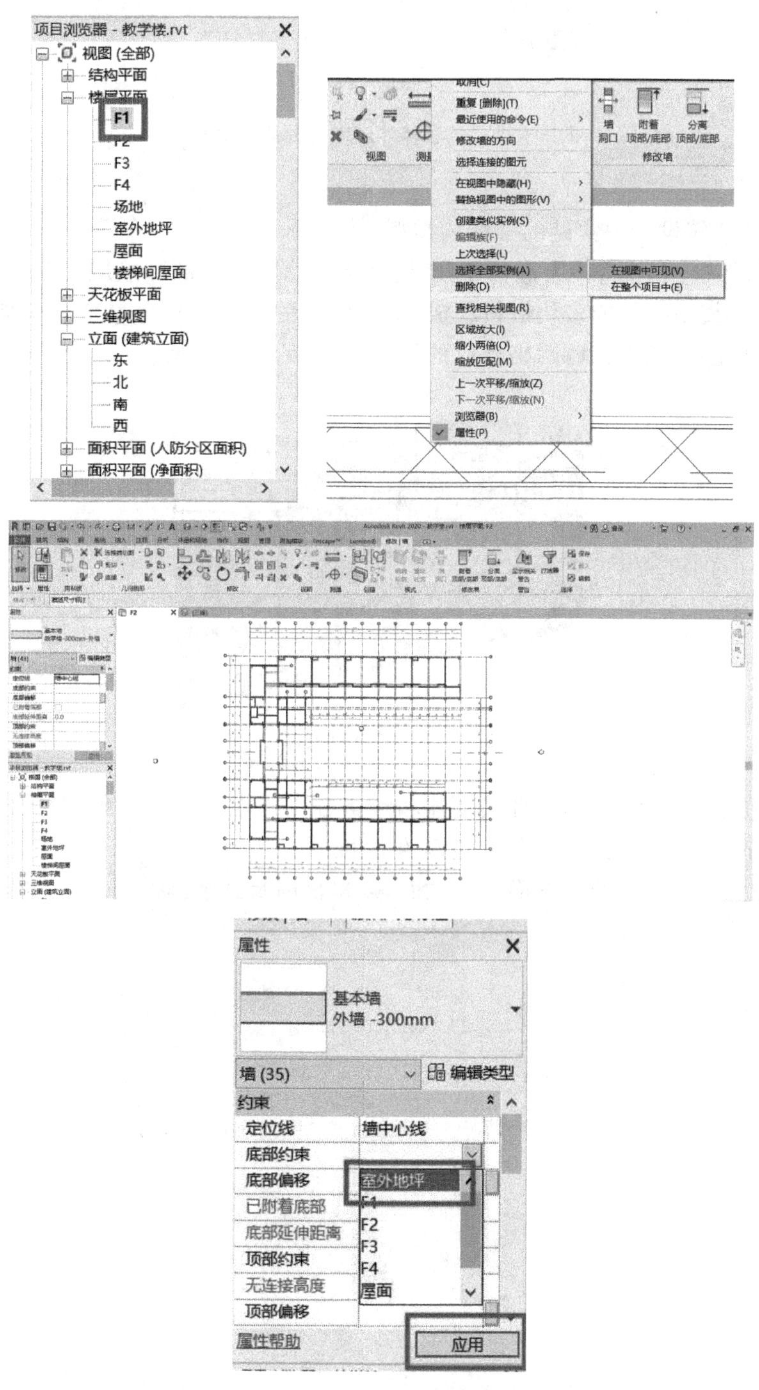

图3-83 编辑外墙

完成后的效果如图 3 - 84 所示。

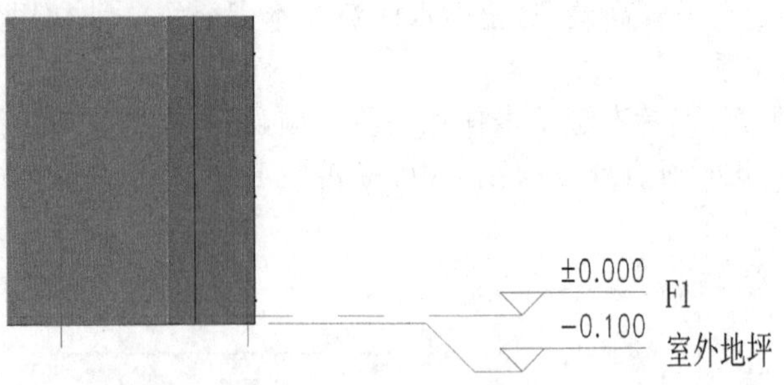

图 3 - 84　教学楼外墙室内外高差处理

3)幕墙绘制

幕墙是现代建筑设计中常见的一种墙类型。

在 Revit 软件中,幕墙由幕墙嵌板、幕墙网格和幕墙竖梃三部分组成。幕墙嵌板是构成幕墙的基本单元,幕墙由一块或多块嵌板组成;幕墙嵌板的大小由划分幕墙的幕墙网格决定;幕墙竖挺又称幕墙龙骨,是沿幕墙网格生成的线性构件,见图 3 - 85。

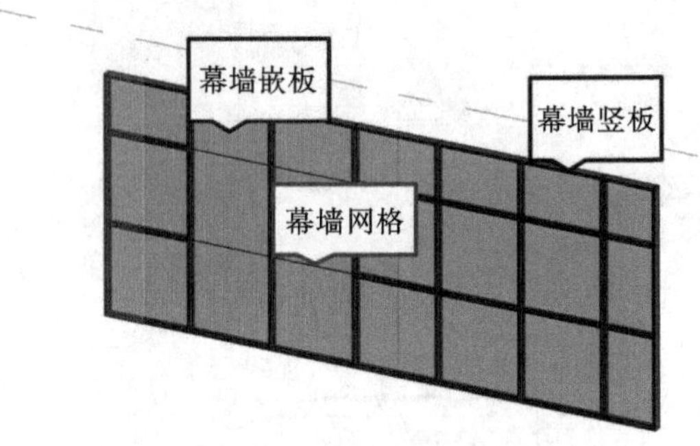

图 3 - 85　幕墙组成部分

常规幕墙是墙的一种特例,因此其创建和编辑方法与常规墙体大致相同。接下来通过例题来学习幕墙的绘制、幕墙网格划分及竖梃的运用。

例:根据图 3 - 86 所示的南立面和西立面,创建幕墙及其竖梃模型。

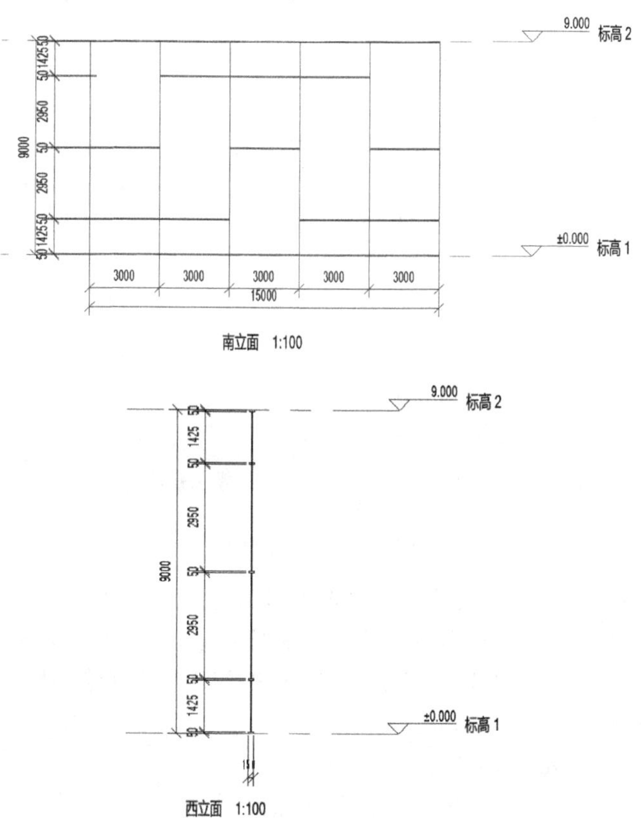

图 3－86 幕墙例题

打开 Revit 软件，点击“文件”菜单里面的“新建”中的“项目”在弹出的“新建项目”对话框中选择“建筑样板”。

打开“项目浏览器”中的“立面”视图，双击“西立面”视图名称，切换至西立面视图，系统默认标高为标高 1 和标高 2，标高 1 数值为±0.000 m，标高 2 数值为 4.000 m，见图 3－87。

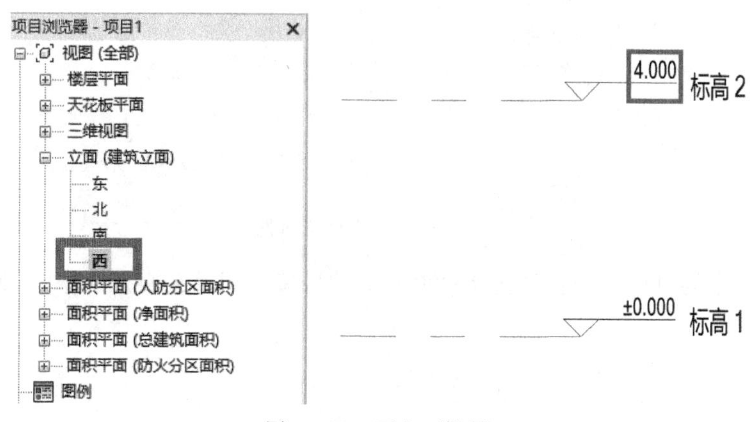

图 3－87 西立面视图

将鼠标指针移至标高 2，则该标高呈高亮状态，双击数字“4.000”，修改为“9.000”，在空白处点击一下，则标高 2 立即改为 9.000 m，见图 3－88。

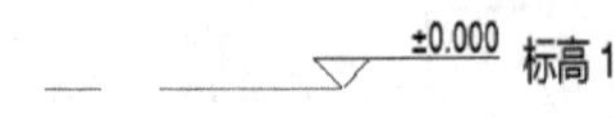

图 3－88 修改标高

切换至标高 1 楼层平面视图，点击“建筑”选项卡构建面板中“墙”下方的小三角，下拉菜单中选择“墙:建筑”，自动切换至“修改|放置 墙”上下文选项卡，在属性工具栏下拉菜单中选取“幕墙”，底部约束 F1，顶部约束为“直到标高:标高 2”，底部偏移和顶部偏移均为“0.0”，见图 3－89。

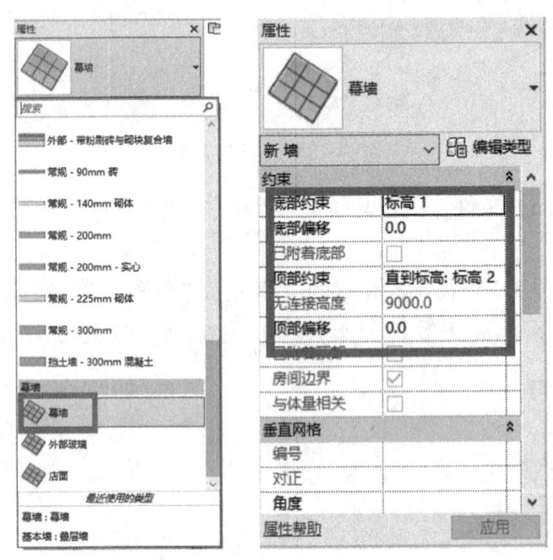

图 3－89 修改幕墙属性

用绘制面板中的直线绘制长度为 15000 mm 的幕墙。切换至南立面视图，见图 3－90。

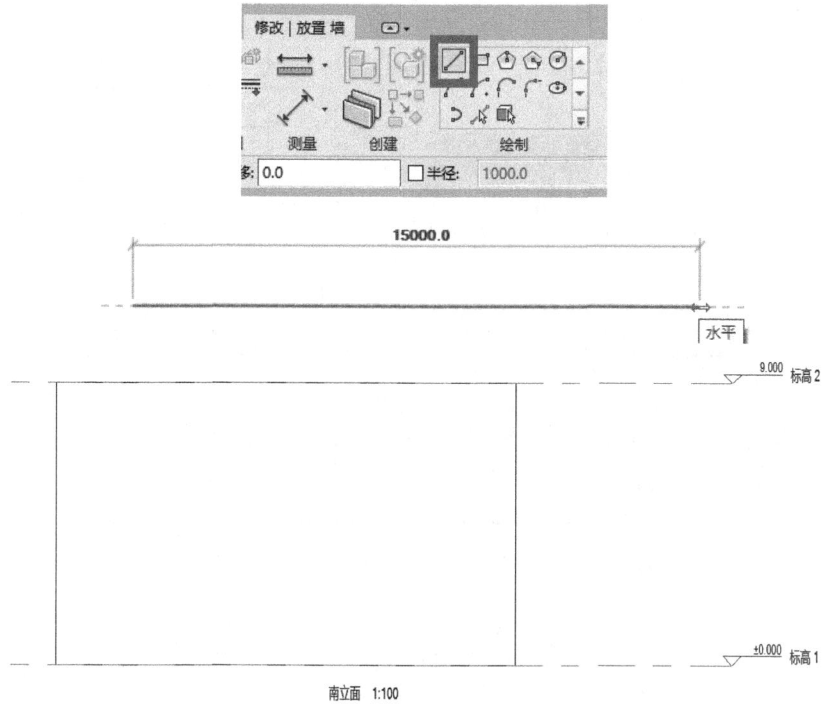

图 3-90　绘制幕墙

点击建筑选项卡构建面板中的“幕墙网格”，自动切换至“修改|放置幕墙网格”上下文选项卡，确定放置面板中“全部分段”是激活状态，按图示尺寸绘制幕墙网格，见图 3-91。

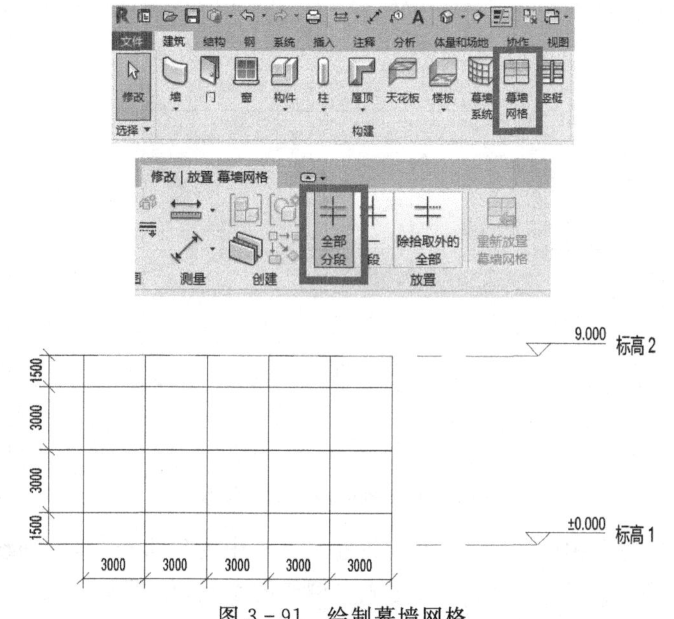

图 3-91　绘制幕墙网格

点击任意一条已绘制的网格线，自动切换至“修改|幕墙网格”上下文选项卡，点击幕墙网格面板中的“添加/删除线段”，对选中的网格线进行编辑，将鼠标移至选中的网格线上，该线会变为蓝色虚线，点击需要删除的线段，即可删除对象，按 Esc 键可退出命令，查看删除后的效

果,见图 3-92。

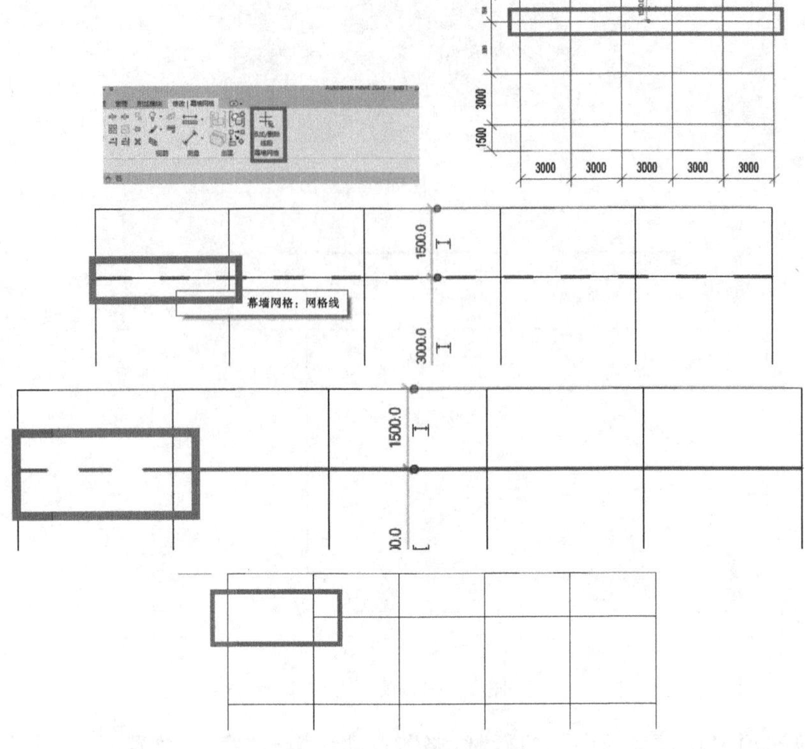

图 3-92　删除幕墙网格

用此方法根据题目要求删除多余的网格线,完成幕墙网格对幕墙的划分,见图 3-93。

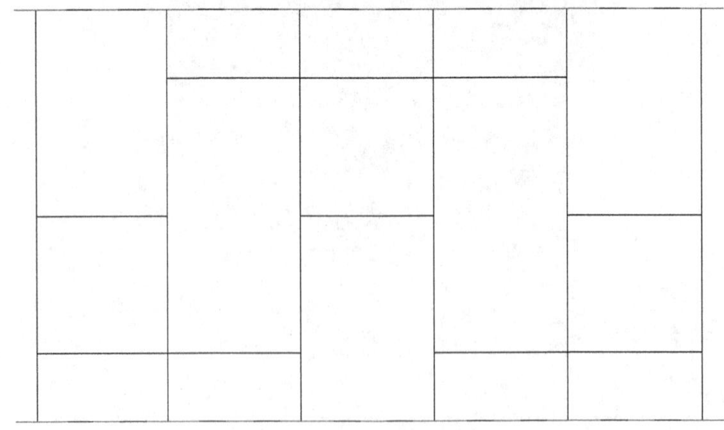

图 3-93　幕墙网格划分结果

任选幕墙的四条边界中的一条边,点击属性工具栏中的编辑类型,分别设置水平竖梃中的三个参数均为“矩形竖梃:50×150 mm”,完成本例题的绘制,见图 3-94。

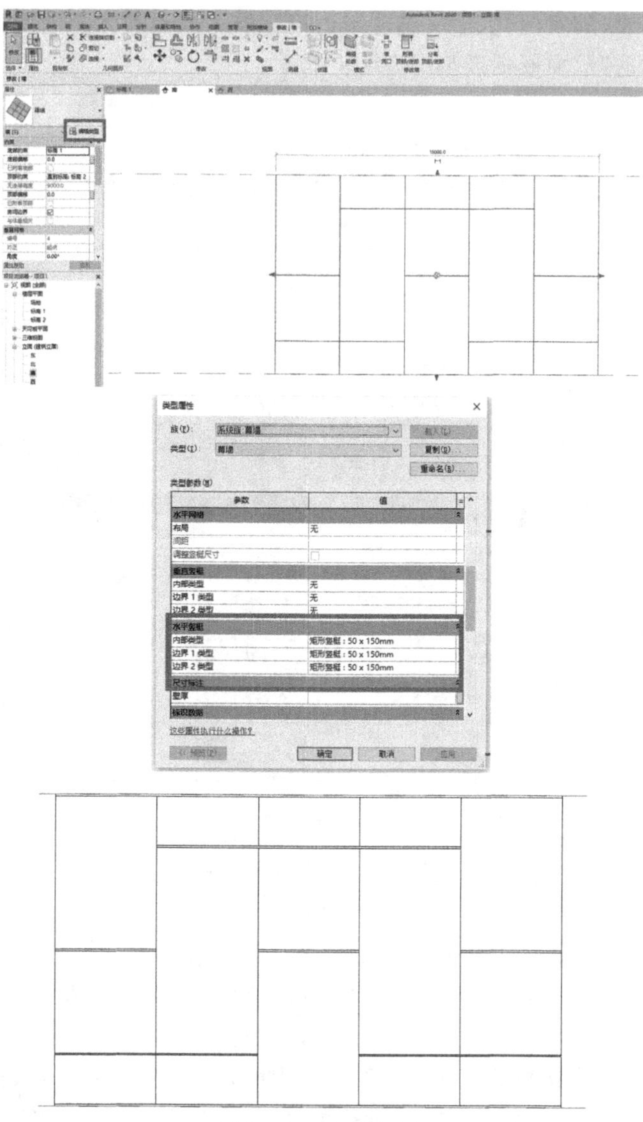

图 3－94　竖梃设置

3.4.2　创建门窗

门和窗的插入方法是很简单的操作，难点在于如何创建项目中特有的门窗。在此介绍如何插入门窗和调整门窗的位置，对于项目中如何创建各种门窗族的操作将在本书第 5 章中进行详细介绍。

打开小学教学楼项目，切换至 F1 楼层平面视图，点击建筑选项卡构建面板中的“门”，见图 3－95。

图 3－95　门工具

自动切换至“修改|放置门”上下文选项卡，点击“载入族”，载入如图3-96所示位置的“双扇平开门”文件夹中的“双面嵌板玻璃门.rfa”门族。

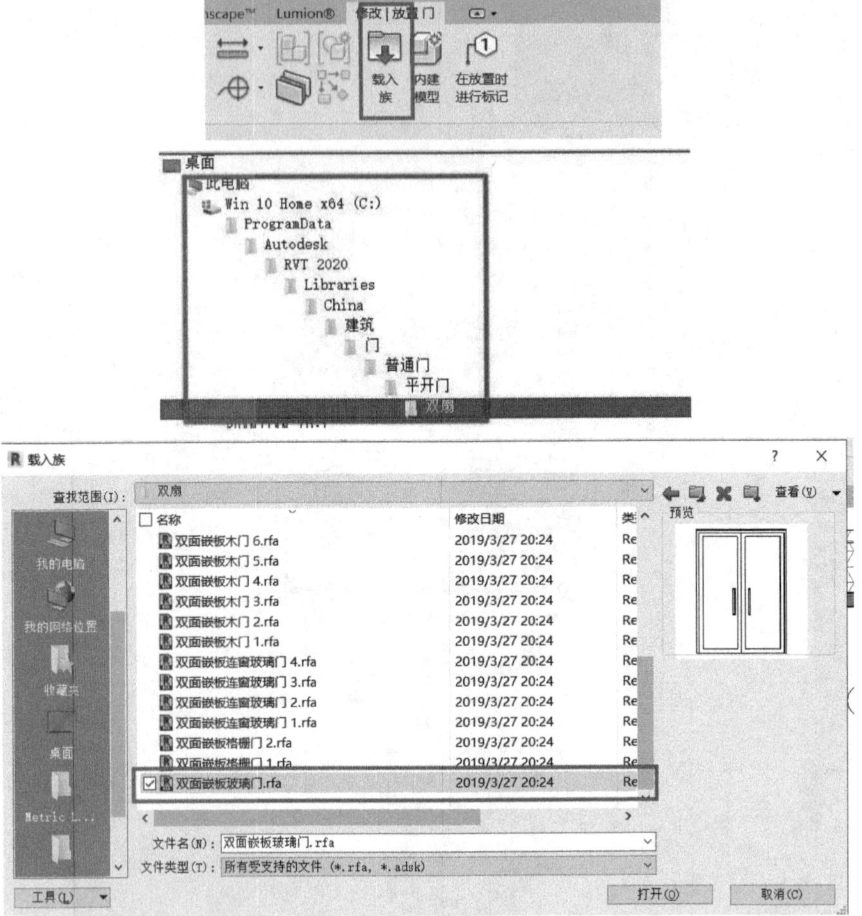

图3-96　载入门族

再次点击建筑选项卡构建面板中的“门”，此时属性工具栏的下拉列表中选择对应的门类型就是之前载入的门族类型，移动鼠标光标至墙体上，出现门的平面轮廓时即可在此处单击插入门，见图3-97。

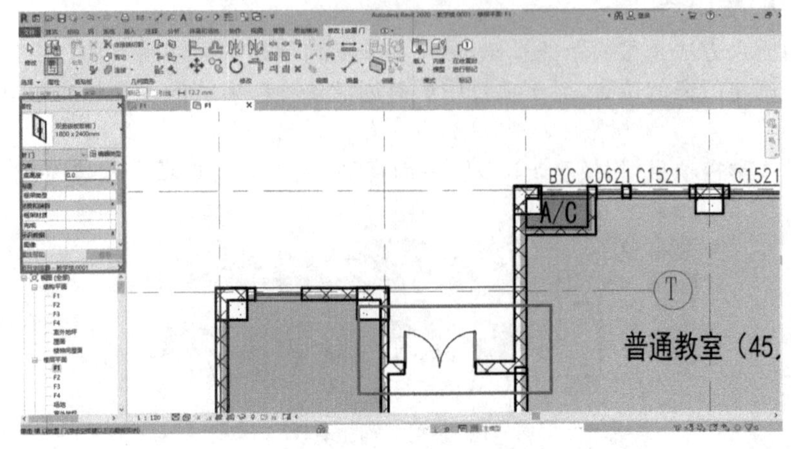

图3-97　插入门工具

如果门的开启方向不符合要求，在选中门的状态下，可以按空格键调整门的开启方向或者使用门的“开启方向调节箭头”⇆（左右）或者⇅（内外）进行调整，见图3-98。

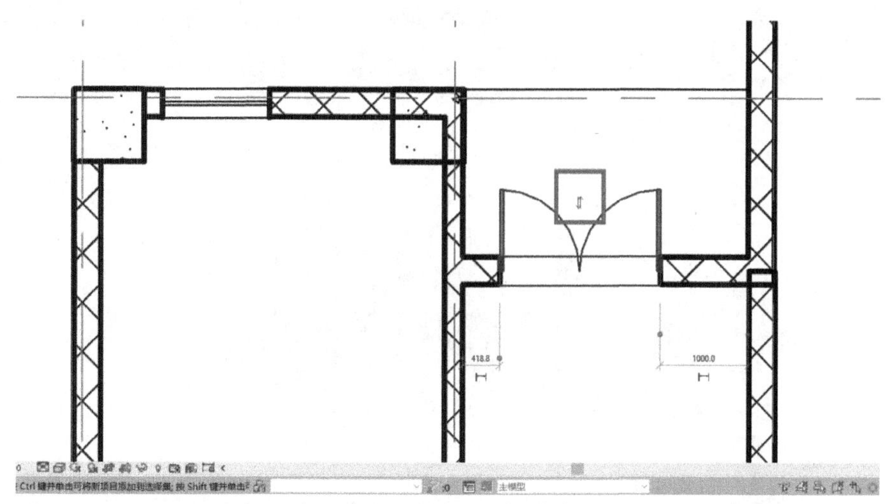

图3-98 门开启方向

调整门的位置。选择门，在出现的临时标注尺寸中单击标注文字，修改尺寸，门会在尺寸的驱动下改变位置，见图3-99。

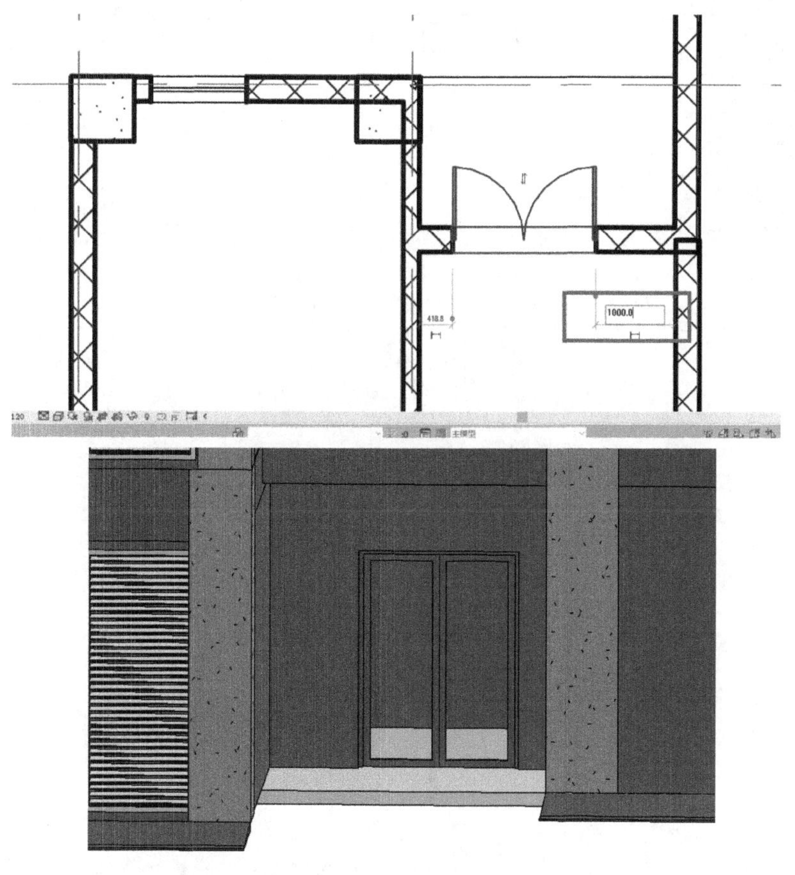

图3-99 调整门位置

窗户的插入方法与门基本相同，在这里就不再赘述。依次完成所有窗的插入，见图3-100。

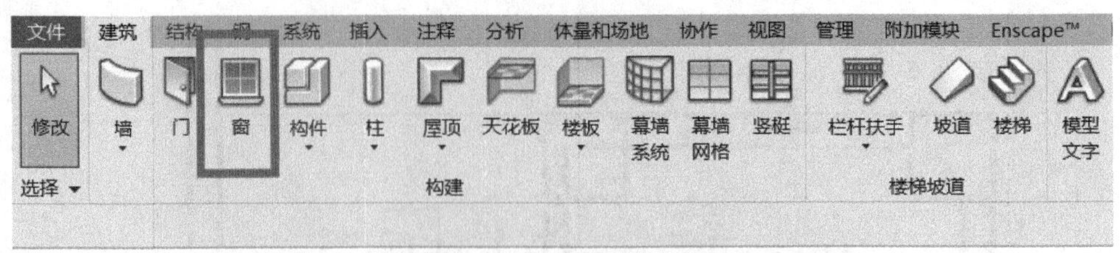

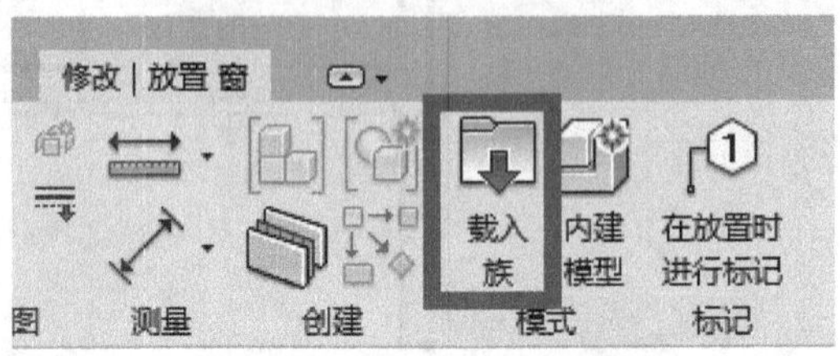

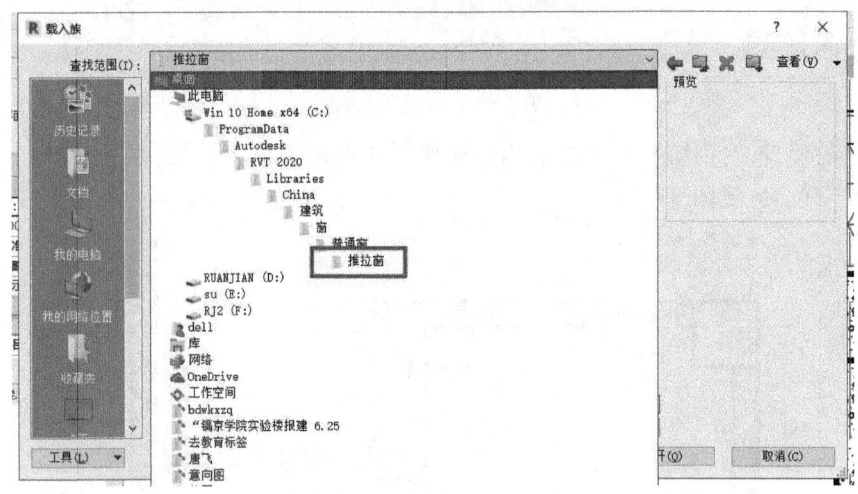

图 3-100　窗的插入方法(a)

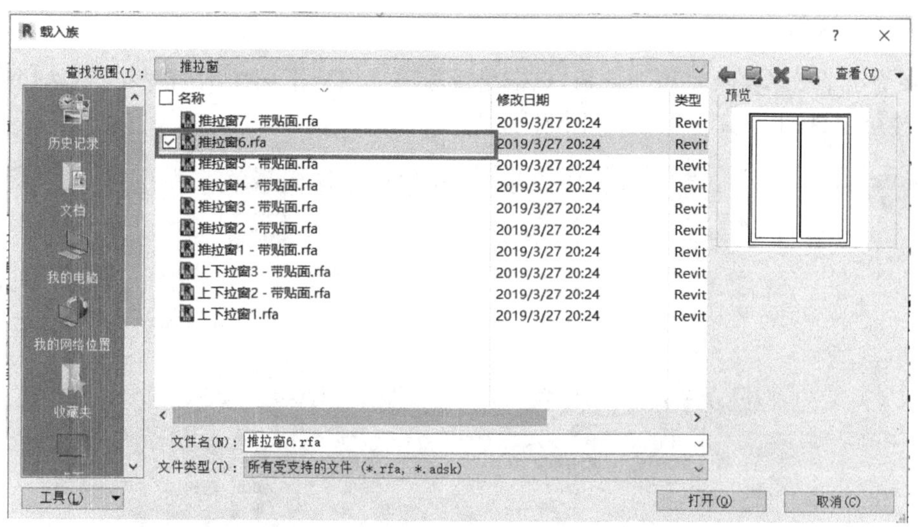

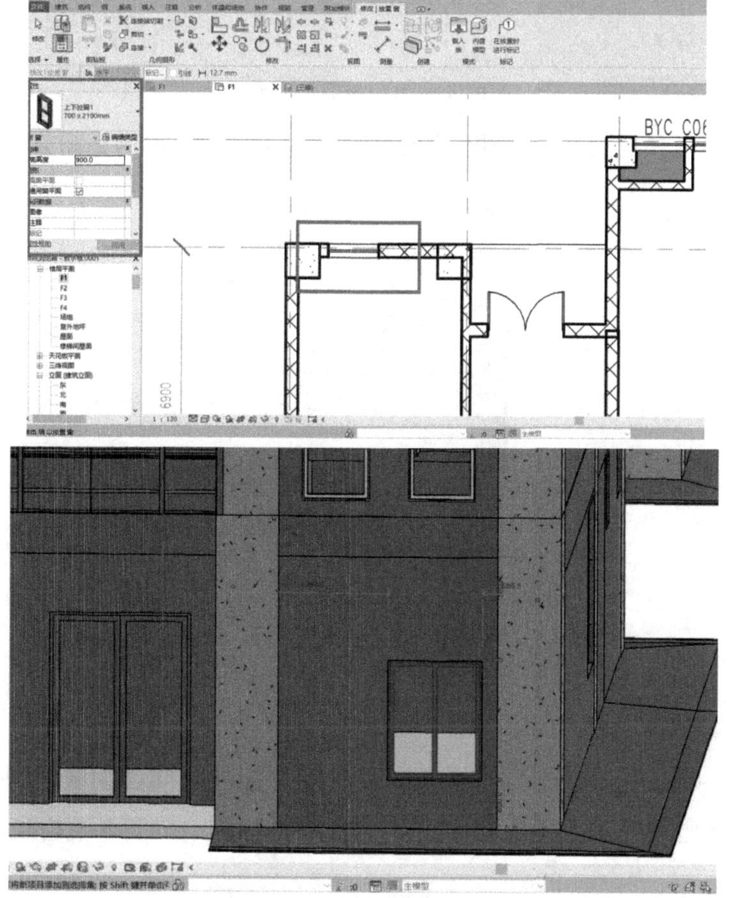

图 3－100　窗的插入方法(b)

运用上节讲授的复制墙体和建筑柱的方法配合过滤器选择首层和二层位置、尺寸相同的门窗，粘贴到二层上。

3.4.3 楼板

现在为小学教学楼项目添加楼板，点击建筑选项卡构建平面中的“楼板”，自动切换至“修改 创建楼层边界”上下文选项卡，见图 3－101。

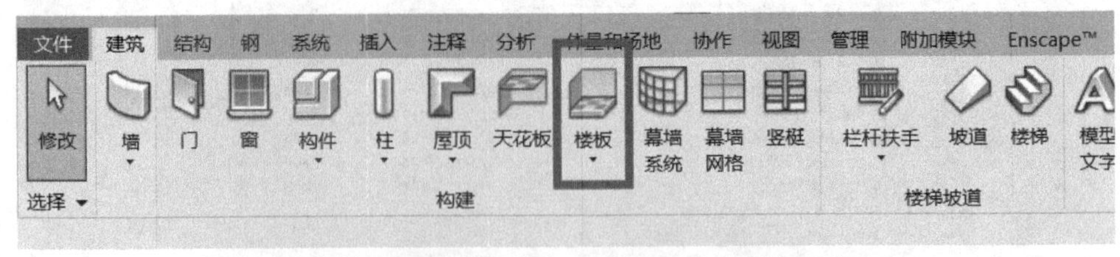

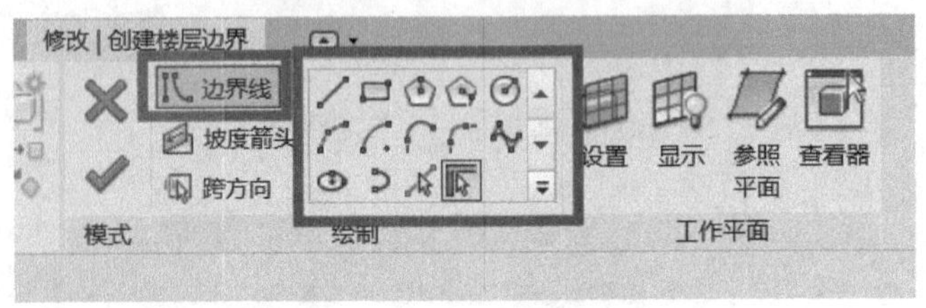

图 3－101 楼板选项卡

属性工具栏默认楼板类型为“楼板 常规－150mm”，约束条件中，标高为“F1”，自标高的高度偏移“0.0”，见图 3－102。

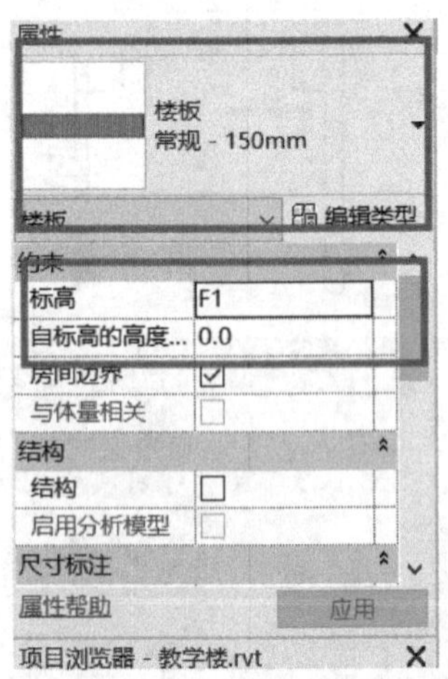

图 3－102 楼板约束设置

点击绘制工具中的拾取墙工具，拾取建筑物外墙，形成闭合区域，点击，结束创建。特别注意卫生间的区域要避过不选，因为卫生间楼地面需要沉降，要单独绘制，见图 3－103。

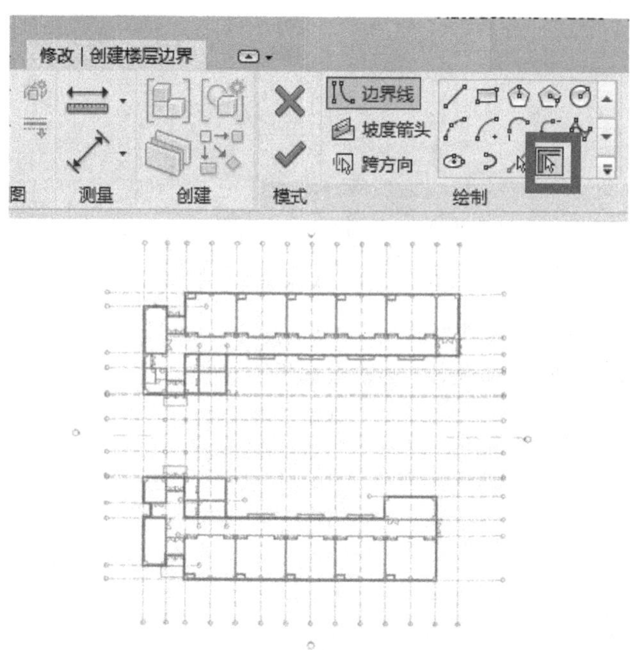

图 3-103　卫生间楼板绘制

接下来绘制卫生间楼地面，方法与之前一样，不再赘述，重点是属性工具栏中，将约束条件里的标高改为 F1，自标高的高度偏移改为－20.0 mm，点击绘制工具中的拾取墙工具，拾取卫生间外墙，形成闭合区域，切换至三维视图，观测创建好的楼板，见图 3-104。

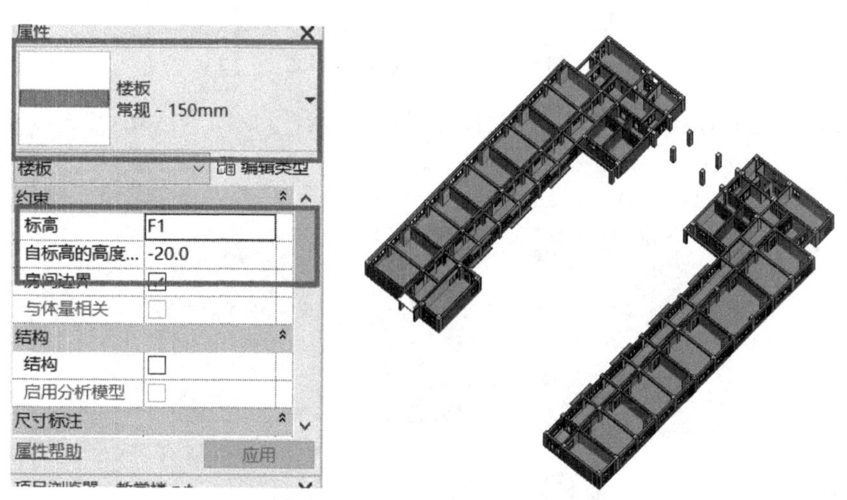

图 3-104　一层楼板

选择创建完成 F1 楼板(地面)，复制粘贴到 F2。

3.4.4　天花板

继续完善小学教学楼项目，绘制天花板。点击建筑选项卡构建面板中的“天花板”，自动切换至“修改|放置天花板”上下文选项卡，见图 3-105。

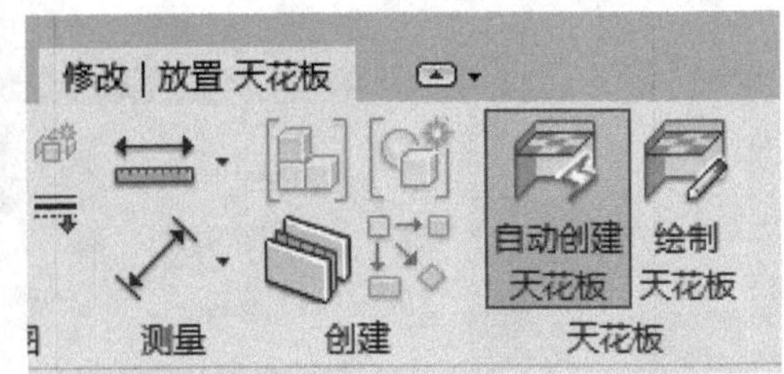

图 3-105 天花板选项卡

属性工具栏中默认的天花板类型为“复合天花板 600×1200 mm 轴网”，约束条件标高为F1，自标高的高度偏移 3600 mm，使用“绘制天花板”，见图 3-106。

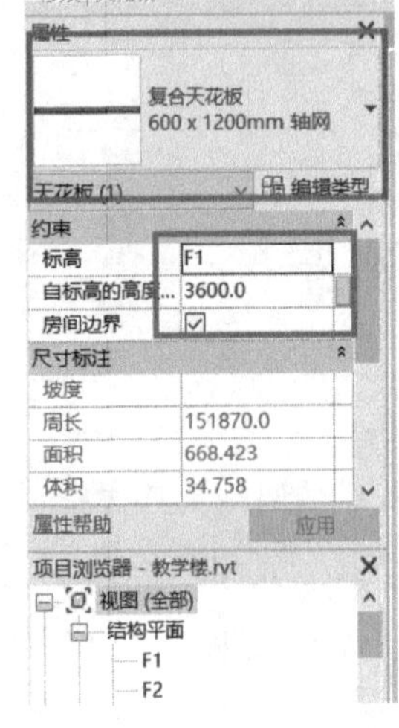

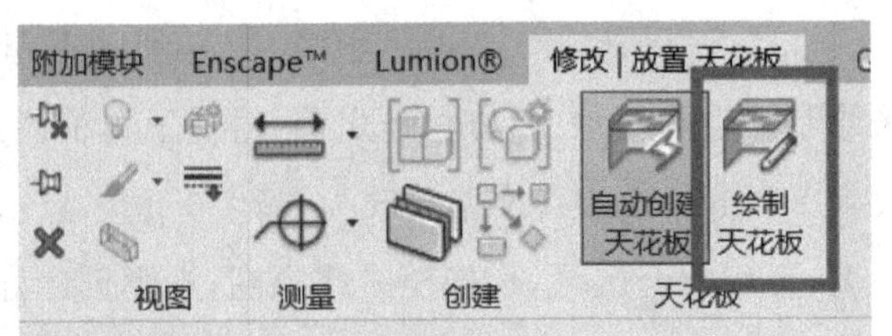

图 3-106 天花板约束设置

点击绘制工具中的拾取墙工具，拾取建筑物外墙，形成闭合区域，点击，结束创建，见图 3-107。

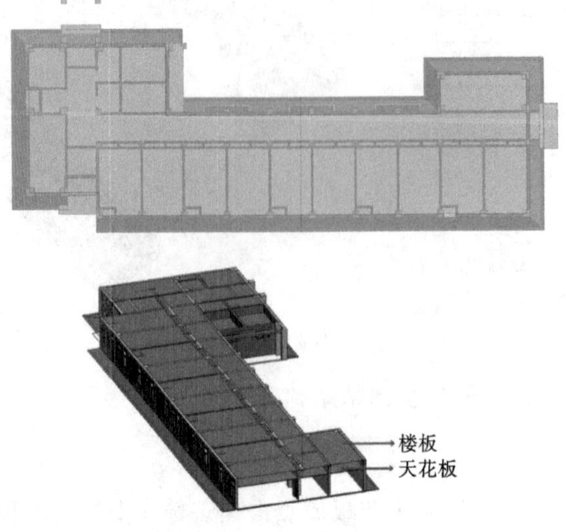

图 3-107 天花板绘制

目前为止，F2 标高上的所有内容全部绘制完成，现在以 F2 为对象，复制粘贴出 F3、F4，需要注意的是其余各层完全相同，所以粘贴时可一次把 F3、F4 全部选中，无须一层一层复制，见图 3-108。

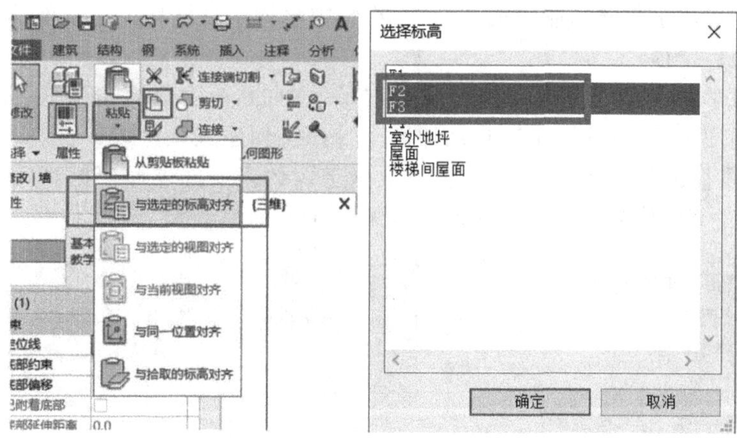

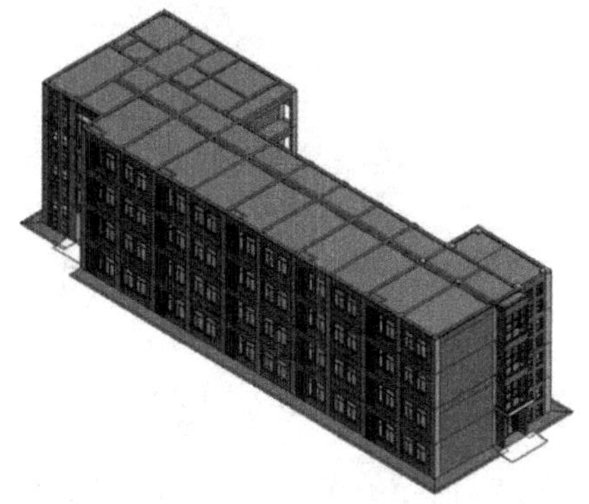

图 3-108　F2 标高内容复制

3.4.5　屋顶

Revit 软件提供了三种创建屋顶方式：迹线屋顶、拉伸屋顶、面屋顶，见图 3-109。

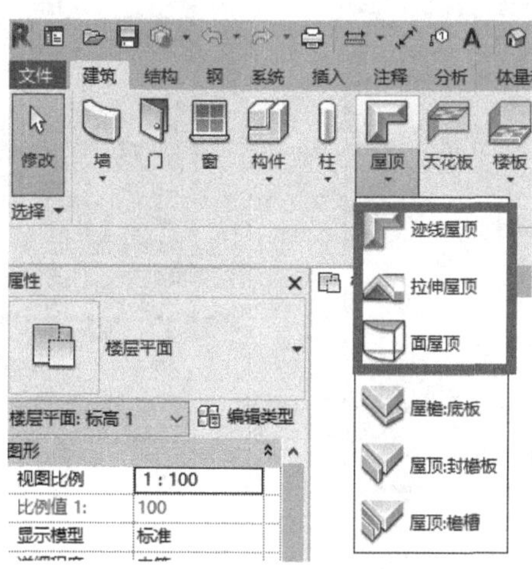

图 3-109　屋顶选项卡

所谓迹线屋顶，就是创建屋顶时使用建筑迹线定义其边界。要按照迹线创建屋顶，请打开楼层平面视图或天花板投影平面视图。创建屋顶时可以为其指定不同的坡度和悬挑，或者可以使用默认值并以后对其进行优化。

迹线屋顶一般用于创建平屋顶或坡屋顶，小学教学楼项目设计为平屋顶，因此将使用迹线屋顶来创建本项目屋顶。

打开小学教学楼项目，点击项目浏览器楼层平面中的“屋面”，切换至“屋面”楼层平面，点击建筑选项卡屋面中的“迹线屋顶”，自动切换至“修改|创建屋顶迹线”上下文选项卡，属性工具栏中选择“基本屋顶 架空隔热保温屋顶－混凝土”，约束条件中底部标高为屋面，勾选房间边界，自标高的底部偏移为“0.0”，截断标高为无，见图 3－110。

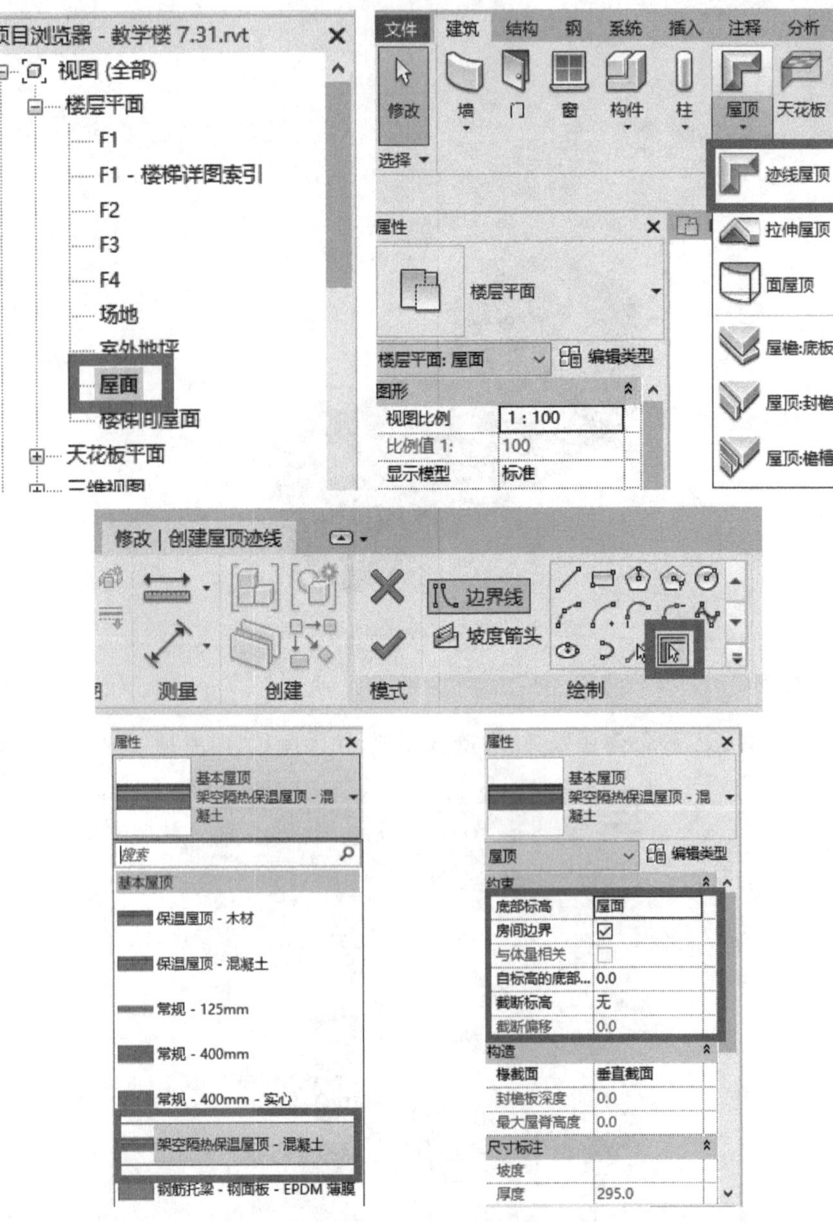

图 3－110　屋顶属性设置

使用绘制面板中工具，拾取建筑物外墙，配合修改面板中的“修剪/延伸为角”形成闭合区域，点击，结束创建，见图 3－111。

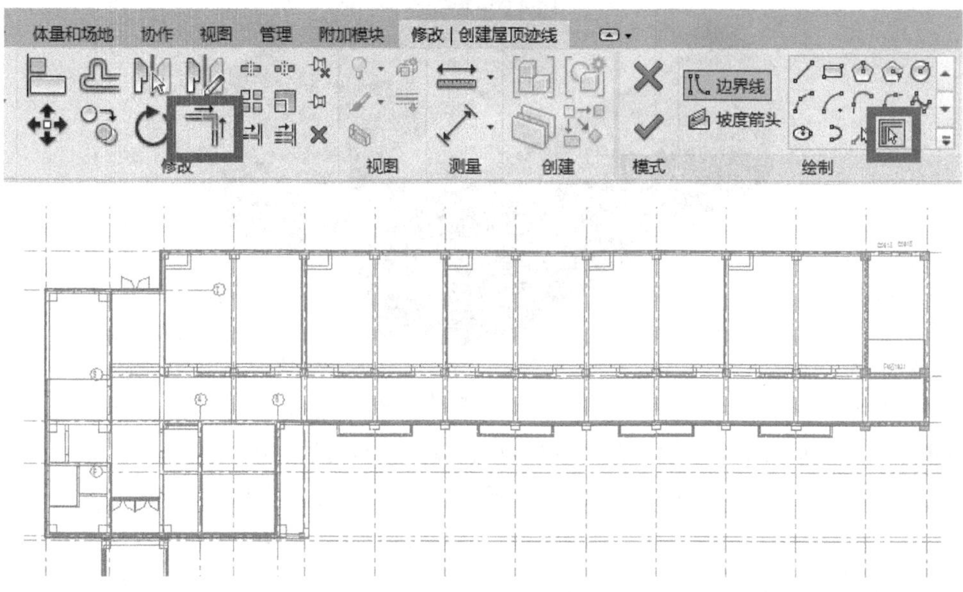

图 3－111　创建屋顶

按此方法为小学教学楼项目南侧与之对称的部分以及中间的连接部分创建屋顶，见图3－112。

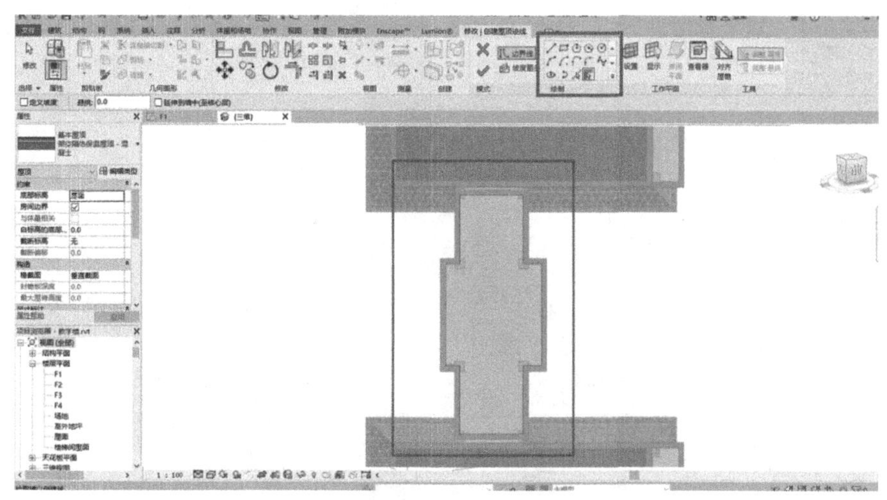

图 3－112　创建屋顶

创建完的屋顶应如图 3－113 所示。

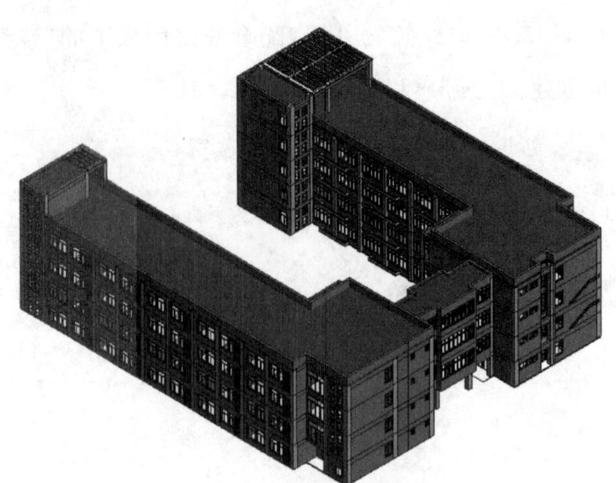

图 3-113　屋顶形态

迹线屋顶也可以绘制坡屋顶，通过一个例题了解坡屋顶的绘制方法。

例：如图 3-114 所示，根据已知的平、立面绘制坡屋顶，屋顶板厚 400 mm。

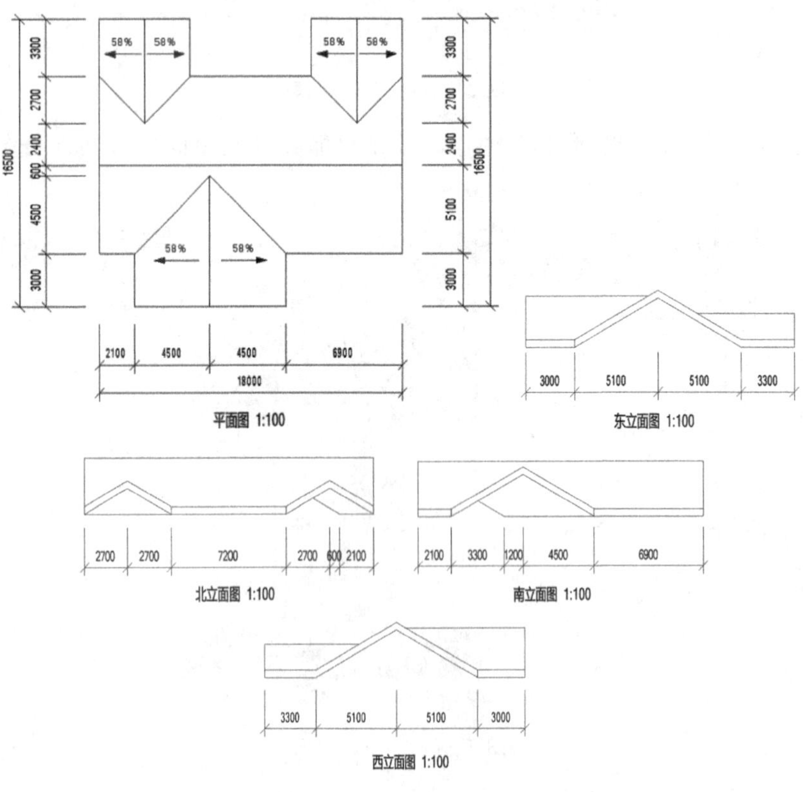

图 3-114　坡屋顶图例

新建项目，选择“建筑样板”，切换至“标高 2”楼层平面，点击建筑选项卡屋顶中的迹线屋顶，选项栏中勾选掉定义坡度，属性工具栏选择系统默认的“基本屋顶 常规－400mm”，按平面图的尺寸绘制，见图 3-115，特别要注意的是，有坡度的屋顶部分两侧的轮廓线需独立绘制图，见图 3-116，图中进行尺寸标注的就是需单独绘制的轮廓线。

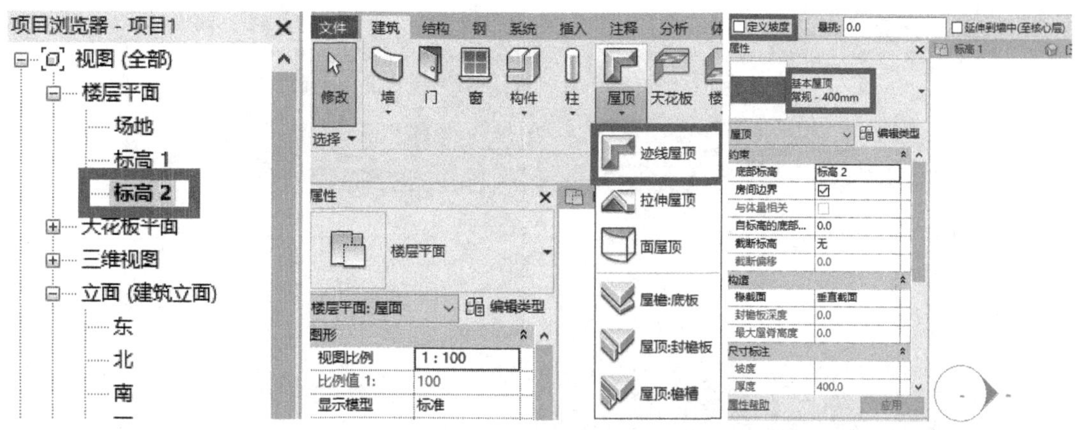

图 3-115　坡屋顶属性设置

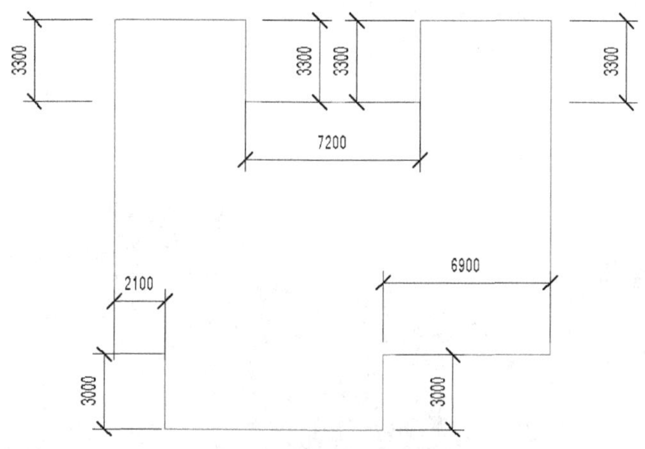

图 3-116　坡屋顶轮廓线绘制

绘制完屋顶轮廓后，选择上一步单独绘制的轮廓线，选项栏中勾选定义坡度，且坡度为30°，点击✔，完成绘制，切换至三维视图，视觉样式改为“着色”，见图 3-117。

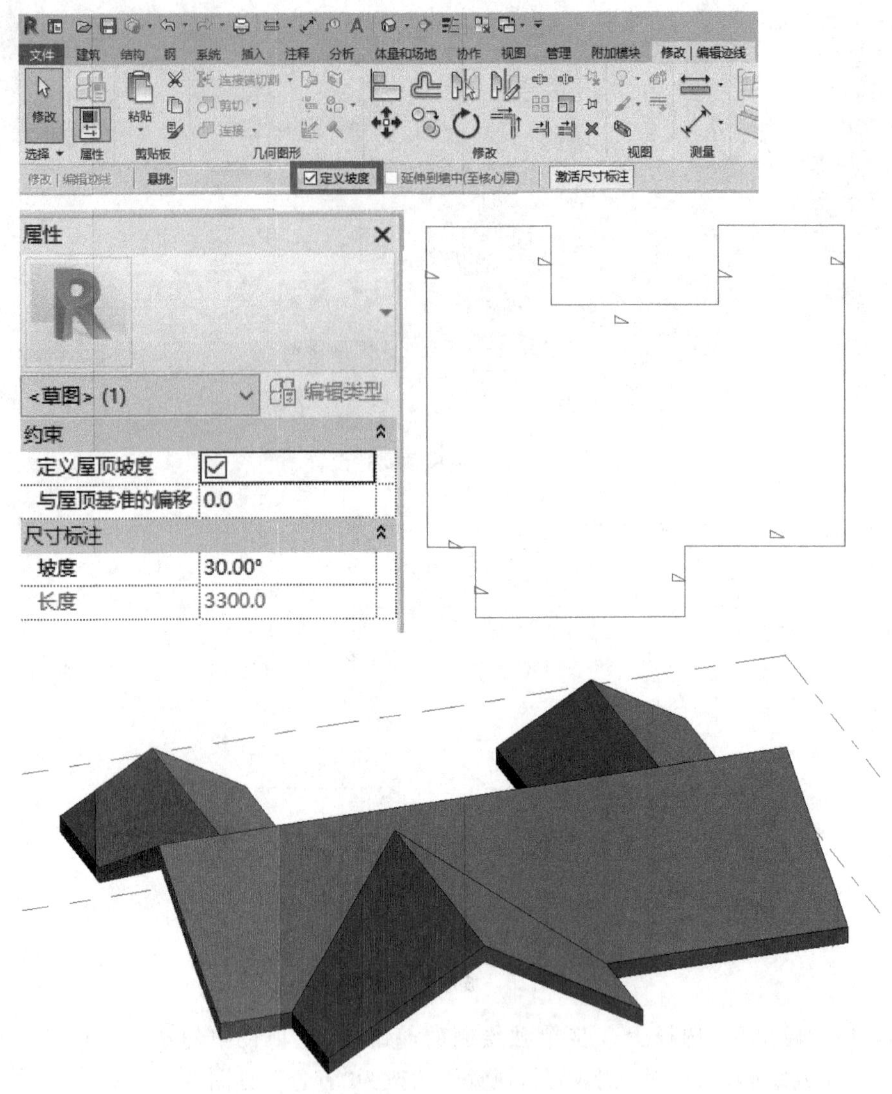

图 3-117　坡屋顶绘制完成

切换至标高 2 楼层平面，屋顶平面呈不完全显示状态，点击属性工具栏“视图范围”右侧的编辑，弹出“视图范围”对话框。见图 3-118。

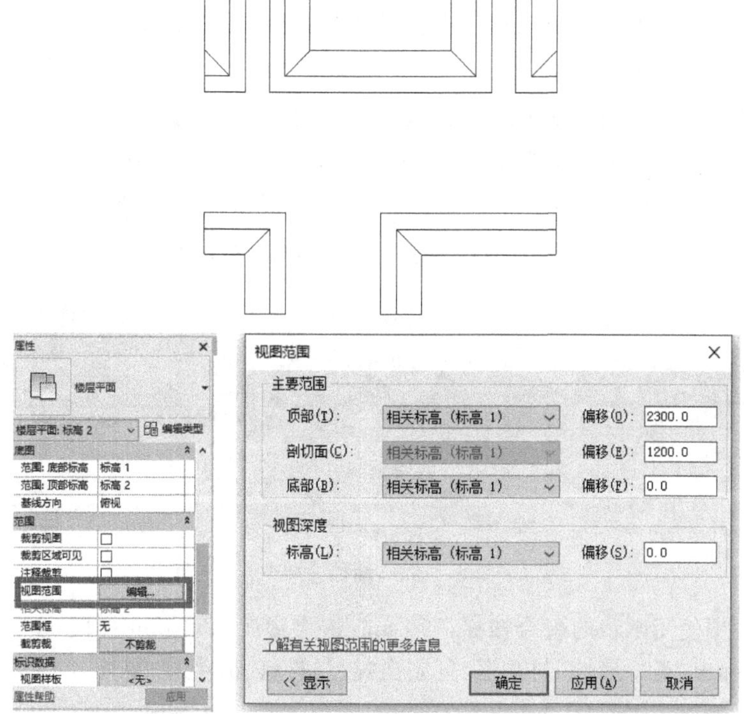

图 3－118　视图范围编辑

按图 3－119 所示的参数数值进行修改，并点击确定，则显示全部的屋顶轮廓。

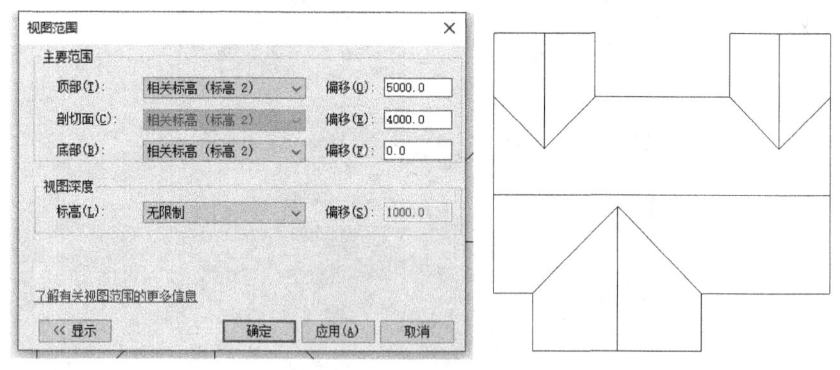

图 3－119　坡屋顶轮廓

3.5　交通枢纽空间设计

3.5.1　楼梯与电梯

1)楼梯

楼梯是建筑中各楼层间的主要交通设施，其除具有交通联系的主要功能外，还是紧急情况下安全疏散的主要通道。本书通过常见的双跑楼梯和剪刀梯对楼梯绘制方法进行介绍。

双跑楼梯是应用最为广泛的一种楼梯形式。在两个楼板层之间，包括两个平行而方向相反的梯段和一个中间休息平台。小学教学楼项目的楼梯是双跑楼梯，接下来绘制该项目的楼梯部分。

切换至 F1 楼层平面，点击建筑选项卡楼梯坡道面板中的“楼梯”，自动切换至“修改|创建楼梯”上下文选项卡，见图 3-120。

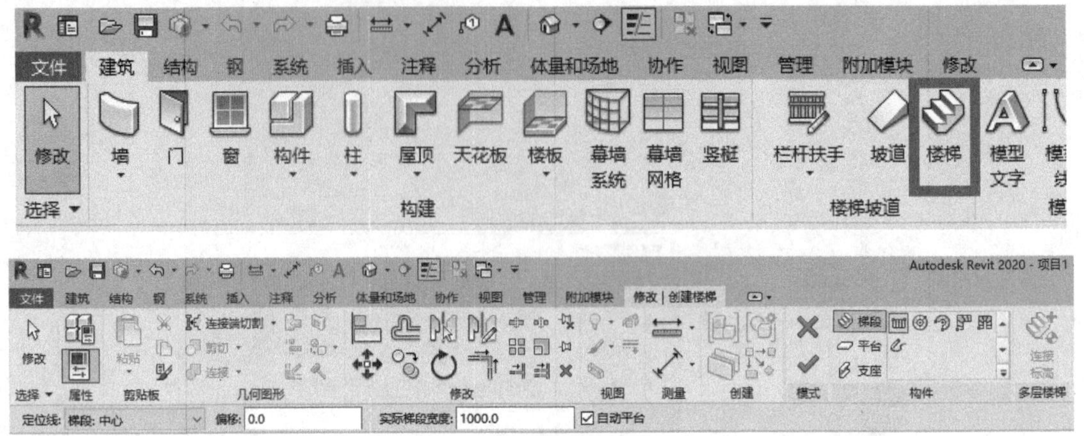

图 3-120　楼梯选项卡

属性工具栏中使用默认的组合楼梯：190 mm 最大踢面、250 mm 梯段，点击属性工具栏中的“编辑类型”，弹出“类型属性”对话框，复制出“教学楼楼梯”类型，见图 3-121。

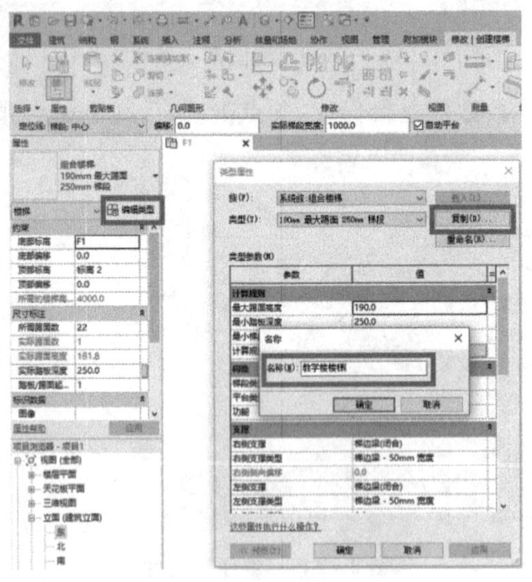

图 3-121　新建项目楼梯

按图 3-122 所示参数值调整相应的参数，功能选择“内部”，类型注释改为“教学楼楼梯”。属性工具栏中修改底部标高为 F1，顶部标高为 F2，底部偏移和顶部偏移均为 0.0，所需踢面数改为 26，实际踏板深度改为 280.0。

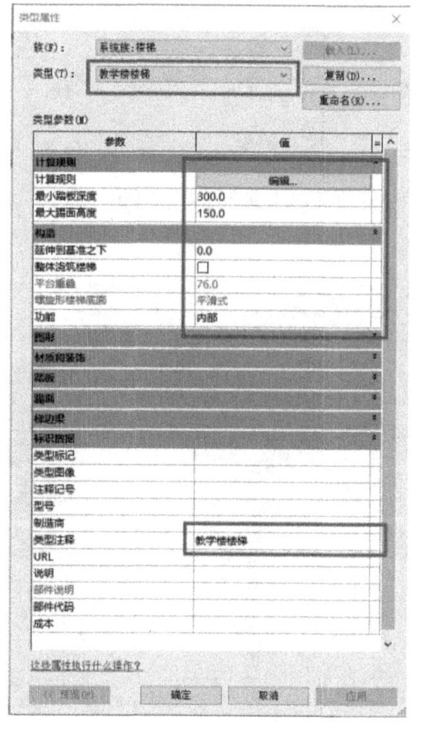
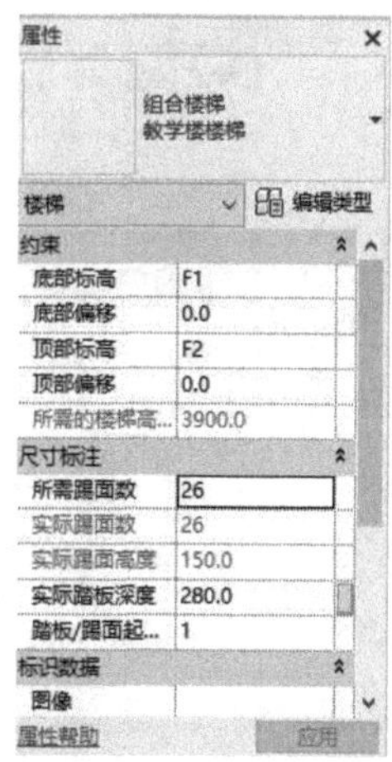

图 3-122　楼梯参数设置

点击建筑选项卡工作平面面板中的“参照平面”，自动切换至“放置 参照平面”上下文选项卡，选择绘制工具中的“线”，“放置 参照平面”选项栏中修改偏移距离为 740.0，按图 3-123 所示位置绘制参照平面。

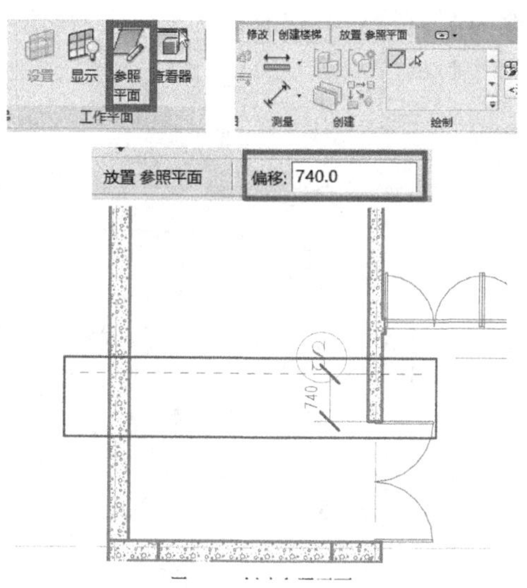

图 3-123　创建参照平面

该选项栏中定位线选择“梯段：左”、偏移为－50.0，实际梯段宽度 1800.0，并勾选自动平台，见图 3-124。

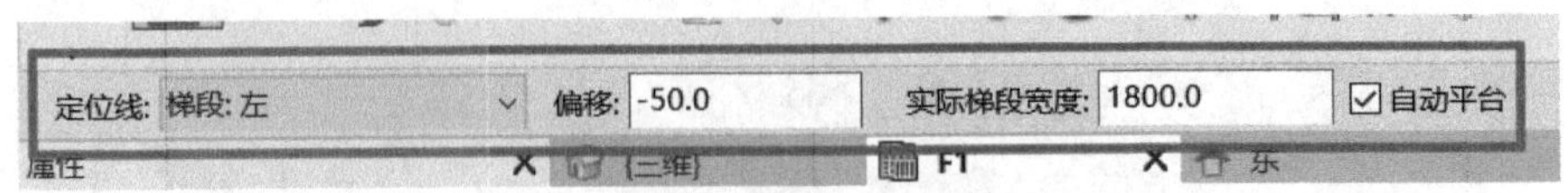

图 3-124　尺寸调整

点击“修改|创建楼梯”上下文选项卡构件面板梯段中的“直梯”，按图 3-125 所示位置自下而上创建一跑楼梯。

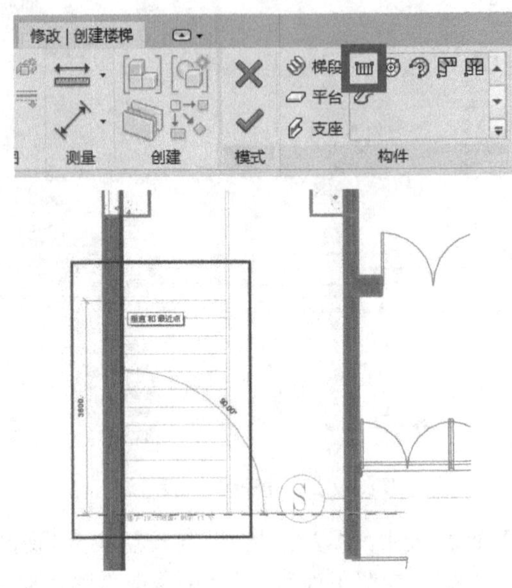

图 3-125　创建一跑楼梯

用同样方法将定位线改为“梯段:右”，偏移改为 150.0，其他两项不改，绘制另一侧的梯段，点击✔，结束创建，见图 3-126。

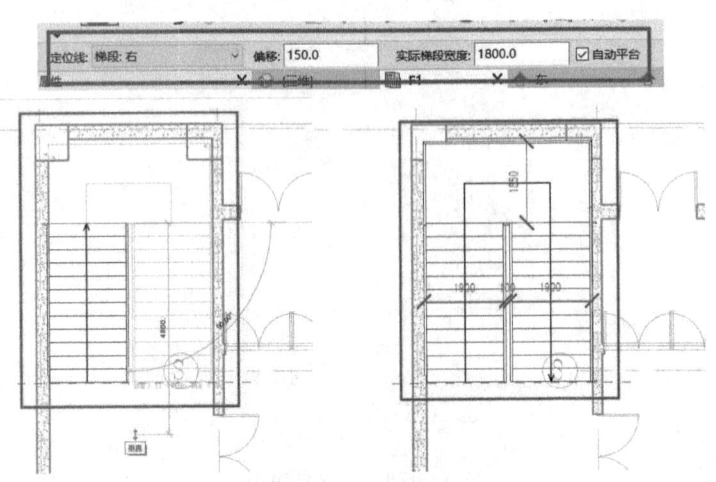

图 3-126　楼梯创建完成

创建完成后的扶手，是不符合设计要求的，只保留梯井部分的扶手即可，删除墙体及平台上多余的扶手，即图 3-127 中高亮部分。

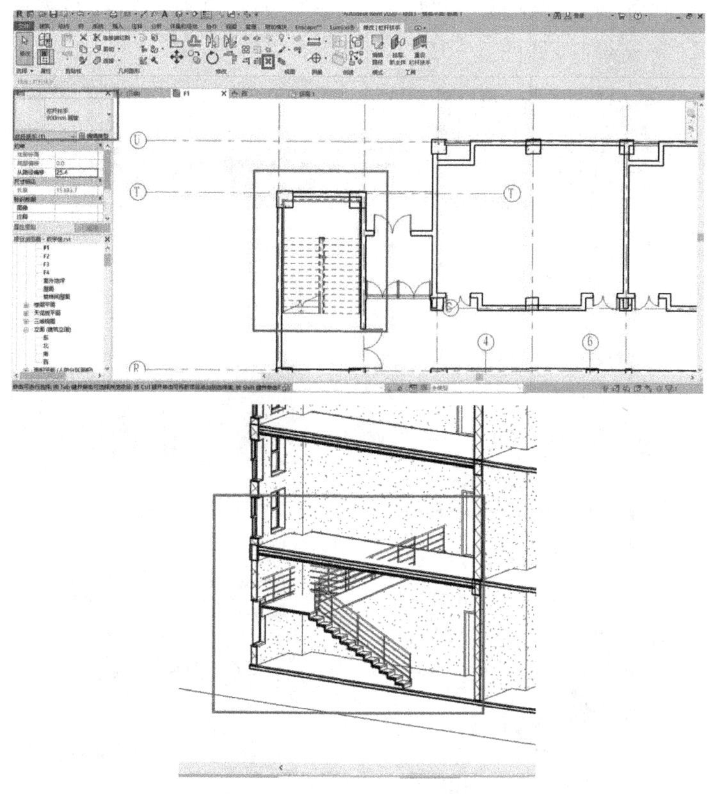

图 3-127　删除多余扶手

选中图 3-128 红色图框中的全部内容，自动切换至“修改|选择多个”上下文选项卡，选择“过滤器”，仅保留与楼梯、扶手相关的所有内容，点击确定。

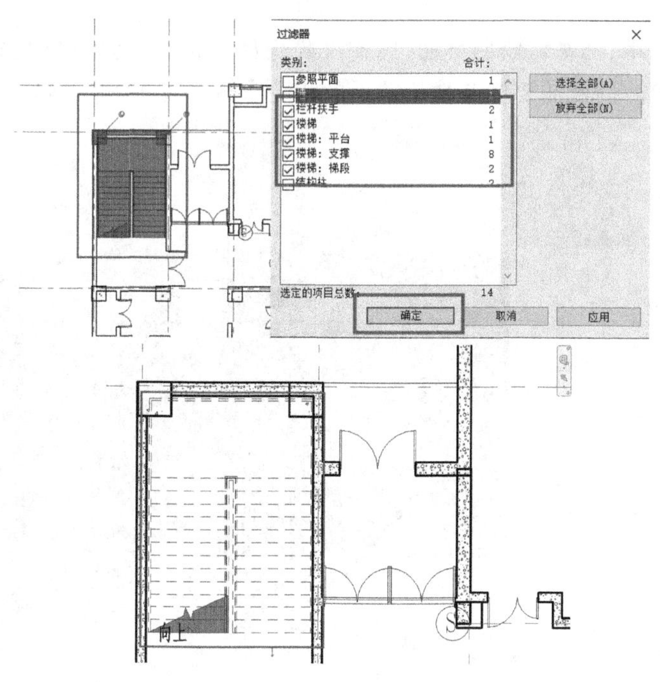

图 3-128　过滤选择

运用剪贴板中的“复制到剪贴板”和“粘贴:与选定的标高对齐”,选择楼层平面 F2～F4,切换至三维视图查看,完成绘制,见图 3－129。

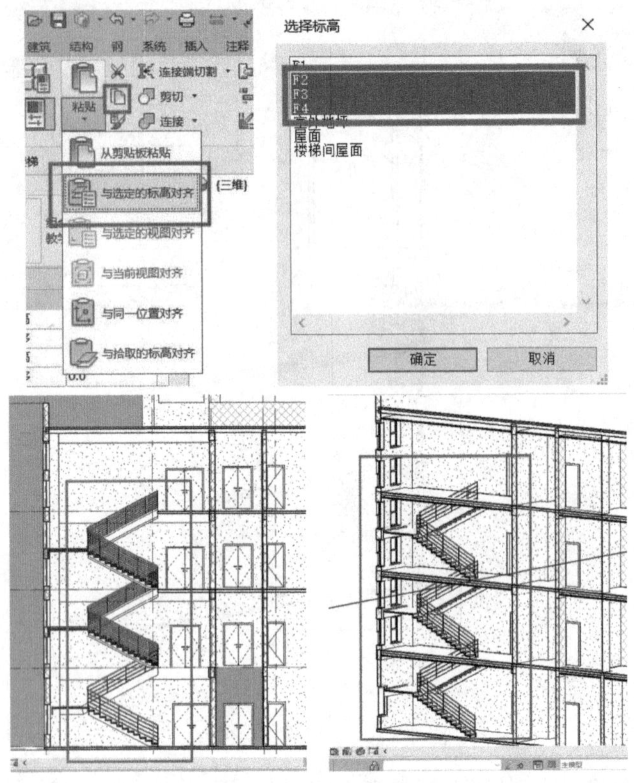

图 3－129　复制楼梯

2)楼梯扶手

Revit 建模过程中,通常在绘制楼梯、坡道这些构件时,会自动生成楼梯扶手,但会出现断开或者不链接的情况,因此需要修改楼梯扶手的相关参数,对扶手进行调整,见图 3－130。

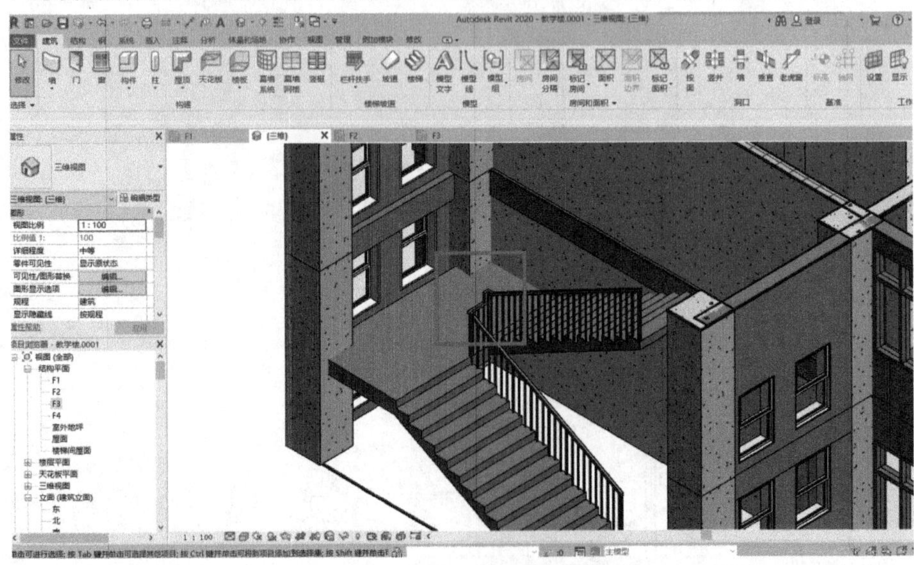

图 3－130　扶手异常状态

首先通过注释选项卡中的“高程点”命令进行测量，确定扶手的三段高程点标高，见图3-131。

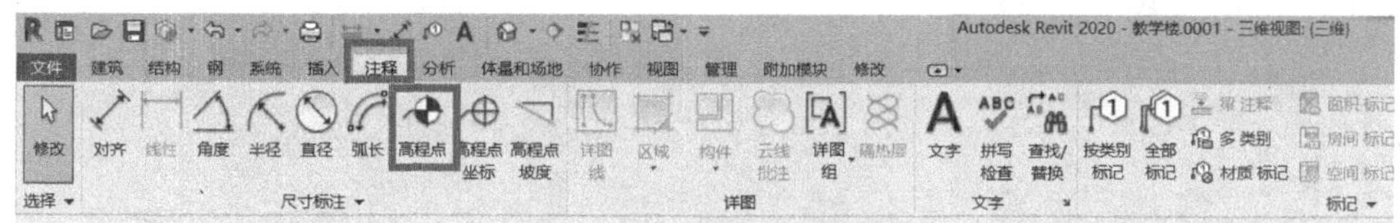

图 3-131　高程点选项

以项目中楼梯扶手高程显示为例，在处理扶手问题时候，通常选取三处高程的平均值或者以一处高程值为准，然后确定各段的高度校正值。标注后三处高程值分别为 2.889、2.928、3.123。这里我们以梯段扶手“③”的高程值 3.123 为基准，统一其余扶手高程值。通过计算，平台扶手“②”的高程值与基准值相差 195 mm，梯段扶手“①”的高程值与基准值相差 234 mm。使用者根据这些数值输入偏移值，统一所有扶手的高程值，见图 3-132。

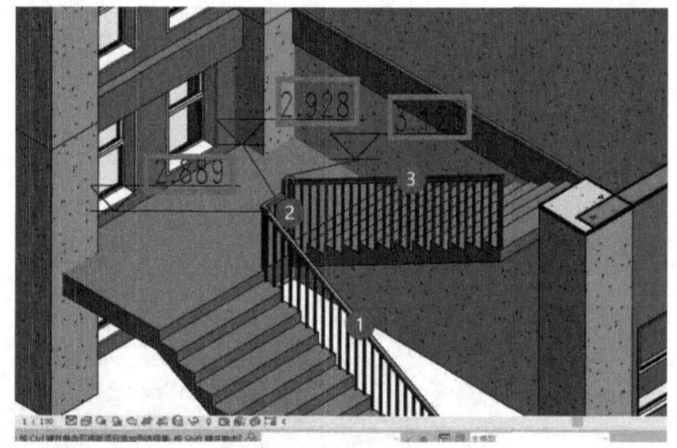

图 3-132　高程点标注

选择栏杆扶手，进入编辑路径，见图 3-133。

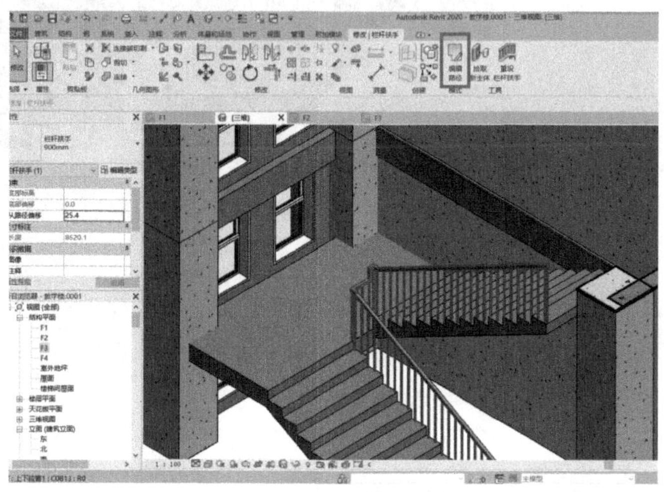

图 3-133　编辑路径选择

选择梯段扶手“①”，将高度校正改为“自定义”，输入偏移值 234；选择平台扶手“②”，将高度校正改为“自定义”，输入偏移值 195，见图 3-134。参数设置完成后点击“✔”，在三维视图中查看最终效果，见图 3-135。

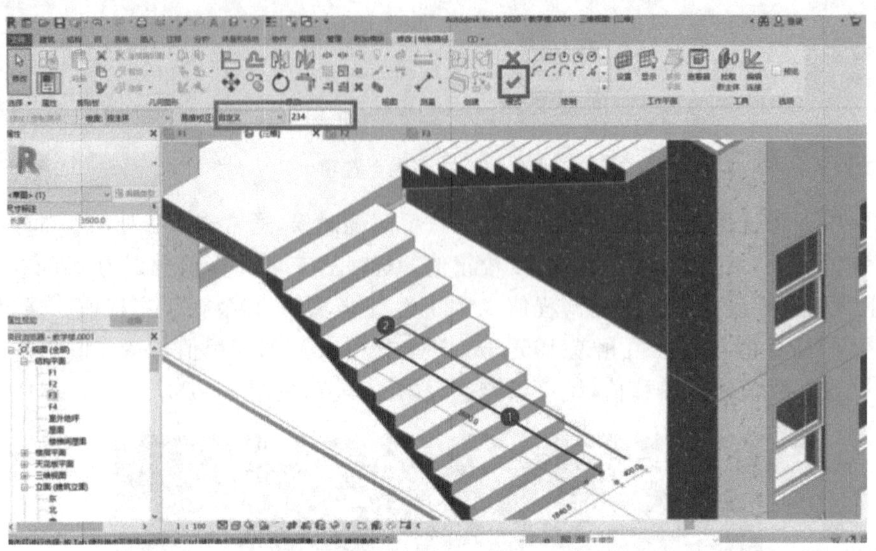

图 3-134　高度校正

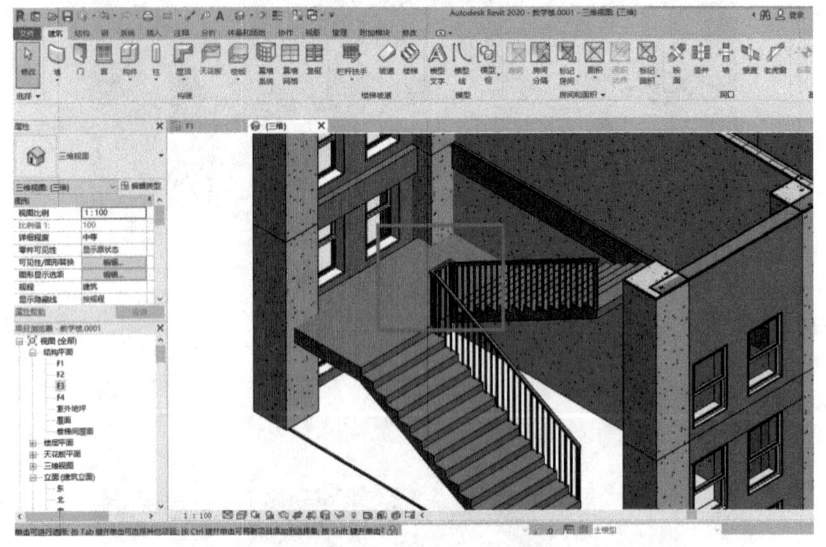

图 3-135　扶手处理完成

3)电梯

例：按图 3-136 所示建筑平面、立面尺寸和参照平面绘制电梯。

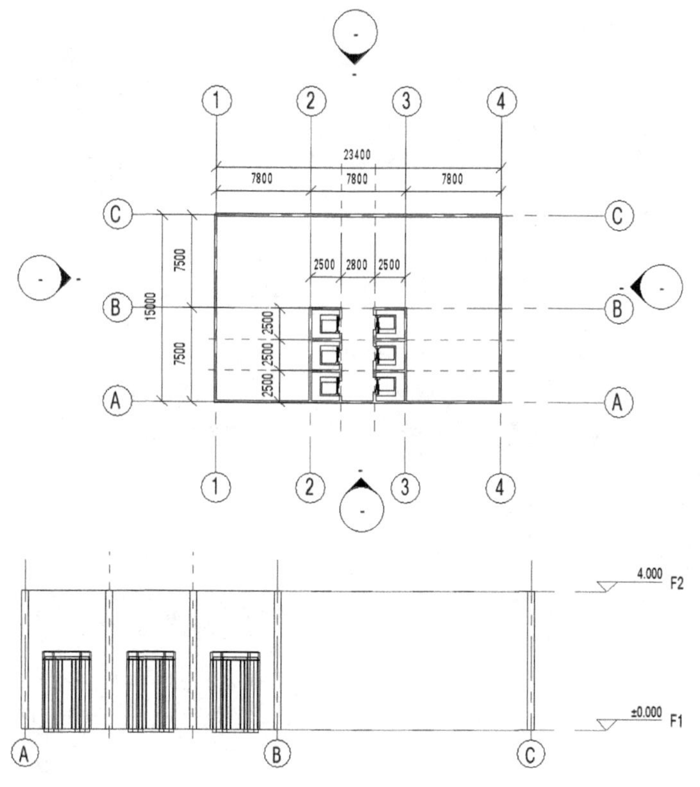

图 3－136　绘制电梯例题

点击项目浏览器中的“立面(建筑立面)”中的“东”，切换至东立面视图，修改“标高 1”为“F1”、“标高 2”为“F2”，见图 3－137。

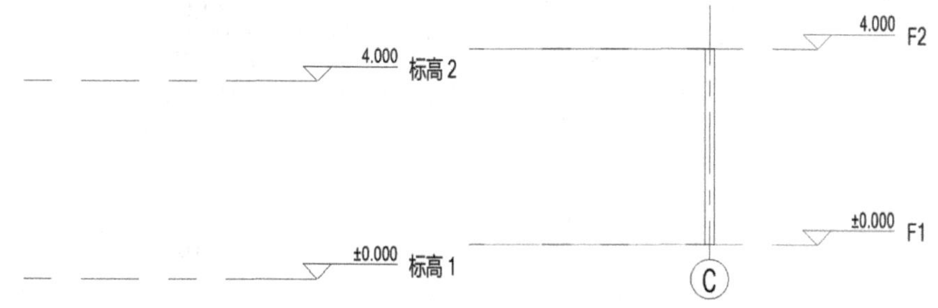

图 3－137　修改标高

点击建筑选项卡基准面板中的“轴网”，自动切换至“修改|放置 轴网”上下文选项卡，属性工具栏点击“编辑类型”，弹出“类型属性”对话框，按 3－138 图示修改相应参数，点击确定，并按图所示尺寸绘制轴网。

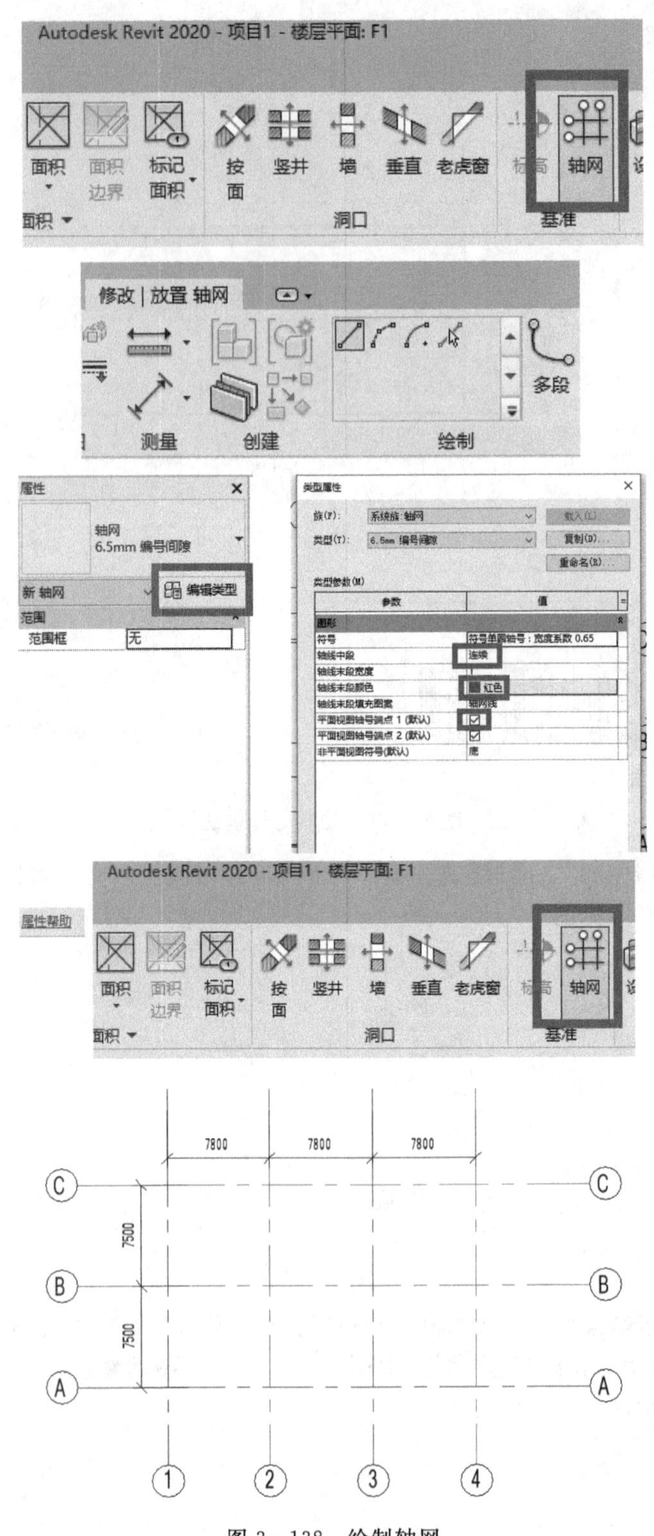

图 3-138　绘制轴网

点击建筑选项卡构建面板中的“墙”下方的小三角，下拉菜单中选择“墙:建筑”，自动切换至“修改|放置 墙”上下文选项卡，属性工具栏中选择默认的“基本墙 常规－200 mm”类型，约

束条件按图 3－139 所示修改，按尺寸绘制墙体。

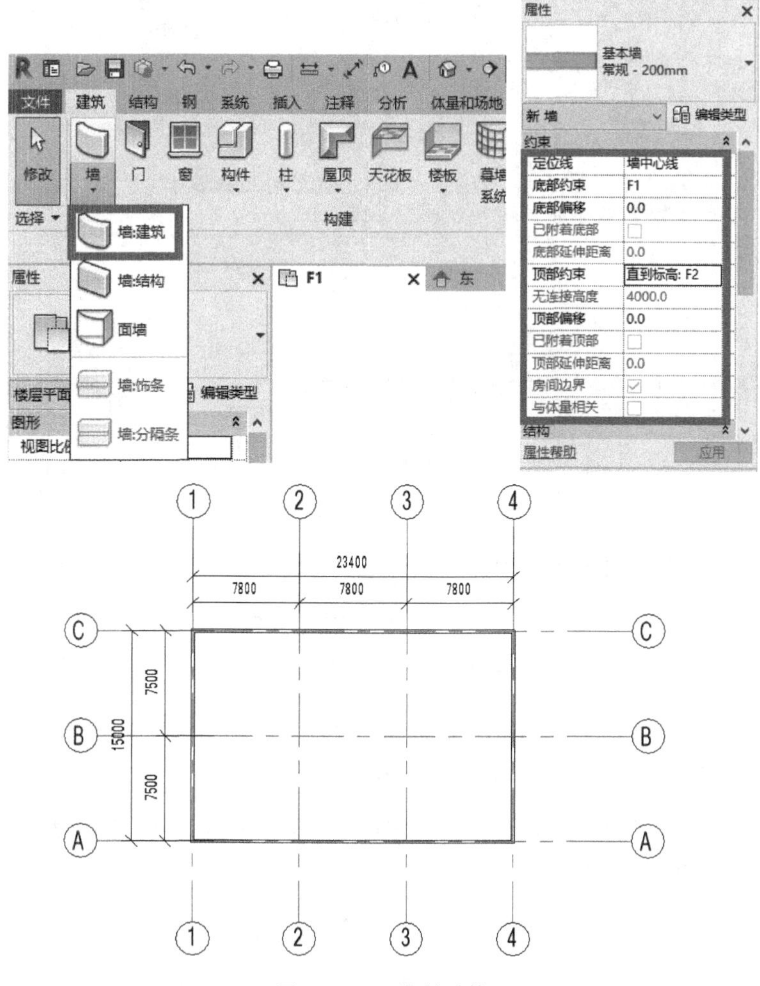

图 3－139　绘制墙体

点击建筑选项卡工作平面面板中的“参照平面”，自动切换至“修改|放置 参照平面”上下文选项卡，绘制面板中选择“拾取线”，选项栏中偏移距离改为“2500.0”，按图 3－140 所示尺寸和位置绘制水平和垂直参照平面，绘制完成后按两次 Esc 键退出命令。

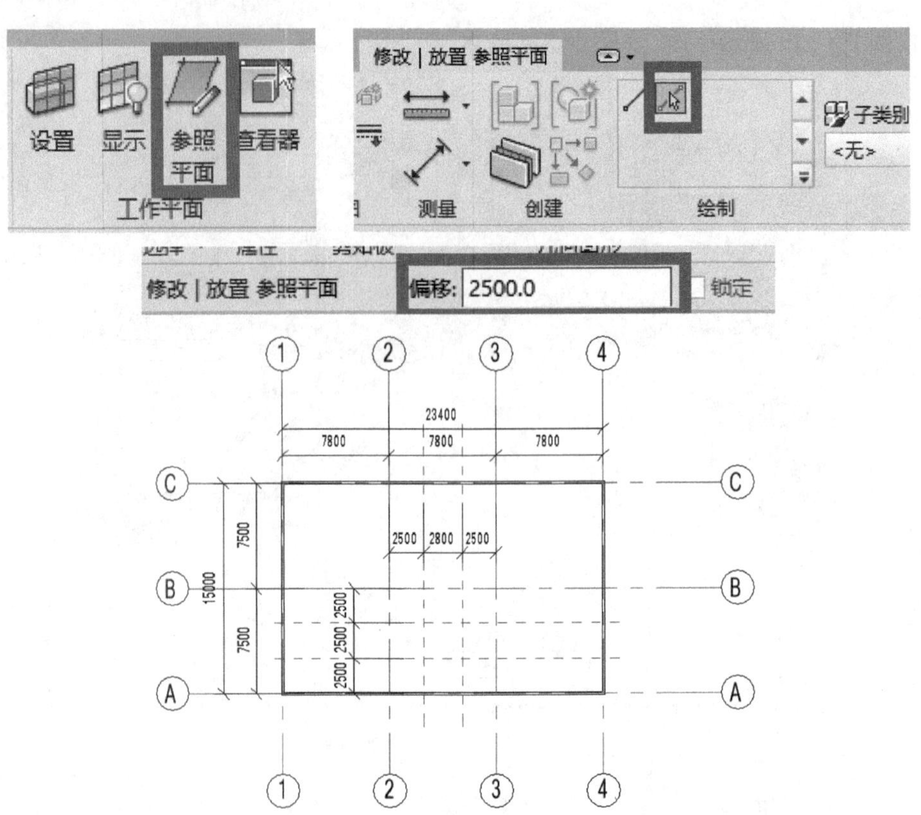

图 3－140　绘制参照平面

点击建筑选项卡构建面板中的“墙”下方的小三角，下拉菜单中选择“墙：建筑”，按图 3－141 所示绘制电梯厅的所有内墙。

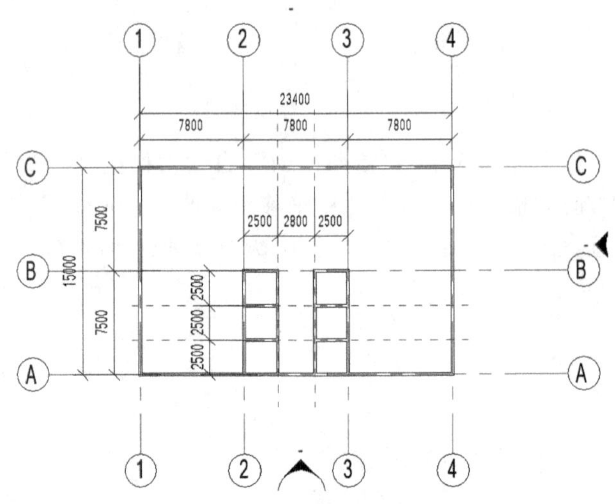

图 3－141　绘制电梯厅内墙

点击插入选项卡从库中载入面板中的“载入族”，弹出“载入族”对话框，找到“电梯”文件夹，选择“住宅电梯. rfa”，点击“打开”，见图 3－142。

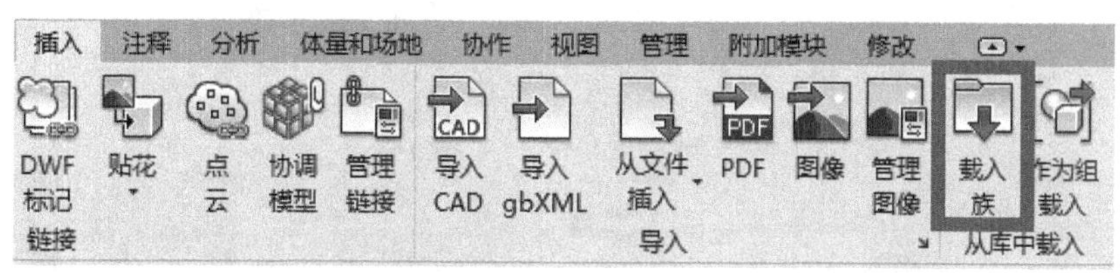

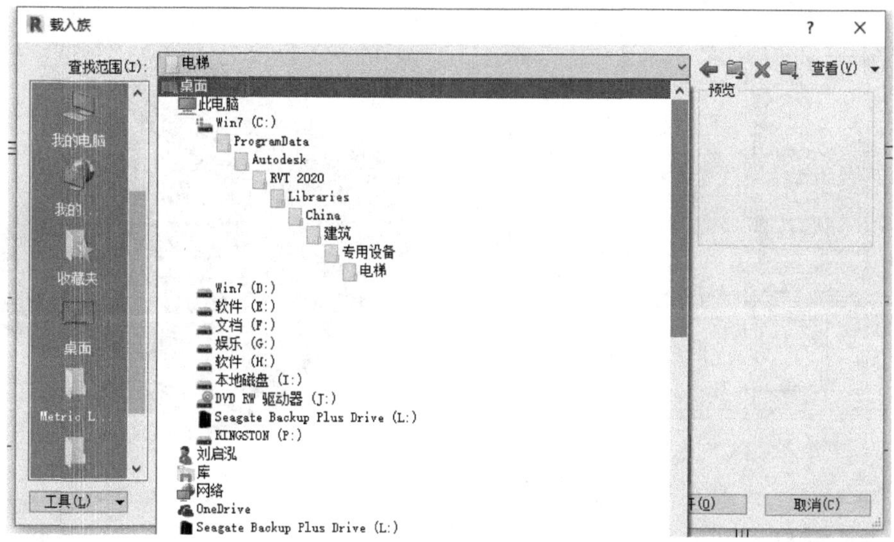

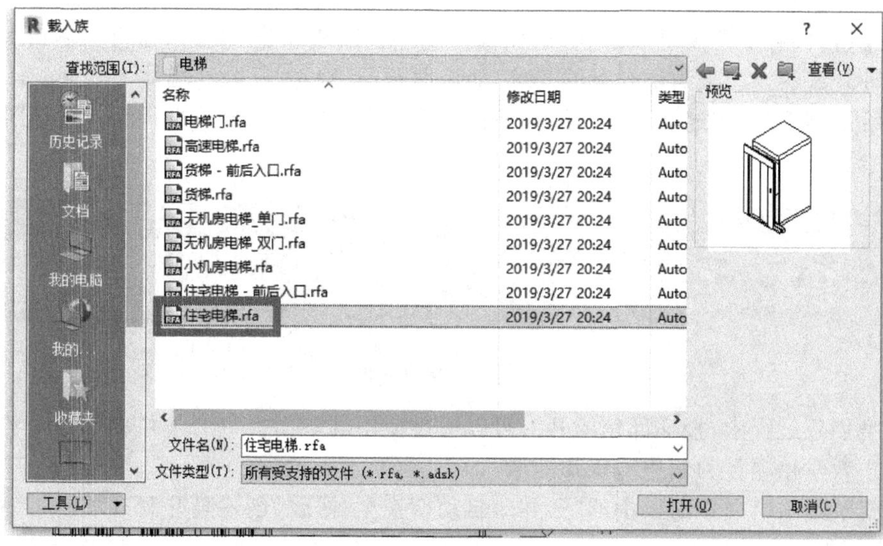

图 3-142　载入电梯族

点击建筑选项卡构建面板中的“构件”下方小三角，在下拉菜单中选择“放置构件”，按图3-143所示位置放置“住宅电梯”，完成电梯绘制。

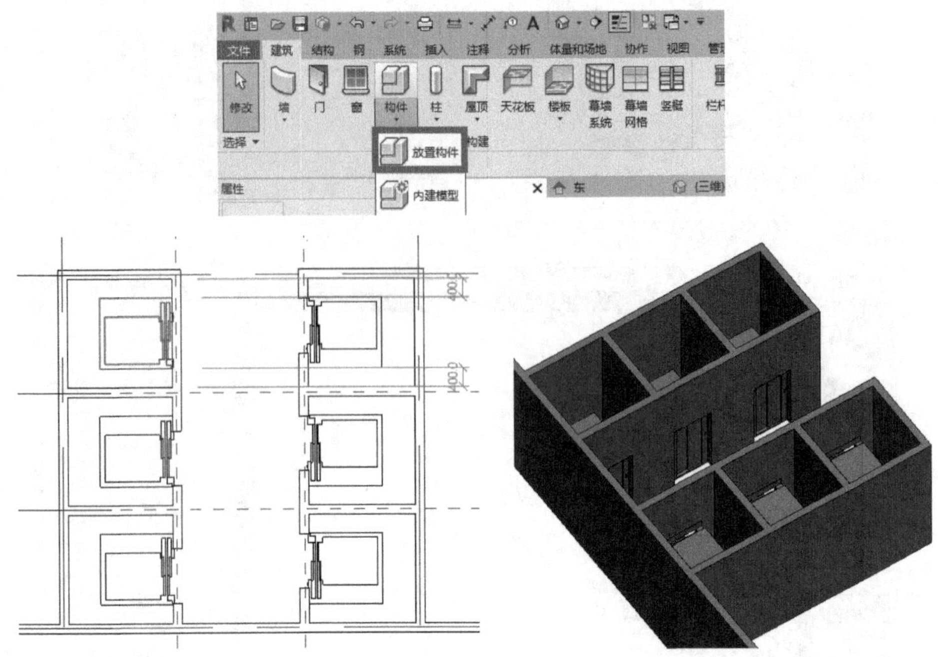

图 3－143　放置构件

3.5.2　洞口

创建模型时，有多处需要预留洞口，如楼梯间、管井、管道穿过墙体预留的洞口等。Revit 提供了多种开洞的方法来满足开洞的要求，如按面开洞、垂直开洞、在墙体上开洞、竖井和老虎窗洞口。绘制洞口时，在建筑选项卡洞口面板中选择合适的绘制方式进行洞口绘制即可，见图 3－144。

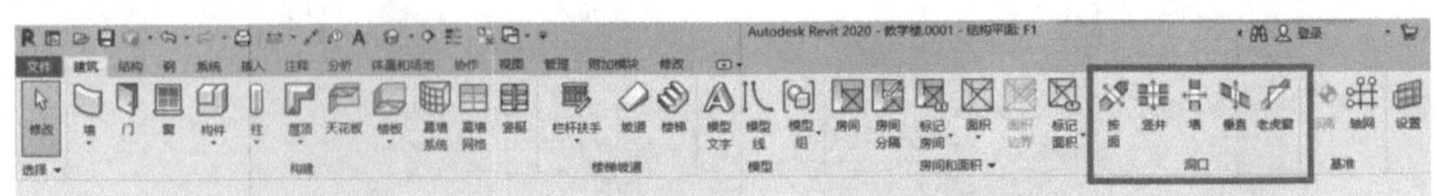

图 3－144　洞口选项卡

在模型创建过程中，楼梯部位的开洞可以通过使用洞口面板中的竖井命令得以实现。

以小学教学楼项目为例进行操作演示：

点击建筑选项卡洞口面板中的“竖井”，自动切换至“修改|创建竖井洞口草图”上下文选项卡，见图 3－145。

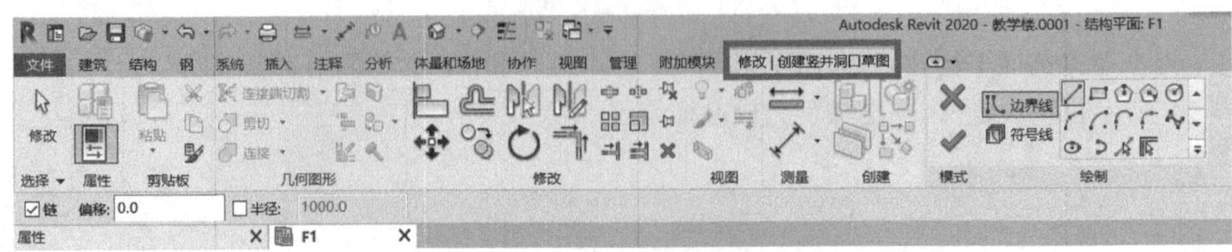

图 3－145　楼板修改选项

在属性工具栏中设置竖井洞口参数：底部约束设置为F2，底部偏移设置为－150，顶部约束设置为直到标高F4，底部偏移0.0，见图3-146。

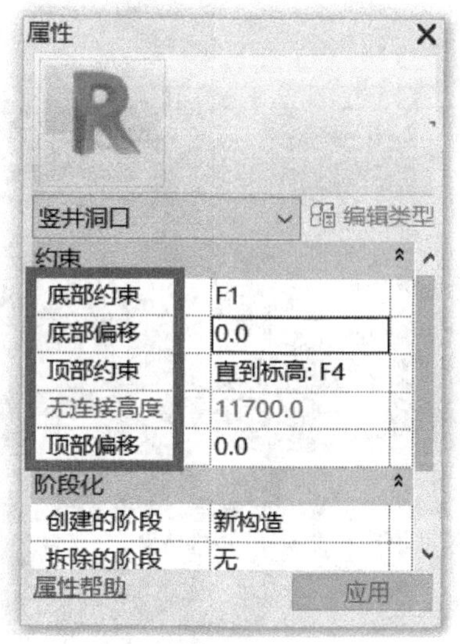

图3-146　楼板约束

将视图切换至F1结构层，如图3-147所示，使用绘制工具“边界线”中的“矩形”绘制洞口边界，绘制时确保绘制的轮廓界线闭合，绘制完成后点击“✔”。切换至三维视图查看最终完成效果，见图3-148。

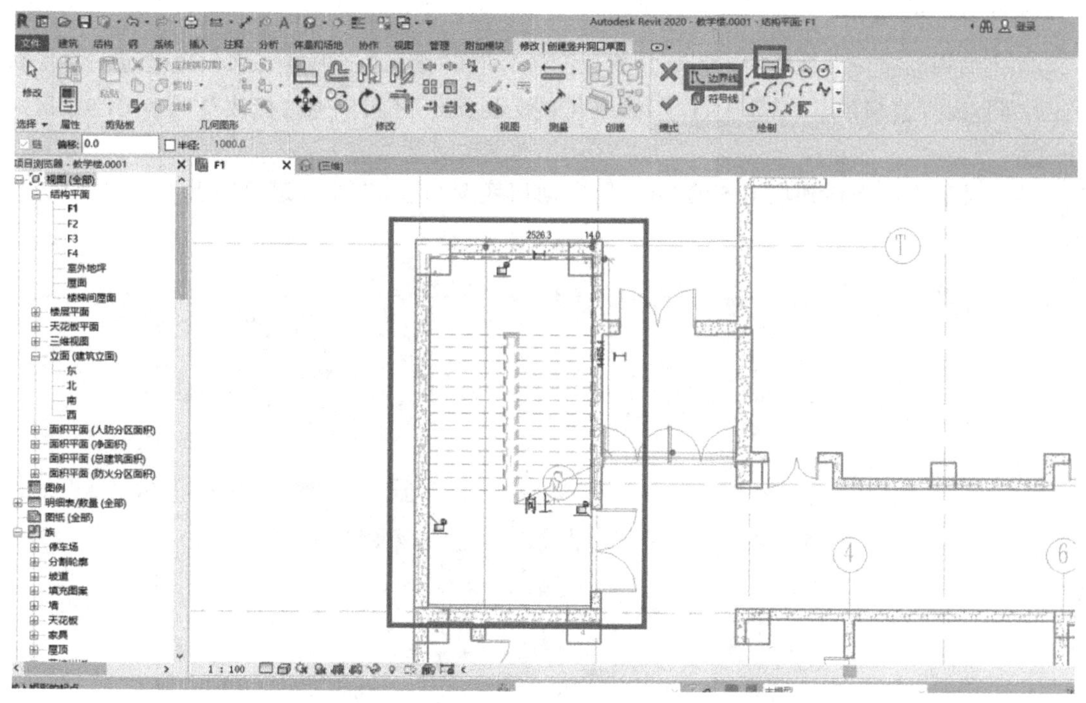

图3-147　绘制洞口

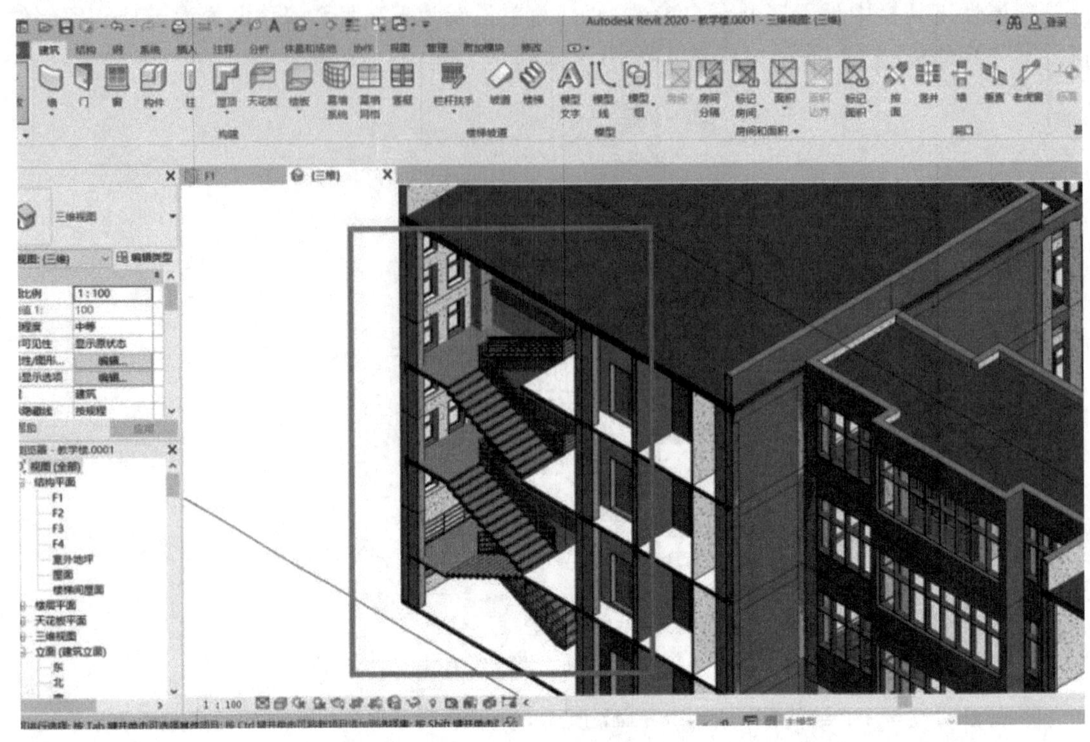

图 3－148　楼梯洞口创建完成

3.5.3　坡道

在平面视图或三维视图中，可通过“梯段”“边界”和“踢面”三种方式来创建坡道。与楼梯类似，可以定义直梯段、L 形梯段、U 形坡道和螺旋形坡道，还可以通过修改草图来更改坡道的外边界。

点击建筑选项卡楼梯坡道中的“坡道”，自动切换至修改|创建坡道草图上下文选项卡，见图 3－149。

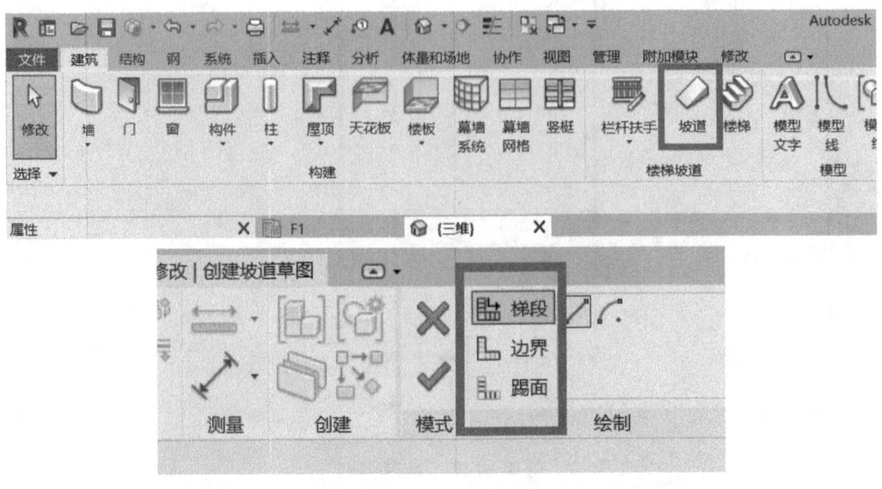

图 3－149　坡道创建模式

接下来为小学教学楼项目添加室外坡道，见图 3－150。

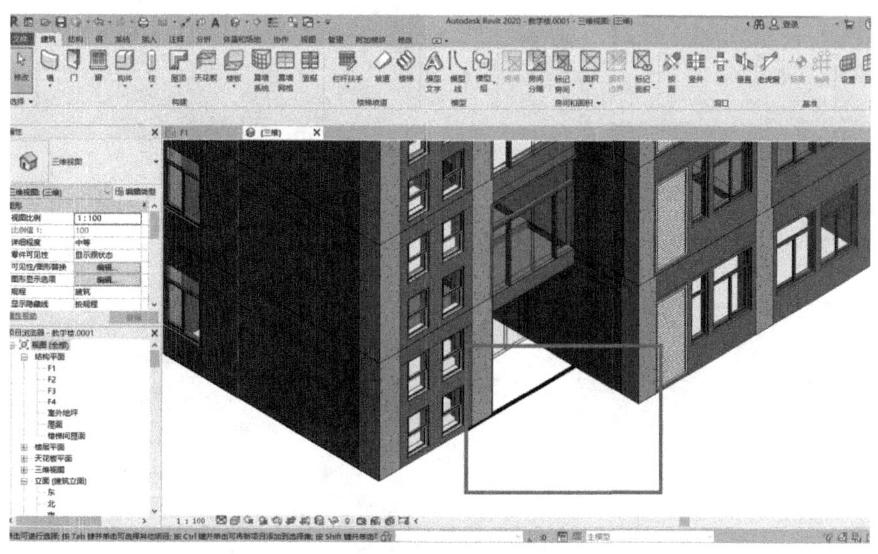

图 3－150　拟建坡道位置

切换至 F1 结构平面视图，点击建筑选项卡楼梯坡道面板中的“坡道”。属性工具栏中设置底部标高为“室外地坪”，顶部标高为 F1，底部偏移和顶部偏移均为 0.0。点击“编辑类型”，弹出“类型属性”对话框，设置“坡道最大坡度”“造型”等参数，点击应用，见图 3－151。

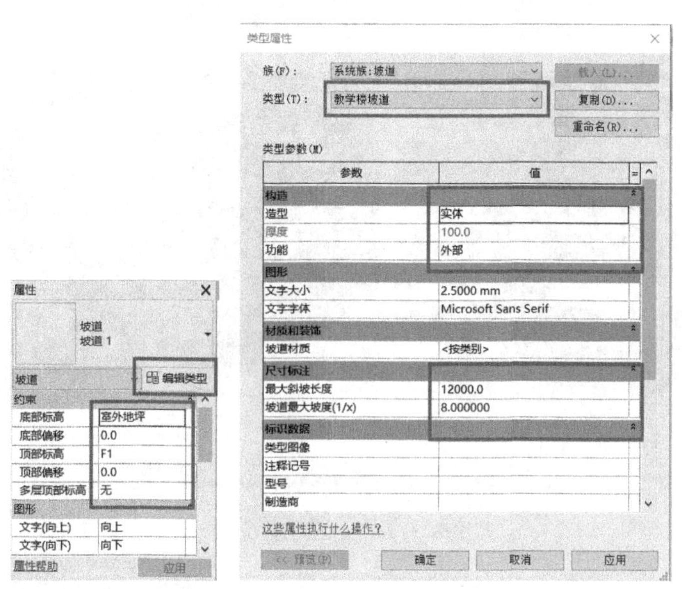

图 3－151　坡道属性编辑

选择“梯段”绘制方式为“直线”，以台阶底部边缘为起点绘制长度为 2000 mm 的坡道，点击“✔”完成绘制，见图 3－152。

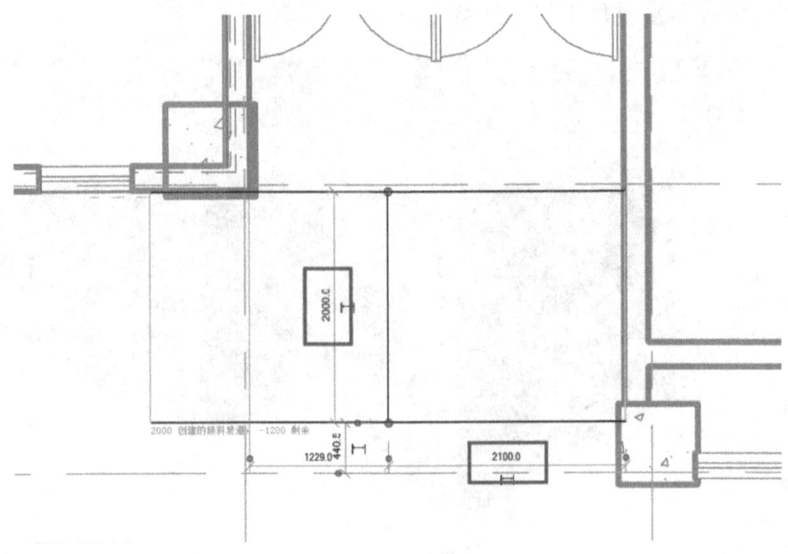

图 3－152　坡道绘制

切换到三维视图，观察已经绘制好的坡道，若不需要扶手，选中扶手删除即可，完成室外坡道绘制，见图 3－153。

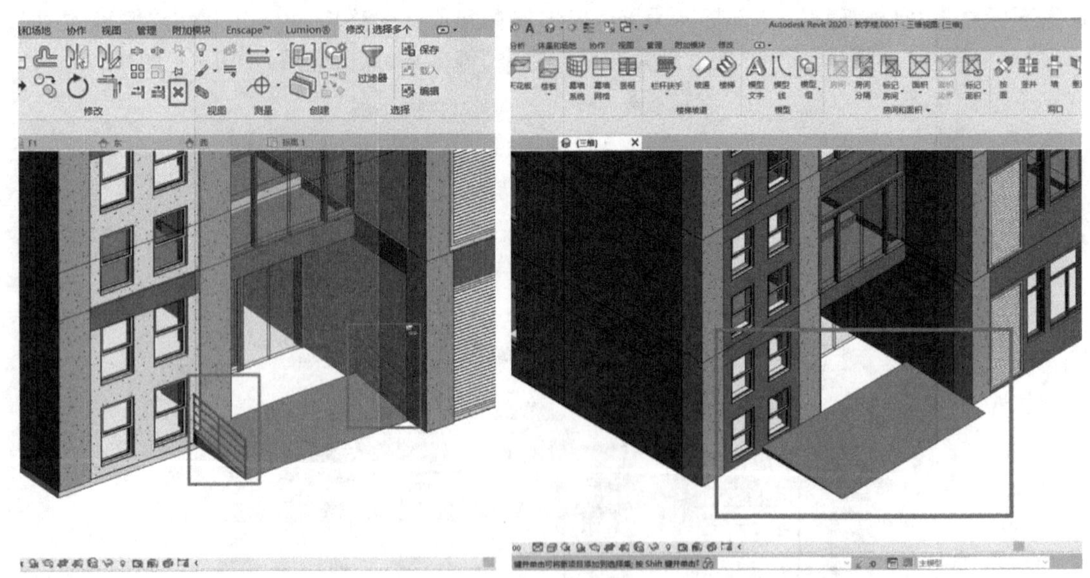

图 3－153　坡道创建完成

3.6　附属设施设计

在项目中，附属设施的设计和布置关系到日后建筑实际使用下的舒适性和便利性。以小学教学楼项目中卫生间为例，进行相关设施的布置，见图 3－154。

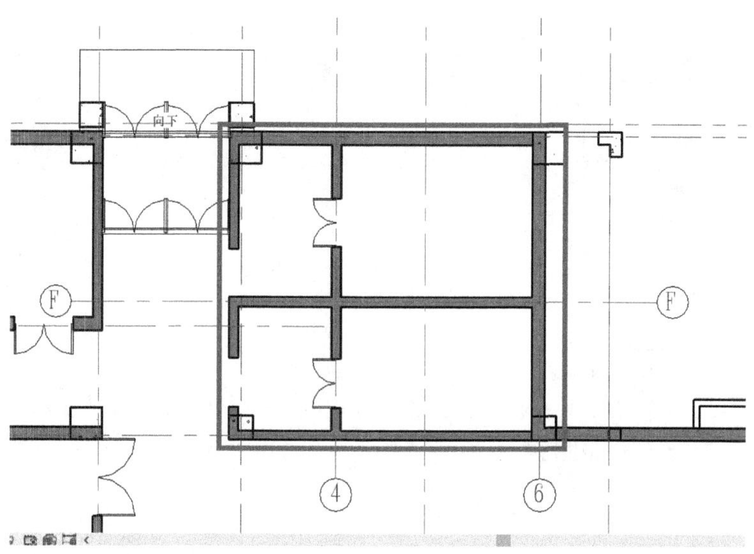

图 3-154 卫生间平面

方案设计过程中，通过调取选用族库中的相关构件，即可进行简单的平面布置。项目中需要用到的相关构件被统一整理放置在对应的文件夹内，使用时需要将其调取到项目文件中，其他类型的构件在项目中的放置方法也可参考本方法。

点击建筑选项卡构建面板中的“构件”下方的小三角，选择下拉菜单中的“放置构件”，自动切换至“修改|放置 构件”上下文选项卡，见图 3-155。

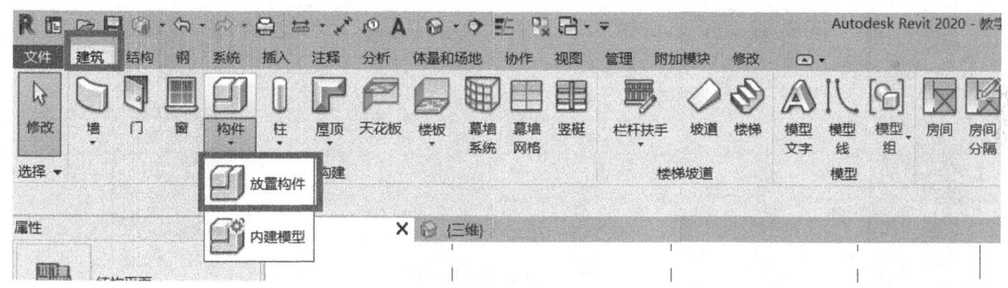

图 3-155 构件选项卡

点击“修改|放置 构件”上下文选项卡中的“载入族”，见图 3-156，在打开的文件夹中依次选择建筑—卫生器具—3D—常规卫浴，随后在打开的文件夹内选择需要的构件载入到项目文件中。一些特殊构件可在其他分类文件夹中找到，如“卫生间隔断”放置在“专业设备”文件夹中。

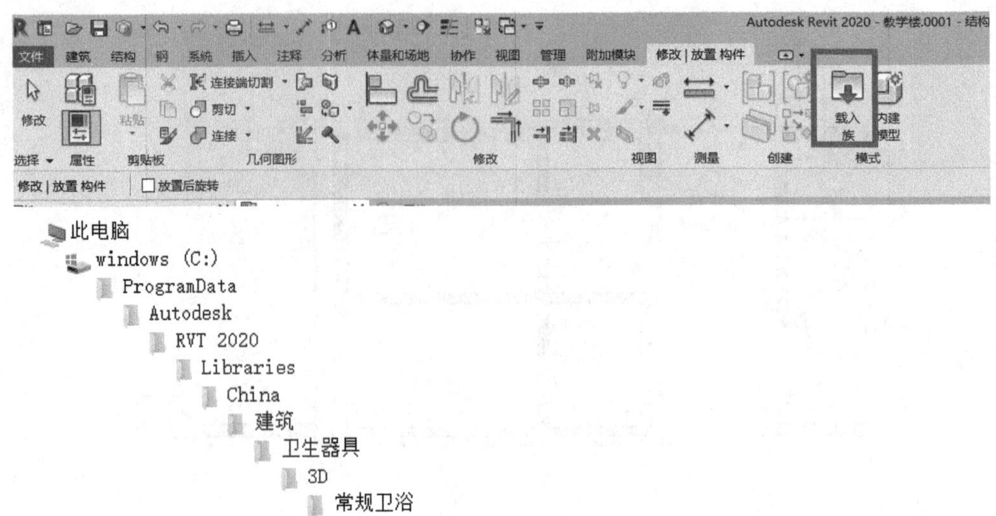

图 3 - 156　载入族

根据卫生间器具需求，在文件夹内选择蹲位、带台面的洗脸盆、小便器、拖布池、隔断等卫生间需要的构件，点击“打开”，见图 3 - 157，所选的构件就被载入到了项目文件中。

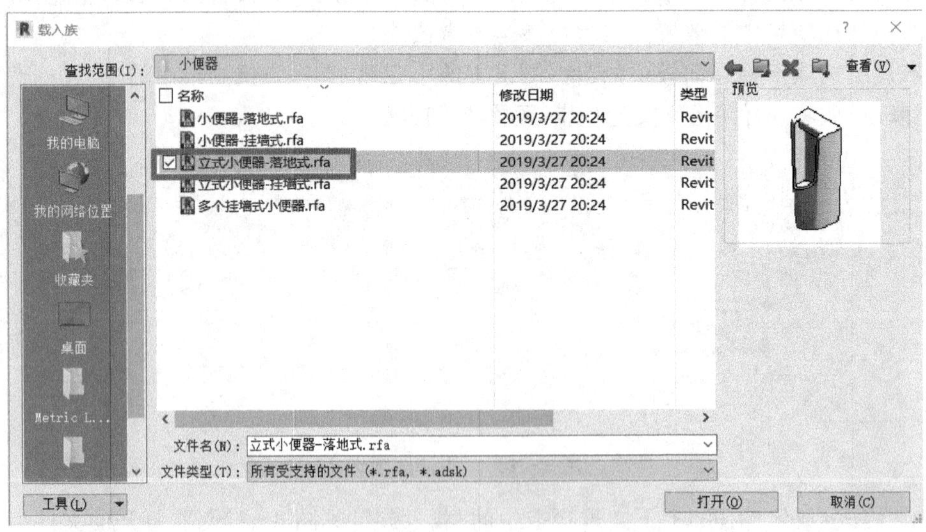

图 3 - 157　选择构件

属性工具栏中可看到最后一次载入的构件，点击“ ”按钮可查看所有载入的构件，见图 3 - 158。

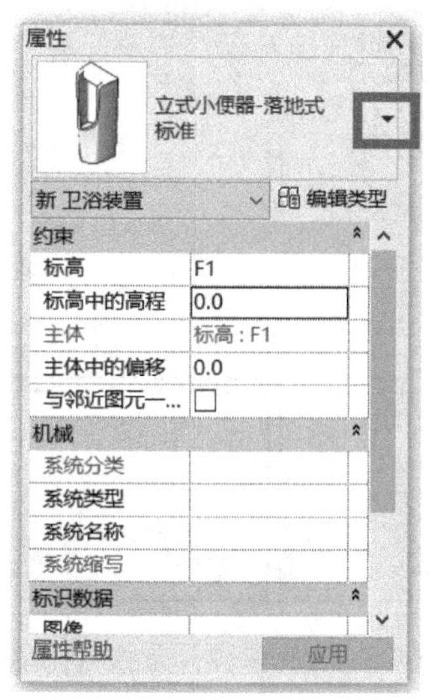

图 3-158 构件属性栏

在属性工具栏里设置构件约束范围，当前视图为 F1 结构层，以放置“小便池”为例，便池需要贴地放置，因此将“标高”设定为“F1”，“标高中的高程”设置为“0.0”即可，见图 3-159，点击“编辑类型”，弹出“类型属性”对话框，可更改当前构件的尺寸、材质等其他参数。洗手池、镜子等这类构件放置时，可根据其实际高程参数调整高程。

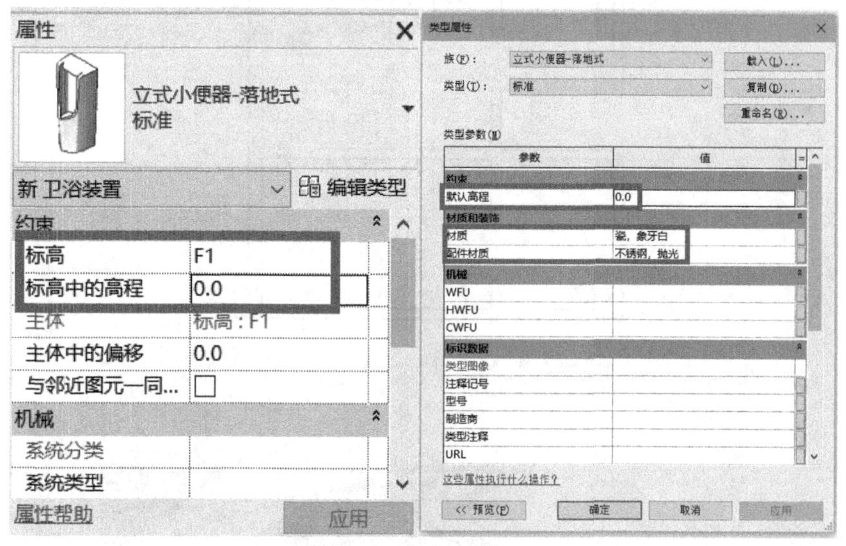

图 3-159 构件属性编辑

属性工具栏内容设置完成后，拖动并点击鼠标左键将构件合理放置在需求位置，同时使用“空格键”改变构件方向。放置后单击构件，显示出临时标注，通过修改临时标注，可以确定构件的精确位置，见图 3-160。

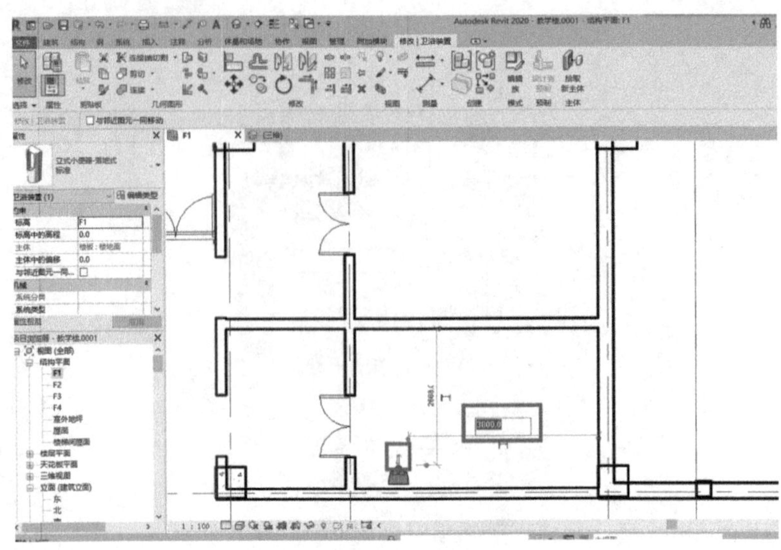

图 3 - 160　构件放置

根据上述方法，在平面视图下，将卫生间内需要的洁具构件，合理的布置在空间范围内，此时卫生间就布置完成，切换至三维视图，观察放置结果，见图 3 - 161。

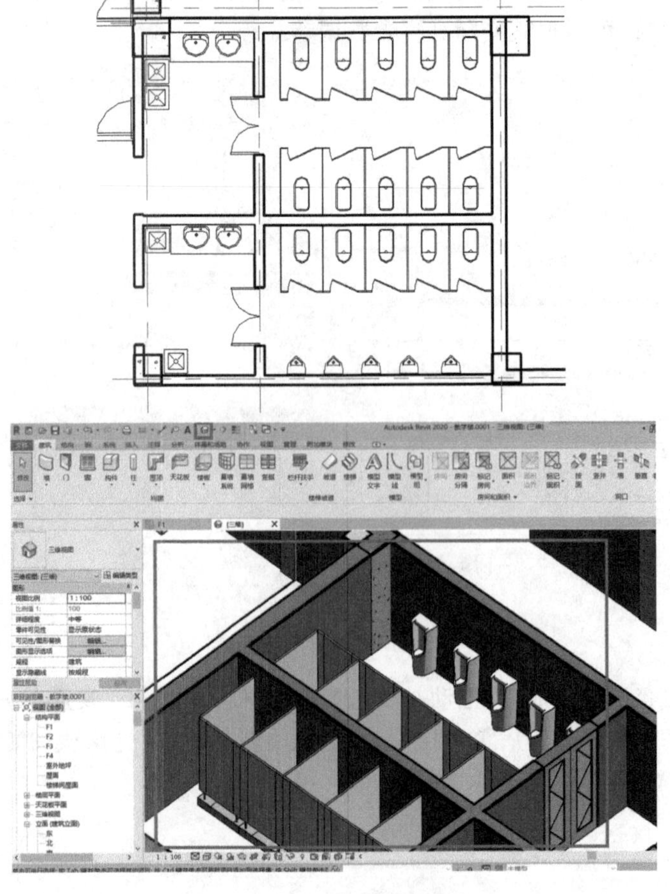

图 3 - 161　卫生间布置完成

思考题

1. 在 Revit 中新建项目，选择“建筑样板”，在项目中的“楼层平面-标高 1”中建立建筑墙。要求建立新的墙类型，命名为习题-复合墙，墙体的结构为：“面层 1 -核心边界-结构-核心边界-面层 2”。其中“面层 1”材质选择“涂料-灰色、厚度 10”。结构材质选择“混凝土砌块、厚度 200”；面层 2 材质选择“松散-石膏板、厚度 30”。

2. 在 Revit 中新建项目，选择“建筑样板”，在项目中的“楼层平面-标高 1”建立轴网。要求：建立 1～5 轴（横轴）、A～E 轴（竖轴），轴间距 2000。

3. 根据已知平、立面图，创建如题图 1 所示的异形构件。

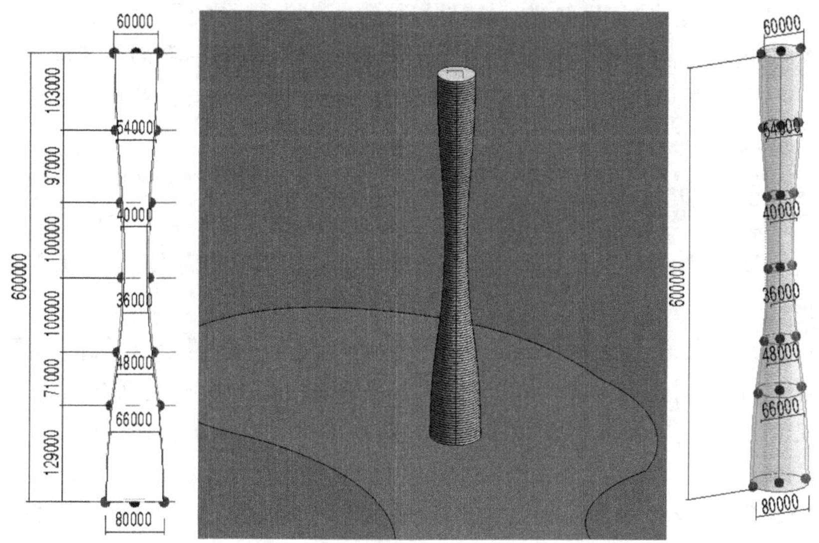

题图 1　异形构件

第 4 章　建筑施工图深化 BIM 设计

教学导入

本章在建筑方案设计完成的基础上，对建筑单体的构造进行深化设计，开展建筑项目管理，与其他专业进行专业协同，最终进行布图与打印。本章旨在使学生了解 BIM 建筑信息模型是一个富含可用建筑信息的构件模型，并且各构件之间存在着内在的逻辑联系，从而将多个构件整合成一个单一的、高度集成的工程项目模型。特别是场地与建筑单体的合图、专业协同部分的碰撞检测、最终成果的布图是本章讲解的重点和难点。

4.1　建筑主体图纸深化设计

建筑施工图包括图纸目录、建筑平面图、建筑立面图、建筑剖面图、楼梯大样图、墙身大样图、节点详图等。

在 Revit 中，所有的平、立、剖面图都是基于模型得到的“视图”，是建筑信息模型的表现形式，我们可以观察到所创建模型的不同视图，有平面视图、立面视图、剖面视图、三维视图，甚至详图、图例、明细表等，所有图纸都是以视图方式存在的。并且当模型修改时，所有的视图都会自动更新。

所有的视图都会放在“项目浏览器”的“视图”目录下，如图 4－1 所示，不同的项目样板预设有不同的视图。视图可以进行编辑，如打开、复制、删除等。鼠标右键点击需要编辑的视图，在弹出的菜单中进行相应选择即可。

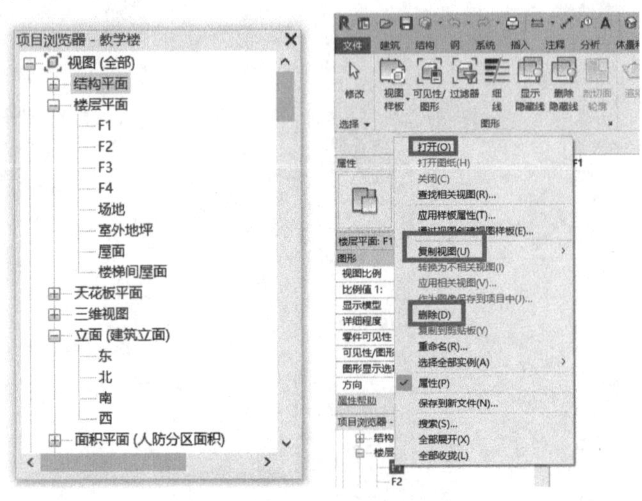

图 4－1　“视图”目录

当打开多个视图时，可以通过“视图”选项卡“窗口”面板中的相关命令，对窗口排布进行编辑，见图 4－2。

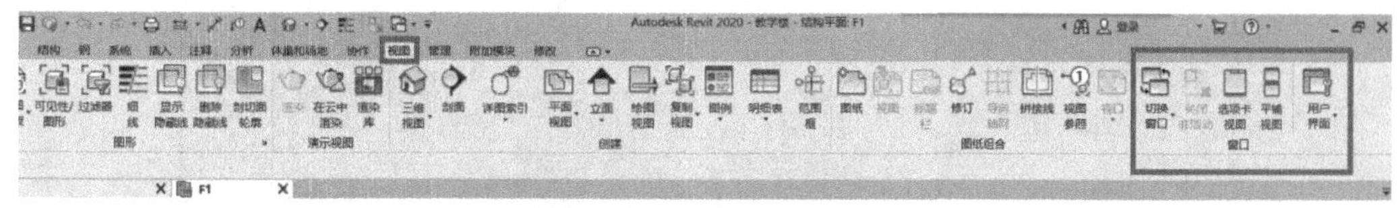

图 4-2 “窗口”面板

点击“切换窗口”可以迅速将当前视图切换到所选择的视图，见图 4-3。

点击“关闭非活动”可将除当前已激活视图外的其他视图窗口快速关闭，见图 4-4。

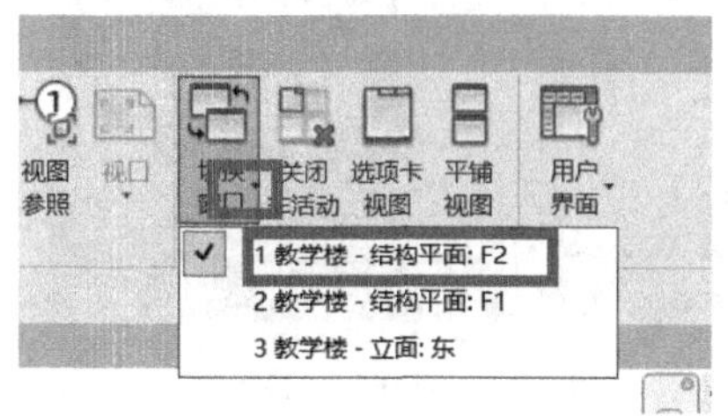

图 4-3 切换窗口

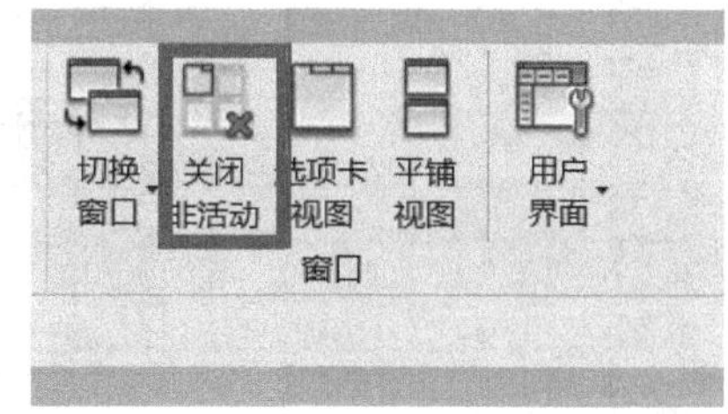

图 4-4 切换窗口

“选项卡视图”和“平铺视图”两个命令可切换使用，点击“选项卡视图”可将所有已打开的视图以选项卡方式在窗口排列展示，见图 4-5。

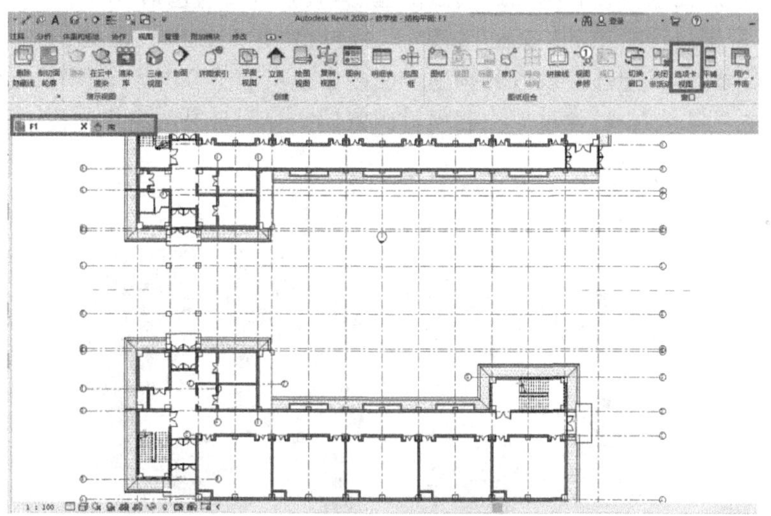

图 4-5 选项卡视图

点击“平铺视图”则会在窗口中平铺所有已打开的视图，以便绘制，见图 4-6。

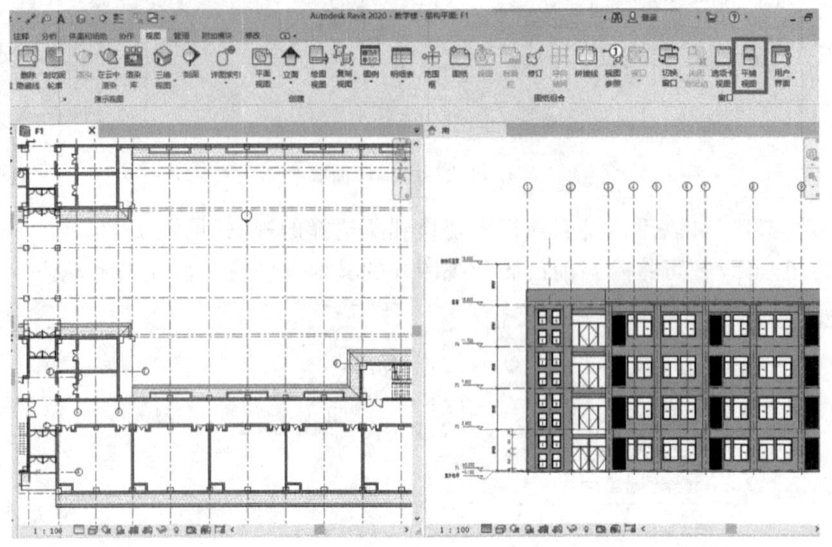

图 4－6　平铺视图

Revit 视图可以通过视图控制栏上的工具或视图“属性”栏中的参数设置不同的显示方式，以对视图进行修改，而这些设置都只影响当前视图，其中常用的包括：

(1)规程。视图属性栏中的“规程”参数，默认包括“建筑、结构、机械、电气、卫浴、协调”。“规程”不可自行添加，只能选择现有的选项。在多专业模型整合时，“规程”决定该视图显示将以什么专业为主要显示方式，也可以控制项目浏览器中视图目录的组织结构，见图 4－7。

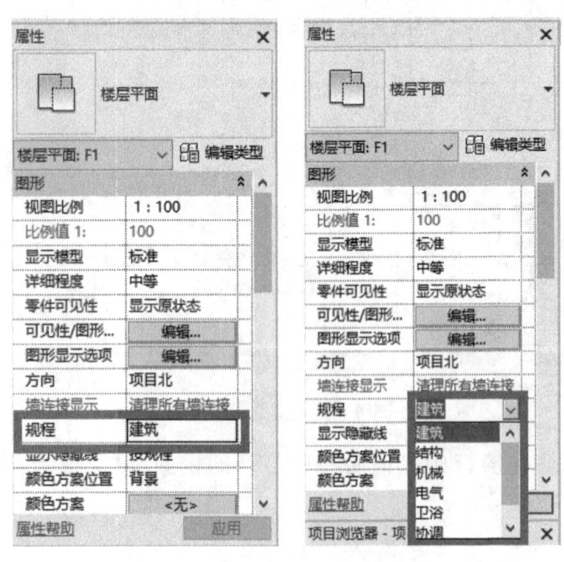

图 4－7　“规程”参数

(2)可见性/图形替换。模型对象在视图中的显示控制可以通过“可见性/图形替换”进行。选择“视图”选项卡图形面板中的“可见性/图形替换”，或点击“属性”工具栏中“可见性/图形替换”右侧的编辑按钮，弹出“建筑平面:F1 的可见性/图形替换”对话框，见图 4－8。

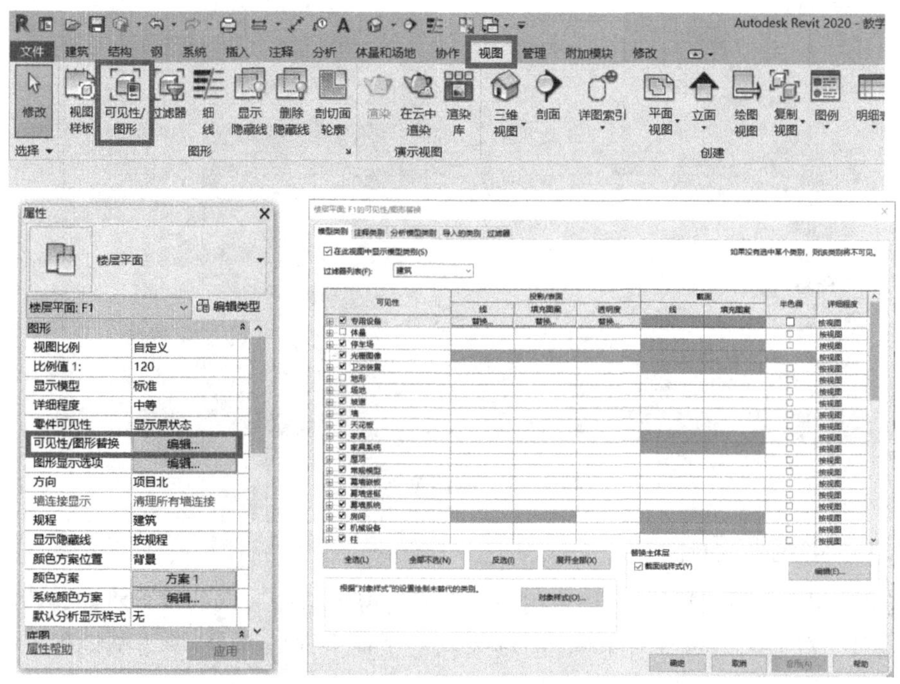

图 4-8 “可见性/图形替换”命令

根据项目的不同,对话框包含模型类别、注释类别等多个选项卡,以控制不同类别对象的显示。在对话框中可以通过勾选相应的类别,来控制该类别在当前视图中是否显示,也可以修改某个类别的对象在当前视图的显示设置,如投影或截面线的颜色、线型、透明度等,见图 4-9。

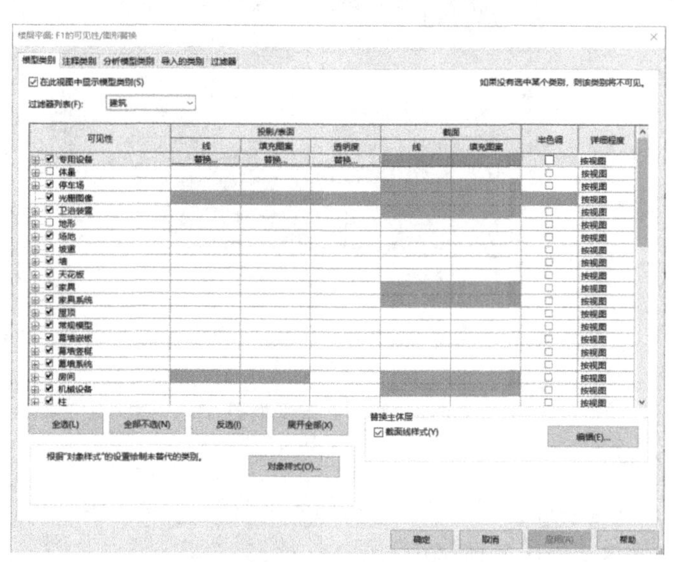

图 4-9 “可见性/图形替换”对话框

(3)视图范围。视图属性栏中的“视图范围”参数是设置当前视图显示模型范围和深度的参数。点击视图属性栏中的“视图范围”按钮,即可在弹出的对话框中设置视图范围。不同专业和视图类别对于显示范围有不同的设定,见图 4-10。

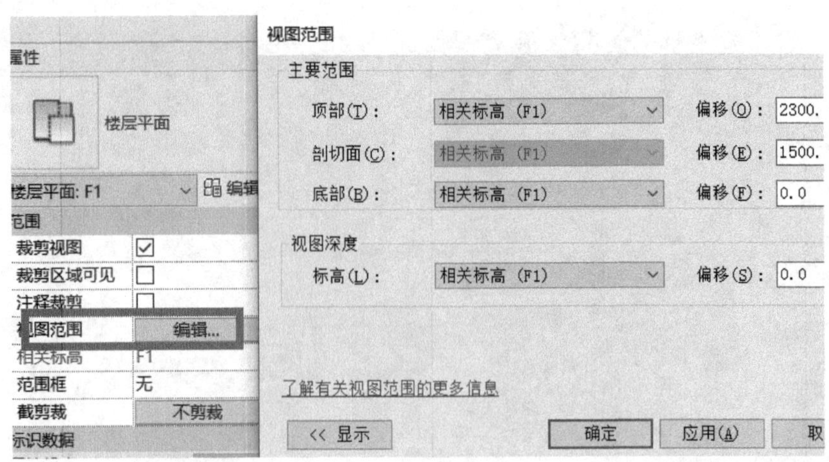

图 4-10“视图范围”设置

4.1.1 建筑平面图

建筑平面图是水平剖视图，即假想用一水平面沿窗台稍高一点的位置将建筑物沿水平面剖切开，高度一般为 1.2000～1.5000 m，移去剖切平面上面的部分，画出剩余部分的水平投影，见图 4-11。

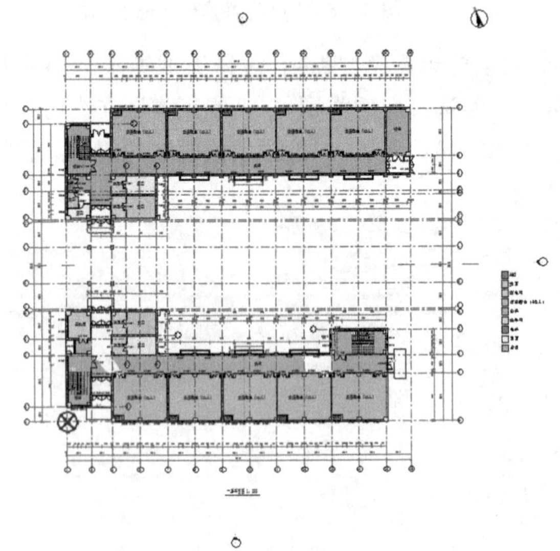

图 4-11 建筑平面图

楼层平面图应包括：

墙、柱、门窗位置及编号、门的开启方向、房间名称或编号、轴线编号；

轴线间尺寸、分段尺寸等尺寸标注；

剖切线及编号(只注在底层平面图上)。

有关平面图上节点详图或详图索引号；

指北针，定义视图比例等；

其中要注意屋顶平面图不是剖视图，而是俯视图，主要表达屋顶上的设施，如出入孔、女儿墙、屋脊、排水坡度、落水管等，所以平面图的视图范围要设置为俯视的高度，见图 4-12。

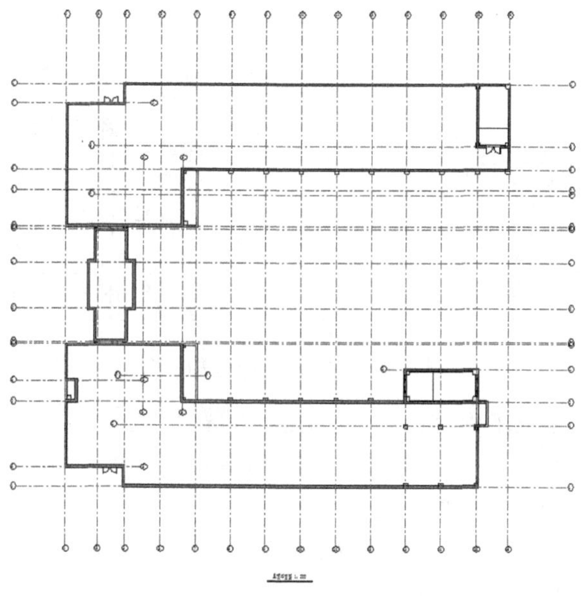

图 4－12　屋顶平面图

4.1.2　建筑立面图

建筑立面图是房屋的正立面投影或侧立面投影图。主要表达外形及外部装修的做法。教学楼南立面图如图 4－13 所示。

图 4－13　教学楼南立面图

建筑立面图的设置要注意以下几点：

①设置四个立面视图符号，明确立面图的朝向。

建筑物两端及分段轴线编号。

②标注标高、楼层数及竖向尺寸。

标注门窗在立面图上的位置。

标注落水管的位置。

4.1.3　建筑剖面图

建筑剖面图是假想用一个正平面或侧平面将房屋剖开，显示出其剖视图就得到建筑剖面图。教学楼 1－1 剖面图如图 4－14 所示。

图 4-14　教学楼 1-1 剖面图

建筑剖面图主要显示以下内容：

墙、柱、轴线、轴线编号。

门、窗、洞口高度、层间高度、总高度等尺寸。

同时，剖面图主要表达建筑物内部的竖向构造，剖切平面的位置不同，其剖面图也不同。剖面图在设置时需要注意以下几点：

①设置剖面图的位置、剖视方向，命名剖面图的名称，以便在剖面图的视图下可以找到对应的剖面。

②注意建筑标高和结构标高的区别，建筑标高指装修后的标高，结构标高指装修前的标高。

4.1.4　详图

把需要用详图表达的建筑局部在平面图、立面图或剖面图中用详图索引符号圈起来，保存在详图视图中，修改详图名称，修改详图比例。常见的详图有墙身大样图、楼梯详图等。详图中需要标注清楚位置、尺寸、做法等。教学楼的楼梯详图图纸如图 4-15 所示。

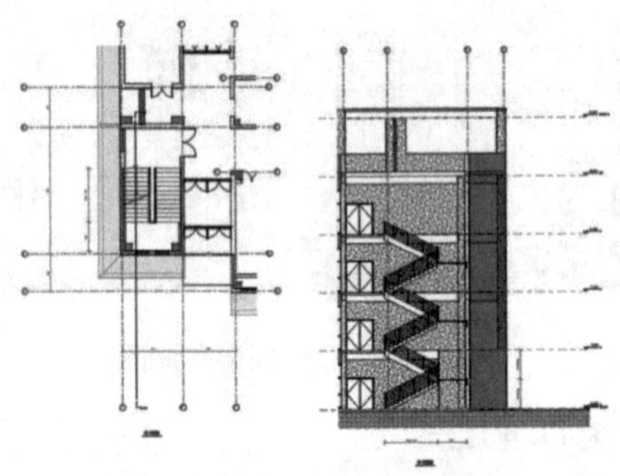

图 4-15　教学楼 1-1 剖面图

4.2　建筑构造深化设计

4.2.1　墙体构造深化设计

墙体的构造深化设计主要包括设置墙的类型参数、添加墙的墙饰条等操作。

(1)设置墙的类型参数。

墙的类型参数可以设置不同类型墙的“粗略比例填充样式”“墙的结构”“材质”等。

打开小学教学楼项目，任意选择一段“教学楼- 300 mm -外墙”，设置“墙的粗略比例填充样式”，单击“图形”下面的“粗略比例填充样式”，打开“填充样式”对话框，可以对粗略比例下的截面填充样式及颜色进行设定。本项目“填充样式”采用的是交叉线 3 mm；“填充颜色”采用的是“黑色”，点击确定，见图 4 - 16、图 4 - 17。

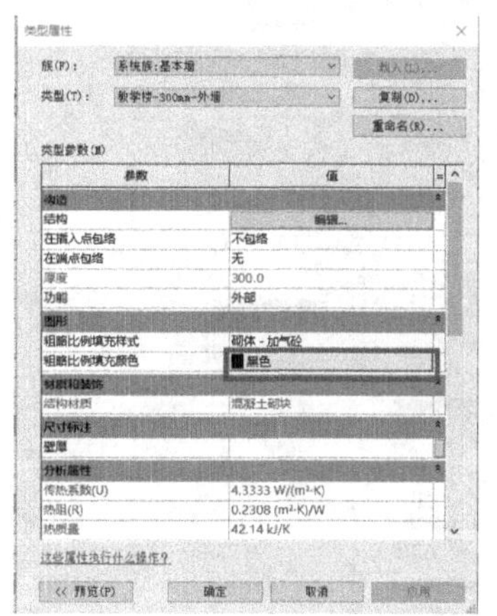

图 4 - 16　墙体填充样式对话框

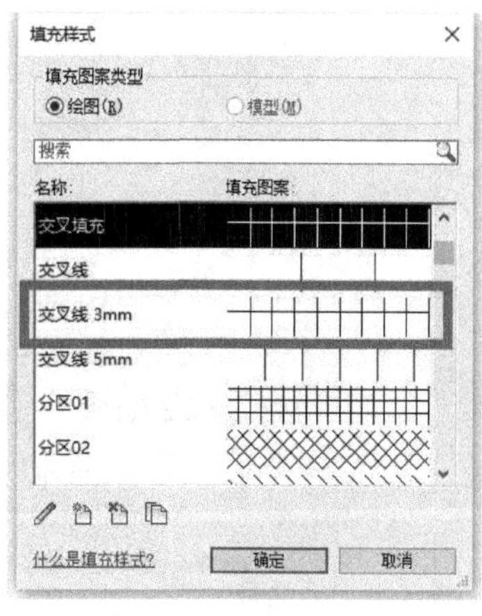

图 4 - 17　墙体填充样式

点击“构造”参数中“结构”右侧的“编辑”按钮，弹出“编辑部件”对话框，按图示为结构层添加内外面层，并点击对话框左下角“预览”按钮，展开预览图形，点击确定，见图 4 - 18。

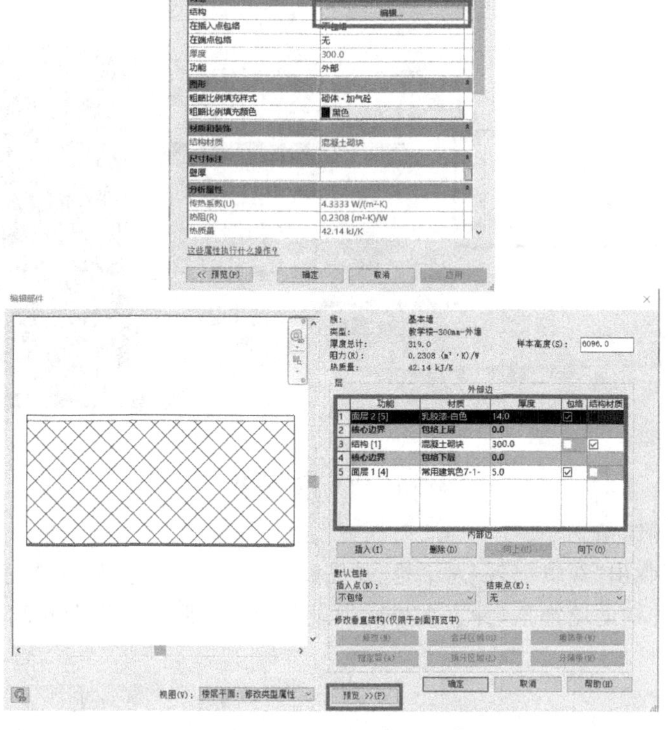

图 4 - 18　编辑部件对话框

系统可对视图详细程度进行设置：在项目浏览器三维视图中双击“三维”切换至三维视图，在属性工具栏“图形”工具中，鼠标左键点击“详细程度”右侧的下拉菜单，内含“粗略”“中等”“精细”三种程度，用户根据需求选择合适的详细程度即可，见图 4－19。

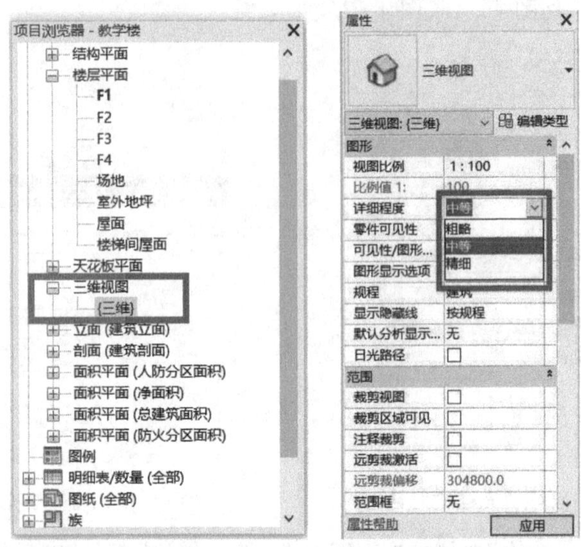

图 4－19　视图属性位置及选项卡

本项目的墙体成品展示，如图 4－20 所示。

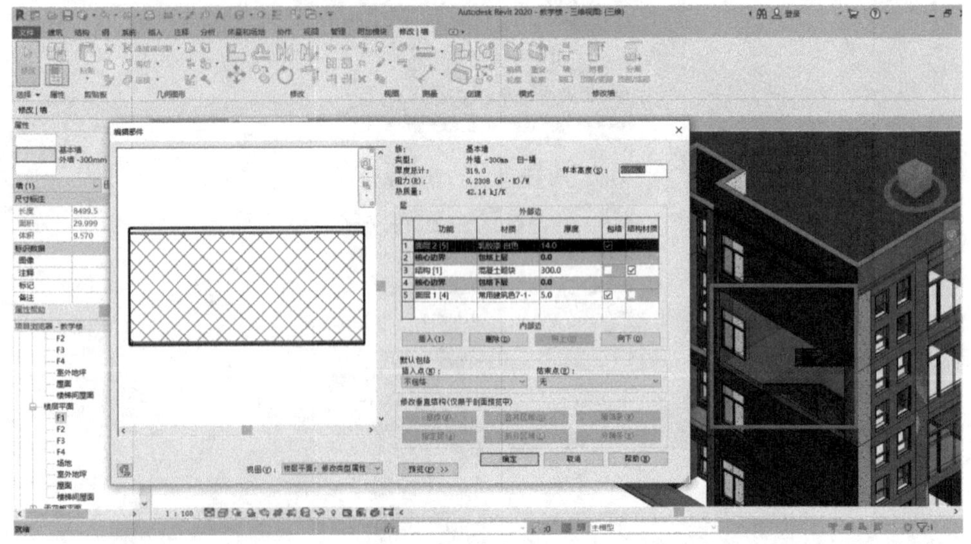

图 4－20　墙体展示

(2)添加墙的墙饰条。

按照上述步骤弹出“编辑部件”对话框，单击“墙饰条”命令，进入“墙饰条”操作界面。单击“添加”命令，添加选定的墙饰条，并可在界面中设置墙的轮廓样式以及轮廓样式的材质和填充图案，见图 4－21。

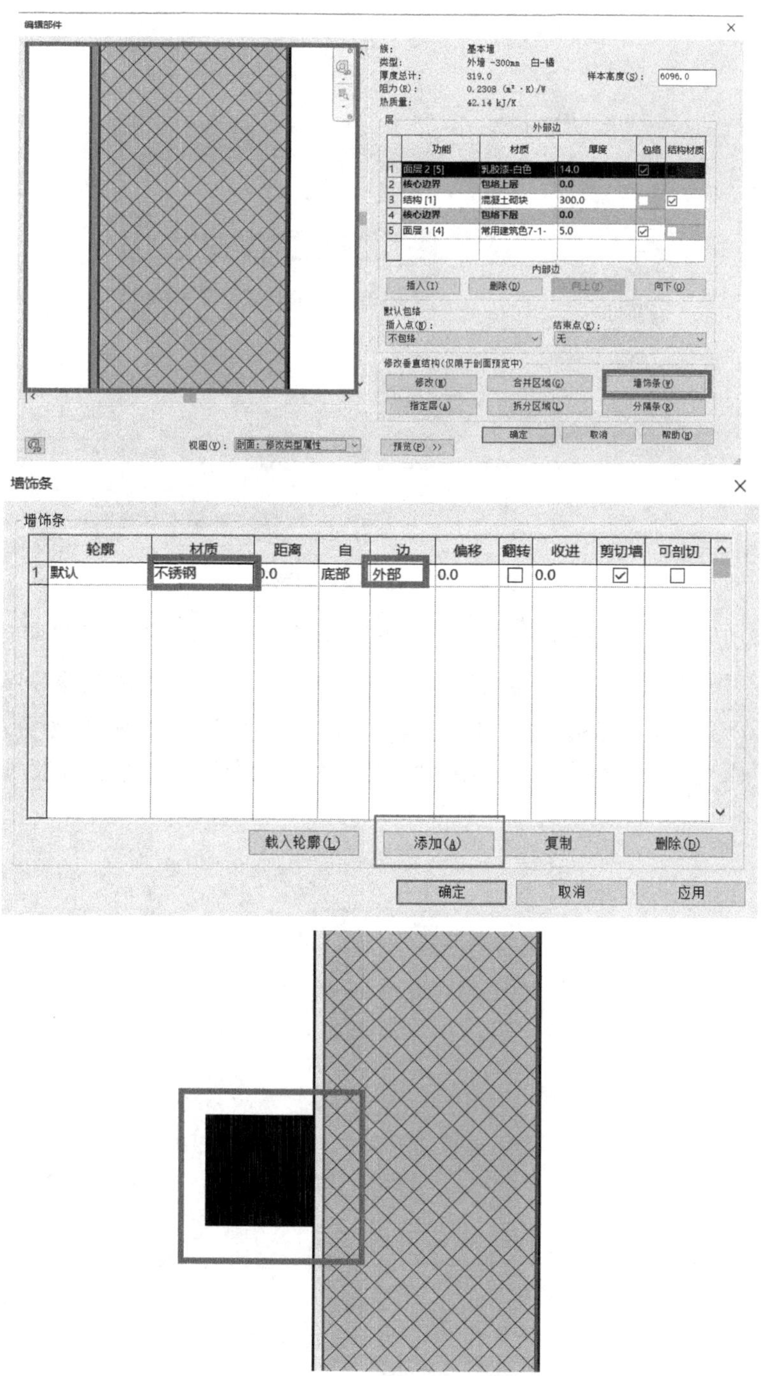

图 4-21　创建墙饰条

4.2.2　编辑楼梯

(1)楼梯属性编辑。

打开小学教学楼项目,单击之前绘制好的楼梯,在属性工具栏中点击“编辑类型”,弹出“类型属性”对话框,点击“梯段类型”右侧的“…”,见图 4-22。

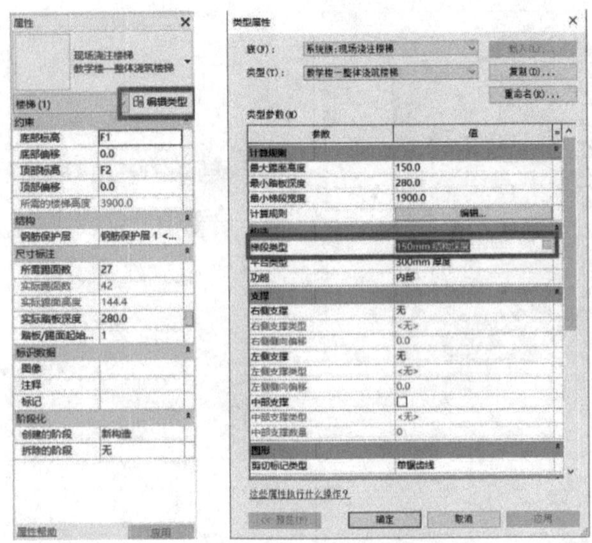

图 4－22　类型属性对话框

进入类型为 150 mm 结构深度的二级对话框，显示“材质和装饰”“踏板”“踢面”等新参数，点击“材质和装饰”中的“踏板材质”＜按类别＞右侧的“…”，弹出“材质浏览器”对话框，新建材质并重命名为“600×600 防滑地砖 米白色”，并点击“打开/关闭资源浏览器”按钮，弹出资源浏览器，选择 Autodesk 物理资源陶瓷—瓷砖中的“3 英寸方形-白色”，点击确定，见图 4－23。

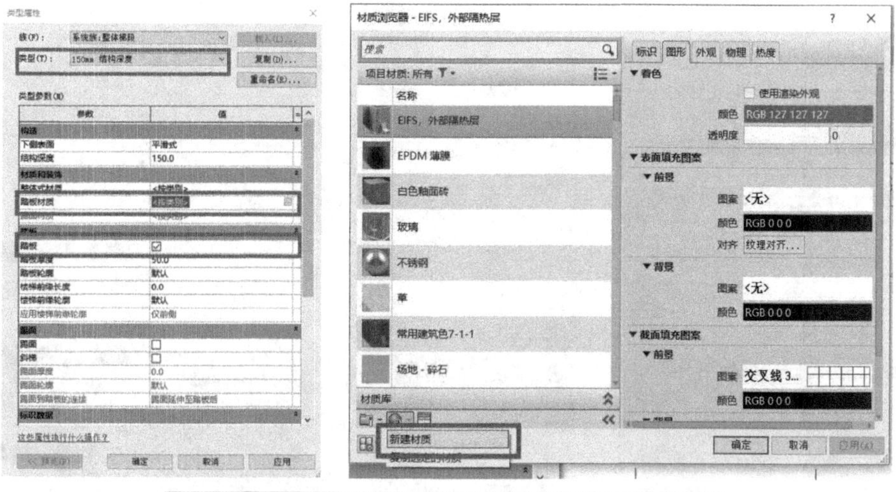

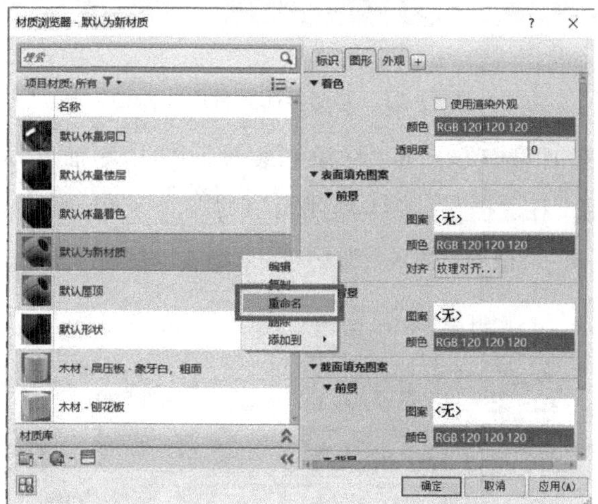

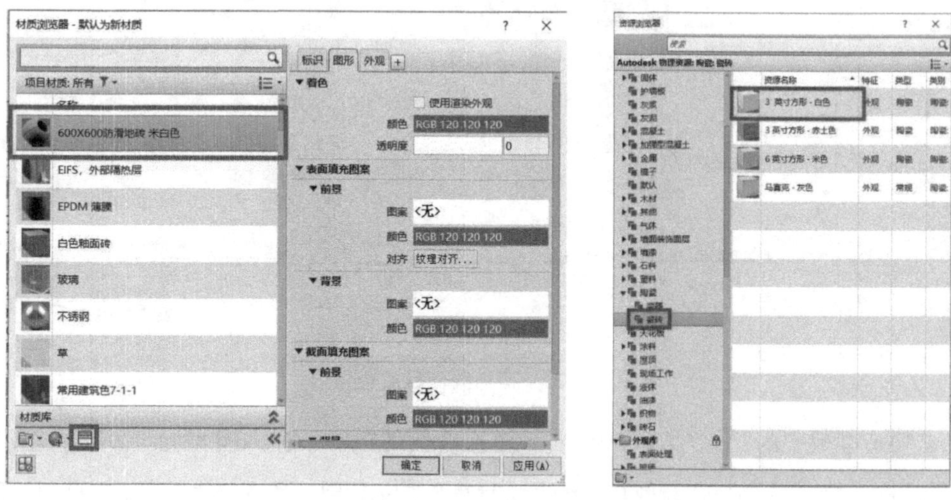

图 4 - 23　楼梯踏板材质选择

点击“材质和装饰”中的“整体式材质”<按类别>右侧的“…”，弹出“材质浏览器”对话框，直接选择列表中的“混凝土-现场浇注混凝土”，点击确定，见图 4 - 24。

图 4－24　楼梯整体式材质选择

勾选踢面参数中“踢面”选项，点击“材质和装饰”中的“踢面材质”＜按类别＞右侧的“…”，弹出“材质浏览器”对话框，直接选择列表中的“600×600 防滑地砖 米白色”，点击确定，再点击一次确定，回到“类型属性”一级对话框，见图 4－25。

图 4－25　楼梯踢面材质选择

点击构造参数中的“平台类型”300 mm 厚度右侧的“…”，进入类型为 300 mm 厚度的二级对话框，点击“材质和装饰”参数中“整体式材质”＜按类别＞右侧的“…”，弹出“材质浏览器”对话框，直接选择列表中的“混凝土-现场浇注混凝土”，连续点击确定，完成类型属性修改，见图 4－26。

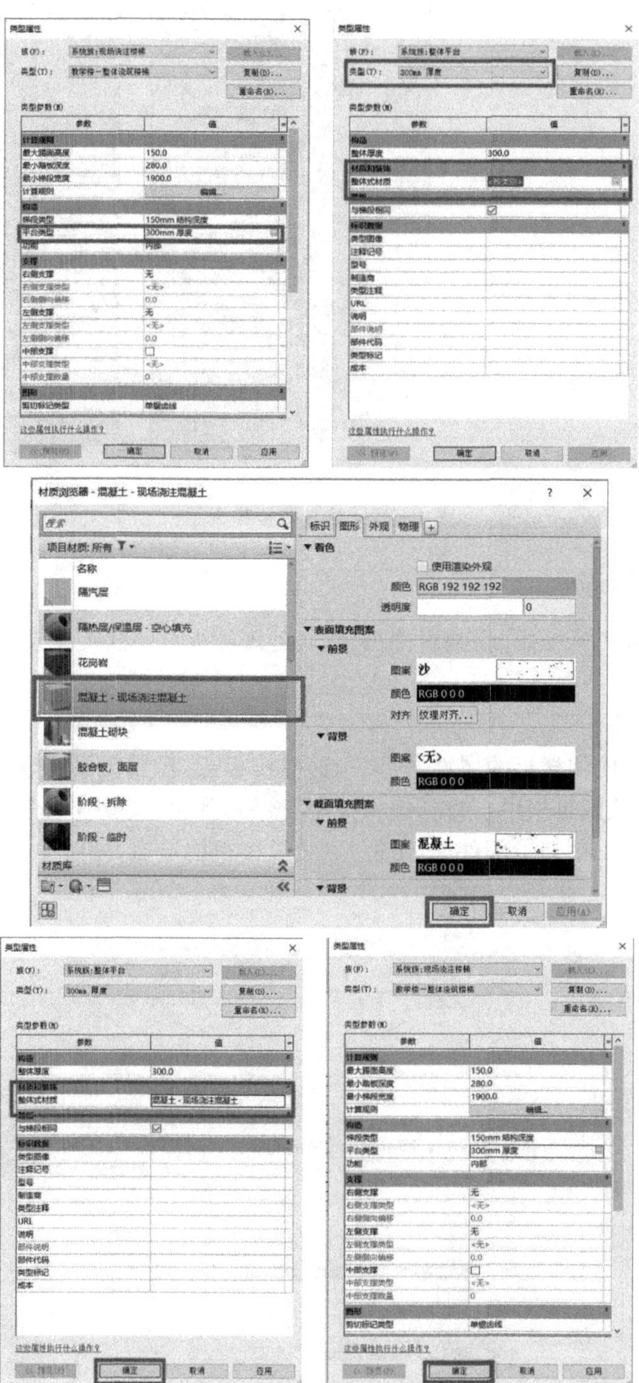

图 4-26　楼梯平台整体式材质修改

(2)项目案例楼梯展示。

在上述参数及内容设置完成后,在三维视图中可查看到楼梯的各种属性及状态,见图4-27。

图 4-27　教学楼楼梯展示

4.2.3　编辑楼板

编辑楼板包括楼板属性修改、编辑楼板边界、处理楼板与墙的关系及复制楼板。本节只讲述楼板属性修改。

(1)楼板属性修改。

修改已经绘制完成的楼板的属性,应该先选择楼板,选择楼板后自动切换至“修改|楼板”上下文选项卡,在属性工具栏中,单击“编辑类型”按钮,弹出“类型属性”对话框。点击结构参数中的“编辑”按钮,弹出“编辑部件”对话框,可设置楼板构造层,见图 4-28。

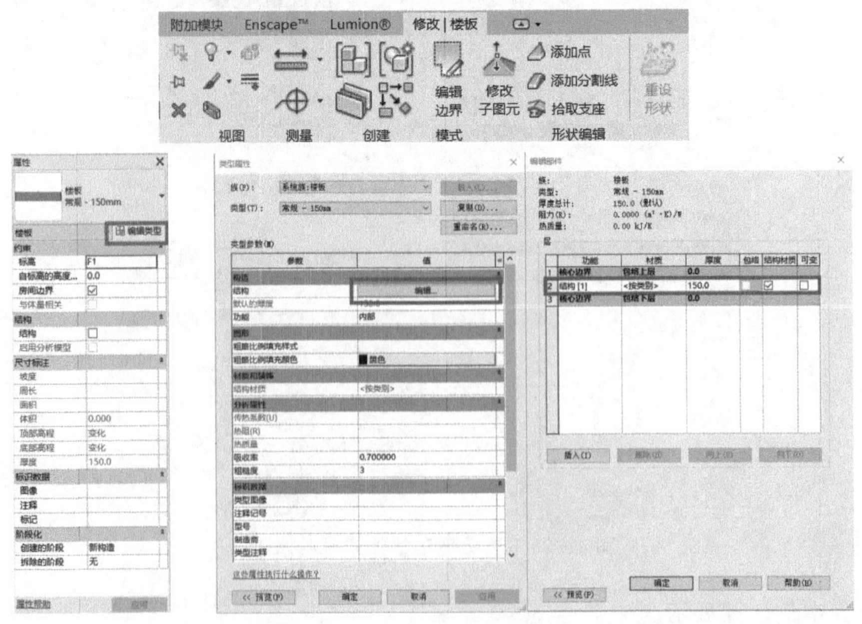

图 4-28　楼板类型属性对话框

本项目楼板构造依次设置为 150 mm 厚现场浇注钢筋混凝土结构层、5 厚水泥砂浆一道(内掺建筑胶)、20 厚 1∶3 干硬性水泥砂浆结合层(内掺建筑胶)、5 厚 1∶2.5 水泥砂浆黏结层(内掺建筑胶)、10 mm 厚 800 mm×800 mm 米白色防滑地砖、8 厚白色乳胶漆顶棚,见图 4-29。

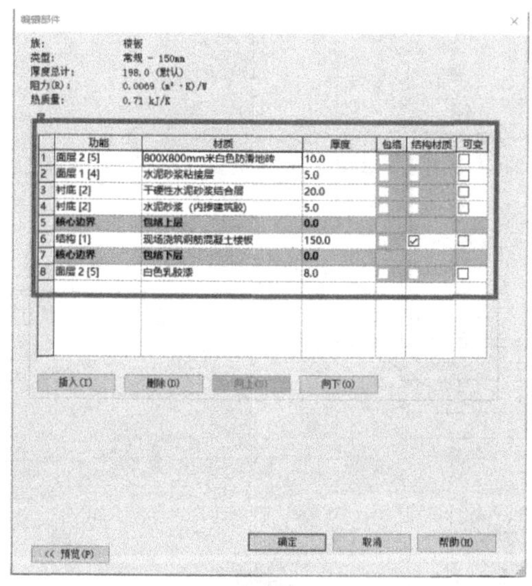

图 4－29　楼板构造层对话框

(2)项目案例楼板展示

在上述参数及内容设置完成后，在三维视图中可查看到楼板的当前属性及状态，见图4－30。

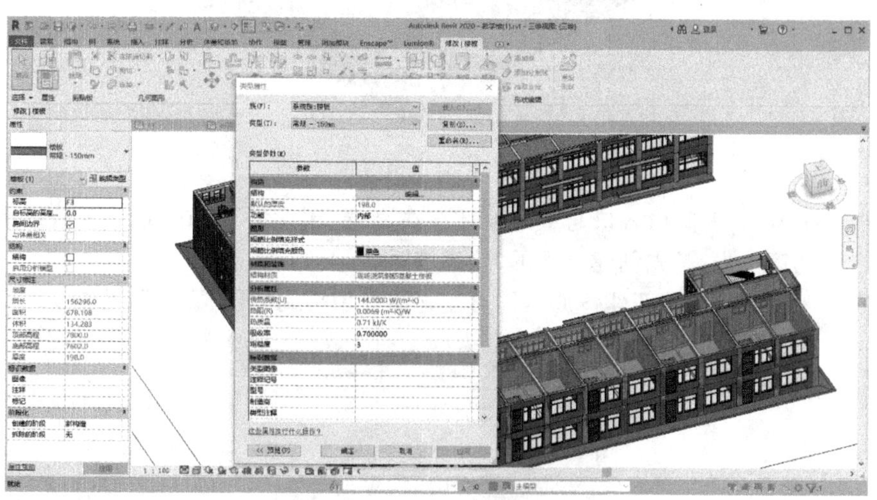

图 4－30　教学楼楼板展示

4.2.4　特殊构件编辑

(1)室外台阶。

Revit 中没有专用的“台阶”命令，可以采用创建在位族、外部构件族、楼板边族，甚至创建楼梯等的方式来创建各种台阶模型。下面通过例题讲述采用“楼板边”方式创建入口台阶的方法。

例：为图 4－31 所示的建筑创建室外台阶，建筑平立面及三维视图。

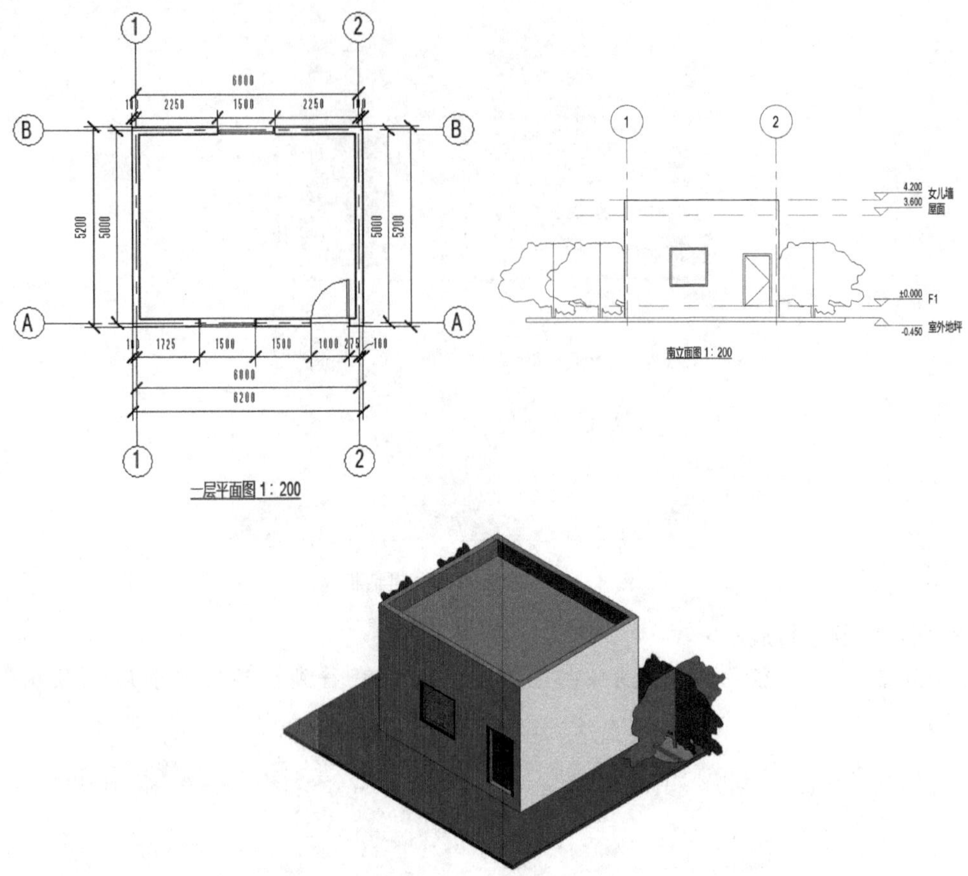

图 4-31 案例房间

如图 4-31 所示，房间出入口与室外地坪存在高差，因此需要创建室外台阶以满足使用。创建室外台阶的第一步，是先创建合适的“轮廓族”。

首先点击“文件”，选择“新建—族”，即可创建需要使用到的“轮廓族”，见图 4-32。

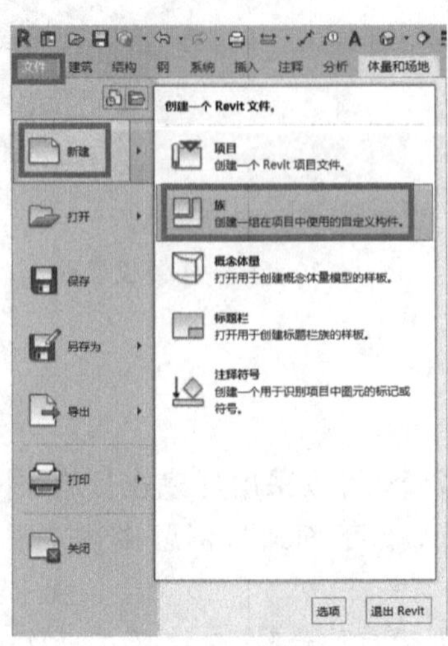

图 4-32 新建族

在自动弹出的“新族-选择样板文件”对话框中，选择“公制轮廓. rft”族样板文件，打开进入族编辑模式，见图 4 - 33。

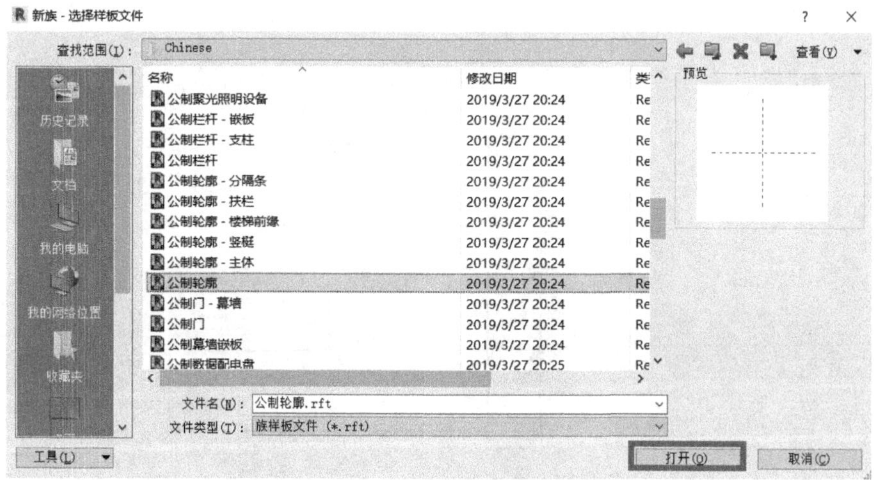

图 4 - 33　新族-选择样板文件

系统默认楼层平面为“参照标高”，对应的视图中显示一组正交的参照平面，参照平面的交点即为楼板边线位置，也可以认为该视图为室外台阶的剖面图，见图 4 - 34。

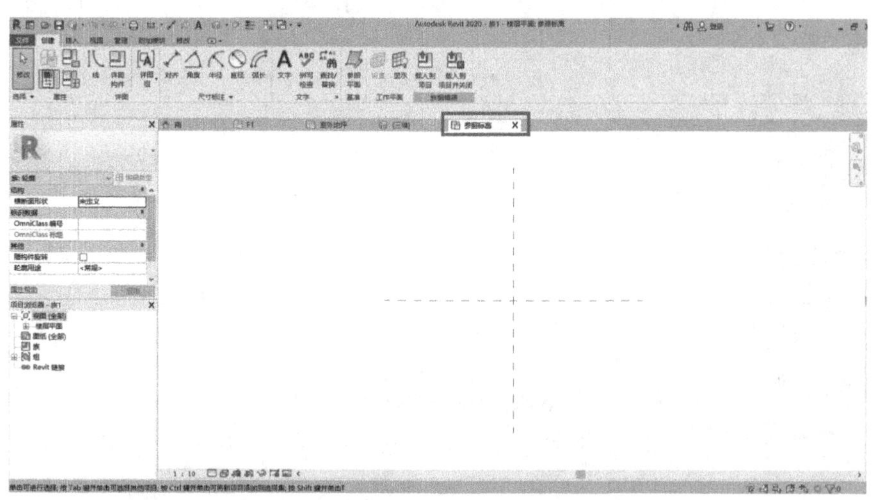

图 4 - 34　绘制视图窗口

点击创建选项卡详图面板中的“线”命令进行轮廓绘制，见图 4 - 35。

图 4 - 35　制工具选择

按图 4－36 所示的尺寸和位置绘制轮廓线，同时注意绘制结束后保证用线绘制的轮廓线为闭合状态。

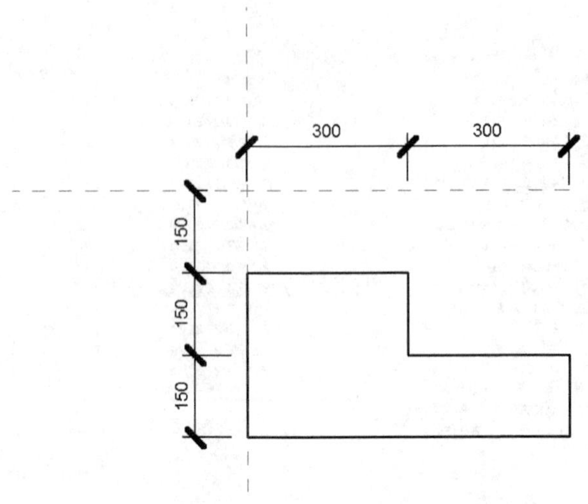

图 4－36　轮廓线绘制

点击快速访问栏中的保存或者按压键盘“Ctrl＋S”保存该文件，并命名为“3 级室外台阶轮廓.rfa”，见图 4－37。

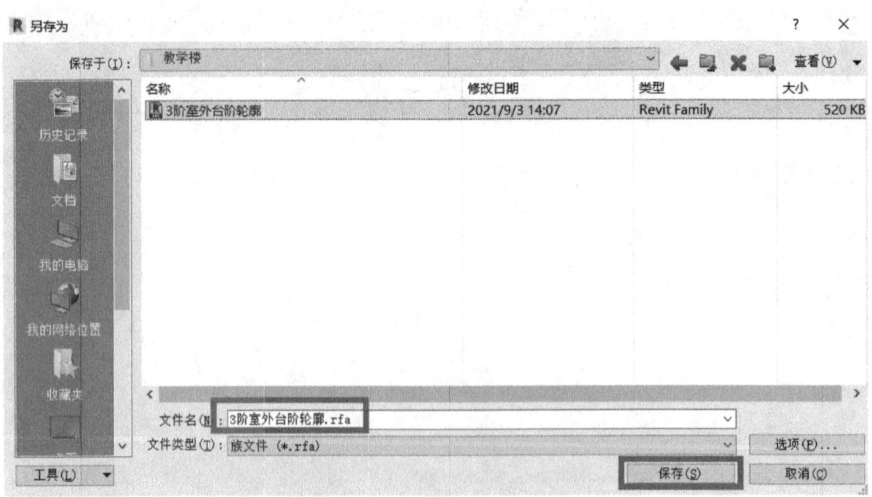

图 4－37　保存族文件

单击族编辑器面板中的“载入到项目”，将该族载入到案例项目中，见图 4－38。

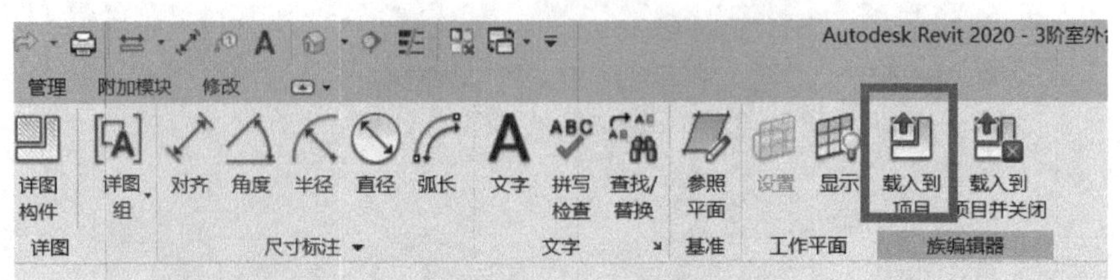

图 4－38　载入到项目

点击建筑选项卡构建面板中的“楼板”按钮，在弹出的下拉列表中选择“楼板:楼板边”，见图 4-39。

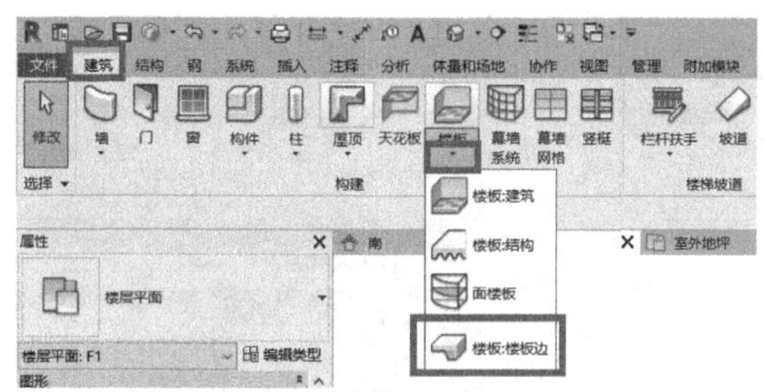

图 4-39　楼板:楼板边命令

点击属性工具栏中的“编辑类型”，见图 4-40。

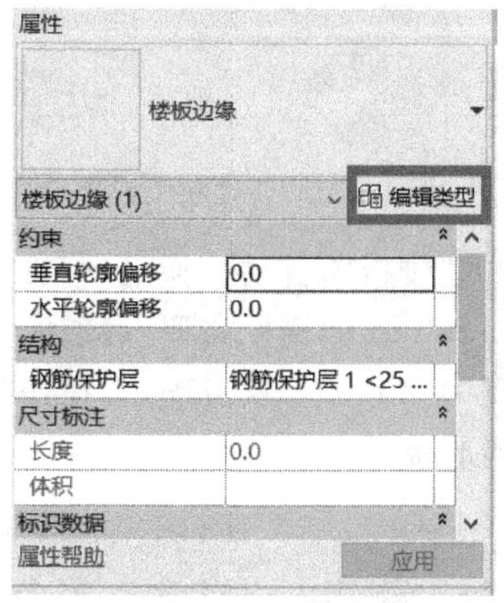

图 4-40　楼板边缘属性

弹出“类型属性”对话框，点击“复制”，复制出名为“案例-3 级室外台阶轮廓”的楼板边类型，点击确认，见图 4-41。

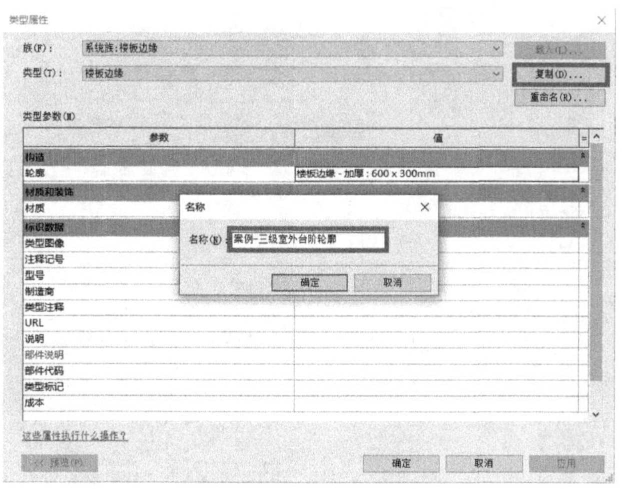

图 4-41　新建楼板类型

设置类型参数中的“轮廓”为刚载入的“3级室外台阶轮廓.rfa”。选择材质栏，赋予适当的材质，这里选择材质为“默认楼板”，然后点击确定完成设置，见图4-42。

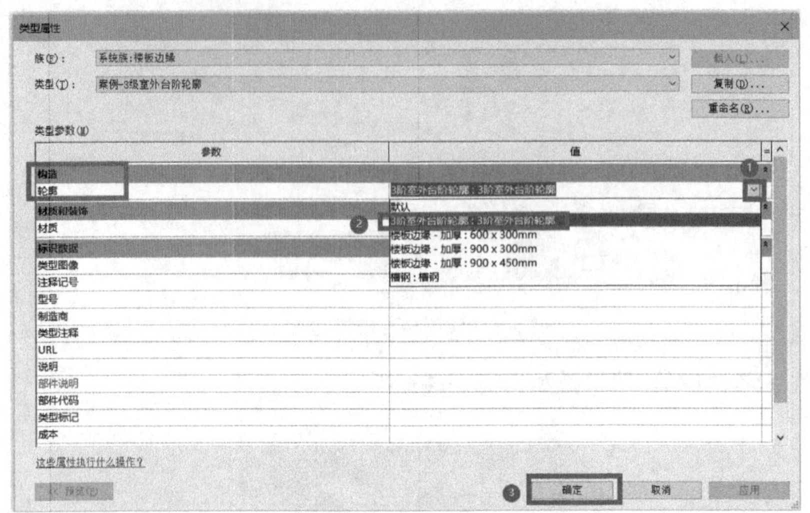

图4-42　新建楼板设置

点击建筑选项卡构建面板中的“楼板”，自动切换至“修改|创建楼层边界”上下文选项卡，在属性工具栏中选择“楼板 常规-300 mm”楼板类型，点击属性工具栏“编辑类型”，弹出“类型属性”对话框，修改结构[1]的厚度为“450.0”，点击确定，在如图4-43所示位置上绘制出一个厚度为室内外高差，即450 mm厚的楼板。

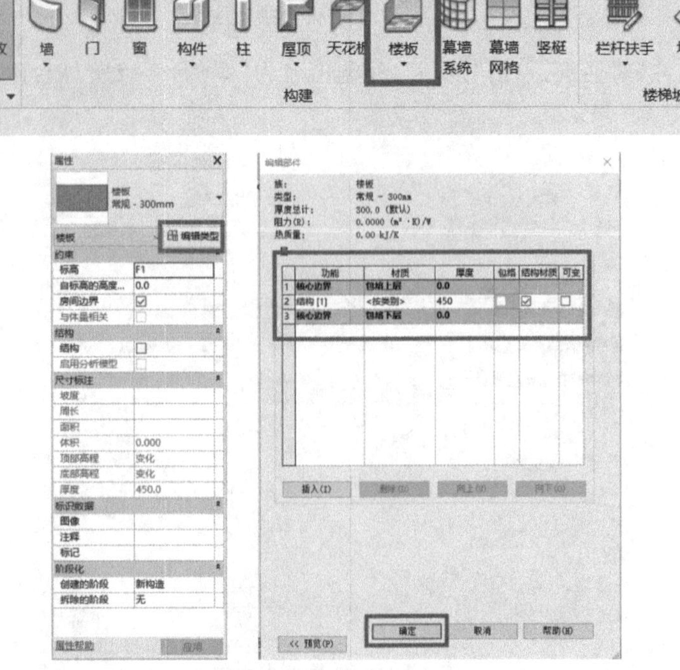

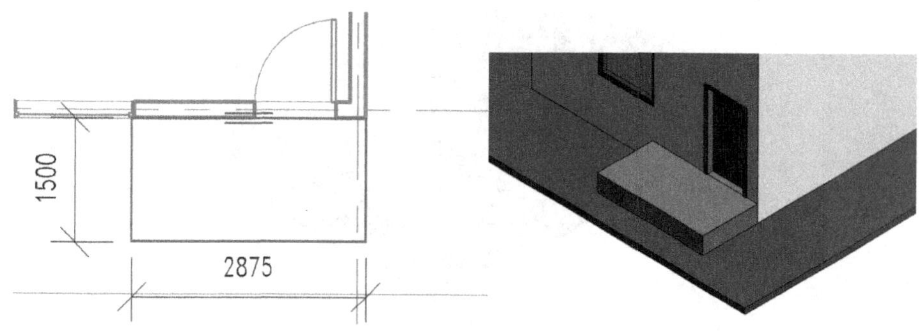

图 4-43 普通楼板设置

点击建筑选项卡构建面板中的“楼板—楼板：楼板边”，属性工具栏中选择创建好的“案例-3级室外台阶轮廓”，见图 4-44。

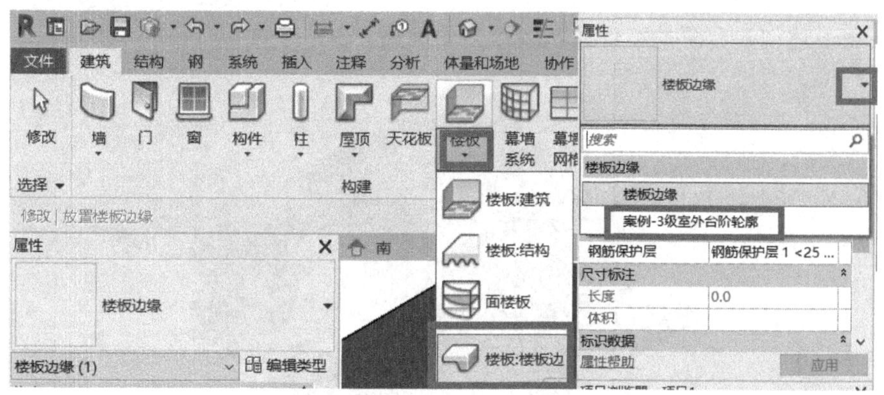

图 4-44 楼板边缘选择

为方便操作，切换至三维视图，单击所绘制的室外楼板上边缘，见图 4-45。

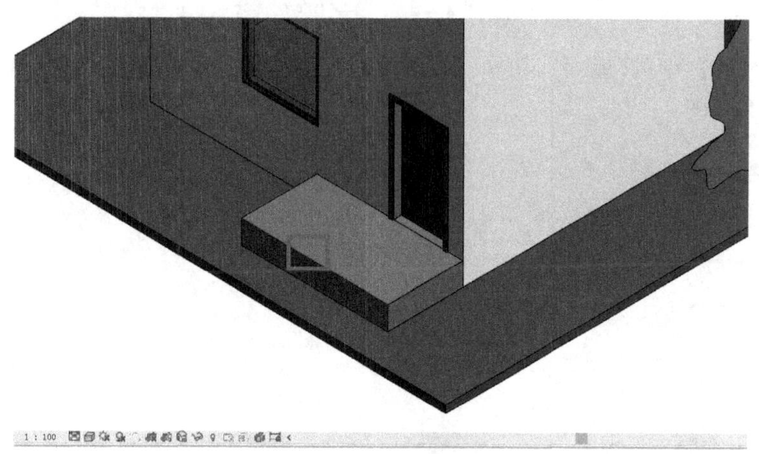

图 4-45 点击楼板上边缘

此处将自动生成室外台阶，按 Esc 键两次完成创建，见图 4-46。

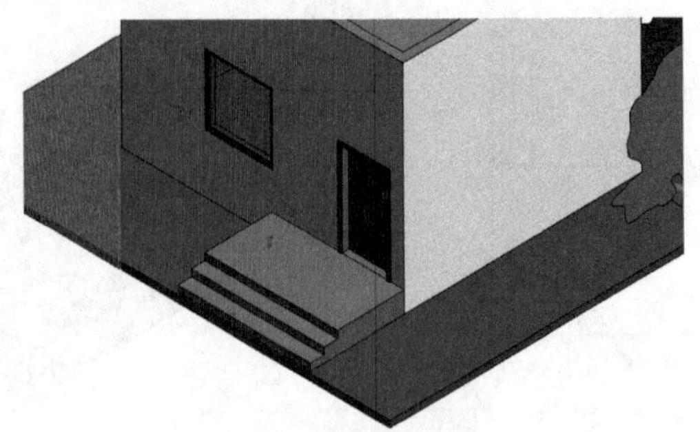

图 4-46　室外台阶展示

(2)雨篷。

除了上述室外台阶的创建,还可利用此方法创建雨篷。接下来通过例题来了解具体操作方法。

例:使用上述创建台阶的案例建筑继续创建雨篷,见图 4-47。

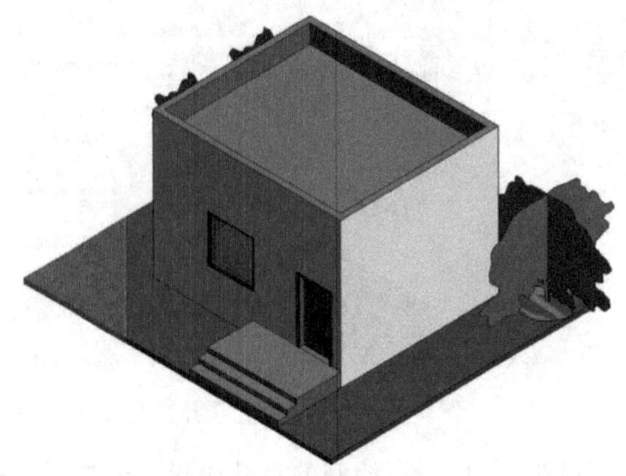

图 4-47　案例建筑

点击项目浏览器中的"屋面",切换至屋面楼层平面,点击建筑选项卡构建中的"楼板",选择"楼板:建筑",见图 4-48。

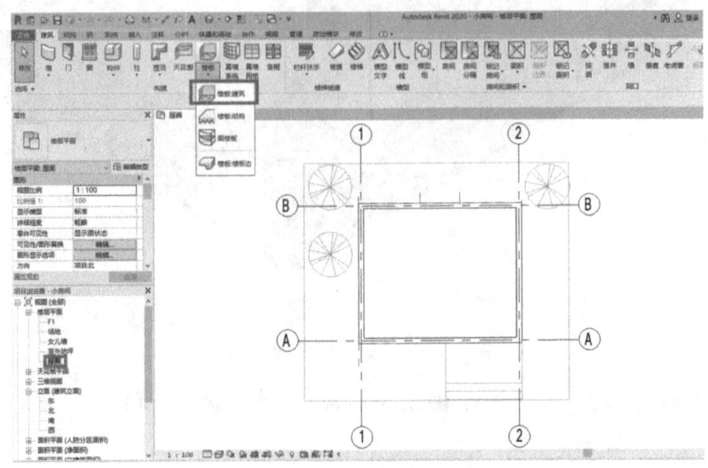

图 4-48　楼板选择

系统默认“楼板 常规-150 mm”，点击属性工具栏中的“编辑类型”，弹出“类型属性”对话框，复制出“案例-雨篷”楼板类型，见图4-49。

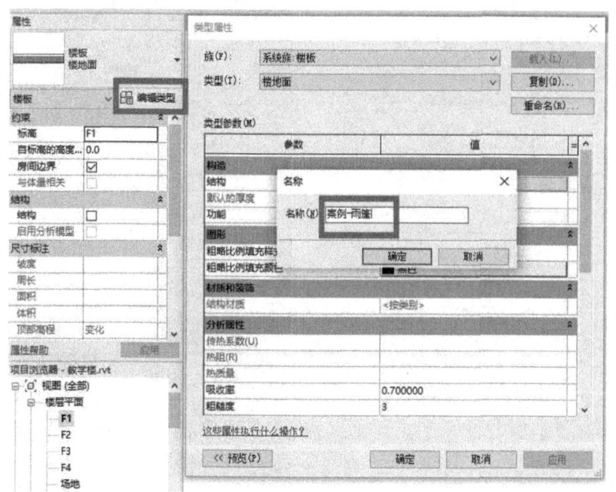

图4-49　类型属性设置

点击构造参数中“结构”右侧的“编辑”按钮，修改厚度为100 mm，点击材质＜按类别＞右侧的“...”，弹出“材质浏览器”对话框，直接在列表中选择“混凝土—现场浇注混凝土-C15”材质，见图4-50。

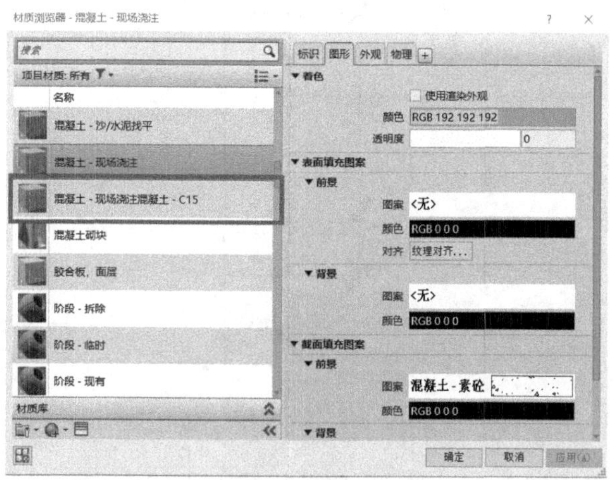

图4-50　新建构件材质

按图4-51所示的尺寸和位置绘制雨篷的轮廓，位置及尺寸确定后，点击“✔”完成绘制。

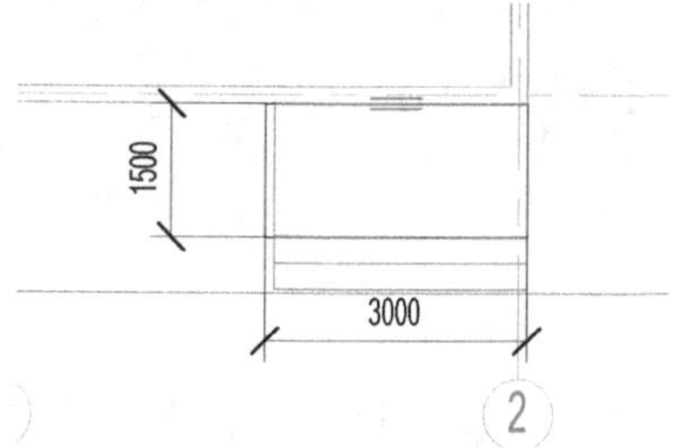

图4-51　绘制雨篷轮廓

选择“新建—族”，自动弹出“新族-选择样板文件”对话框，双击选择“公制轮廓.rft”族样板文件，进入族编辑模式，见图 4－52。

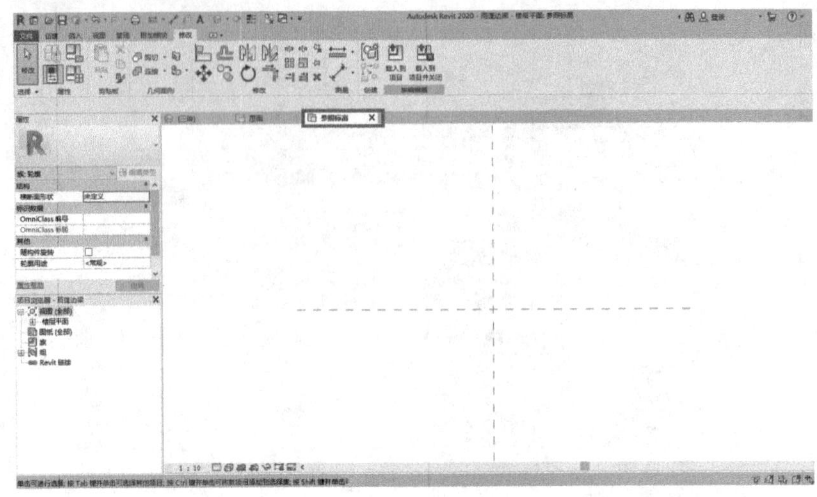

图 4－52　新建“族”

与上述绘制室外台阶轮廓一样，视图中显示一组正交的参照平面，按图 4－53 所示尺寸及位置绘制出雨篷边梁轮廓，绘制完成后，保存命名为“雨篷边梁.rfa”。

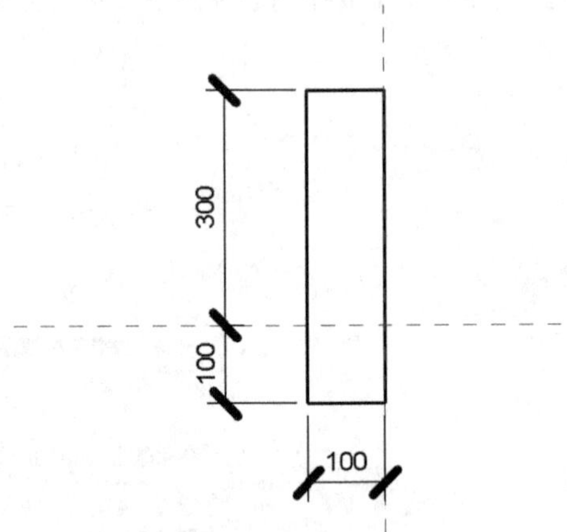

图 4－53　绘制雨棚轮廓

单击族编辑器面板中的“载入到项目”，将该族载入到案例项目中，见图 4－54。

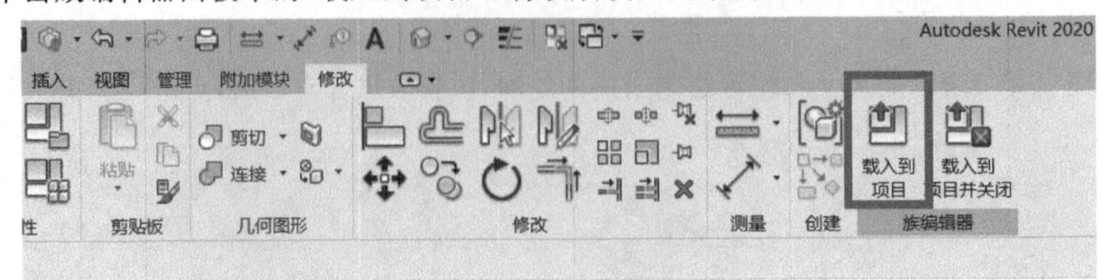

图 4－54　载入到项目

点击建筑选项卡构建面板中的“楼板”按钮，在弹出的下拉列表中选择“楼板：楼板边”命令，点击属性工具栏中“类型属性”，复制出名为“案例-雨篷”的楼板边类型。设置类型参数中的轮廓为刚载入的“雨篷边梁.rfa”，然后点击确定，完成设置，见图4-55。

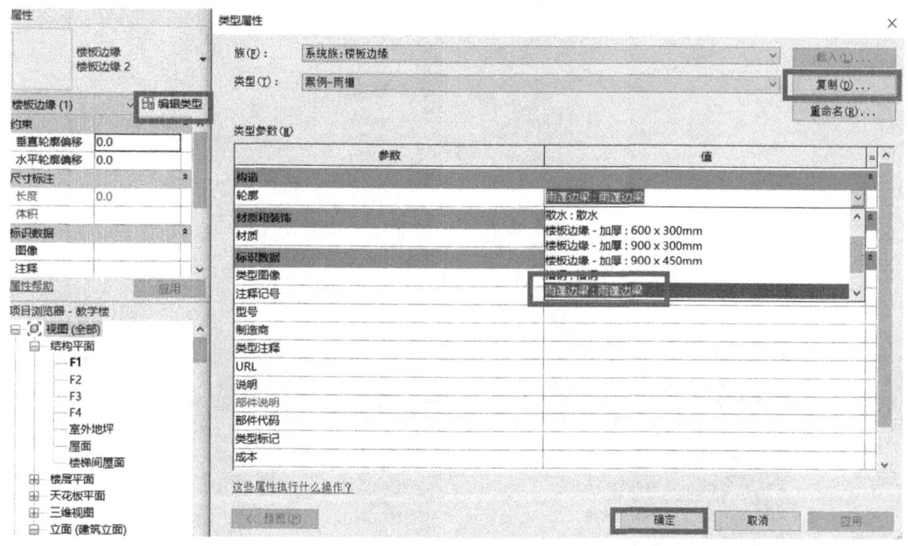

图4-55 设置新建族

单击之前绘制的雨篷上边缘，将自动生成雨篷边梁，按Esc键两次完成创建，见图4-56。

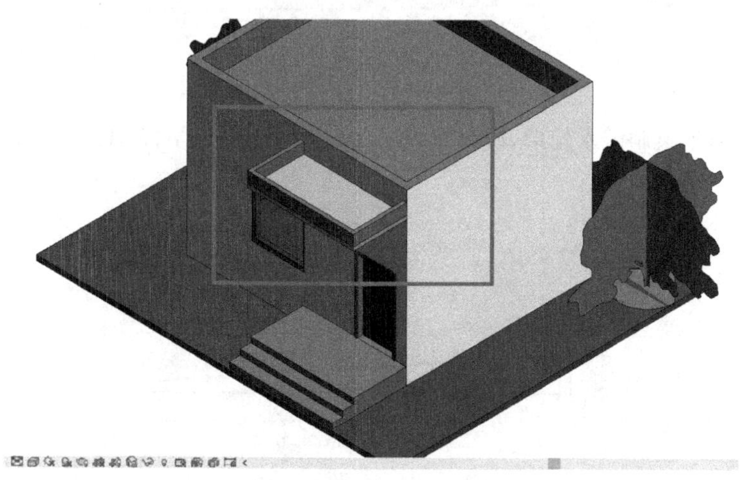

图4-56 雨篷设置完成

(3)散水。

接下来使用“墙饰条”工具为小学教学楼项目创建室外散水。

选择“新建”—“族”，弹出“新族-选择样板文件”对话框，双击选择“公制轮廓.rft”族样板文件，进入族编辑模式，见图4-57。

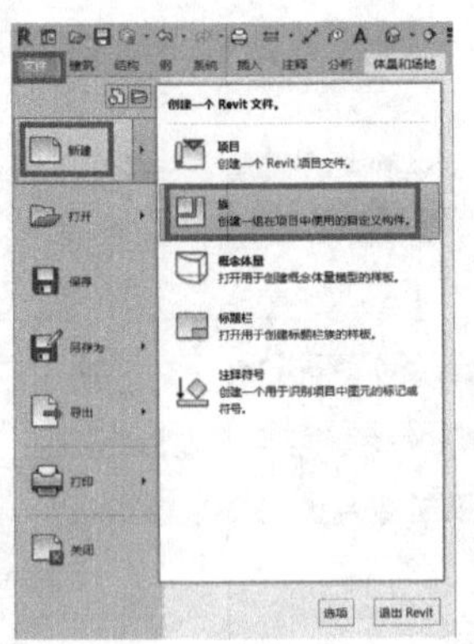

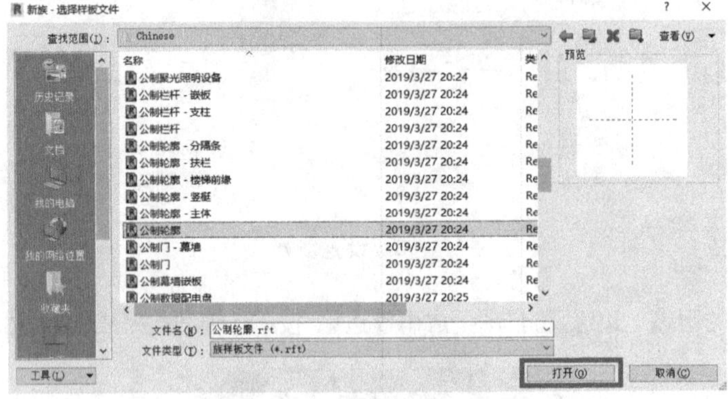

图 4-57 新建族

按图 4-58 所示绘制散水轮廓，绘制完成后，保存命名为“教学楼-1500 mm-散水.rfa”。

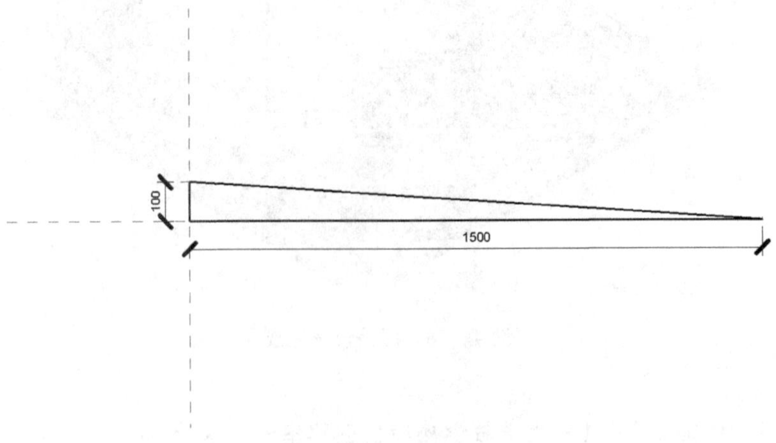

图 4-58 散水轮廓

单击族编辑器面板中的“载入到项目中”，将该族载入到项目中，见图 4-59。

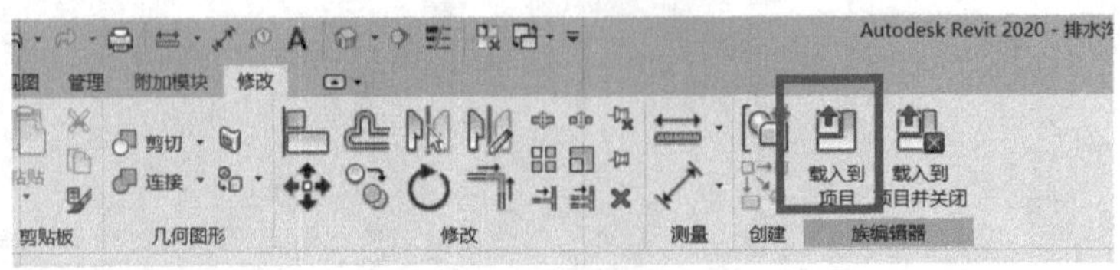

图 4-59 族编辑器

切换至需要创建室外散水的任一立面视图，点击建筑选项卡构建面板墙中的“墙饰条”，自动切换至“修改|放置墙饰条”上下文选项卡，见图 4－60。

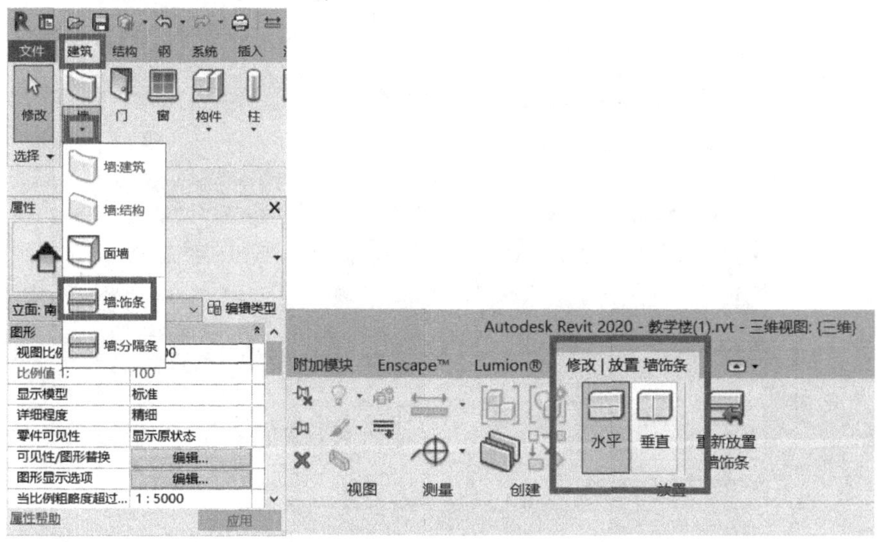

图 4－60　墙体选项卡

点击属性工具栏中的“编辑类型”，弹出“类型属性”对话框，复制出“教学楼－1500 mm －室外散水”的墙饰条类型，见图 4－61。

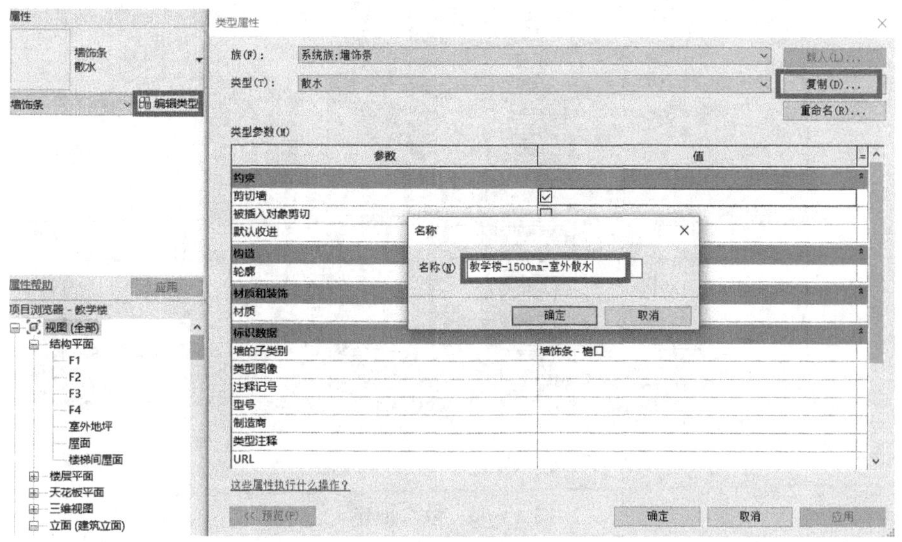

图 4－61　散水类型属性

约束条件中，勾选“剪切墙”“被插入对象剪切”，构造轮廓为“教学楼－1500 mm －室外散水”，材质修改为“花岗岩”，点击确定，退出类型属性对话框，见图 4－62。

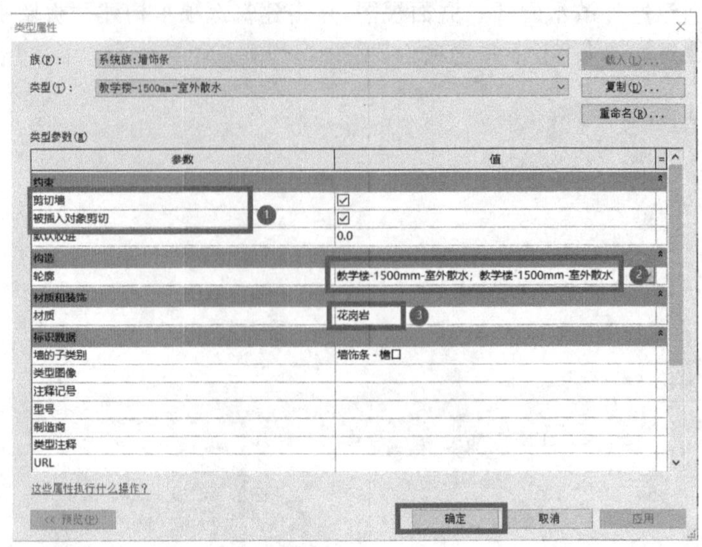

图 4-62 属性设置

确认放置方式为“水平”，拾取相应墙体底部，将自动生成散水，按此方法，创建所有方向的室外散水，见图 4-63。

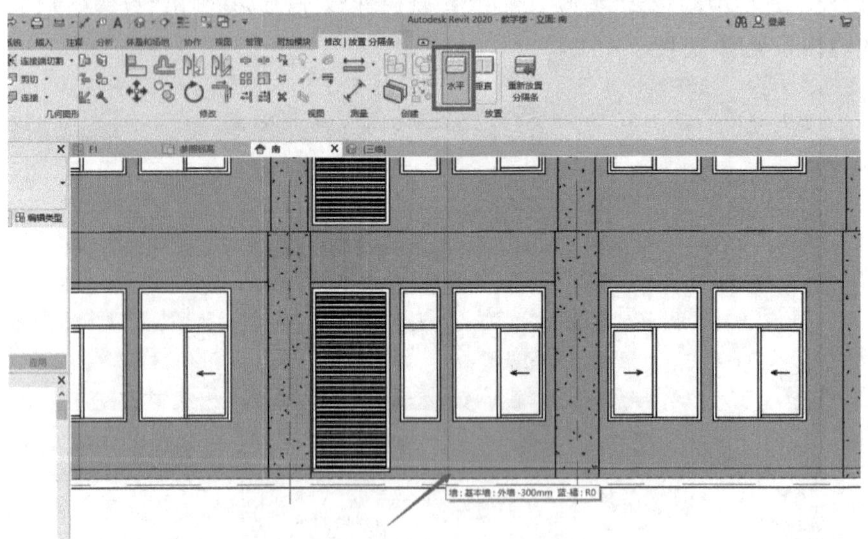

图 4-63 散水创建

打开三维视图，选择创建好的室外散水，属性工具栏中的标高改为室外地坪，与墙的偏移值为“0”，确保散水与墙对齐，见图 4-64。

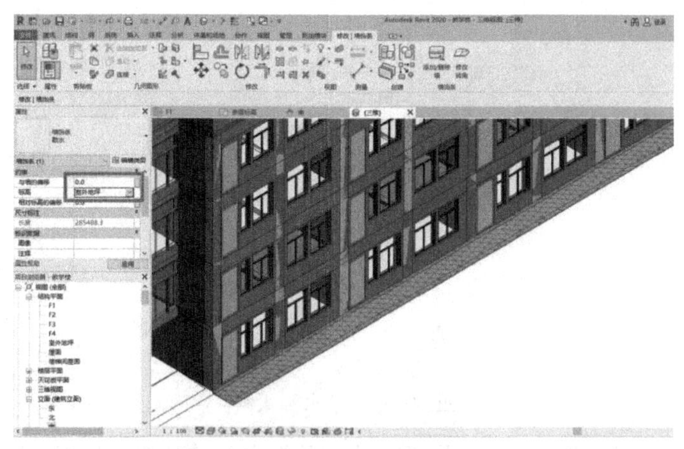

图 4-64　散水创建完成

(4)屋面排水

在屋面排水的设置过程中，通常要创建一些排水沟及屋面排水坡等构件，下面通过例题讲述使用“楼板边”方式创建排水沟，使用修改子图元创建屋面坡度。

例：为图 4-65 所示的建筑创建排水沟及屋面排水坡度。

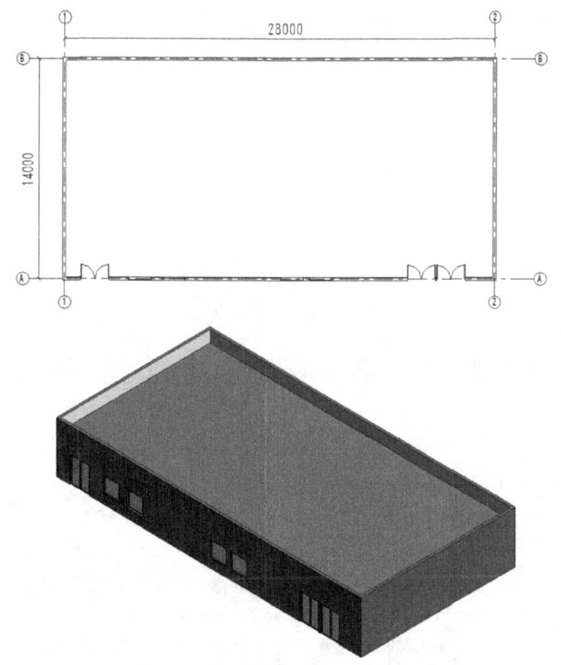

图 4-65　案例建筑展示

首先需要通过项目详图或实际案例了解排水沟大致做法及尺寸规范等。案例排水沟大样如图 4-66 所示。

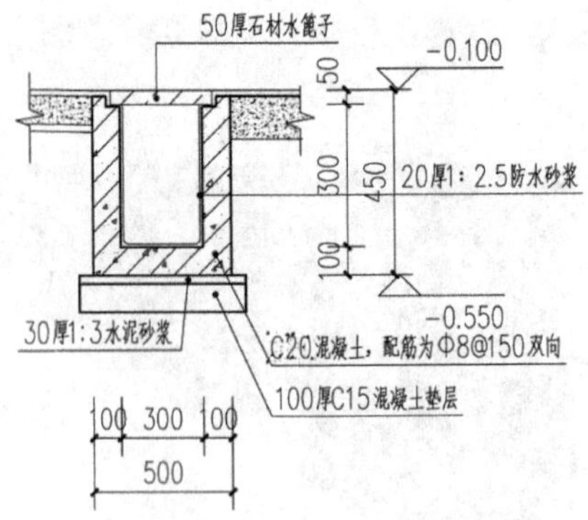

图 4-66　排水沟大样

通过普通楼板的创建方式，创建出预留排水沟位置以外的其他楼板层，实际项目中此处材质通常情况下为防水砂浆。点击“屋面”视图，在建筑选项卡构建面板中选择“楼板”，见图4-67。

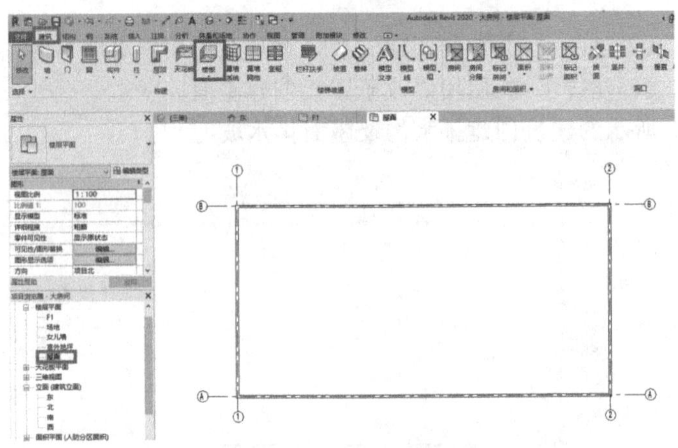

图 4-67　屋面视图

点击属性工具栏中的“编辑类型”，以“复制”方式创建名为“屋面防水砂浆层”的楼板，见图4-68。

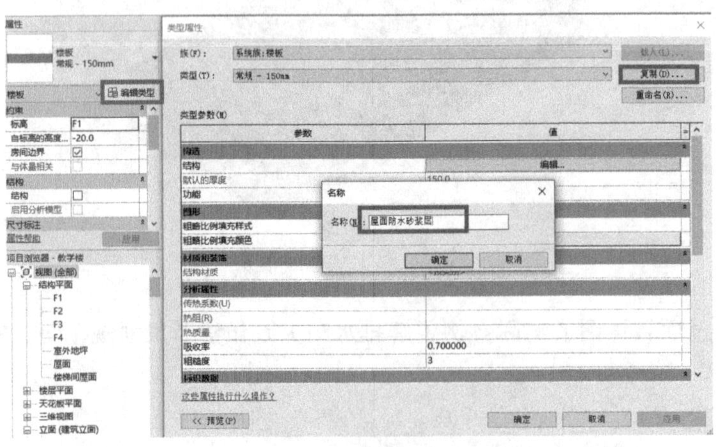

图 4-68　楼板属性编辑

点击构造参数中的“结构”右侧的“…”，创建新的材质及厚度，这里设置材质为“屋面防水砂浆”，厚度设置为 450 mm，见图 4－69。

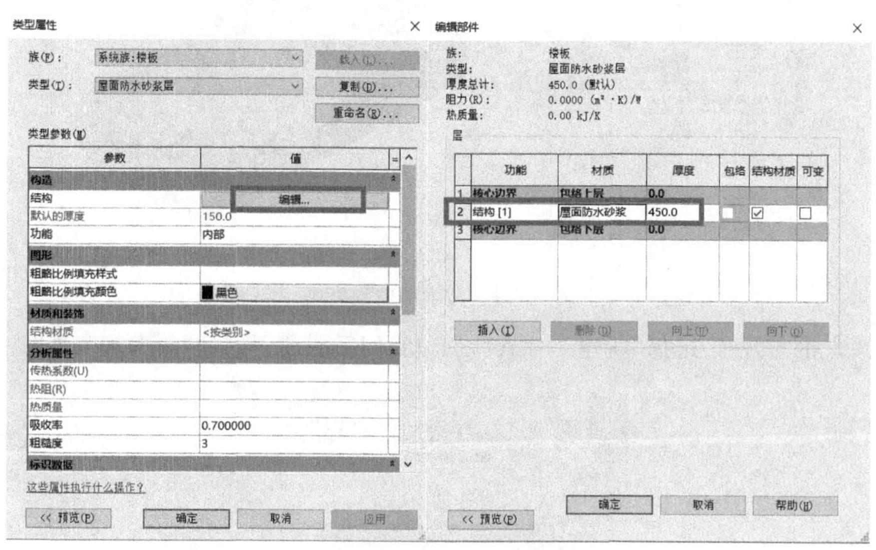

图 4－69　材质编辑

上述属性参数设置完成后，按照如下所示的楼板绘制尺寸及位置绘制楼板，依据排水沟大样，需要在边缘预留距离女儿墙 500 mm 宽度的排水沟位置，见图 4－70。绘制完成后，点击“✔”完成绘制。

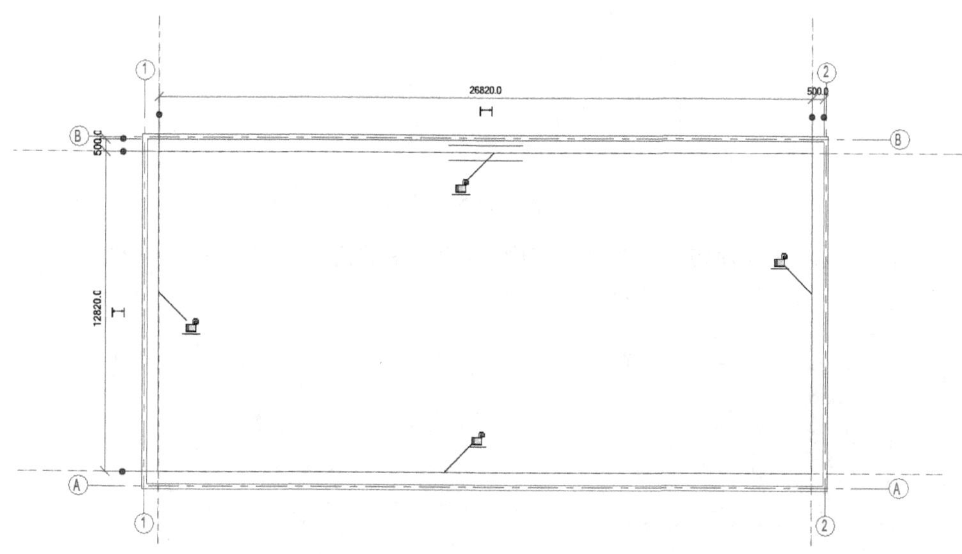

图 4－70　轮廓绘制

将属性工具栏约束参数中的“自标高的高度偏移”设置为 450 mm，绘制完成后的屋面三维视图如图 4－71 所示。

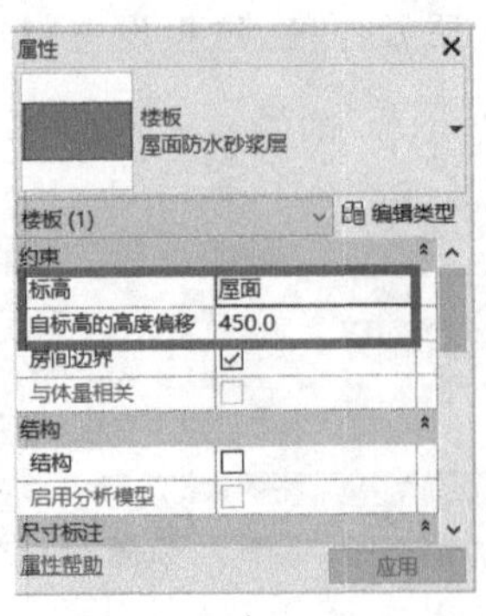

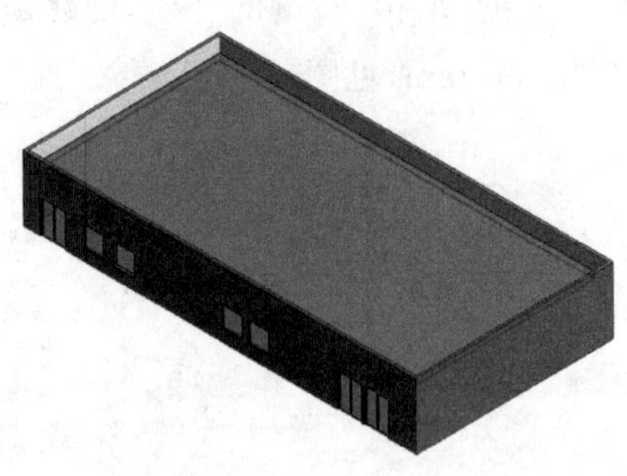

图 4-71　防水层创建完成

接下来点击“文件”，选择“新建”—“族”，创建我们需要使用到的“轮廓族”，见图 4-72。

图 4-72　新建轮廓族

自动弹出“新族-选择样板文件”对话框中，选择“公制轮廓.rft”族样板文件，打开进入族编辑模式，见图 4-73。

图 4-73　选择公制轮廓

系统默认楼层平面为“参照标高”，对应的视图中显示一组正交的参照平面，参照平面的交点即为楼板边线位置，也可以认为该视图为屋面排水沟的剖面图，见图 4-74。

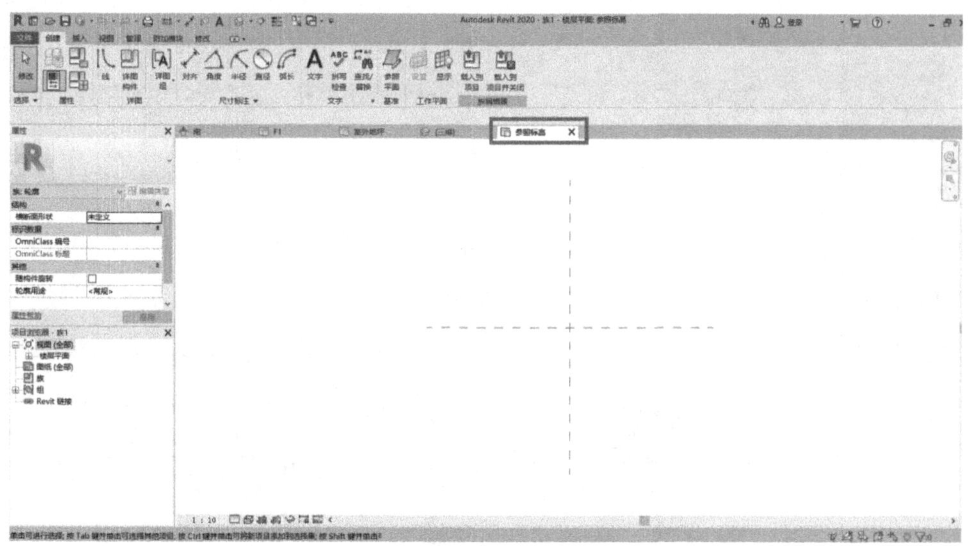

图 4-74　绘制视图窗口

点击创建选项卡属性面板中的“线”绘制轮廓，见图 4-75。

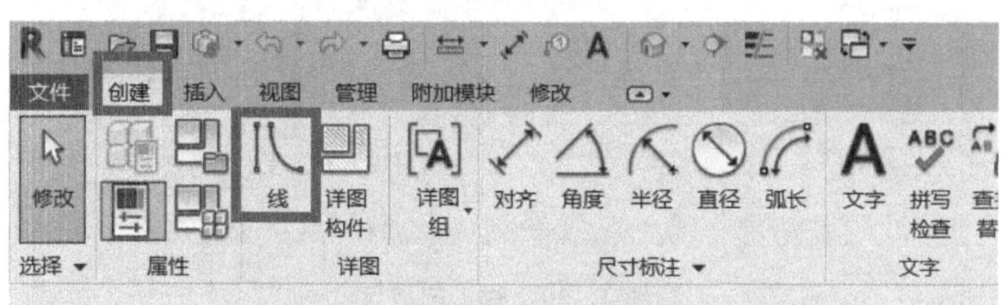

图 4-75　绘制工具选择

按图 4-76 所示的尺寸和位置绘制轮廓线，并注意绘制结束后保证所绘制的轮廓线为闭合状态。

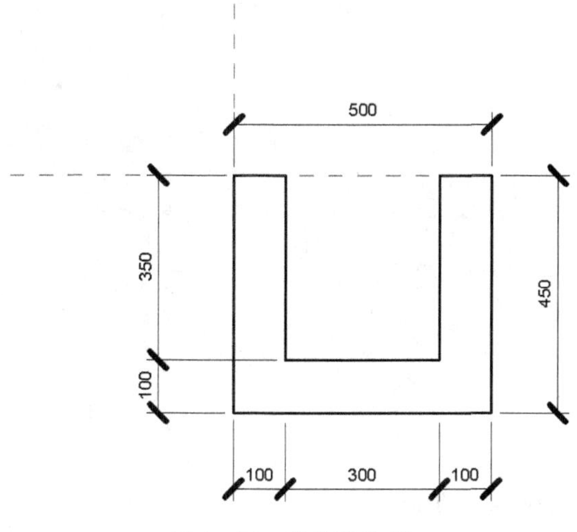

图 4-76　轮廓线绘制

点击快速访问栏中的保存或者按压键盘"Ctrl + S"保存该文件，并命名为"排水沟轮廓.rfa"，见图 4 - 77。

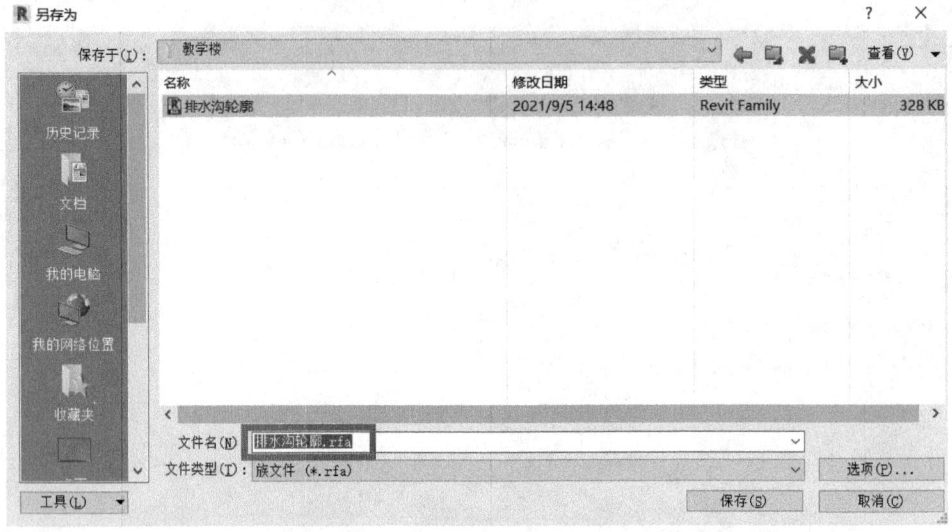

图 4 - 77　保存族文件

单击族编辑器面板中的"载入到项目"，将该族载入到案例项目中，见图 4 - 78。

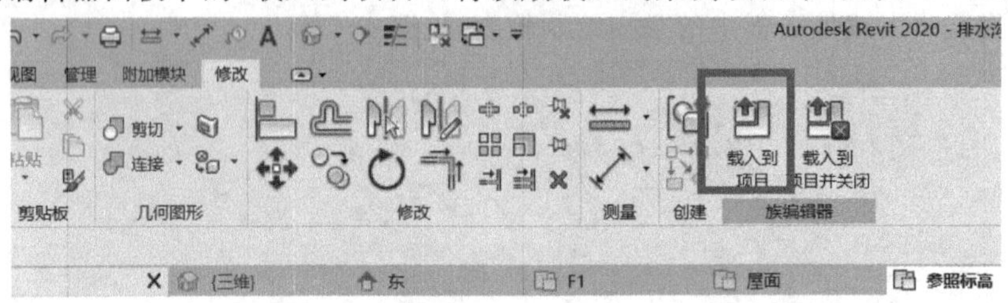

图 4 - 78　载入到项目

切换至建筑选项卡构建面板中的"楼板"，在弹出的下拉列表中选择"楼板：楼板边"，见图 4 - 79。

点击属性工具栏中的"编辑类型"，见图 4 - 80。

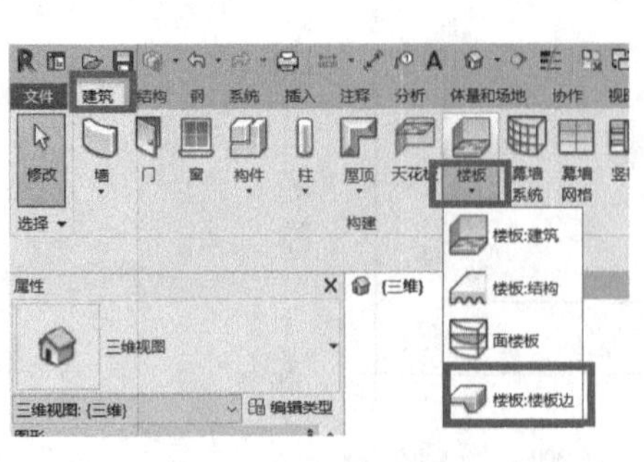

图 4 - 79　楼板：楼板边命令

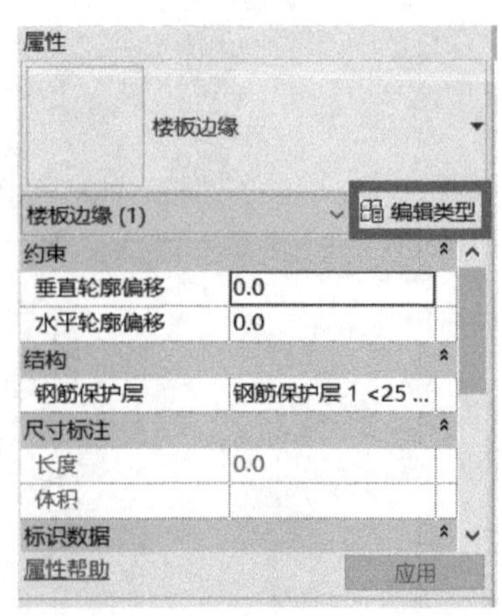

图 4 - 80　楼板边缘属性

点击“复制”，复制出名为“排水沟边缘轮廓”的楼板边类型，点击确认，见图 4-81。

设置类型参数中的轮廓为刚载入的“排水沟轮廓.rfa”。选择材质栏，赋予适当的材质，这里选择材质为“默认楼板”，然后点击确定完成设置，见图 4-82。

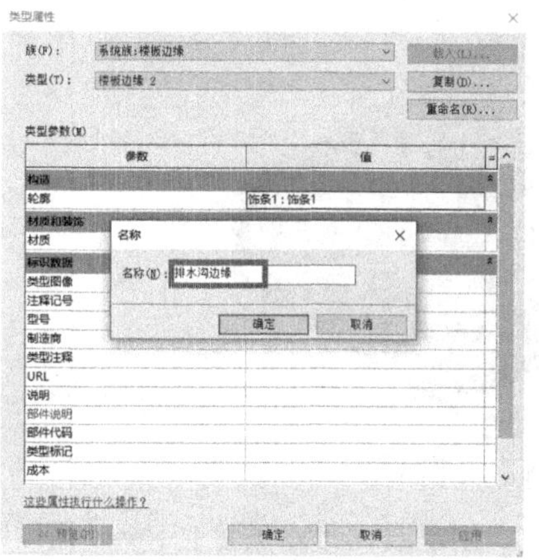

图 4-81 新建楼板类型

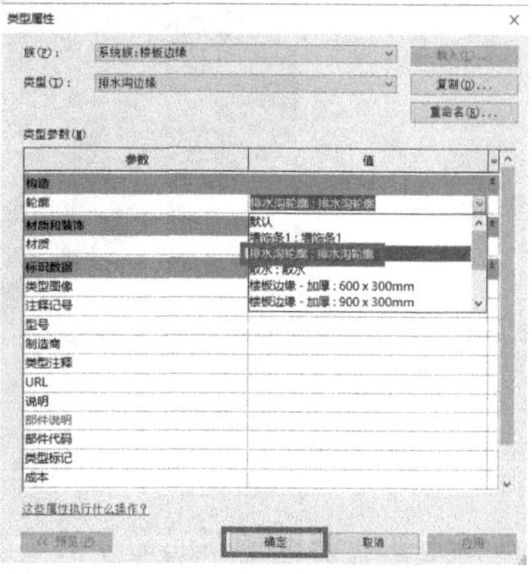

图 4-82 新建楼板设置

点击建筑选项卡构建面板中的“楼板”—“楼板:楼板边”，并在属性工具栏中选择创建好的“排水沟边缘”，见图 4-83。

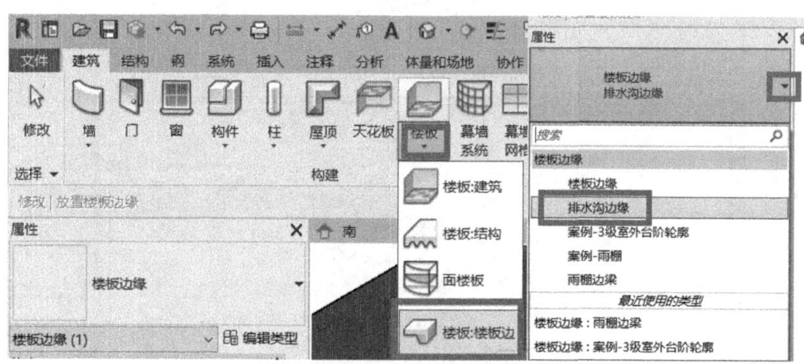

图 4-83 楼板边缘选择

为方便操作，切换至三维视图，单击所绘制的屋面防水砂浆楼板的外边缘，见图 4-84。

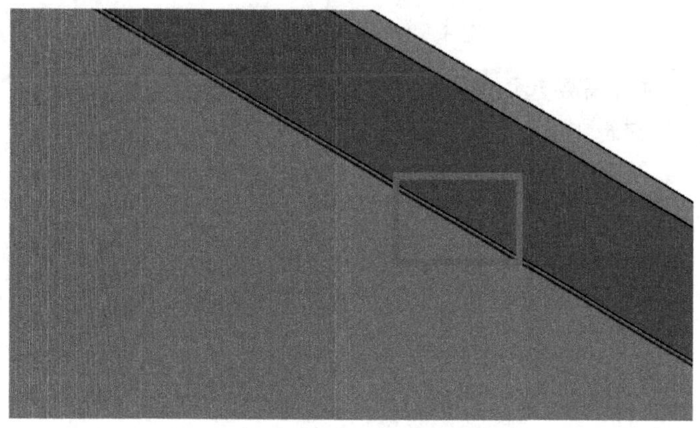

图 4-84 点击楼板上边缘

此处将自动生成屋面排水沟，按 Esc 键两次完成创建，见图 4-85。

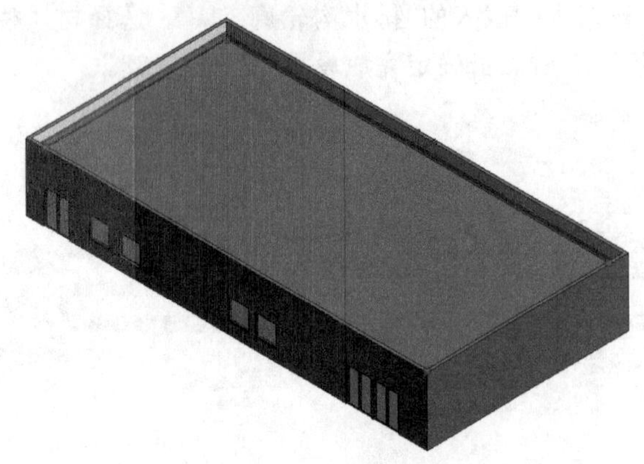

图 4-85 屋面排水沟展示

接下来通过进行修改子图元命令的一系列操作，创建屋面排水坡度。Revit 提供的修改楼板和屋顶图元顶点、边界、割线子图元的高程功能，用来满足卫生间、屋顶等部位实现局部组织排水的建筑找坡功能。以上述处理好排水沟的平屋顶为例，说明如何通过修改屋顶对象子图元实现屋顶排地找坡。

将视图切换至“屋面”视图，使用参照平面工具，绘制出如图 4-86 所示的三个参照平面。

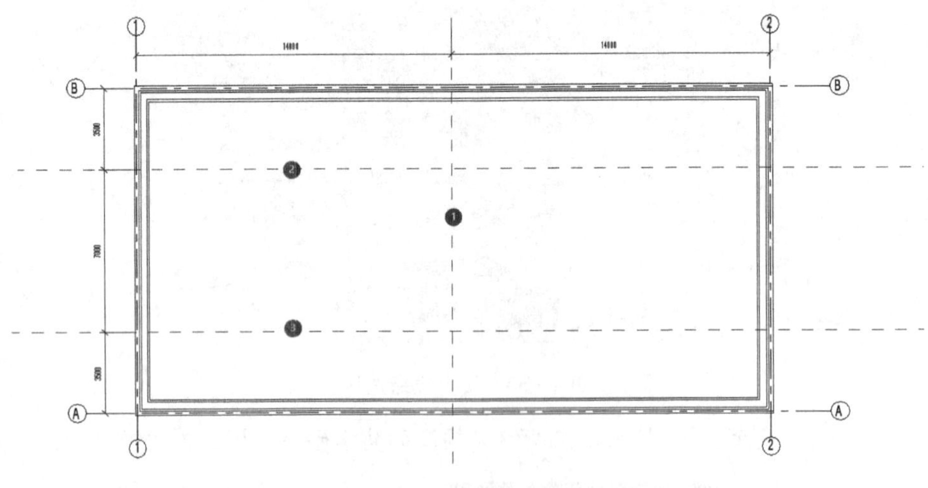

图 4-86 参照平面绘制

在“屋面”视图中选择需要起坡的屋顶，切换至“修改|屋顶”上下文选项卡，在“形状编辑”面板中，提供了子图元编辑工具，见图 4-87。

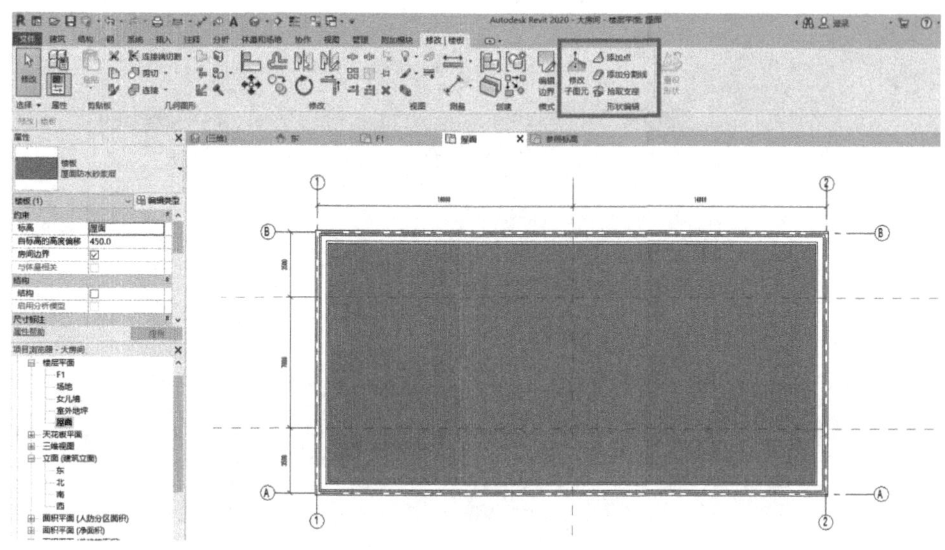

图 4-87　子图元编辑

点击形状编辑面板中的“添加点”工具，进入屋顶子图元编辑模式。Revit 将淡化显示其他已有图元，并以绿色显示屋顶原有顶点和边界。在图 4-88 所示参照平面交点处单击添加子图元，新添加点以蓝色显示。

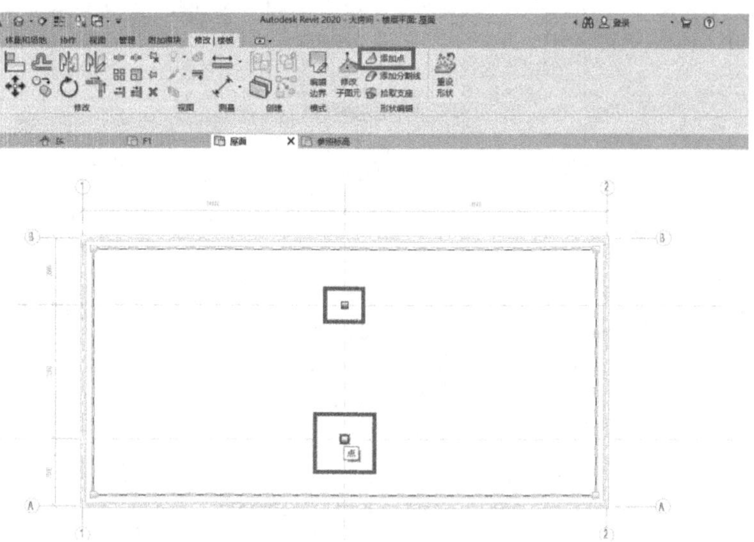

图 4-88　添加点

单击编辑面板中的“添加分割线”按钮，连接上一步骤中放置的子图元，绘制出分割线，见图 4-89。

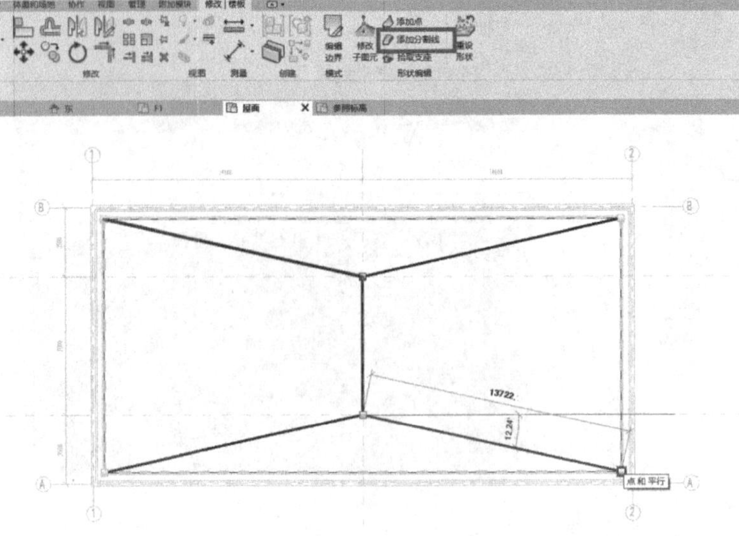

图 4-89 添加分割线

单击编辑面板中的“修改子图元”工具，点击“0”进行点高程的修改，进入高程值编辑状态，输入 100 并按回车键确认，修改所选分割线高于屋顶表面的标高 100 mm，按 Esc 键退出修改子图元模式，见图 4-90。

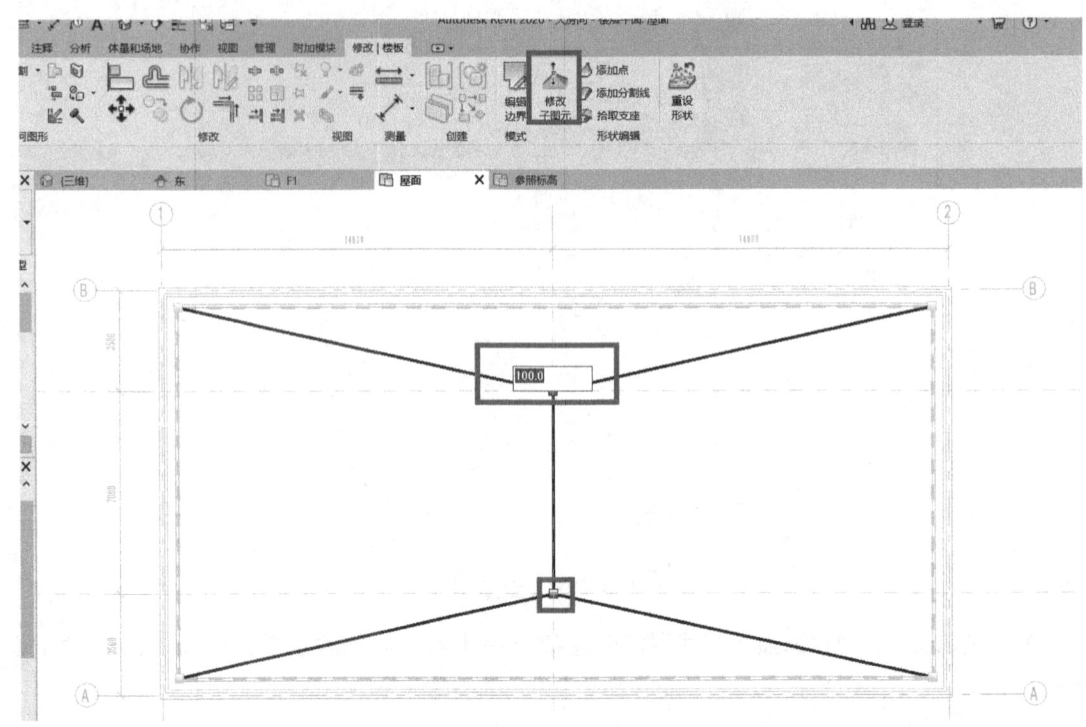

图 4-90 创建点高程

单击“注释”选项卡“尺寸标注”面板中的“高程点坡度”工具，移动鼠标指针至屋顶任意位置，生成的屋顶坡度值，见图 4-91。

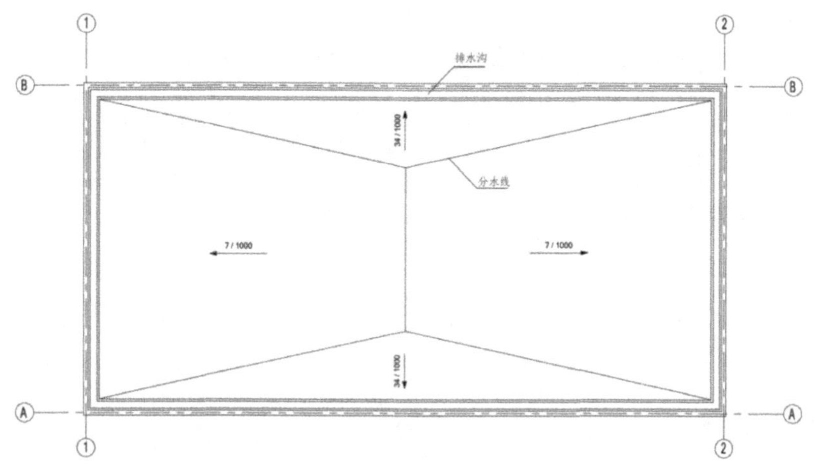

图 4－91　屋面坡度平面

切换至三维视图，完成后的屋顶如图 4－92 所示。

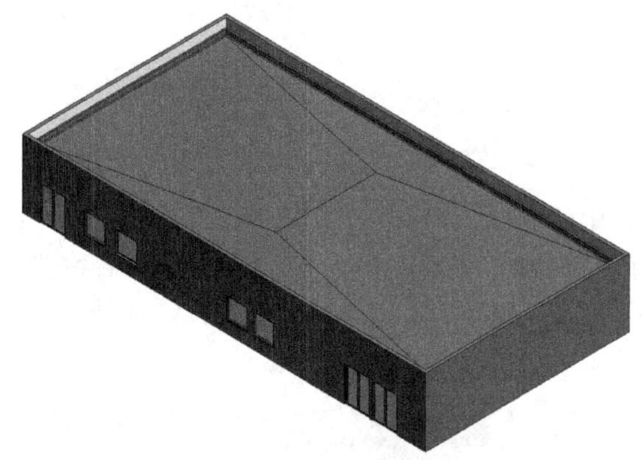

图 4－92　屋面排水展示

4.3　建筑项目管理

4.3.1　房间和面积报告

(1)房间。

模型已经全部绘制完成，本节主要介绍房间的创建及面积等功能空间的相关信息标记方法。

Revit 软件将房间视为独立的功能空间，可以进行相关的参数提取和信息查询。还可以创建图例，填充彩色图案用于识别不同功能的房间。

房间必须为封闭区域，墙、楼板、柱等常见图元均可作为创建房间时的边界。创建房间时还可对房间同步进行标记，显示房间的名称、面积等信息。接下来通过小学教学楼项目学习房间的创建方法。

打开小学教学楼项目，切换至 F1 楼层平面视图，点击建筑选项卡“房间和面积”面板中的黑色小三角，在下拉菜单中选择“面积和体积计算”，弹出“面积和体积计算”对话框，计算选项卡体积计算规则中选择“仅按面积(更快)”，房间面积计算规则中选择“在墙核心层”，完成后点击确定，见图 4-93。

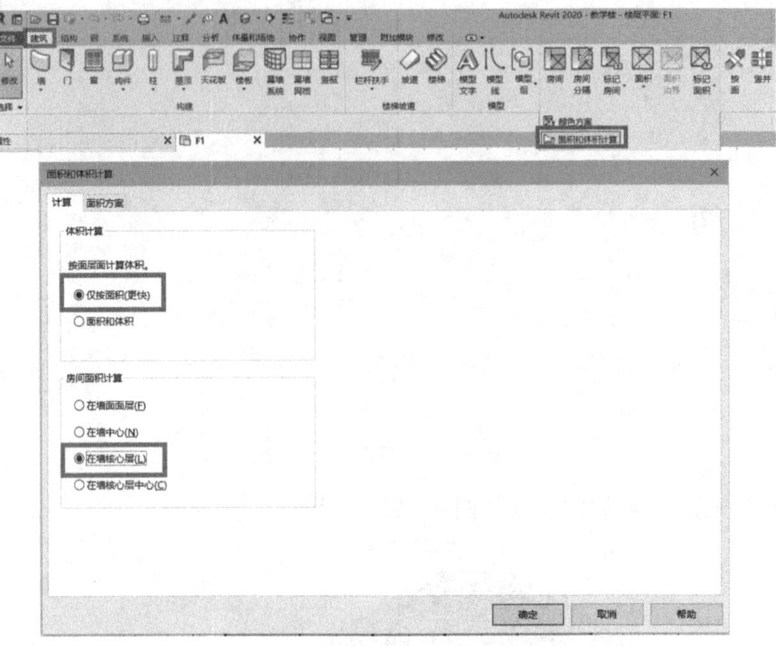

图 4-93　面积和体积计算

点击房间和面积面板中的“房间”，自动切换至“修改|放置房间”上下文选项卡，属性工具栏中选择“标记_房间-有面积-施工-仿宋-3mm-0-80”，房间名称按设计命名，教室需要标注人数，设置房间上限为标高 F1，“偏移”值为 2500 mm，确认“在放置时进行标记”为开启状态，见图 4-94。

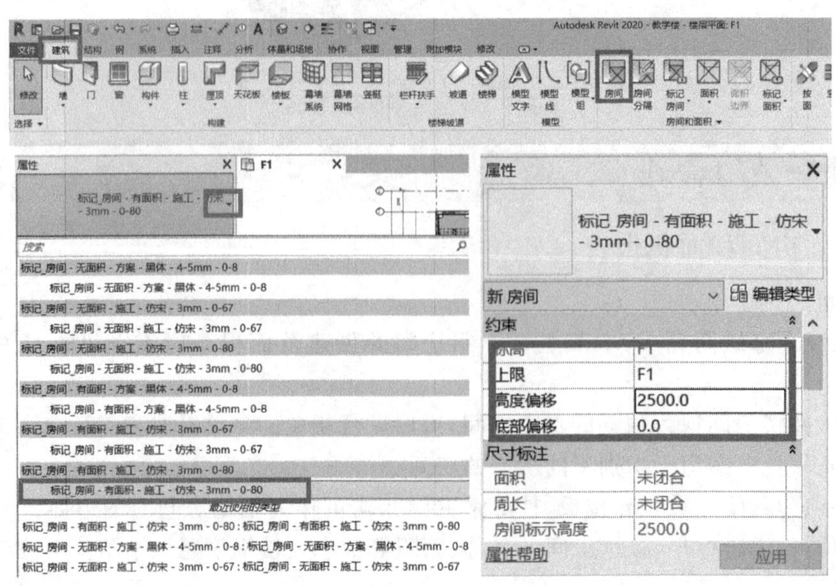

图 4-94　属性设置

鼠标滑动到任意一间房间内，房间边界呈高亮，房间范围用两条相交对角线示意，同时显示房间名称及面积，点击鼠标左键即可确定房间布置，按两次 Esc 键可退出操作，见图 4-95。

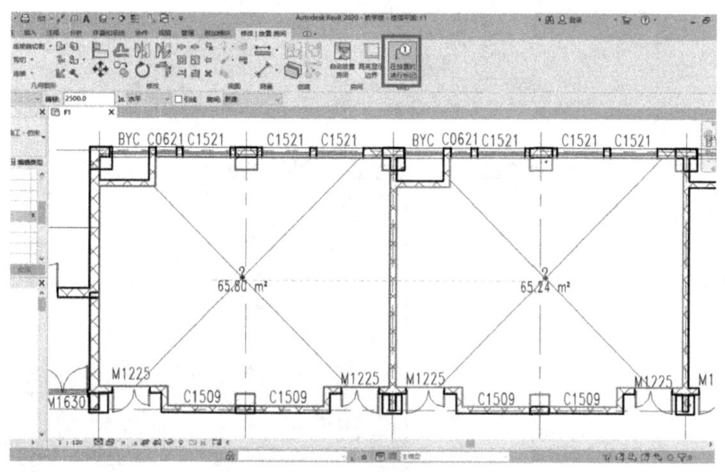

图 4-95 房间布置

房间设置完成后，可根据房间功能进行颜色区分，并添加图例。

点击视图选项卡中“可见性/图形”，弹出“可见性/图形替换”对话框，打开注释类别选项卡，取消勾选轴网、参照平面等无关的选项，见图 4-96。

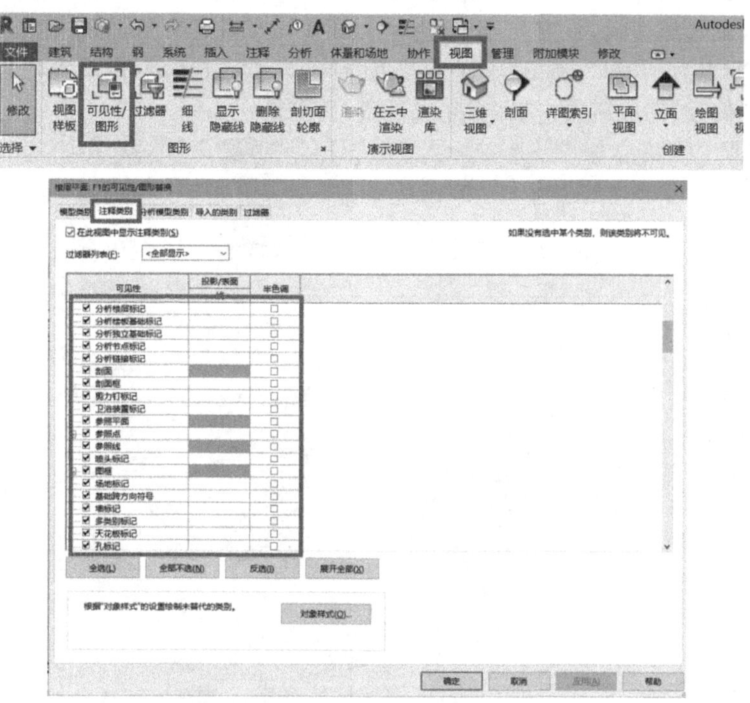

图 4-96 可见性/图形替换

点击建筑选项卡房间和面积面板中的“标记房间”下方的小黑三角，在下拉菜单中选择“标记房间”，自动切换至“修改|放置房间标记”上下文选项卡，取消勾选选项栏中的引线，属性工具栏中选择“标记_房间-有面积-施工-仿宋-3mm-0-80”拾取已创建的房间，即可添加标记，按两次 Esc 键退出命令，见图 4-97。

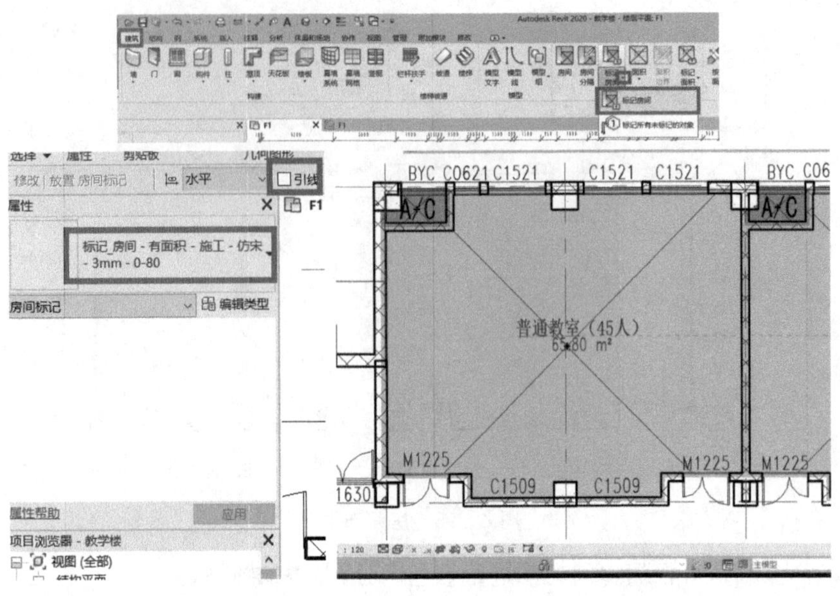

图 4－97　标记房间

点击建筑选项卡房间和面积中的黑色小三角，选择“颜色方案”，弹出“编辑颜色方案”对话框，方案中的类别选择房间，下方列表中选择“方案 1”；方案定义中，修改标题为“一层房间图例”，选择颜色列表为“名称”，弹出“不保留颜色”对话框，点击确定，自动为列表中各房间定义颜色，也可人工修改，完成后点击确定，完成设置，见图 4－98。

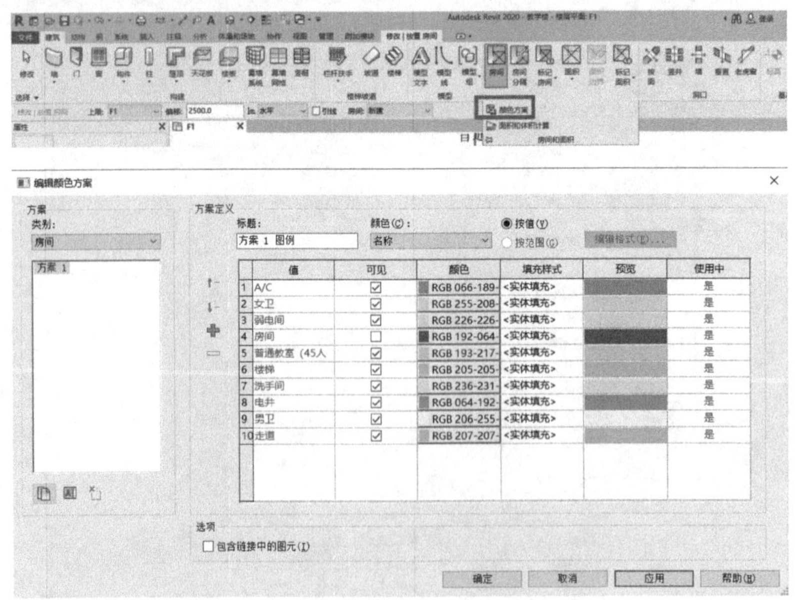

图 4－98　颜色方案面板

点击注释选项卡颜色填充面板中“颜色填充图例”命令，按图示的参数进行调整，点击属性面板“编辑类型”命令，在弹出的“类型属性”对话框中，将显示的值中的参数由“按视图”改为“全部”，点击确定，生成的颜色填充图例放置在视图中合适的位置，见图 4－99。

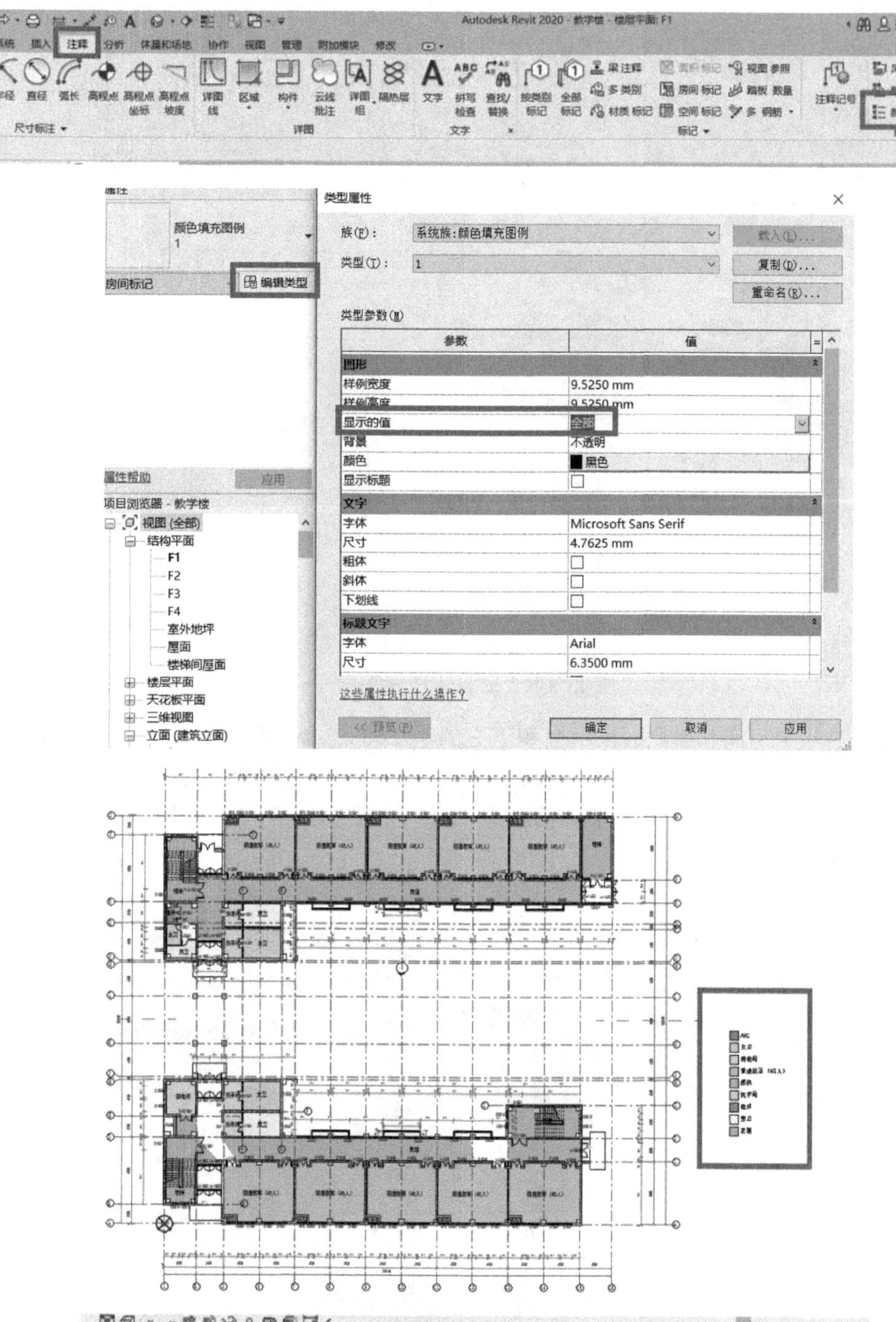

图 4-99　颜色填充图例

(2)面积报告

打开小学教学楼项目，切换至 F1 楼层平面视图，点击建筑选项卡房间和面积面板中的小三角，在下拉菜单中选择“面积和体积计算”，弹出“面积和体积计算”对话框，在“面积方案”选项卡中点击“新建”，修改名称为“教学楼基底面积”，见图 4-100。

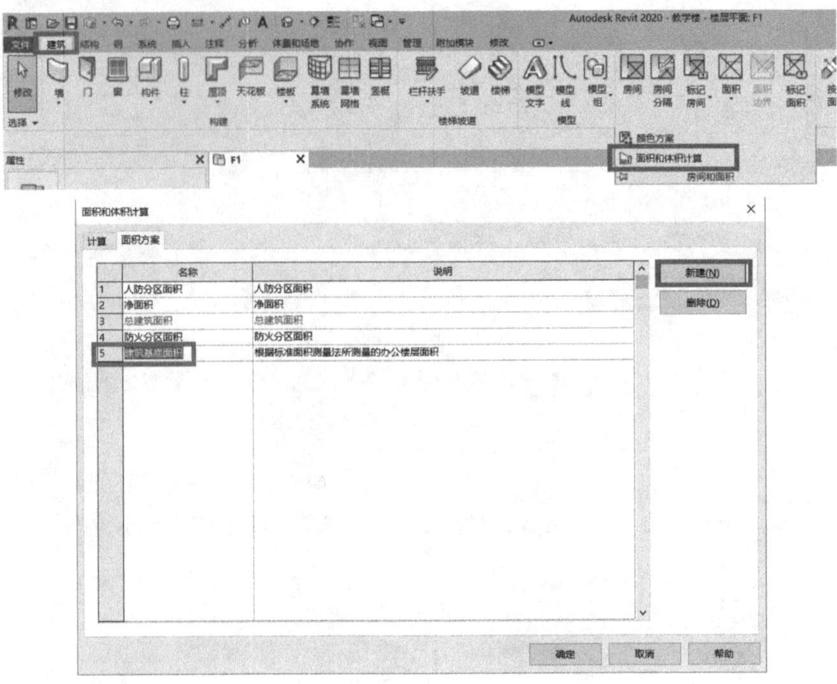

图 4－100　面积计算选项卡

点击建筑选项卡房间和面积面板中面积下方的小三角，选择“面积平面”，弹出“新建面积平面”对话框，类型选择“教学楼基底面积”，列表中选择 F1，勾选“不复制现有视图”，点击确定，自动弹出“是否要自动创建与所有外墙关联的面积边界线?”对话框，选择“否”，见图 4－101。

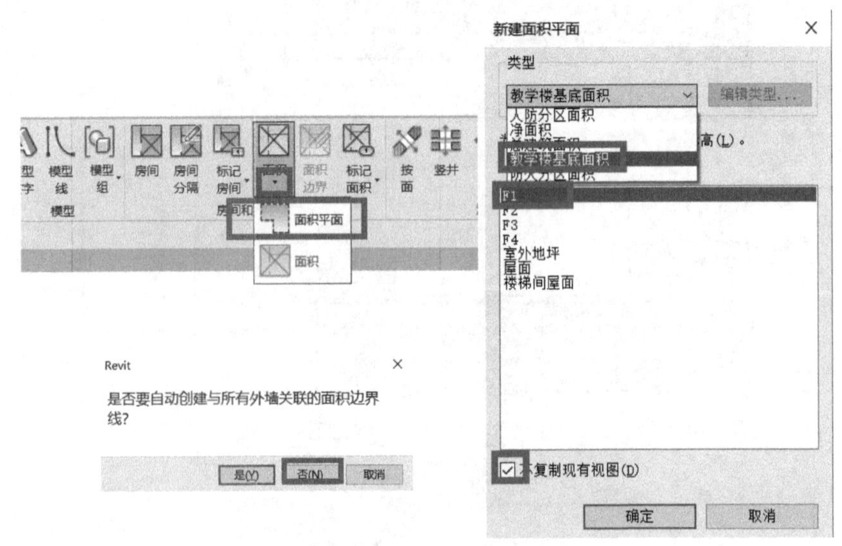

图 4－101　面积平面选项卡

自动切换至新生成的“面积平面(教学楼基底面积)”平面视图，项目浏览器中此时也生成面积平面(教学楼基底面积)项，点开后，仅有 F1 一层，且为激活状态，见图 4－102。

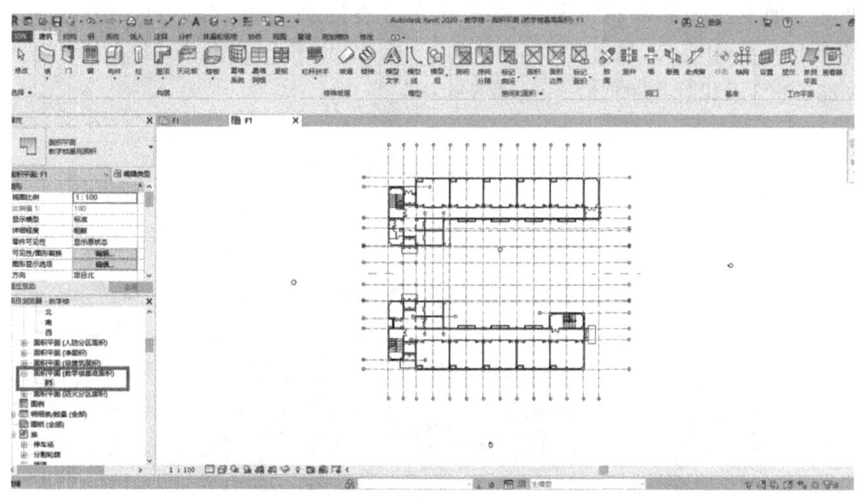

图 4 - 102 “面积平面(教学楼基底面积)”平面视图

点击建筑选项卡房间和面积面板中“面积边界”,自动切换至“修改|放置面积边界”上下文选项卡,绘制面板中选择“拾取线”,取消勾选“应用面积规则”,见图 4 - 103。

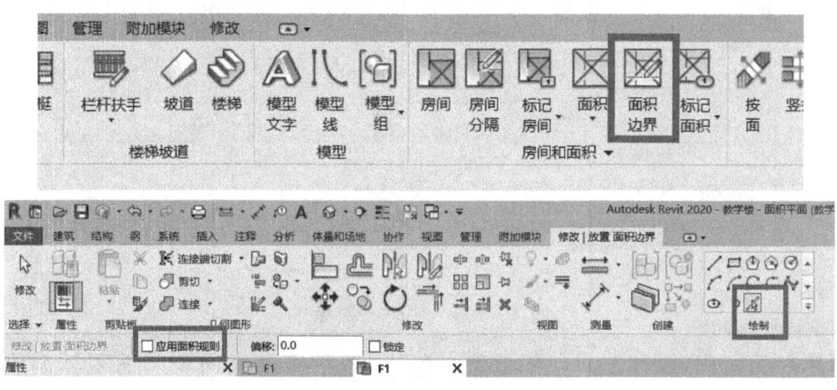

图 4 - 103 面积边界选项卡

拾取建筑外墙轮廓,形成首尾相连的闭合区域,见图 4 - 104。

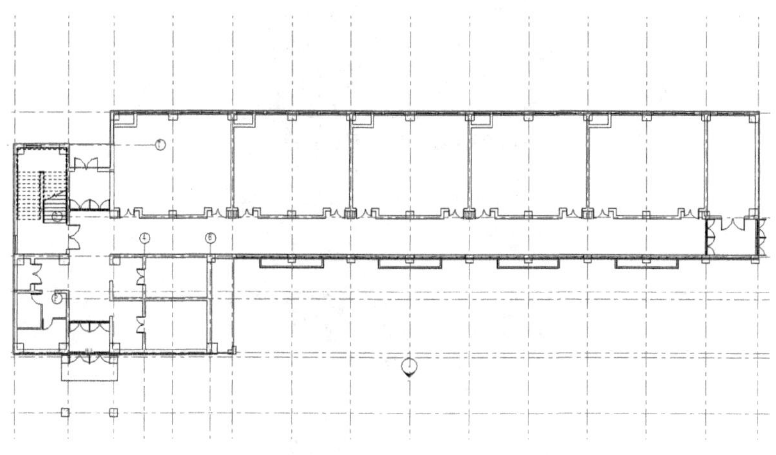

图 4 - 104 边界绘制

点击建筑选项卡房间和面积面板中面积下方的黑色小三角，选择“面积”，自动切换至“修改|放置面积”上下文选项卡，属性工具栏中选择“标记_面积”类型，将鼠标移动至创建好的面积边界线内部，会显示该区域的面积，见图 4－105。

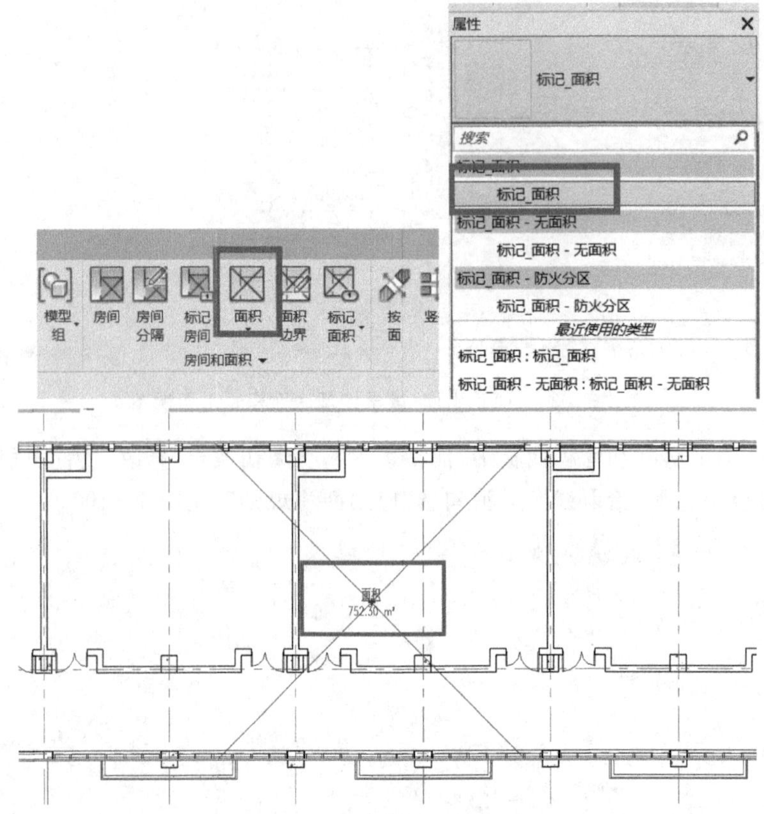

图 4－105　房间面积标注

选择创建好的面积，属性工具栏中修改名称为“教学楼基底面积”，面积类型改为“楼层面积”，按 Esc 键退出命令，见图 4－106。

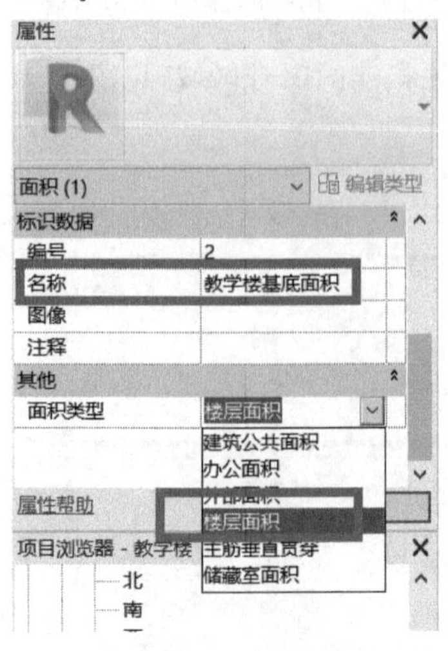

图 4－106　面积属性

点击属性工具栏中“颜色方案”<无>按钮，弹出“编辑颜色方案”对话框，方案类别选择面积(教学楼基底面积)，列表中选择“方案 1”，方案定义标题改为“教学楼基底面积”，颜色选择“名称”，弹出“不保留颜色”对话框，点击确定，并在属性工具栏中点击“应用”，结束编辑，见图 4－107。

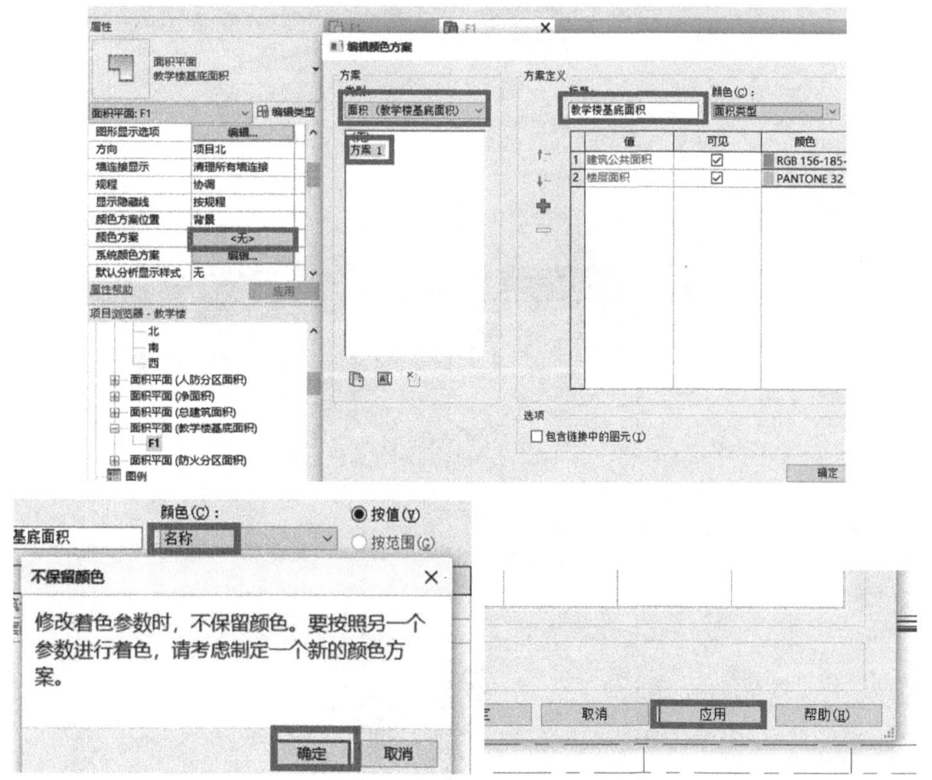

图 4－107　显示颜色

4.3.2　明细表统计

门窗明细表是施工图组成部分之一，对建筑各层门、窗的宽度、高度、数量等内容进行分层统计。接下来创建小学教学楼项目门窗明细表。

点击视图选项卡中的明细表下方的黑色小三角，在下拉菜单中选择“明细表/数量”，弹出“新建明细表”对话框，过滤器仅勾选“建筑”，下方类别列表中选择“门”，名称修改为“教学楼-门明细表”，类型为“建筑构件明细表”，阶段为“新构造”，点击确定，切换为明细表属性对话框，见图 4－108。

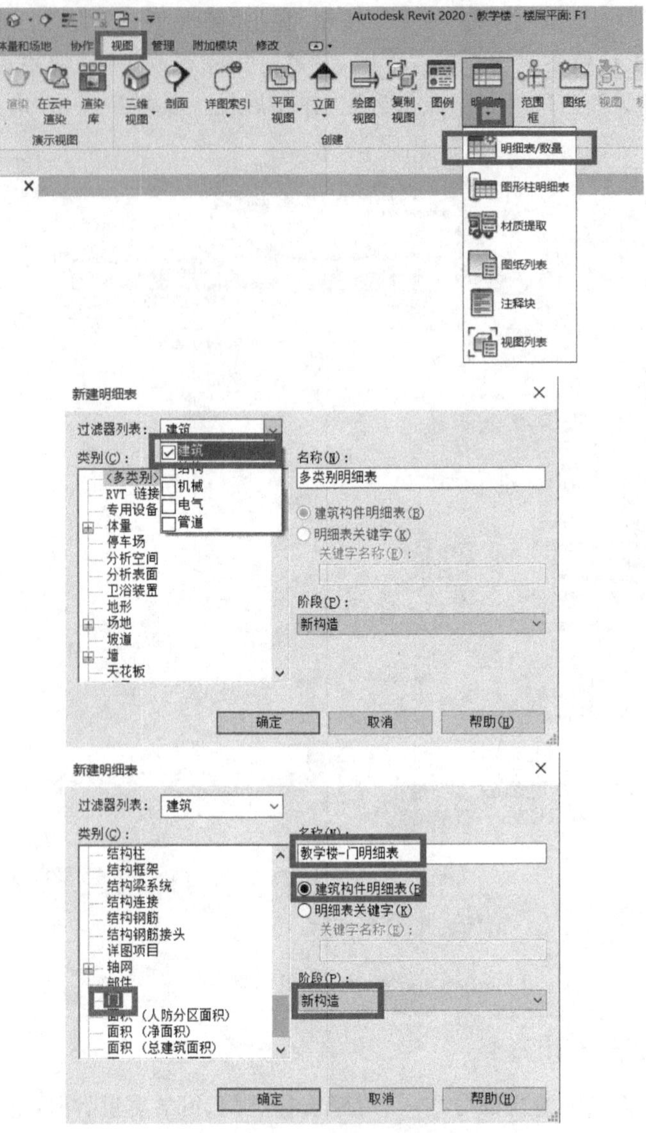

图 4-108 新建明细表

字段选项卡中“选择可用字段”为门，可用字段根据本项目需求，双击选择“类型”“宽度”“高度”“合计”“注释”“说明”，将其选择到对话框右侧的“明细表字段（按顺序排列）”列表中，注意选择时可以不按顺序，完成后可利用列表下方的“上移参数”“下移参数”调整顺序，见图 4-109。

过滤器选项卡不做修改，“排序/成组”选项卡中设置排序方式为“类型”，排序顺序为“升序”，取消勾选“逐项列举每个实例”选项，见图 4-110。

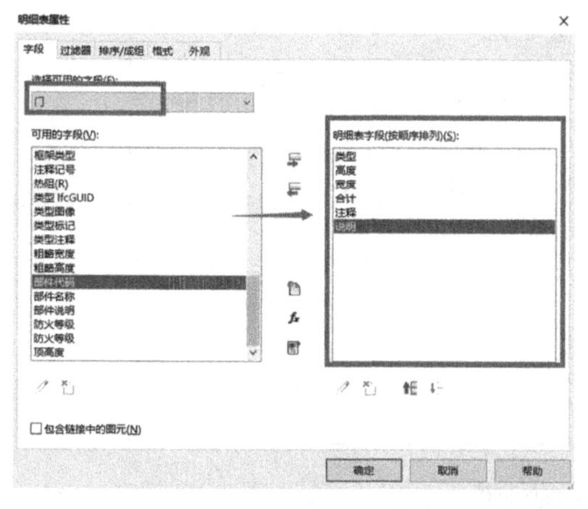

图 4－109 明细表属性

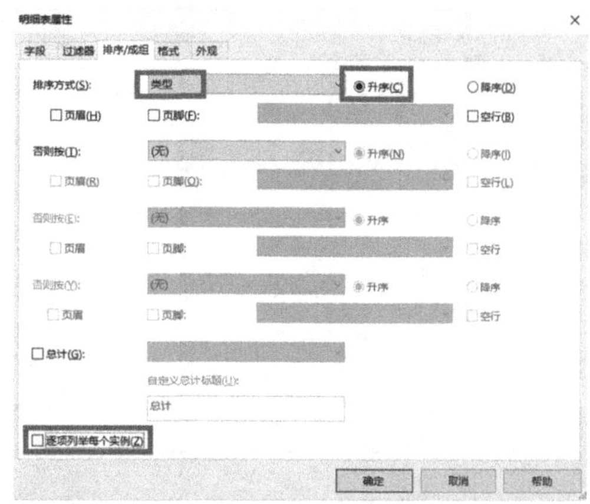

图 4－110 明细表属性

“外观”选项卡中，勾选“网格线”，网格线样式为“细线”，勾选“轮廓”，轮廓线样式为“中粗线”，取消勾选“数据前的空行”，勾选“显示标题”和“显示页眉”，“正文”设置为仿宋，文字大小为 3.5 mm，点击确定，生成教学楼-门明细表，见图 4－111。

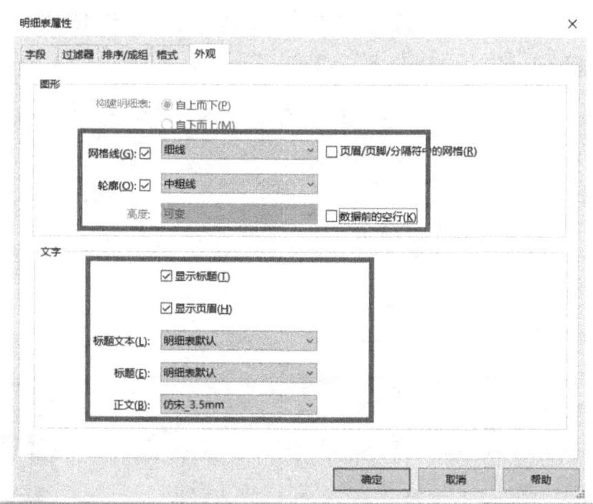

F1 教学楼-门明细表

<教学楼-门明细表>

A	B	C	D	E	F
类型	高度	宽度	合计	注释	说明
1800mm x 2400mm	2400	1800	1		
DK1	2100	1200	16		
DK2	2100	1000	4		
FM丙1521	2100	1500	9		
FM乙1921	2100	1900	17		
LM1430	3000	1400	4		
LM1630	3000	1600	26		
LM2830	3000	2800	1		
LM3230	3000	3200	6		
M0821	2100	800	8		
M1221	2100	1200	16		
M1225	2500	1200	80		

图 4－111 教学楼门明细表

教学楼-窗明细表按照上述方法生成，见图 4－112。

<教学楼-窗明细表>						
A	B	C	D	E	F	G
类型	宽度	高度	底高度	合计	注释	说明
BYC	1250	2900	100	40		
C0609	600	900	900	8		
C0621	650	2100	900	40		
C0813	850	1350	900	92		
C1509	1500	900	2100	104		
C1521	1500	2100	900	133		
C2429	2400	2900	100	4		
C2821	2800	2100	900	3		
C3421	3400	2100	900	4		
C3523	3500	2300	900	12		
C4021	4000	2100	900	56		
C5423	5400	2300	900	3		
DC5429	3000	2900	100	3		
DC7823	6000	2300	900	3		

图 4-112　教学楼窗明细表

4.4　合图

接下来将××小学教学楼单体建筑模型文件与之前绘制完成的××小学场地模型文件进行合并。

点击插入选项卡链接面板中的“链接 Revit”，弹出“导入/链接 RVT”，选择文件夹中“教学楼.rvt”文件，定位改为“自动-原点到原点”，点击打开，见图 4-113。

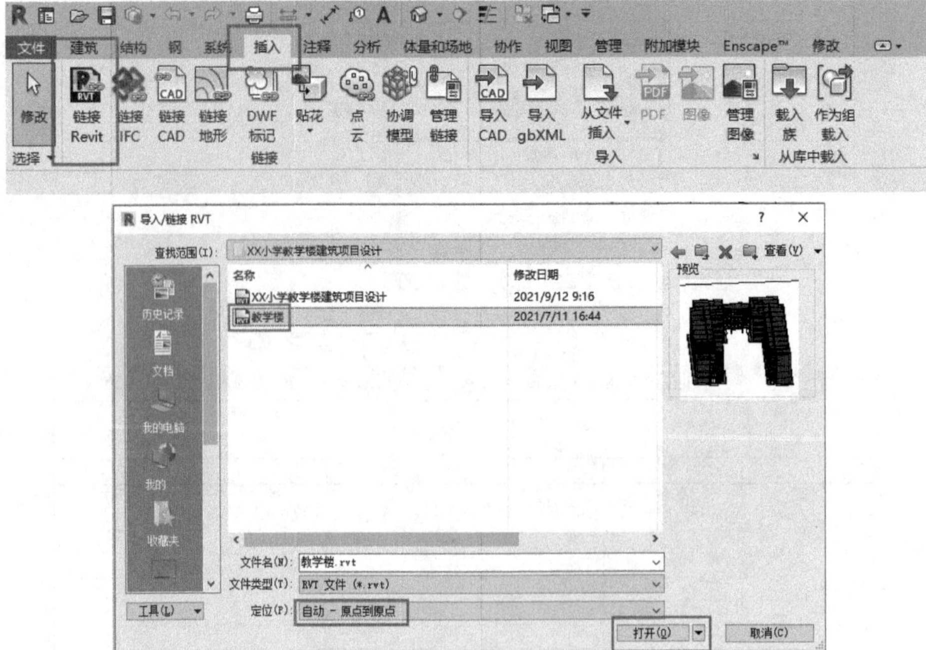

图 4-113　导入/链接 Revit

建筑单体模型和场地模型之间存在夹角，通过下述方法可进行调整。

单击选择教学楼建筑单体模型，自动切换至“修改|RVT 链接”上下文选项卡，选择“旋转”，把旋转基点拖动至项目基点，见图 4-114。

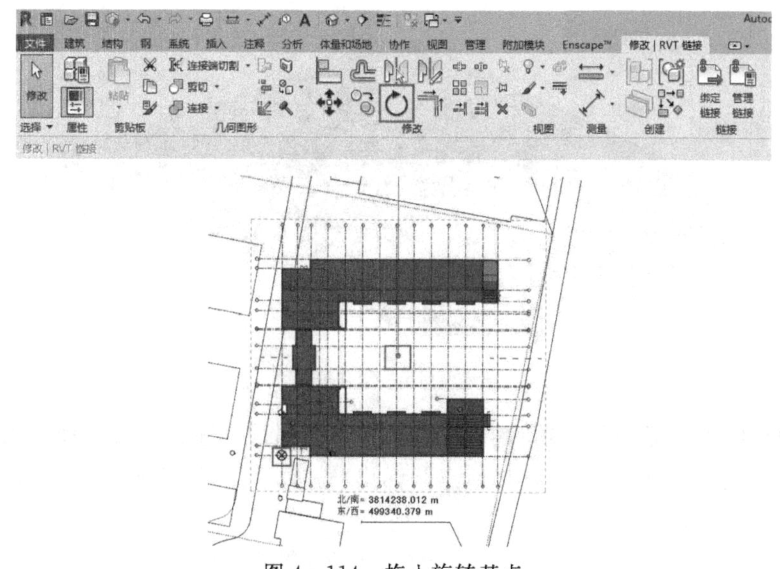

图 4-114 拖入旋转基点

以项目基点为旋转基点，顺时针旋转 10.17°，则建筑单体模型和场地模型的方向变为一致，切换至三维视图，查看最终结果，见图 4-115。

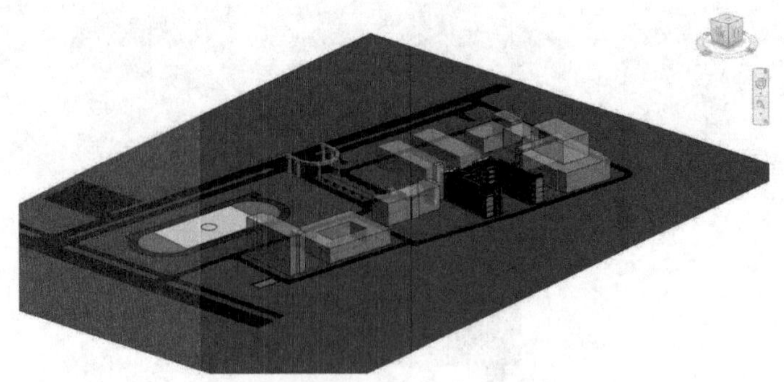

图 4－115　合并完成

当创建模型结束后无法判断项目的正北向时，可以通过下述方法设定项目的正北向。

点击管理选项卡项目位置面板中“地点”，弹出“位置、气候和场地”对话框，切换至对话框中“位置”选项卡，见图 4－116。

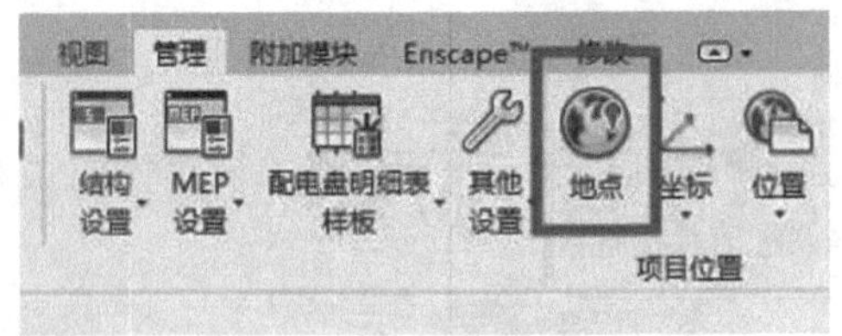

图 4－116　地点选择

“定义位置依据”选择“Internet 映射服务”，“项目地址”搜索栏中输入项目的详细信息：“××省××市××(区/县)××项目”，点击搜索，用以确定项目真实的地理位置，见图 4－117。

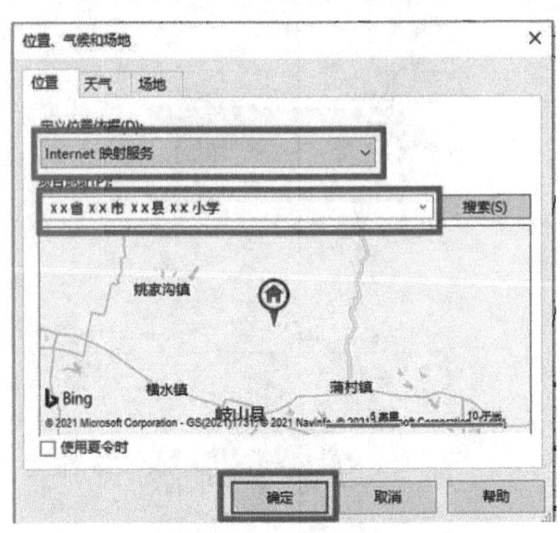

图 4－117　确定地理位置

点击对话框中的“场地”选项卡，可以看到“从项目北到正北向的角度”是不能修改的，也就是说软件将默认搜索出的地理位置为项目的“正北方向”，点击确定，见图 4－118。

项目浏览器中打开“场地”楼层平面视图，将属性工具栏“方向”中的“项目北”改为“正北”，完成后点击“应用”按钮，见图 4－119。

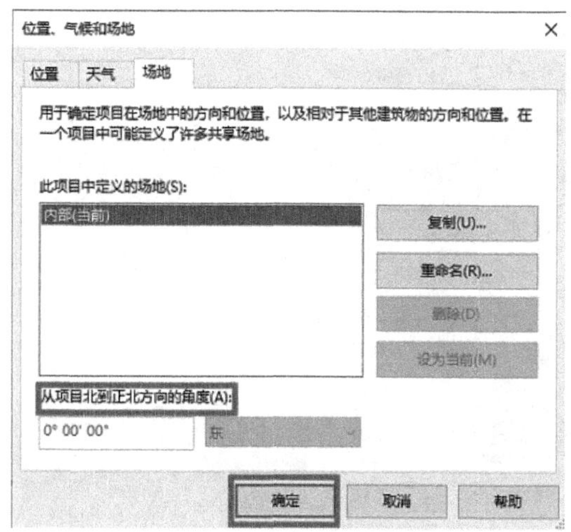

图 4-118 确定场地角度

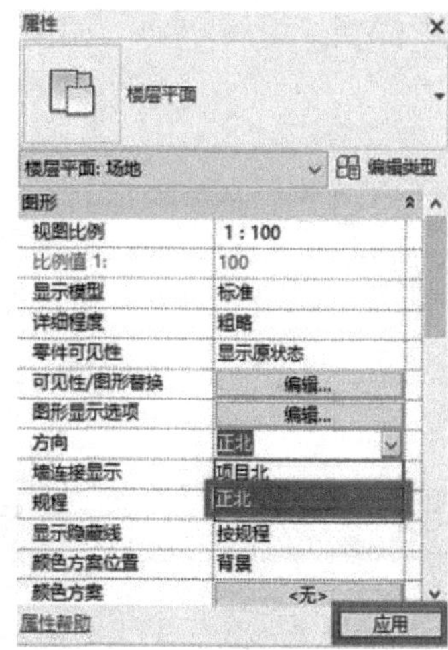

图 4-119 场地属性

点击“项目位置”面板中的“位置”下侧黑色小三角，选择“旋转正北”，自动弹出“无法旋转正北”对话框，选择继续，根据设计指定项目旋转角度，见图 4-120。

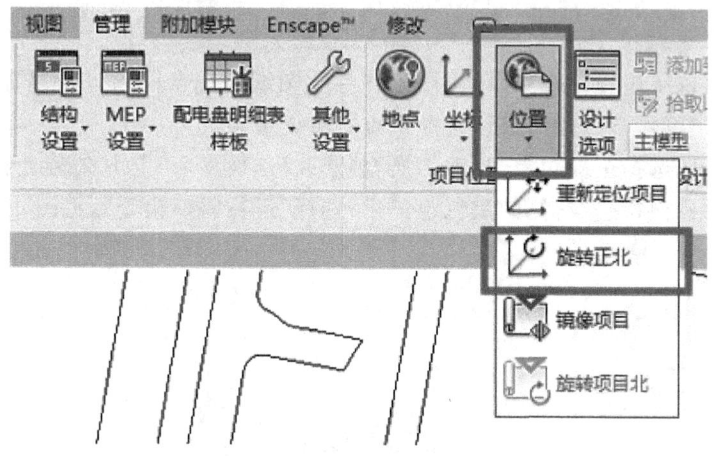

图 4-120 旋转角度

为方便绘图，再次将属性工具栏“方向”中的“正北”改为“项目北”，完成后点击“应用”按钮，见图 4-121。

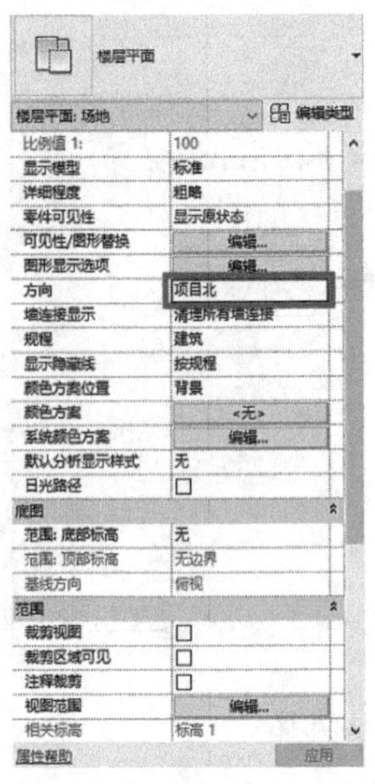

图 4-121　场地属性

4.5　专业协同

Revit 软件提供了碰撞检查命令，可用于各专业图纸汇总合图后进行碰撞检查，并生成碰撞报告。本节通过案例学习如何进行碰撞检查并生成报告。

打开案例文件，选择全部对象，自动切换至“修改|选择多个”上下文选项卡，点击协作选项卡坐标面板中的“碰撞检查”右侧的黑色小三角，选择“运行碰撞检查”，见图 4-122。

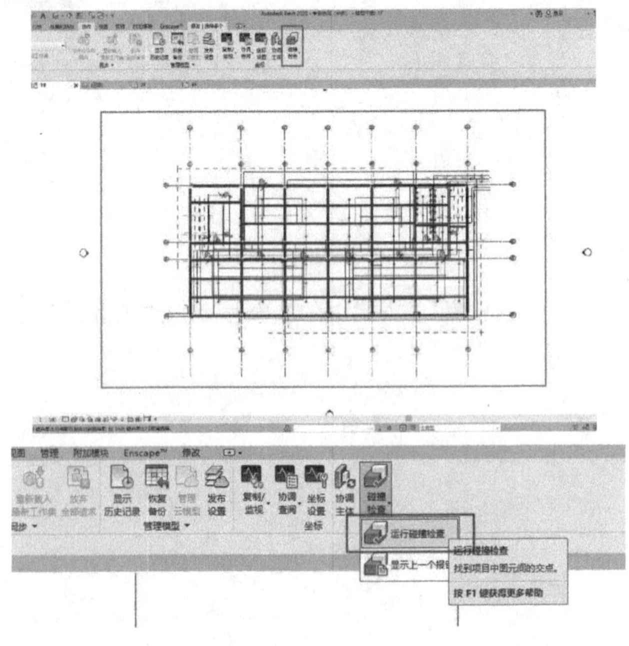

图 4-122　碰撞检查

弹出“碰撞检查”对话框，按图 4-123 所示勾选相关内容，点击确定，软件开始进行检查，结束后弹出“冲突报告”对话框，选择“导出”，弹出“将冲突报告导出为文件”对话框，选择保存位置，并重命名为“专业协同(示例)”，点击确定，冲突报告将以 html 网页格式保存到电脑硬盘。

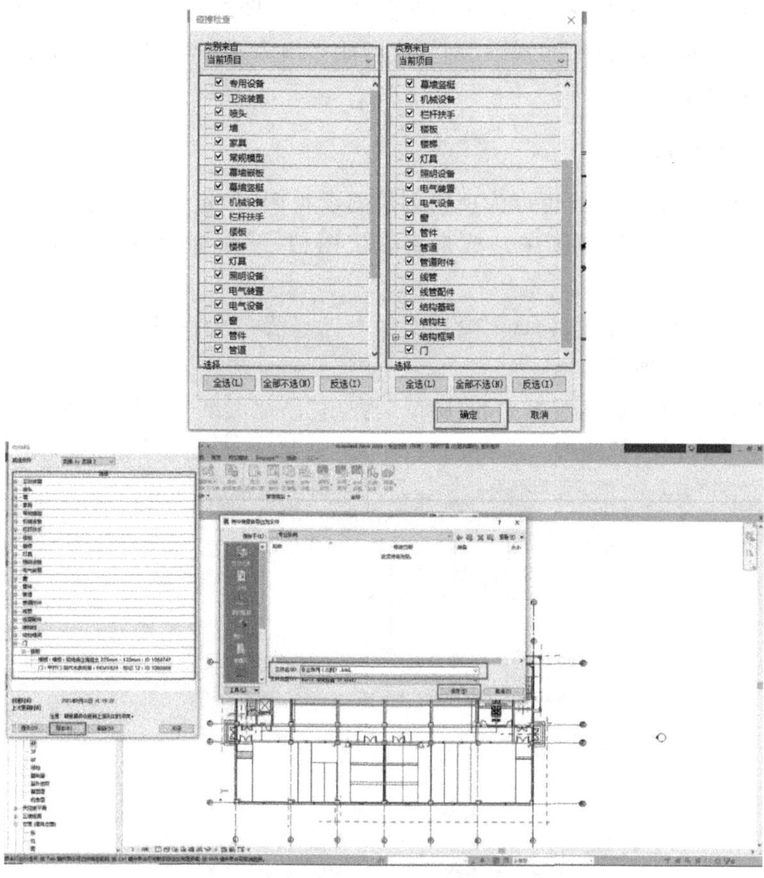

图 4-123　设置冲突报告

打开保存的“专业协同(示例)”html 文件，弹出“冲突报告”页面，将显示冲突的内容、位置及 ID 号，见图 4-124。

冲突报告

冲突报告项目文件: F:\REVIT\专业协同\专业协同（示例）.rvt
创建时间: 2021年9月12日 11:05:22
上次更新时间:

	A	B
1	卫浴装置：两联台盆：台式洗脸盆 - 标记 11 : ID 415000	卫浴装置：洗脸盆 - 梳洗台：760 mmx455 mm - 标记 8 : ID 956261
2	卫浴装置：两联台盆：台式洗脸盆 - 标记 11 : ID 415000	卫浴装置：洗脸盆 - 梳洗台：760 mmx455 mm - 标记 9 : ID 956262
3	卫浴装置：两联台盆：台式洗脸盆 - 标记 11 : ID 415000	管道：管道类型：镀锌钢管 25 - 标记 598 : ID 956617
4	卫浴装置：两联台盆：台式洗脸盆 - 标记 11 : ID 415000	管道附件：截止阀 - J41 型 - 法兰式：标准 - 标记 27 : ID 958134
5	卫浴装置：两联台盆：台式洗脸盆 - 标记 11 : ID 415000	管道：管道类型：THS_PVC-U排水管 80 - 标记 2497 : ID 960218
6	卫浴装置：两联台盆：台式洗脸盆 - 标记 12 : ID 415191	卫浴装置：洗脸盆 - 梳洗台：760 mmx455 mm - 标记 21 : ID 956269
7	卫浴装置：两联台盆：台式洗脸盆 - 标记 12 : ID 415191	卫浴装置：洗脸盆 - 梳洗台：760 mmx455 mm - 标记 22 : ID 956270
8	卫浴装置：两联台盆：台式洗脸盆 - 标记 12 : ID 415191	管道附件：截止阀 - J41 型 - 法兰式：标准 - 标记 26 : ID 958129
9	卫浴装置：两联台盆：台式洗脸盆 - 标记 12 : ID 415191	管道附件：截止阀 - J41 型 - 法兰式：标准 - 标记 28 : ID 958135
10	卫浴装置：两联台盆：台式洗脸盆 - 标记 12 : ID 415191	管道：管道类型：THS_PVC-U排水管 80 - 标记 2512 : ID 960272
11	卫浴装置：下身盆：XSP0406 - 标记 16 : ID 420485	墙：基本墙：[illegible] - 200mm : ID 1060229
12	卫浴装置：下身盆：XSP0406 - 标记 17 : ID 420614	墙：基本墙：[illegible] - 200mm : ID 1060229
13	卫浴装置：洗脸台：洗漱台 - 标记 77 : ID 618667	卫浴装置：洗脸盆 - 梳洗台：760 mmx455 mm - 标记 105 : ID 956340
14	卫浴装置：洗脸台：洗漱台 - 标记 77 : ID 618667	卫浴装置：洗脸盆 - 梳洗台：760 mmx455 mm - 标记 106 : ID 956341
15	卫浴装置：洗脸台：洗漱台 - 标记 77 : ID 618667	管道附件：截止阀 - J41 型 - 法兰式：标准 - 标记 105 : ID 958240
16	卫浴装置：洗脸台：洗漱台 - 标记 77 : ID 618667	管道：管道类型：THS_PVC-U排水管 65 - 标记 1926 : ID 958977
17	卫浴装置：洗脸台：洗漱台 - 标记 77 : ID 618667	管道：管道类型：THS_PVC-U排水管 65 - 标记 1928 : ID 958981
18	卫浴装置：洗脸台：洗漱台 - 标记 78 : ID 618835	卫浴装置：洗脸盆 - 梳洗台：760 mmx455 mm - 标记 92 : ID 956337
19	卫浴装置：洗脸台：洗漱台 - 标记 78 : ID 618835	卫浴装置：洗脸盆 - 梳洗台：760 mmx455 mm - 标记 93 : ID 956338
20	卫浴装置：洗脸台：洗漱台 - 标记 78 : ID 618835	管道附件：截止阀 - J41 型 - 法兰式：标准 - 标记 106 : ID 958241
21	卫浴装置：洗脸台：洗漱台 - 标记 78 : ID 618835	管道：管道类型：THS_PVC-U排水管 65 - 标记 1940 : ID 959013
22	卫浴装置：洗脸台：洗漱台 - 标记 78 : ID 618835	管道：管道类型：THS_PVC-U排水管 65 - 标记 1941 : ID 959015
23	卫浴装置：洗脸台：洗漱台 - 标记 129 : ID 621802	卫浴装置：洗脸盆 - 梳洗台：760 mmx455 mm - 标记 126 : ID 956346
24	卫浴装置：洗脸台：洗漱台 - 标记 129 : ID 621802	卫浴装置：洗脸盆 - 梳洗台：760 mmx455 mm - 标记 127 : ID 956347
25	卫浴装置：洗脸台：洗漱台 - 标记 129 : ID 621802	管道附件：截止阀 - J41 型 - 法兰式：标准 - 标记 190 : ID 958381
26	卫浴装置：洗脸台：洗漱台 - 标记 129 : ID 621802	管道：管道类型：THS_PVC-U排水管 65 - 标记 1965 : ID 959047
27	卫浴装置：洗脸台：洗漱台 - 标记 129 : ID 621802	管道：管道类型：THS_PVC-U排水管 65 - 标记 1967 : ID 959049
28	卫浴装置：洗脸台：洗漱台 - 标记 130 : ID 621803	卫浴装置：洗脸盆 - 梳洗台：760 mmx455 mm - 标记 113 : ID 956343
29	卫浴装置：洗脸台：洗漱台 - 标记 130 : ID 621803	卫浴装置：洗脸盆 - 梳洗台：760 mmx455 mm - 标记 114 : ID 956344

图 4-124　冲突报告

4.6 布图与打印

Revit 可以将项目中多个视图或明细表布置在同一个图纸视图中，形成用于打印和发布的施工图纸。Revit 可以将项目中的视图、图纸打印或导出为 CAD 的“.dwg”格式文件与其他非 Revit 用户进行数据交换。

4.6.1 图纸布图

使用 Revit“新建图纸”工具可以为项目创建图纸视图，指定图纸使用的标题栏族（图框），并将指定的视图布置在图纸视图中形成最终施工图档，下面继续完成小学教学楼项目图纸布置。

在“XX 中心小学教学楼项目.rvt”项目文件中已经为各个视图添加了尺寸标注、高程点、明细表等图纸中需要的项目信息。

点击视图选项卡图纸组合面板中的“图纸”，弹出“新建图纸”对话框。点击“载入”按钮，弹出“载入族”对话框，选择“标题栏”文件夹，选择“A1 公制.rfa”载入项目中，见图 4-125。

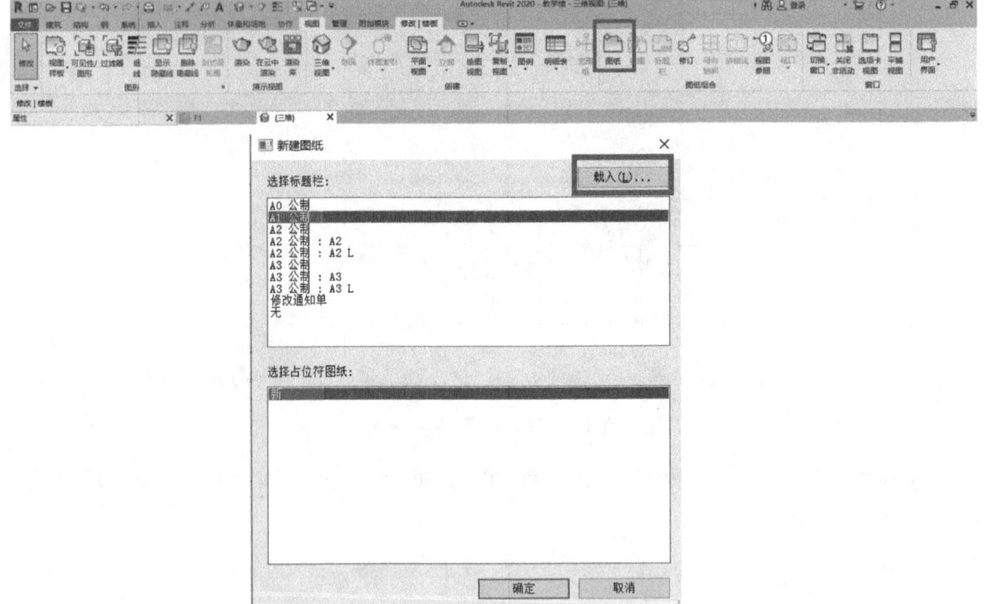

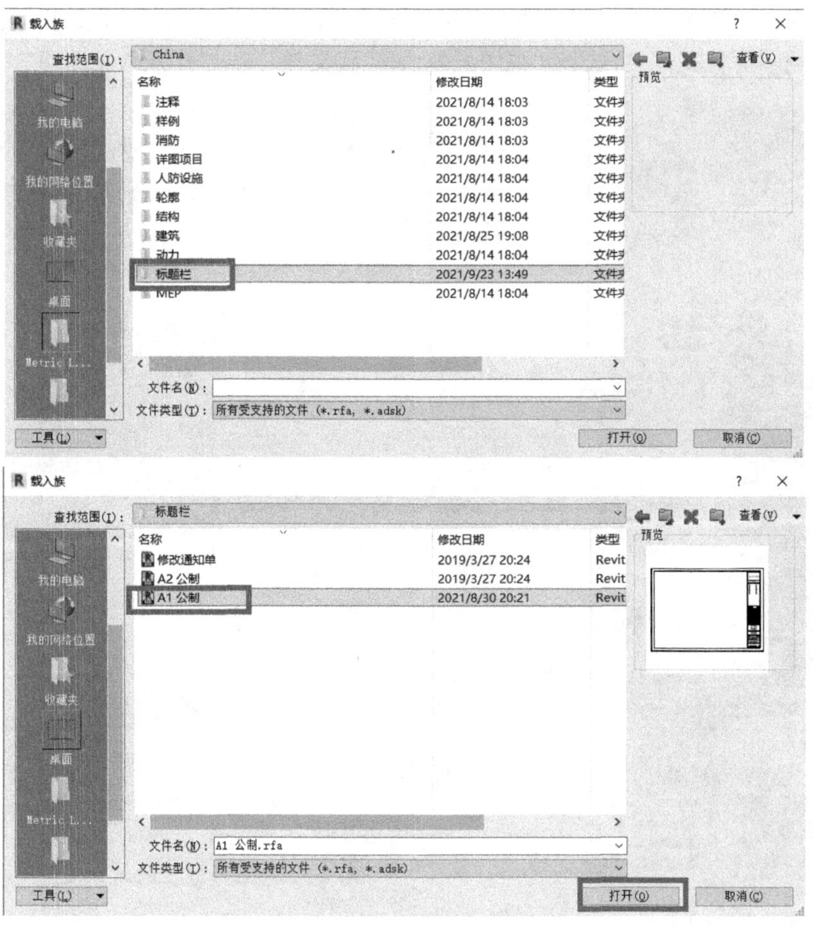

图 4-125　载入 A1 公制族

在“新建图纸”对话框中选择“选择标题栏”列表中的“A1 公制”选项，点击“确定”按钮，在项目浏览器中将显示“J0-11-未命名”图纸，见图 4-126。

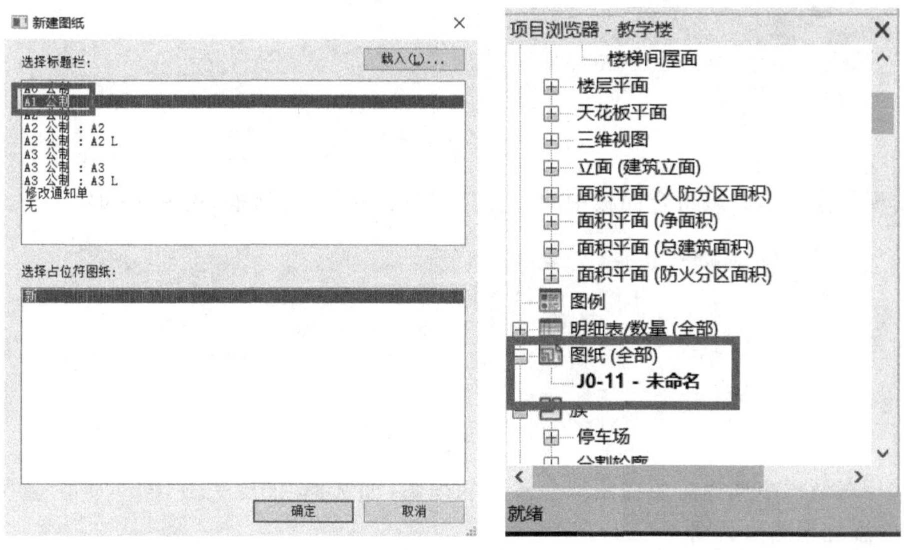

图 4-126　新建图纸

点击插入选项卡从库中载入面板中的“载入族”，在打开的“china”文件夹下，依次打开建筑—注释—符号—建筑文件夹，选择“视图标题.rfa”族文件，点击“打开”，见图 4-127。

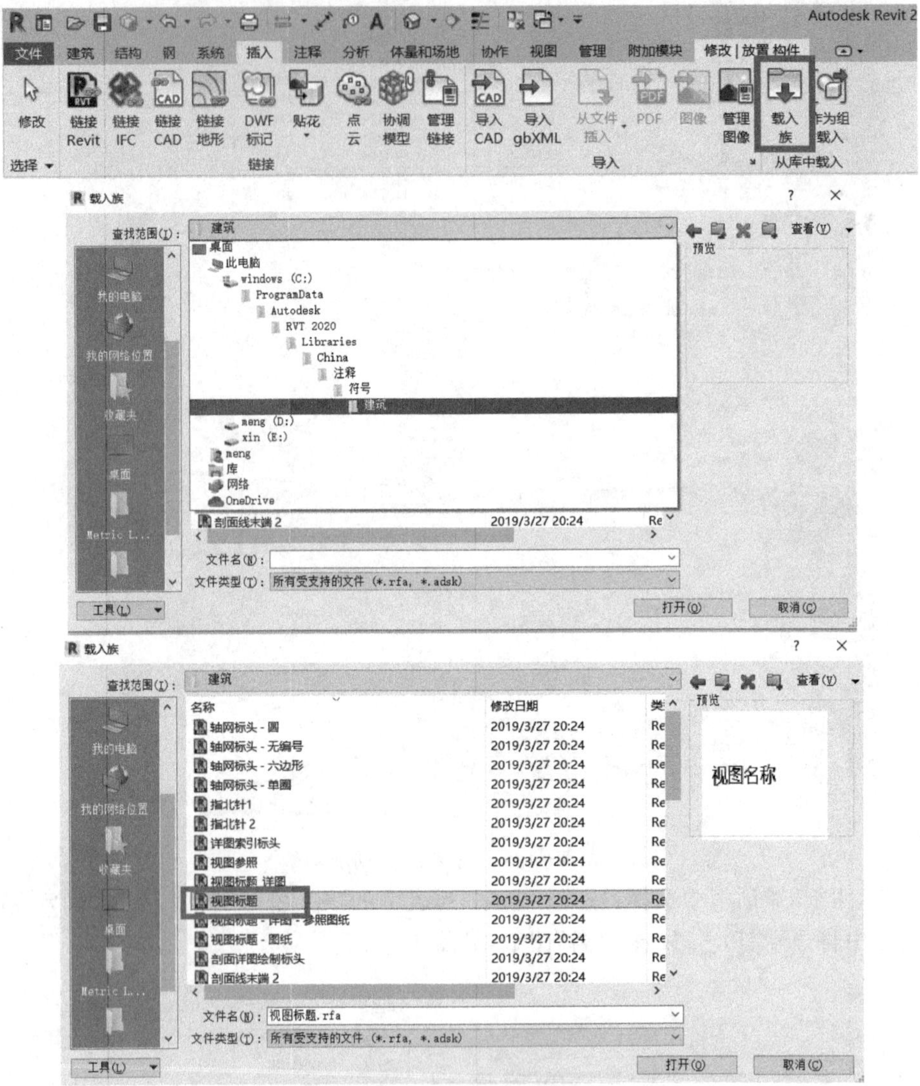

图 4-127　载入视图标题

点击视图选项卡图纸组合面板中的“视图”，弹出“视图”对话框，见图 4-128。

图 4-128　插入视图

“视图”对话框中选择需要在图纸中添加的视图，如选择“楼层平面：F1”，确认选择后点击“在图纸中添加视图”，见图 4-129。

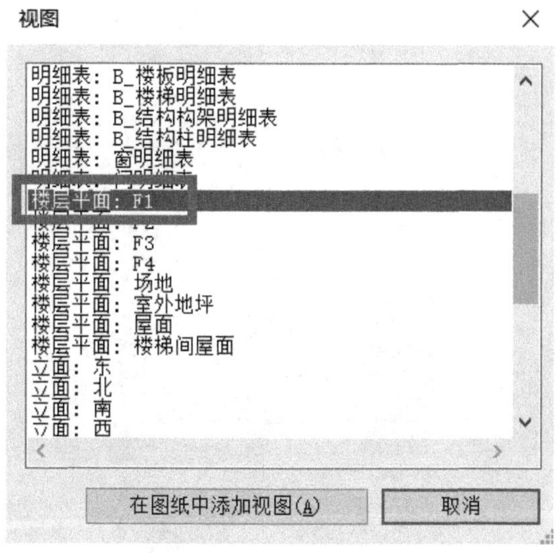

图 4-129 插入视图

以鼠标拖动视图,移动到合适的位置后,点击鼠标左键即可,见图 4-130。

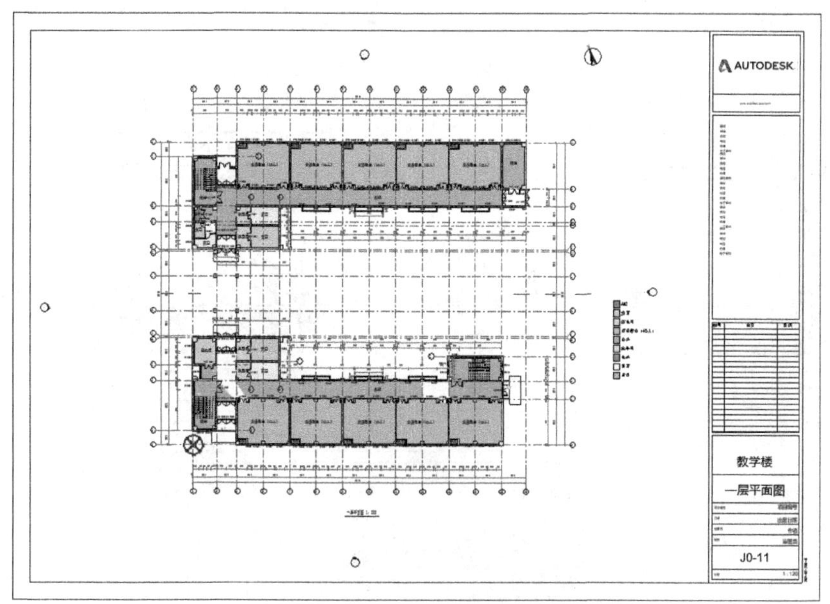

图 4-130 插入视图到图框

属性工具栏中将“图纸名称”“作者”“图纸编号”等图纸内容补充完整,见图 4-131。

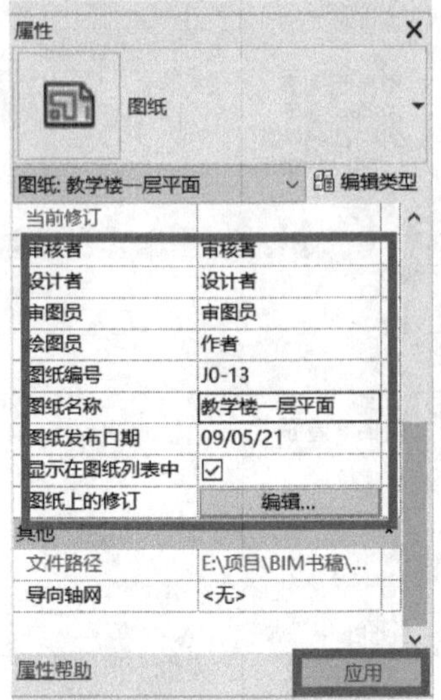

图 4-131　插入视图到图框

其他各层平面、立面、剖面图均按此方法进行布图，见图 4-132、图 4-133、图 4-134、图 4-135、图 4-136。

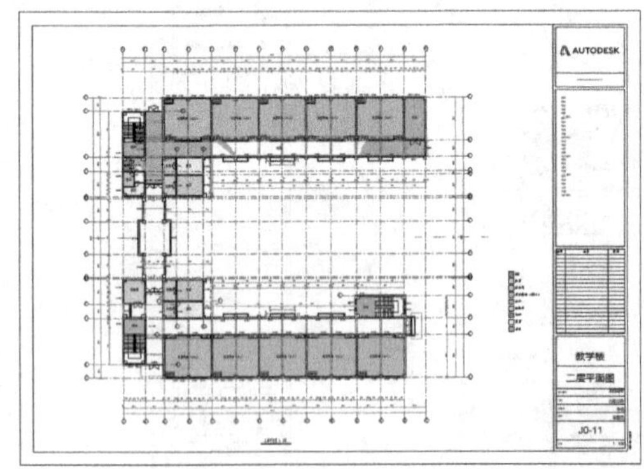

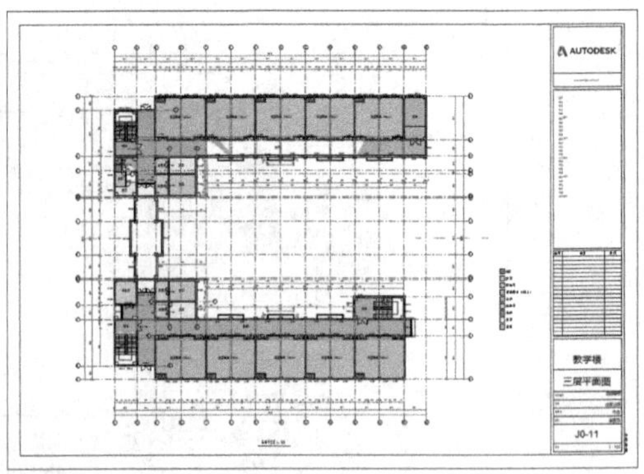

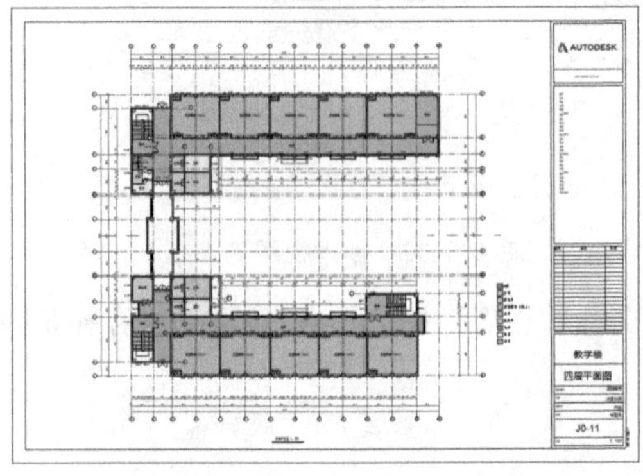

图 4-132　二、三、四层平面图纸

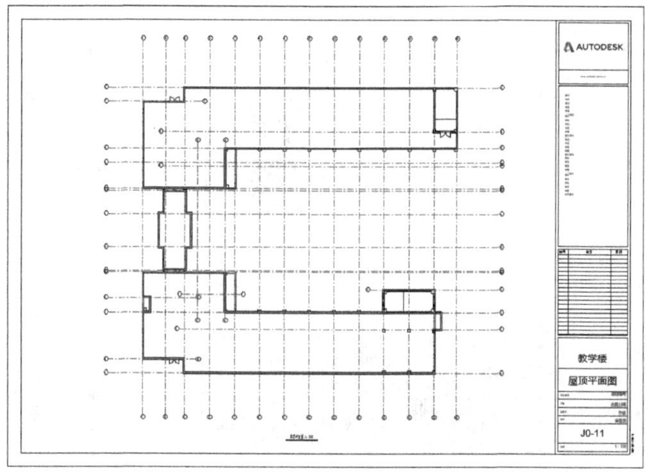

图 4－133　屋顶平面图

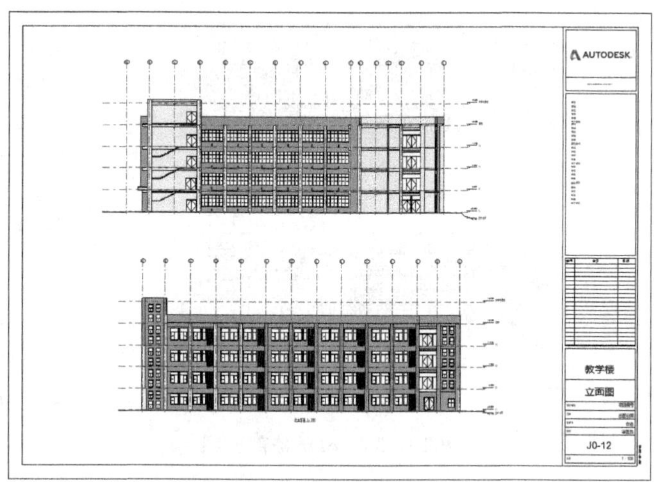

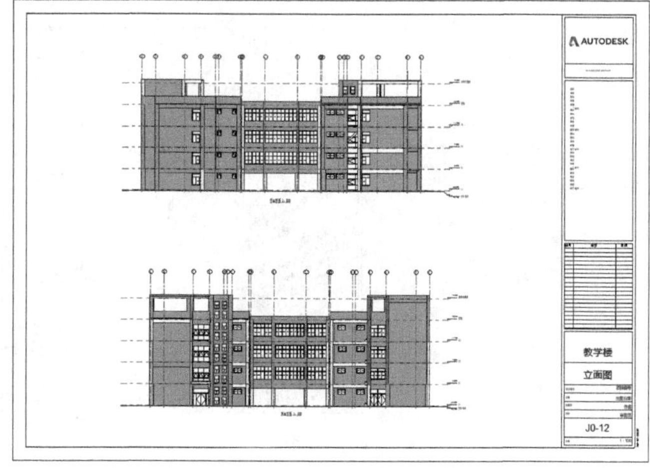

图 4－134　教学楼立面图纸

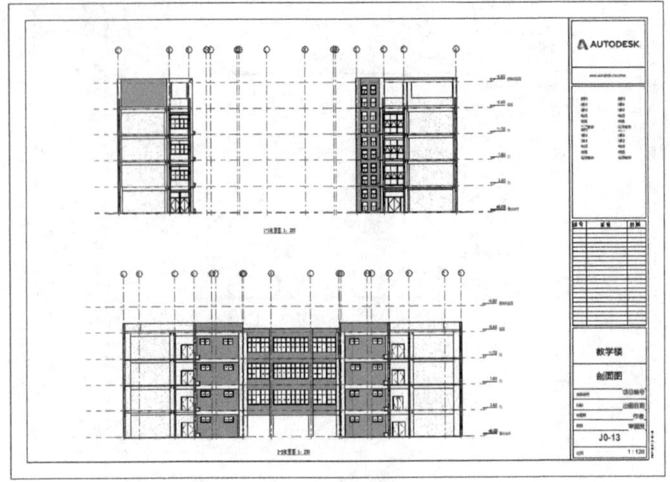

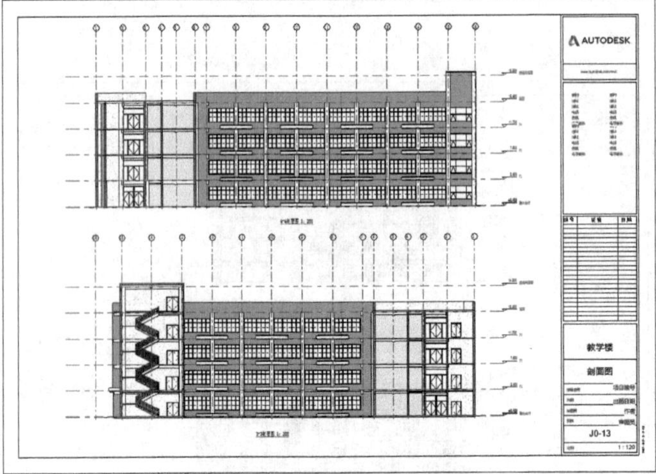

图 4－135　教学楼剖面图

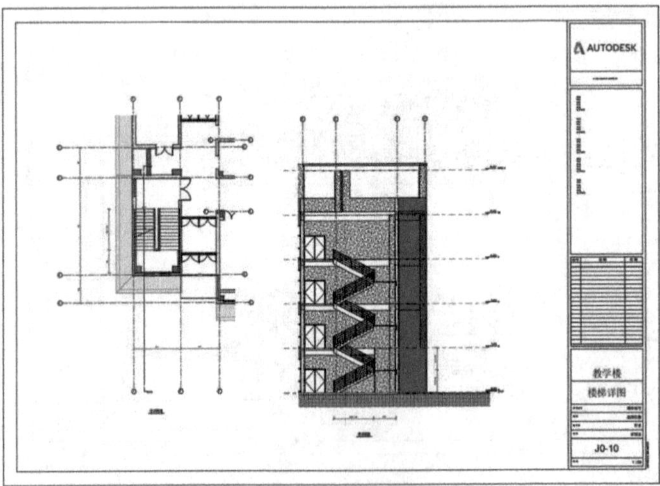

图 4－136　楼梯详图

4.6.2 打印

完成图纸布置后将进行图纸的打印。一般情况，Revit 在打印图纸时会将需要打印的视图发送到 PDF 虚拟打印机并生成 PDF 文件。具体操作步骤如下：

打开应用程序菜单，点击“打印”，执行此命令，见图 4－137。

图 4－137 打印命令

调整好打印机图纸大小、方向等属性。在“打印”对话框中，选择“打印范围”为“所选视图/图纸”，点击确定，在打开的图集对话框中选择编辑好的视图，最后点击“确定”按钮，打印完成后将在预设存储目录下生成图纸的 PDF 文档，见图 4－138。

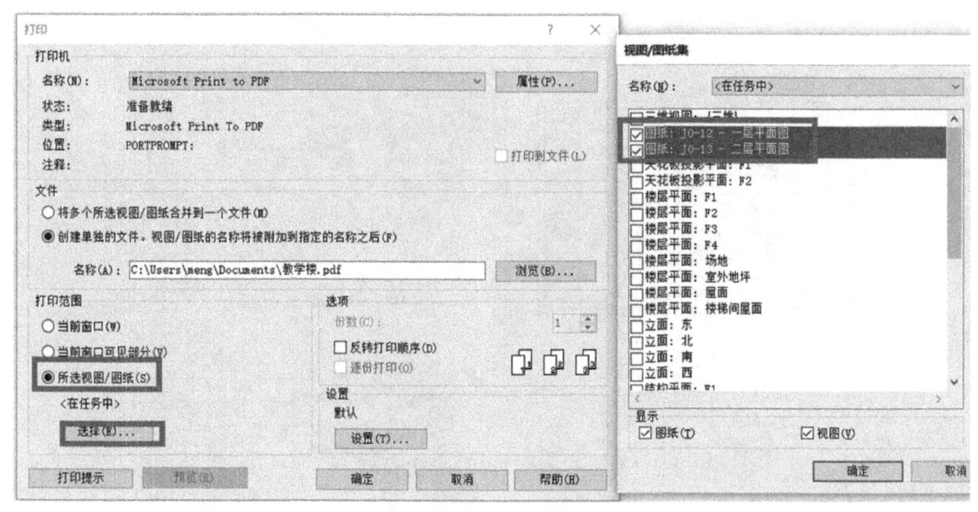

图 4－138 打印图纸设置

4.6.3 图纸导出

在多专业配合的过程中，其他专业有可能需要项目的 CAD 文件，接下来演示如何使用

Revit 导出与 CAD 标准相符的“.dwg”格式文件。

打开应用程序菜单，点击“导出”命令后面的小三角，在“CAD 格式”按钮的附属菜单栏中选择“DWG”格式文件，弹出“DWG 导出”对话框，见图 4－139。

图 4－139　导出 DWG 文件

在打开的“DWG 导出”对话框中，点击“…”按钮对导出文件进行设置，这里主要设置的内容是根据个人或单位需求的图纸图层的规范标准，见图 4－140。

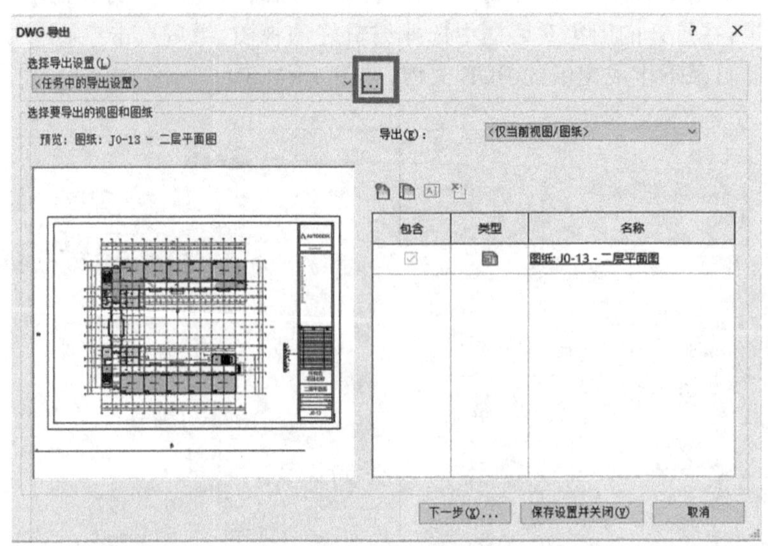

图 4－140　DWG 导出设置

同打印步骤相同，可以对多张图纸进行批量导出。设置“导出”为“任务中的视图/图纸集”“按列表显示”为“模型中的所有视图和图纸”，选择完成后，点击下一步即可，见图 4－141。

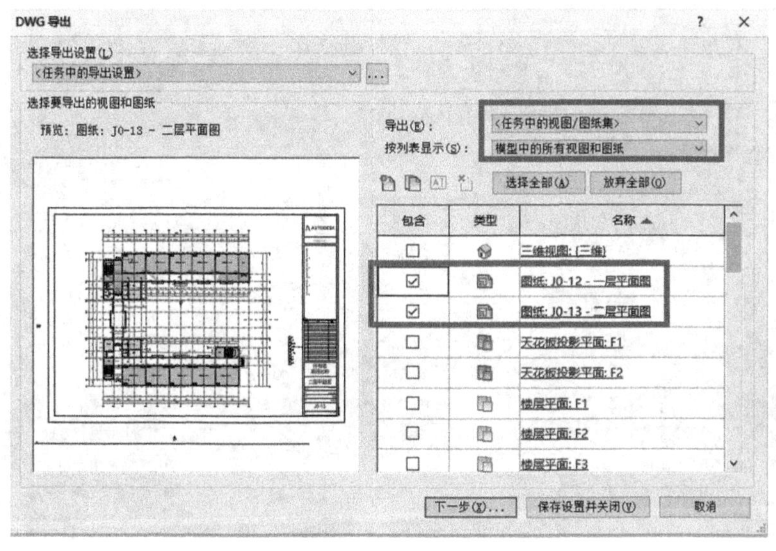

图 4-141　导出设置

在打开的“导出CAD格式-保存到目标文件夹”对话框中，取消勾选“将图纸上的视图和链接作为外部参照导出”选项，然后输入与图纸名称匹配的文件名，点击确定，见图4-142。

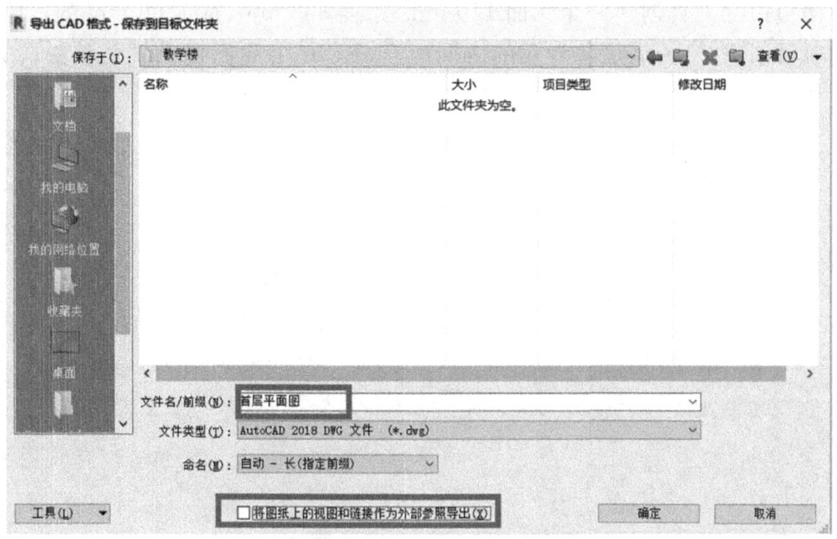

图 4-142　文件保存

打开指定的文件目录，在CAD中打开导出的“.dwg”格式文件如图4-143所示。

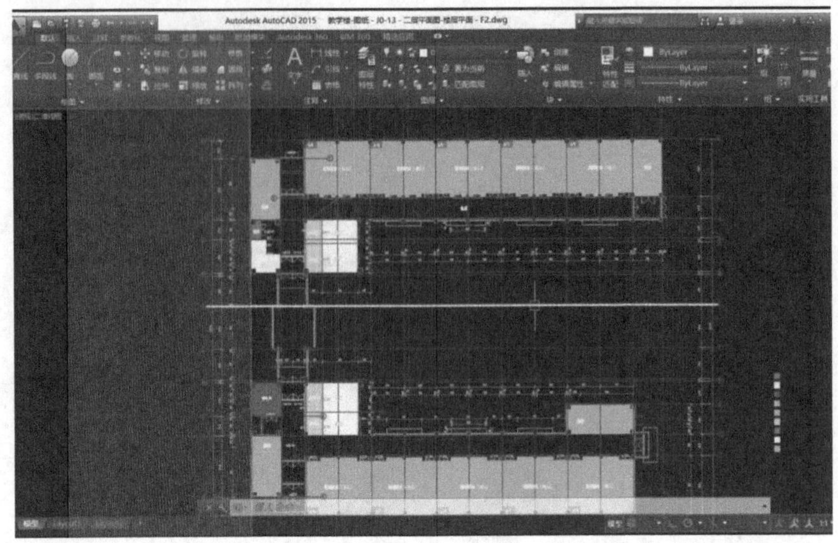

图 4-143　CAD 打开图纸

 思考题

1. 使用楼板边缘工具创建一个踢面 120 mm、踏面 300 mm、宽 1500 mm 的三阶室外台阶。

2. 进行项目创建时，为满足各专业的协同配合，Revit 为我们提供了几种协同方式？它们各自的特点和工作流程是什么？

第 5 章　建筑常用族

教学导入

本章介绍有关 Revit 族的概念及应用。参数化族的创建，可以像 AutoCAD 中的块一样，在工程设计中方便、高效地重复使用。通过常用族、门窗族、家具族的创建及实际案例的讲解，提高设计工作进程和创建三维模型的效率。

5.1　族概念

族是 BIM 系列软件中组成项目的单元，同时是参数信息的载体，是一个包含通用属性集和相关图形表示的图元组。族中的每一类型都具有相关的图形表示和一组相同的参数。常用的族大致可以分为三类：系统族、内建族和可载入族。

5.1.1　系统族

系统族是已经在项目中预定义并只能在项目中进行创建和修改的族类型，例如墙、楼板、天花板、轴网、标高等。它们不能作为外部文件载入或创建，但可以在项目和样板间复制、粘贴或者传递系统族类型。读者可在项目浏览器中的“族”中查询系统族，见图 5-1。

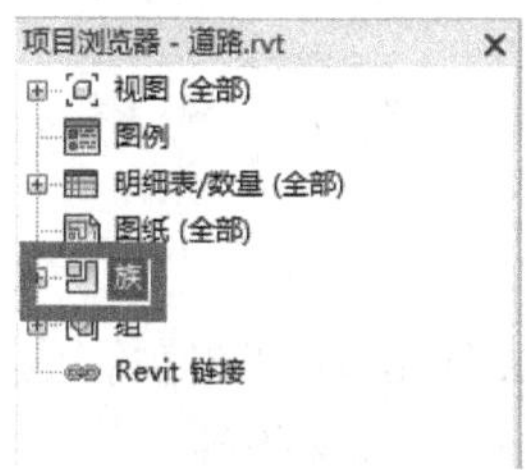

图 5-1　系统族

以绘制墙为例，点击建筑选项卡构建面板中“墙”下方的小三角，下拉菜单中选择“墙：建筑”，在属性工具栏中选择“编辑类型”，弹出“类型属性”对话框，族(F)中显示“系统族：基本墙”，点击“ ”按钮，里面含有叠层墙、基本墙、幕墙三种。在前面的学习中读者应该已经学会了利用复制类型的方式创建项目适用的墙体，在这里就不再赘述了，见图 5-2。

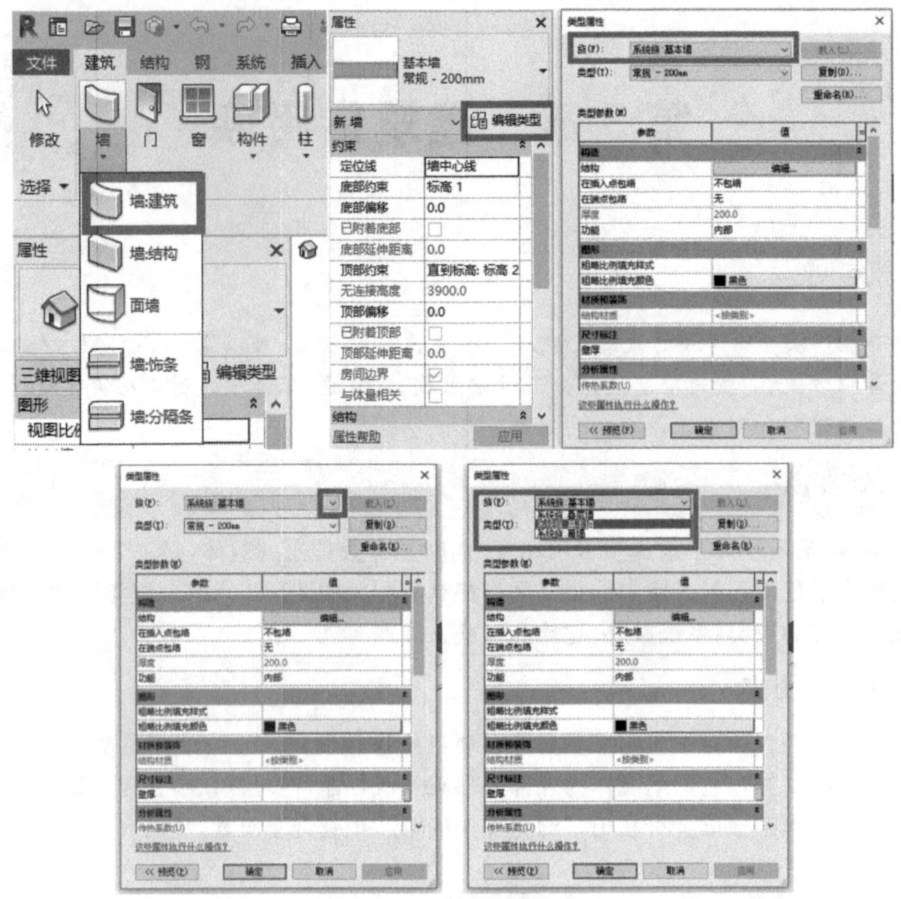

图 5－2　创建墙体

5.1.2　内建族

内建族只能储存在当前的项目文件里，不能单独存成“.rfa”文件，也不能用在别的项目文件中。通过内建族的应用，可以在项目中实现各种异形造型的创建以及导入其他三维软件创建的三维实体模型。同时，设置内建族的族类别，还可以使内建族具备相应族类别的特殊属性以及明细表的分类统计。

内建族位于建筑选项卡构建面板中的“构件”中，在下拉菜单中选择“内建模型”(见图 5－3)，会弹出“族类别和族参数”对话框。

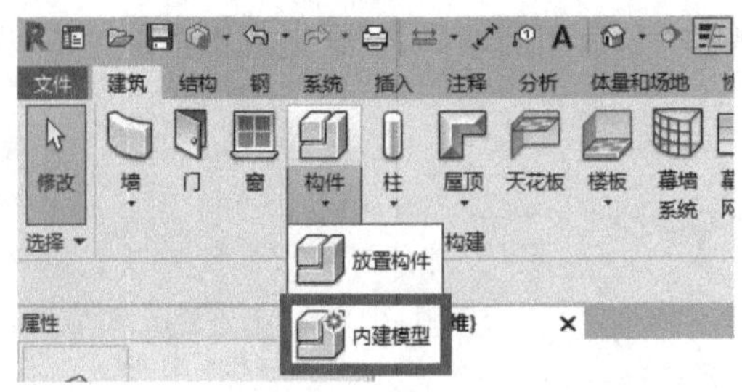

图 5－3　内建模型

接下来仍然以墙为例，创建内建族，点击“族类别和族参数”对话框中的“墙”，再点确定，或者直接双击“墙”，在弹出的名称对话框中修改名称为“内建墙 1”，界面变为创建族相关的操作界面，使用者可按需求绘制相应的内建墙族，见图 5-4。

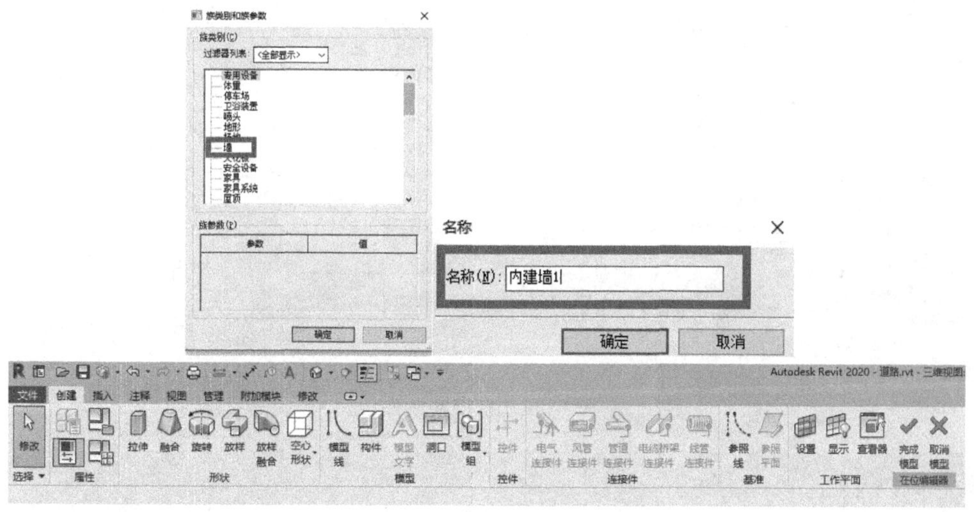

图 5-4　内建墙

5.1.3　可载入族

可载入族是使用族样板在项目外创建的“.rfa”文件，可以载入到项目中，具有高度可自定义的特征，因此可载入族是用户最经常创建和修改的族。可载入族包括在建筑内和建筑周围安装的建筑构件，例如窗、门、橱柜、装置、家具和植物等。此外，它们还包含一些常规自定义的注释图元，例如符号和标题栏等。创建可载入族时，需要使用软件提供的族样板，样板中包含有关要创建的族的信息。

在开始界面中的“族”选项中点击“新建”，或者在“文件”中新建“族”即可调出“新族-选择样板文件”对话框，见图 5-5；选择软件自带的族样板即可开始创建族，见图 5-6。

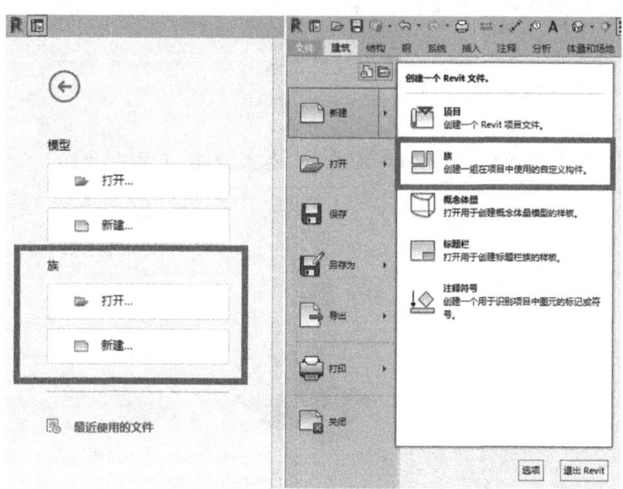

图 5-5　新建族

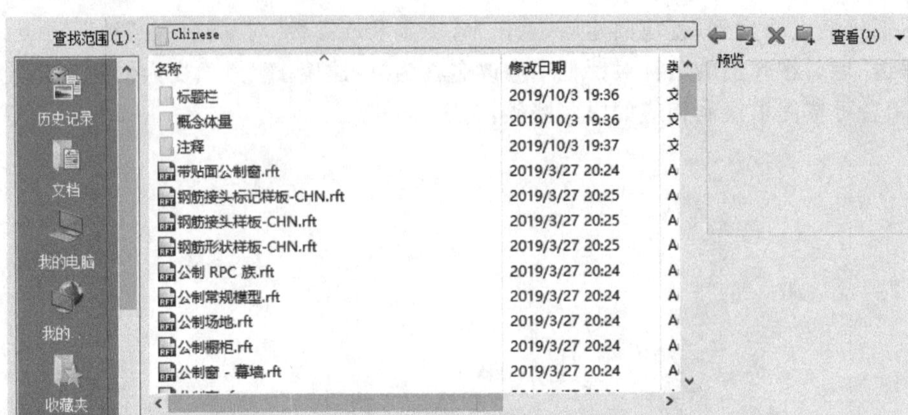

图 5-6 自带族文件

5.2 族创建

无论是内建族还是可载入族，Revit 软件提供了拉伸、融合、旋转、放样、放样融合、空心形状六种基本工具，可以创建出实心或者空心形状，由此创建出族类型。

5.2.1 拉伸

拉伸也称实心拉伸，主要通过拉伸二维形状(轮廓)来创建三维实心形状。绘制二维形状时，可将该形状用于在起点与端点之间拉伸的三维形状的基础，见图 5-7。

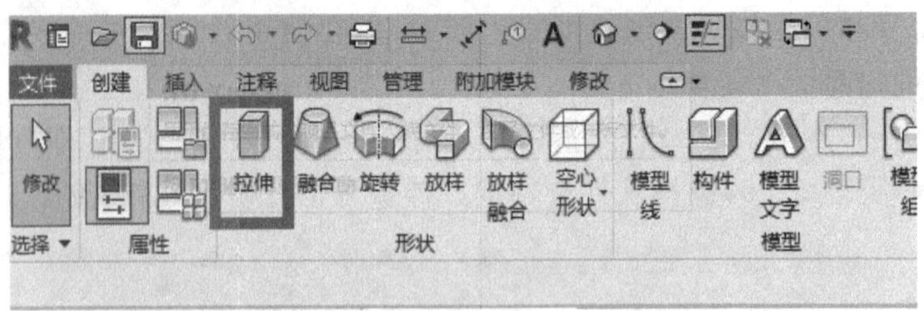

图 5-7 拉伸

例:150 mm 高的 1200 mm×1200 mm 矩形台基上立有 1 根半径为 300 mm、高为 3000 mm 的圆柱，见图 5-8。

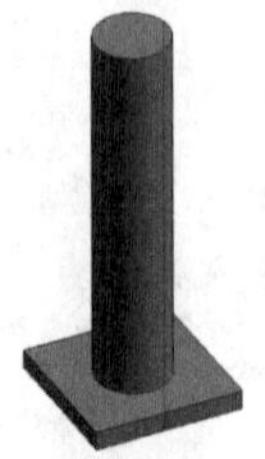

图 5-8 案例柱

新建族，选择“公制常规模型.rft”样板文件，打开样板后，呈现两个绿色十字相交的参照平面，见图 5-9。

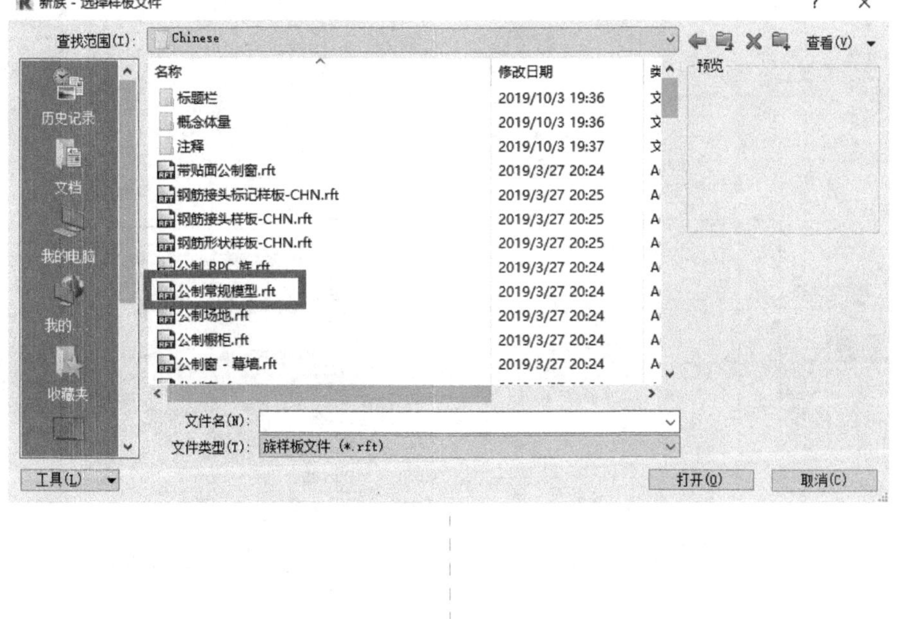

图 5-9　公制常规模型

点击创建选项卡形状面板中的“拉伸”，自动切换至“修改|创建拉伸”上下文选项卡，见图 5-10。

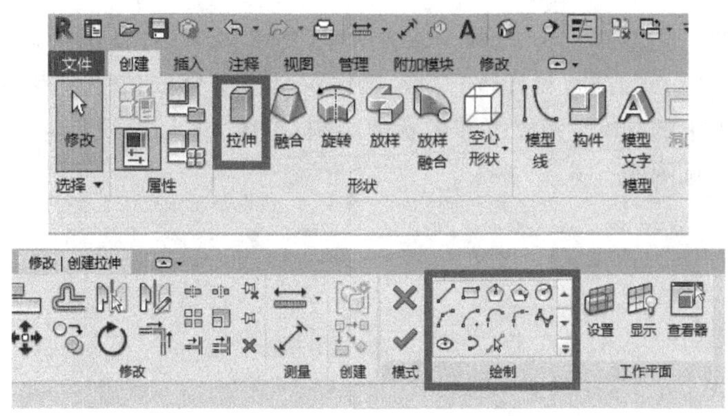

图 5-10　拉伸选项卡

运用绘制工具面板中的“线”或“矩形”工具，以已知的两个参照平面交点为中心，绘制 1200 mm×1200 mm 的正方形，见图 5-11；并将属性工具栏中的“拉伸起点”改为 0，“拉伸终点”改为 150，见图 5－12；点击模式面板中的“✔”，台基就创建好了，见图 5－13。

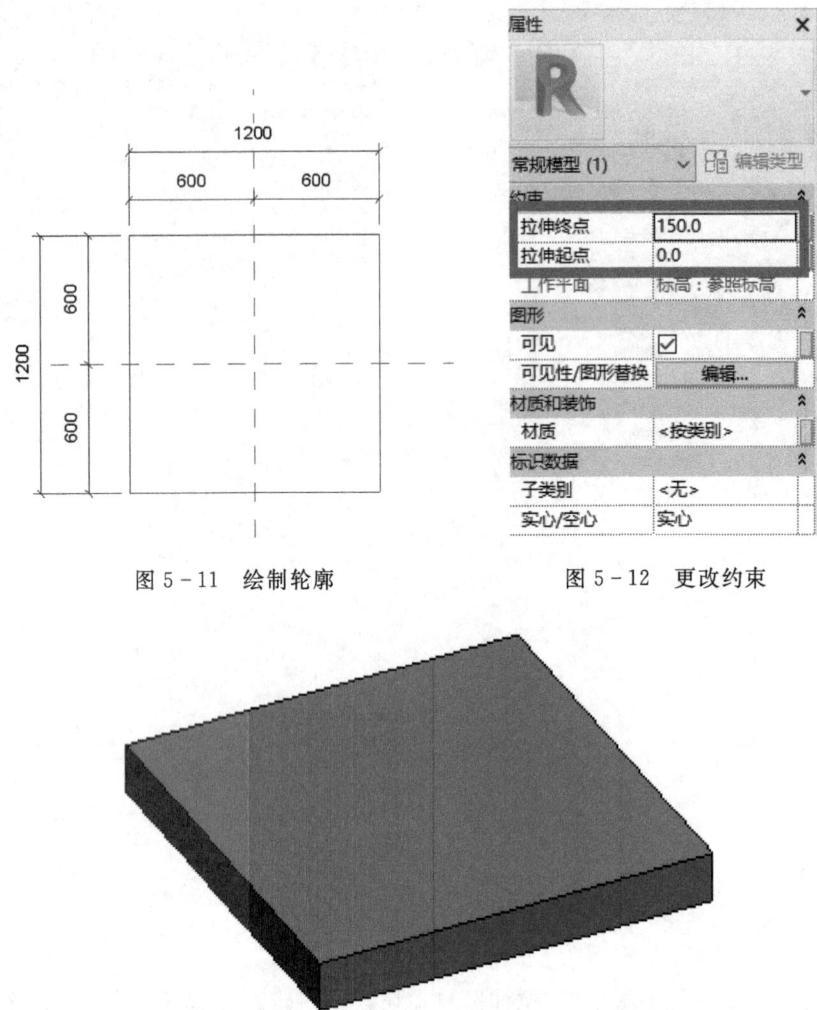

图 5－11　绘制轮廓

图 5－12　更改约束

图 5－13　台基创建完成

再次点击“拉伸”，仍然以已知的两个参照平面交点为中心，点击绘制工具面板中的“圆形”，绘制半径为 300 mm 的圆，见图 5－14。属性工具栏中修改拉伸起点为 150，拉伸终点为 3000，点击模式面板中的“✔”，完成拉伸形状的绘制，见图 5－15。视觉样式改为“真实”，三维视图观测最终结果，见图 5－16。

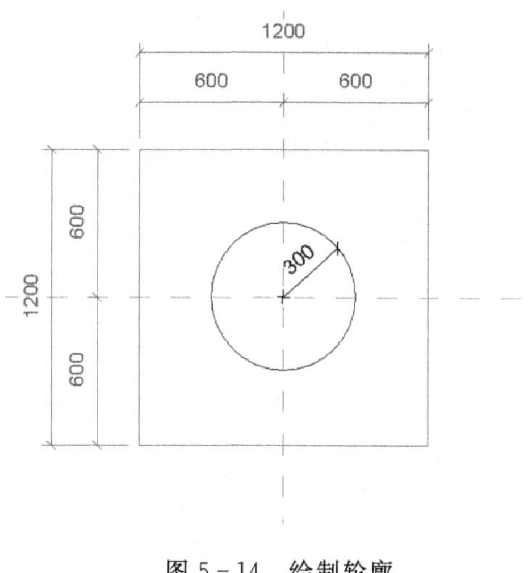

图 5－14　绘制轮廓

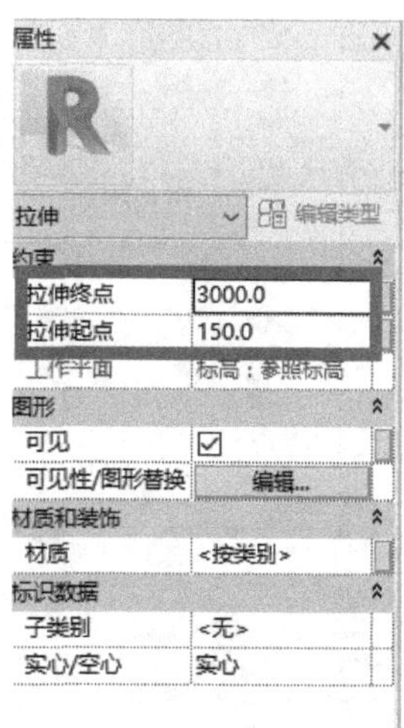

图 5－15　更改约束

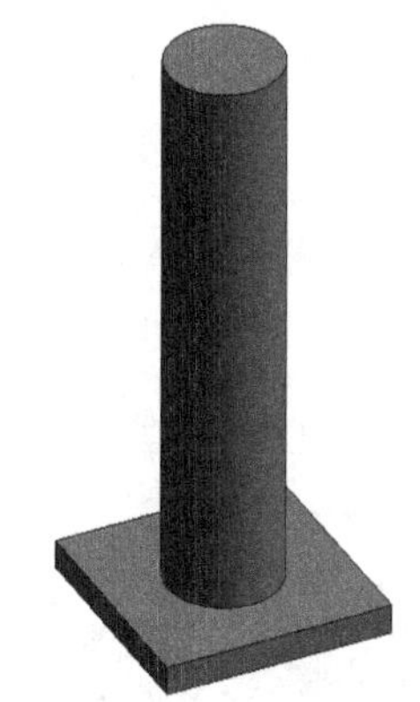

图 5－16　案例柱创建完成

注：使用者还可以尝试去改变基座和柱身的材质，修改方法参见第 2 章 2.3.3，把基座和柱身分别设置成两种不同的材质。

5.2.2　融合

用于创建实心三维形状，该形状将沿其长度发生变化，从起始形状融合到最终形状。该工具可以融合 2 个形状不同的轮廓。

例：如图 5－17 所示，边长为 1000 mm 的六边形与半径为 300 mm 的圆形融合。

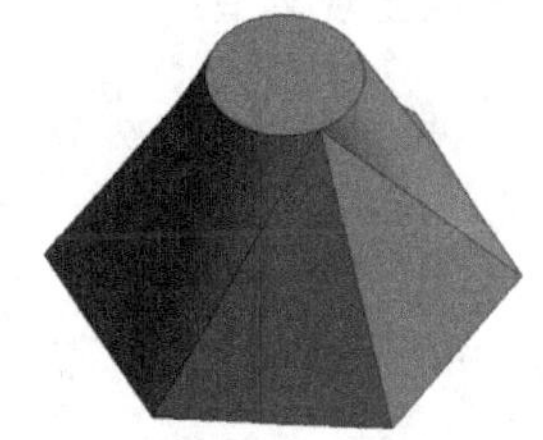

图 5－17　案例融合形体

新建族，选择"公制常规模型. rft"样板文件，切换至前立面视图，点击创建选项卡形状面板中的"融合"，自动切换至"修改|创建融合底部边界"上下文选项卡，点击绘制工具面板中的"内接多边形"，因为要绘制六边形，所以"边"改为 6，以已知的两个参照平面交点为中心，绘制边长为 1000 mm 的六边形，并将属性工具栏中的"第一端点"改为 0，"第二端点"也改为 1000，深度(第一端点与第二端点之间的差值)会自动改为 1000，见图 5－18。

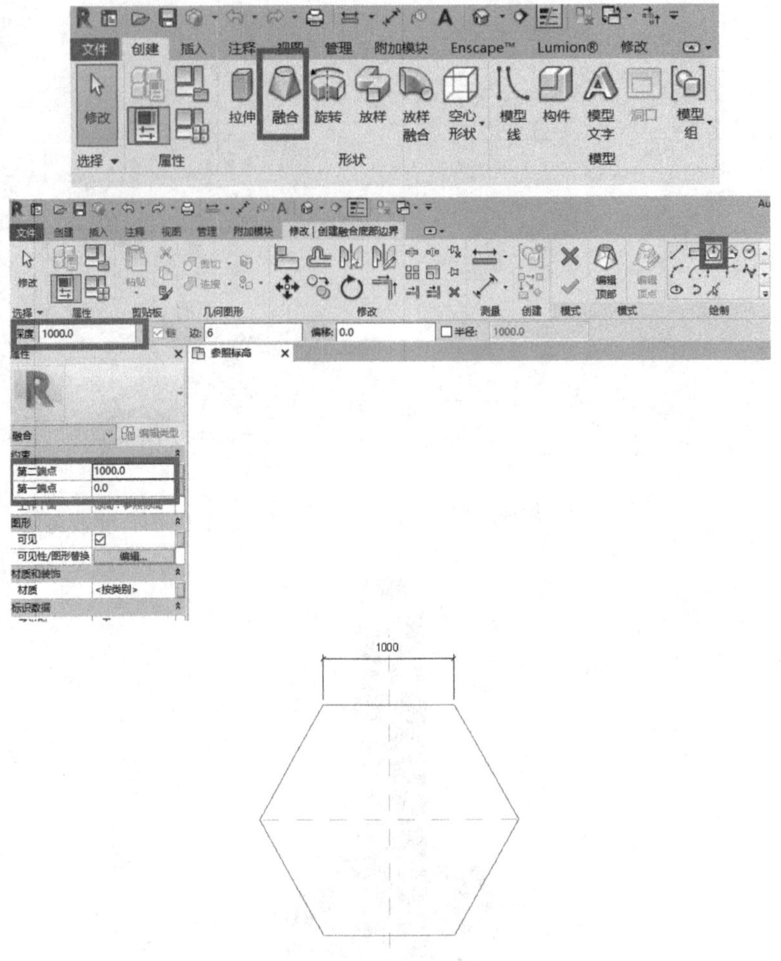

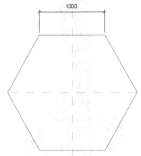

图 5-18　创建融合底部边界

点击“编辑顶部”，自动切换至“修改|创建融合顶部边界”上下文选项卡，绘制半径为300 mm的圆，然后点击模式面板中的“✔”，融合族就创建好了。视觉样式改为“真实”，切换至三维视图观测最终结果，见图 5-19。

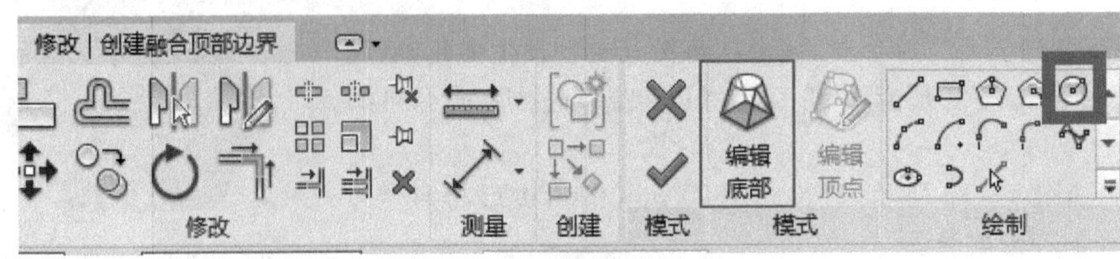

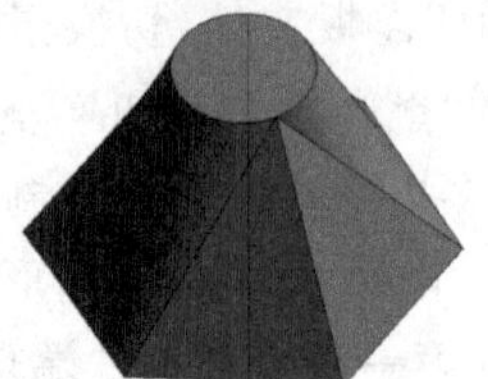

图 5-19　融合形体创建完成

5.2.3 旋转

通过绕轴放样二维轮廓，可以创建三维形状。

例：绘制如图 5 - 20 所示的三维旋转形状。

具体做法如下：

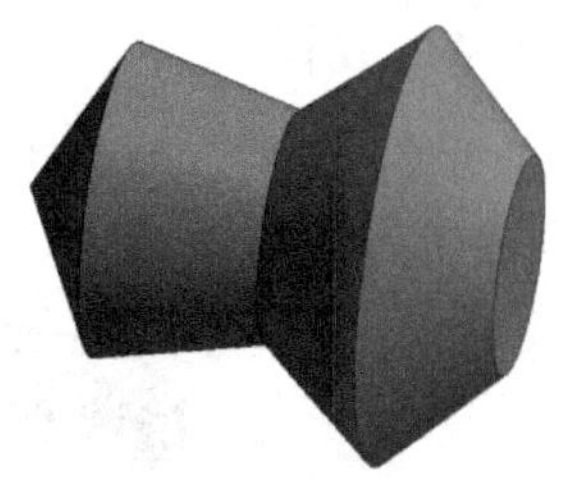

图 5 - 20 三维旋转形状

新建族，选择“公制常规模型. rft”样板文件，点击创建选项卡形状面板中的“旋转”，自动切换至“修改|创建旋转”上下文选项卡，点击“边界线”中的“线”，按图示形状绘制平面，尺寸自行定义，见图 5 - 21。激活“轴线”，使用“拾取线”的方式，见图 5 - 22，旋转垂直参照平面，以此作为旋转轴，点击模式面板中的“✔”，旋转族就创建好了。视觉样式改为“真实”，三维视图观测最终结果，见图 5 - 23。

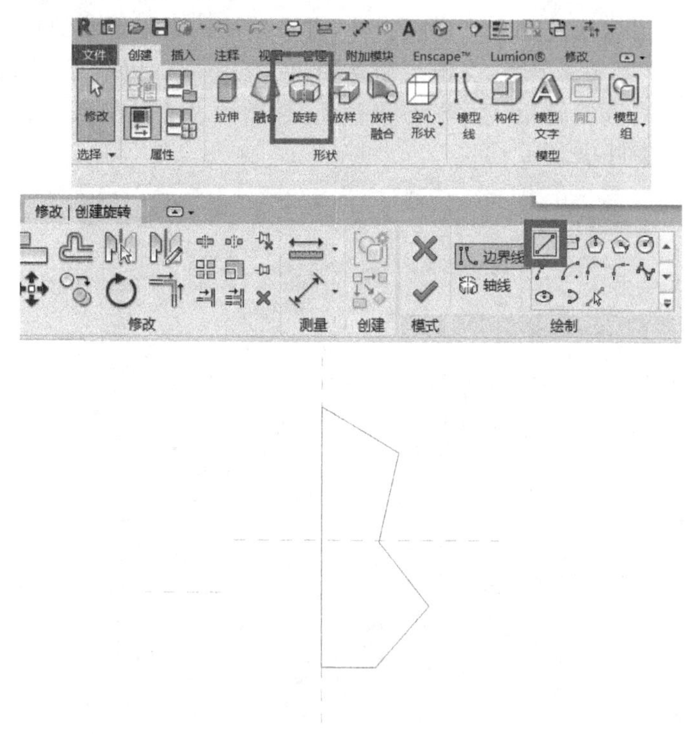

图 5 - 21 绘制面

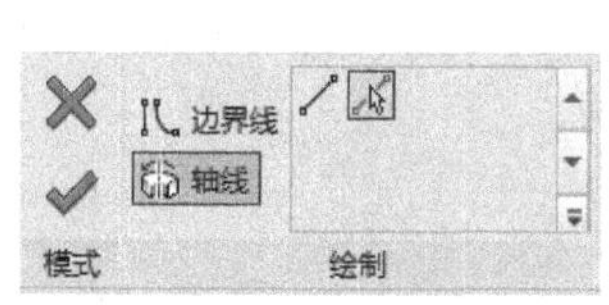

图 5 - 22 拾取轴线

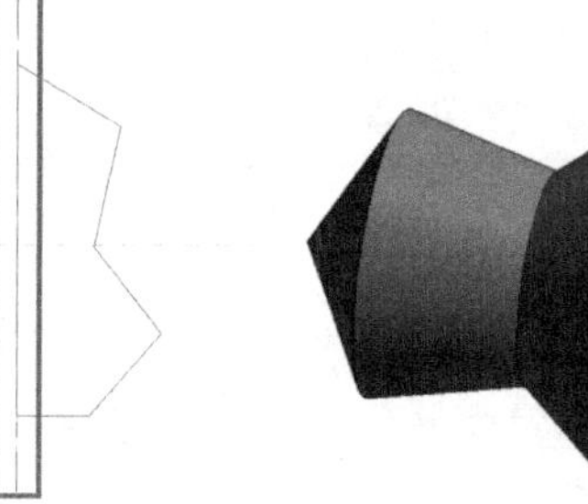

图 5 - 23 最终效果

注：必须是闭合图形才能旋转。

5.2.4 放样

通过沿路径放样二维轮廓，可以创建三维形状。

例：绘制如图 5－24 所示的三维放样形状。

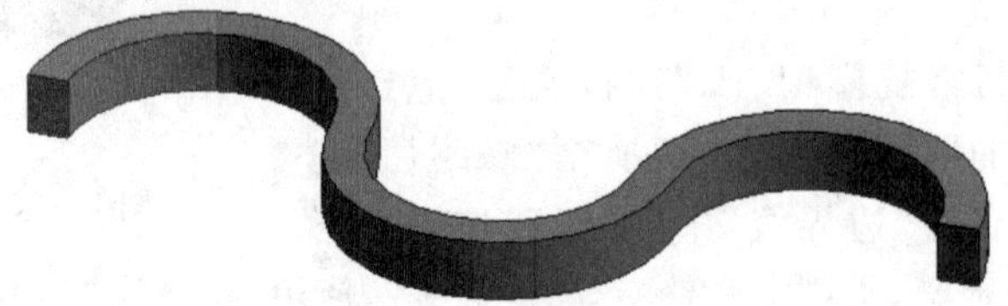

图 5－24 三维放样形状

具体做法如下：

新建族，选择“公制常规模型.rft”样板文件，点击创建选项卡形状面板中的“放样”，自动切换至“修改|放样”上下文选项卡，点击绘制路径，见图 5－25；切换至“修改|放样＞绘制路径”上下文选项卡，选择其中的“起点-终点-半径弧”按图示尺寸由左至右依次绘制圆弧路径，点击“✓”，完成路径绘制，见图 5－26。

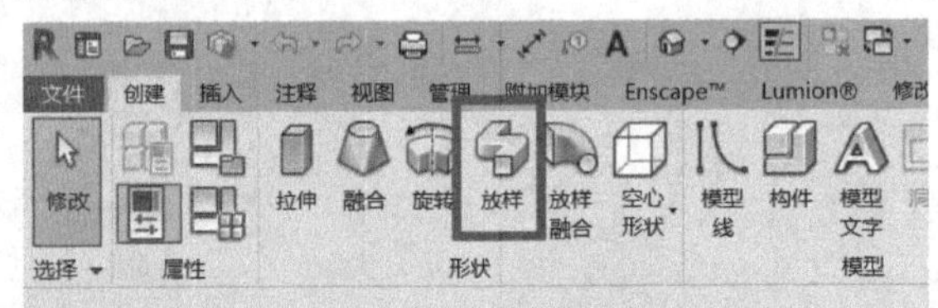

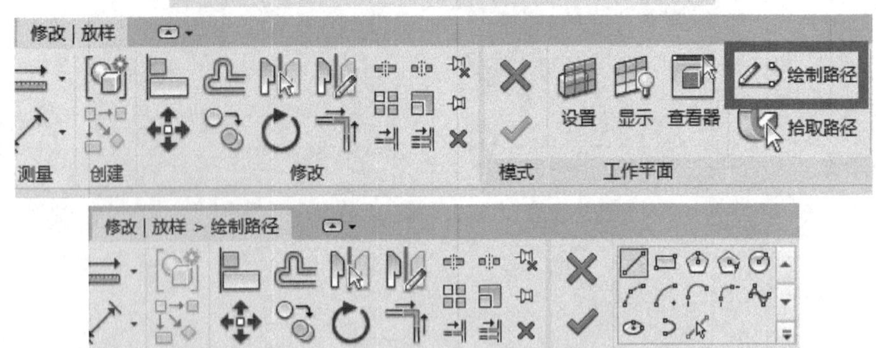

图 5－25 绘制路径

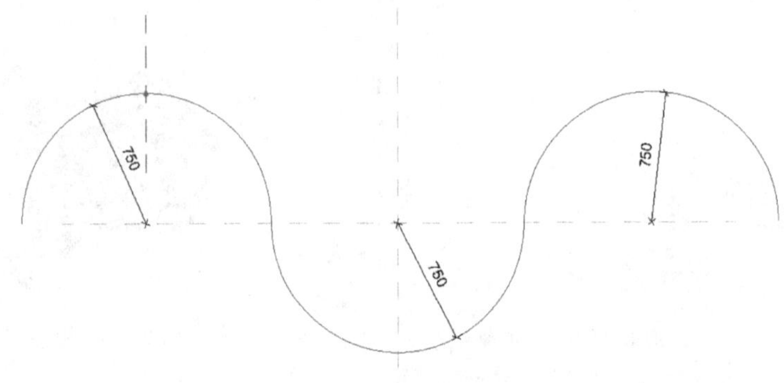

图 5－26 路径形态

点击放样面板中“编辑轮廓”，见图 5－27，弹出“转到视图”对话框，默认“立面：右”，点击“打开视图”，按图 5－28 所示尺寸和位置绘制矩形，点击“✔”，完成轮廓绘制，切换至三维，查看轮廓与路径的关系，点击“✔”，完成放样形状绘制。视觉样式改为“真实”，切换至三维视图观测最终结果，见图 5－29。

图 5－27　编辑轮廓

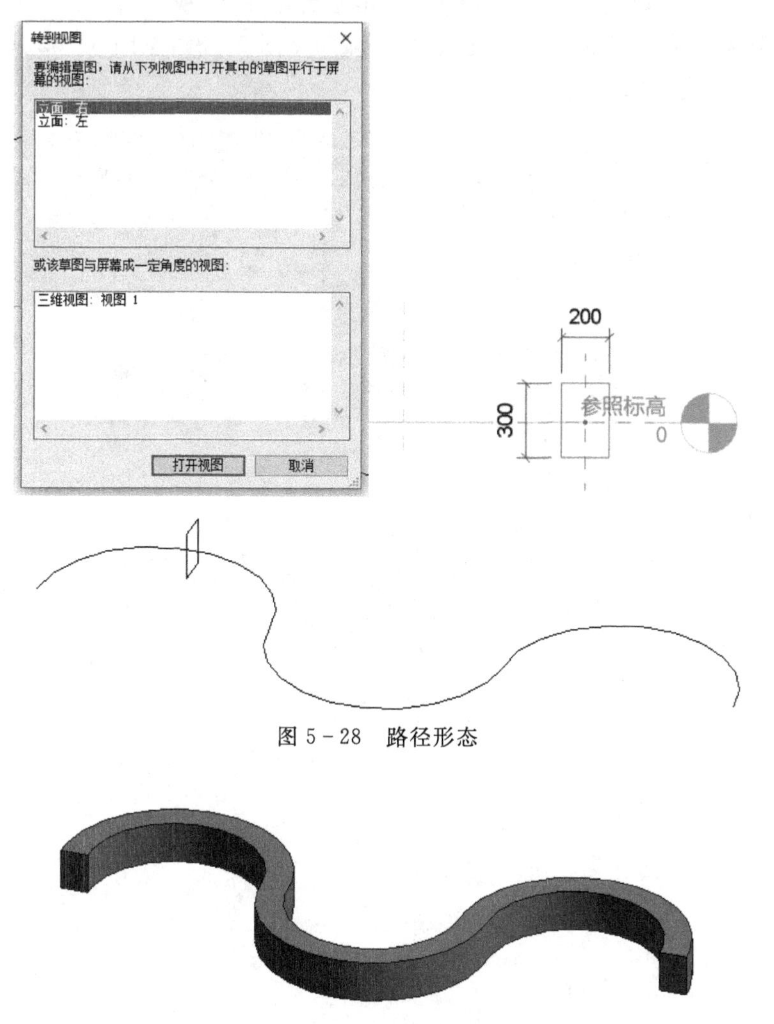

图 5－28　路径形态

图 5－29　最终效果

5.2.5　放样融合

用于创建一个融合，以便沿定义的路径进行放样。其形状由起始形状、最终形状和指定的二维路径确定。

例：绘制如图 5－30 所示的形状。

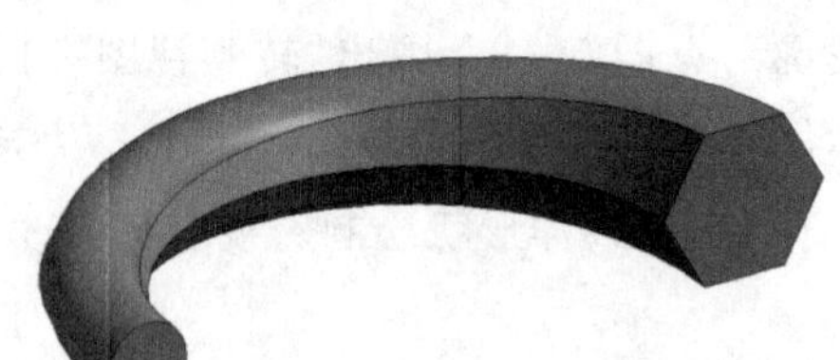

图 5－30　案例形状

具体做法如下：

新建族，选择“公制常规模型.rft”样板文件，点击创建选项卡形状面板中的“放样融合”，自动切换至“修改|放样融合”上下文选项卡，点击绘制路径，切换至“修改|放样融合>绘制路径”上下文选项卡，选择其中的“起点-终点-半径弧”，见图 5－31，按图 5－32 所示尺寸绘制圆弧路径，点击“✔”，完成路径绘制。

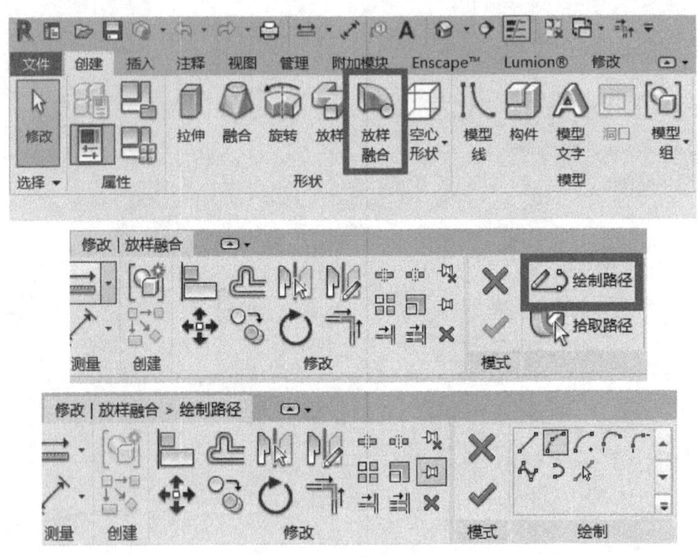

图 5－31　放样融合

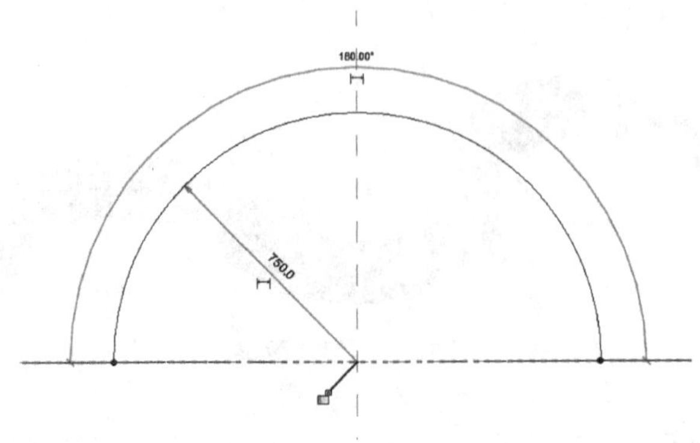

图 5－32　绘制路径

点击放样融合面板中的“选择轮廓 1”，“编辑轮廓”选项被激活，选择“编辑轮廓”，见图 5－33，弹出“转到视图”对话框，默认“立面：前”，点击“打开视图”，按图 5－34 所示尺寸和位置绘制圆形，点击“✔”，完成轮廓 1 绘制。再点击放样融合面板中的“选择轮廓 2”，选择“编辑轮廓”，按图 5 - 35 示尺寸和位置绘制正六边形，切换至三维，点击“✔”，完成轮廓 2 绘制。查看轮廓与路径的关系，点击“✔”，完成放样形状绘制。视觉样式改为“真实”，切换至三维视图观测最终结果，见图 5 - 36。

图 5 - 33 编辑轮廓 1

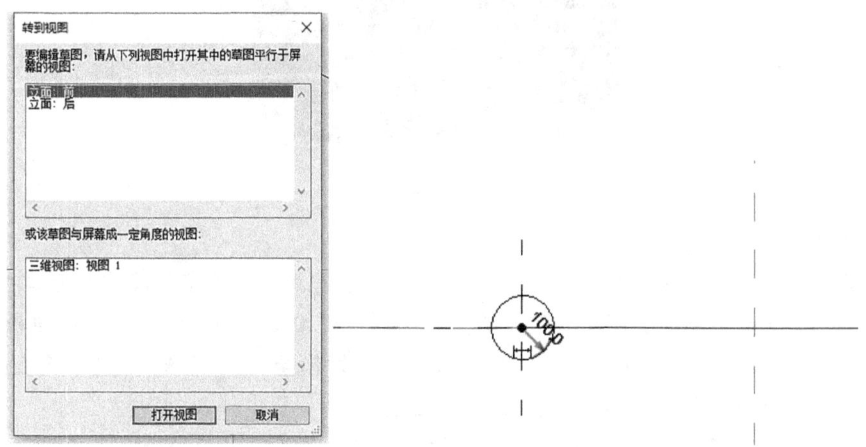

图 5 - 34 绘制轮廓 1

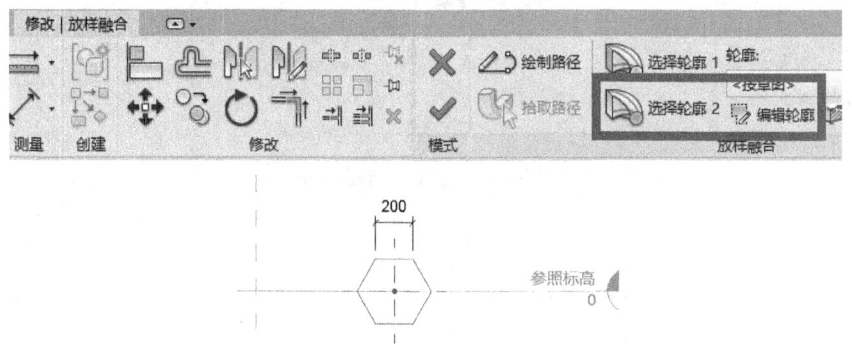

图 5 - 35 编辑轮廓 2

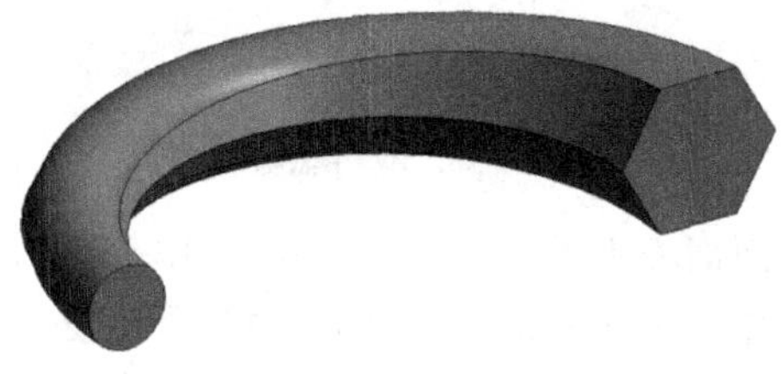

图 5 - 36 最终形态

5.2.6 空心形状

(1)空心拉伸。

空心拉伸命令用于删除实心形状的一部分。

可以创建一个三维形状,然后使用该形状来删除实心三维形状的一部分。

例:绘制如图 5 - 37 所示的形状。

图 5 - 37 案例形状

具体做法如下:

新建族,选择“公制常规模型.rft”样板文件,点击创建选项卡中的“拉伸”,自动切换至“修改|创建拉伸”上下文选项卡,见图 5 - 38;深度改为 1000.0 mm,运用绘制工具面板中的矩形工具,绘制 1000 mm×1000 mm 的正方形,点击“✓”,切换至三维视图,视觉样式改为“线框”,可观测到一个 1000 mm×1000 mm×1000 mm 的立方体,见图 5 - 39。

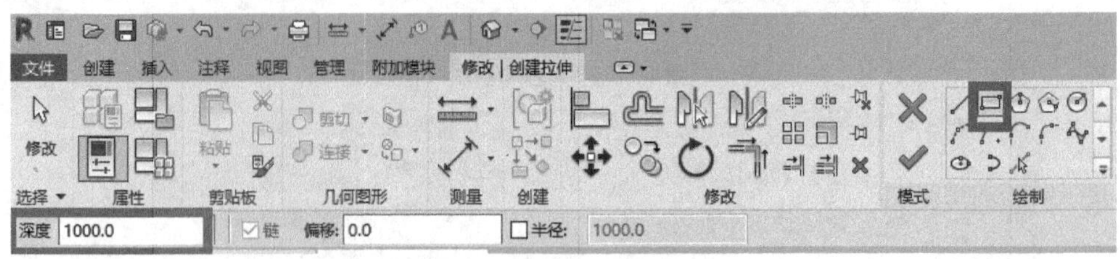

图 5 - 38 修改/创建拉伸

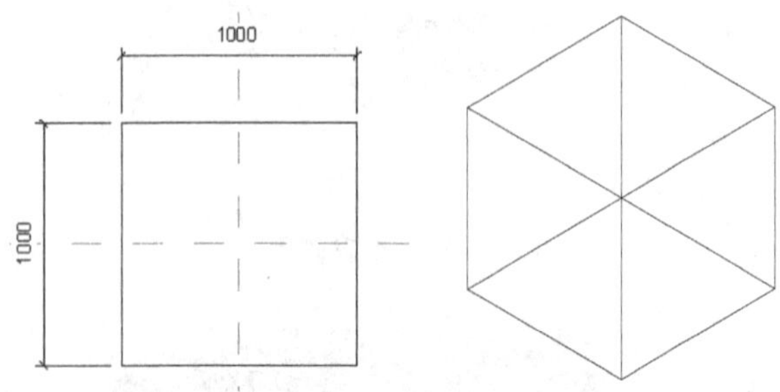

图 5 - 39 立方体效果

点击创建选项卡工作平面面板中的“设置”,弹出“工作平面”,见图 5 - 40。选择“拾取一个平面”,选择图示高亮的面作为工作平面,双击项目浏览器立面中的“前”,切换至“前立面”视图,见图 5 - 41。

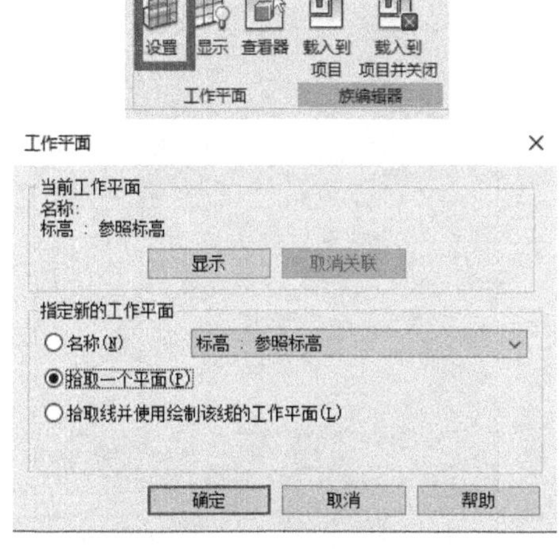

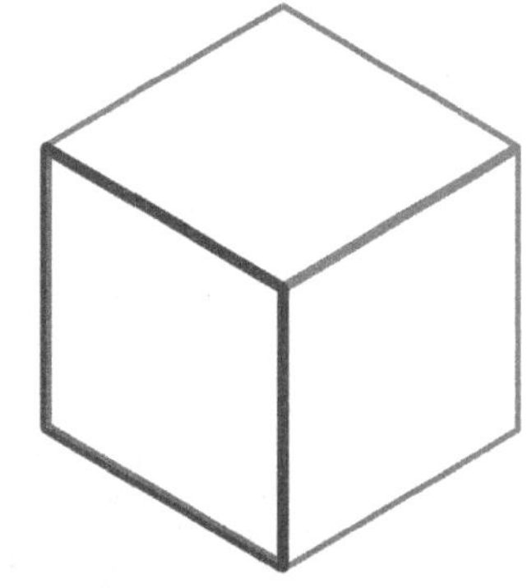

图 5-40 族编辑器　　　　图 5-41 选择工作平面

点击创建选项卡空心形状右侧的小三角,选择“空心拉伸”,见图 5-42。自动切换至“修改|创建空心拉伸”上下文选项卡,选择绘制面板中的“圆”,按图 5-43 所示位置绘制半径为 250.0 mm 的圆,点击“✔”。

图 5-42 空心拉伸

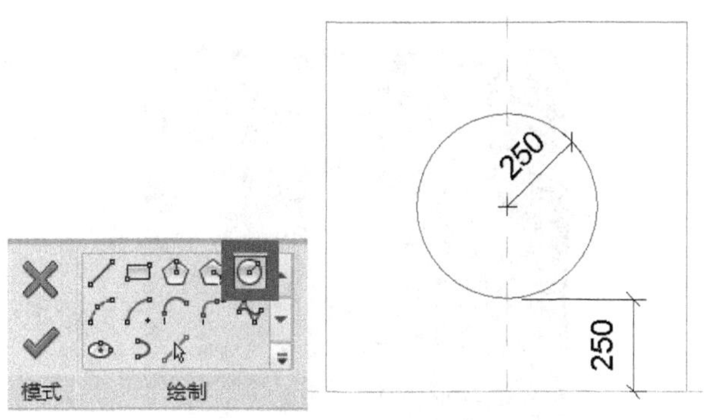

图 5-43 绘制圆

切换至三维视图,选择圆柱体,如图 5－44 所示,选择内侧的箭头,向箭头方向拉伸直至立方体外侧,在外侧任意位置点击鼠标左键。

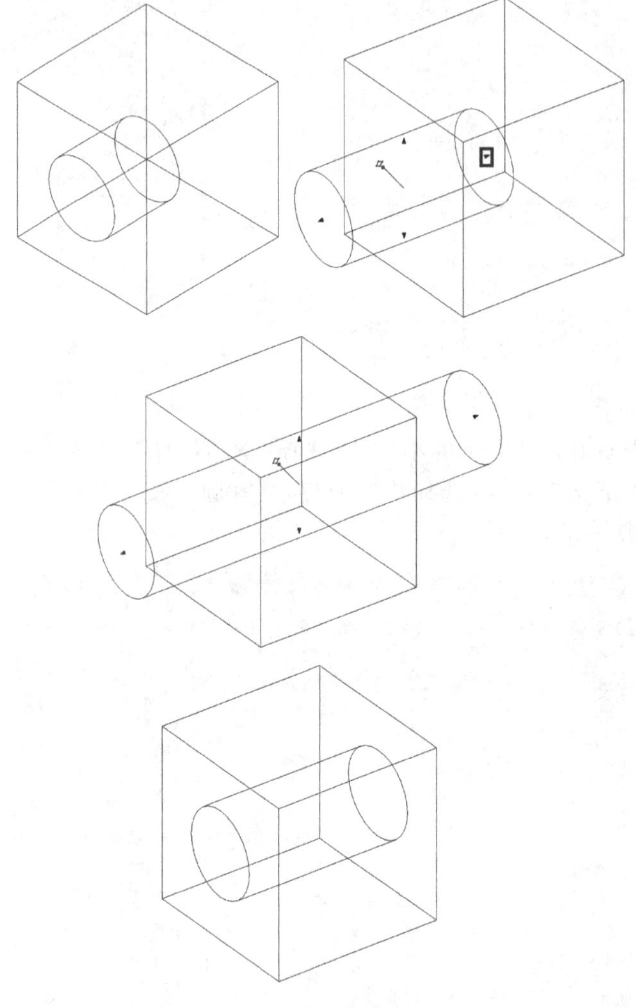

图 5－44　拉伸成型

完成空心拉伸形状绘制。视觉样式改为“真实”,切换至三维视图观测最终结果,见图5－45。

图 5－45　最终效果

(2)空心融合。

可以创建一个三维融合，然后使用该融合来删除实心三维形状的一部分。

例：绘制如图 5-46 所示的空心融合形状。

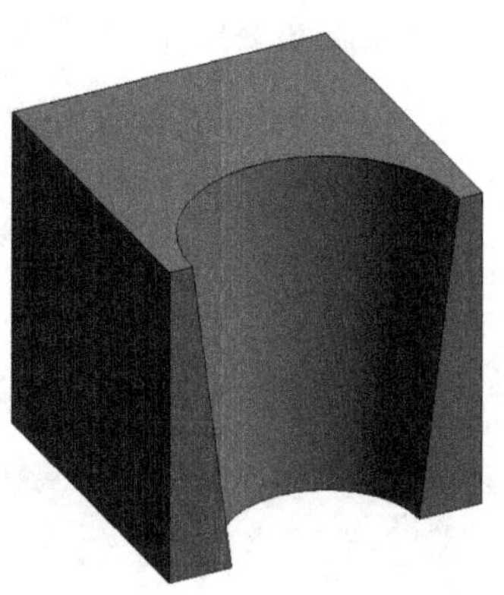

图 5-46 案例形状

具体做法如下：

与空心拉伸一样，先绘制一个 1000 mm×1000 mm×1000 mm 的立方体，点击创建选项卡空心形状右侧的小三角，选择“空心融合”，见图 5-47；自动切换至“修改|创建空心融合底部边界”上下文选项卡，选择绘制面板中的“起点-终点-半径弧”，按图 5-48 所示位置绘制半径为 300.0 mm 的圆弧。

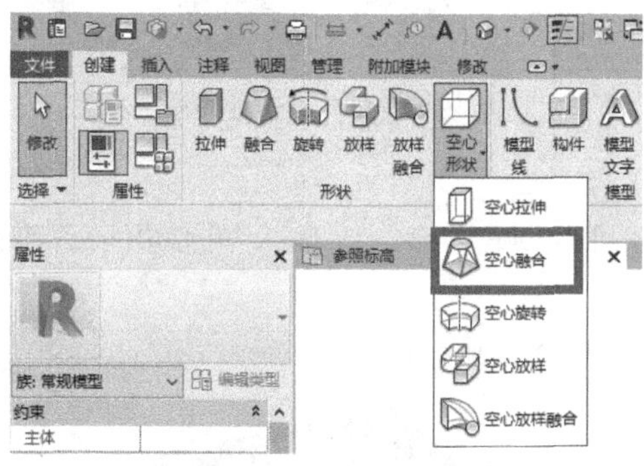

图 5-47 空心融合

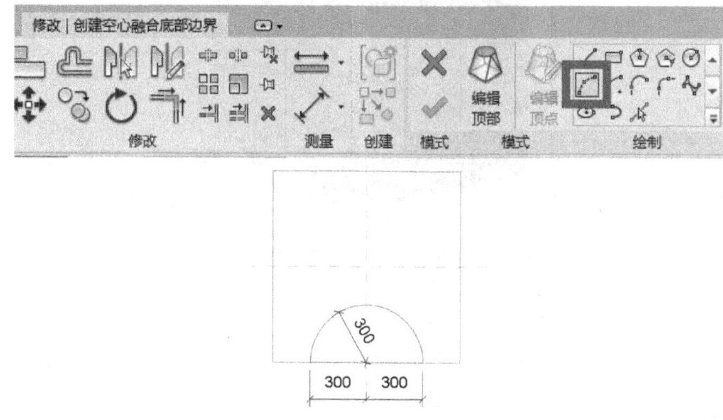

图 5-48 绘制形体

再用直线连接圆弧起点和终点，使之形成一个闭合的区域，状态栏深度改为 1000.0 mm，点击编辑顶部，切换至“修改|创建空心融合顶部边界”上下文选项卡，同样方法再绘制一个半径为 460.0 mm 的圆弧，并用直线连接圆弧起点和终点，点击“✔”，完成空心融合形状绘制。视觉样式改为“真实”，切换至三维视图观测最终结果，见图 5-49。

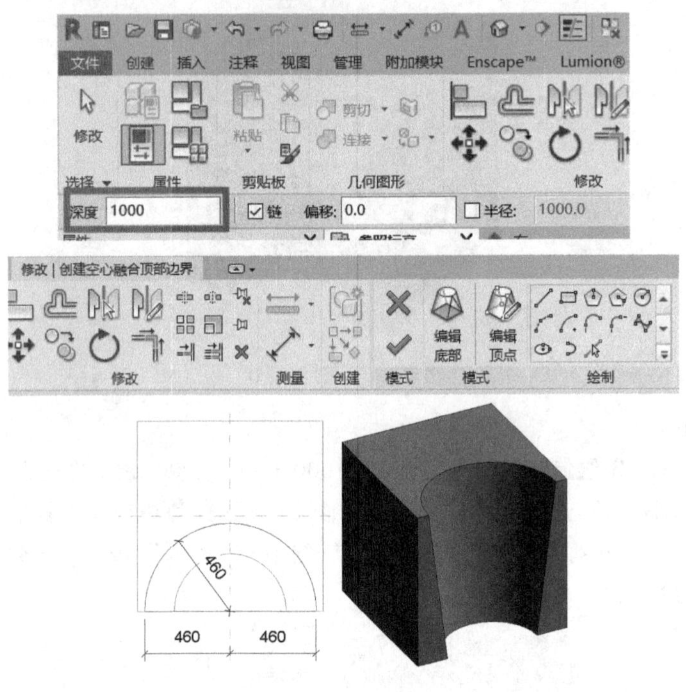

图 5-49　最终效果

(3)空心旋转

通过绕轴放样二维轮廓可以创建一个三维形状，并使用该三维形状删除实心三维形状的一部分。

例：绘制如图 5-50 所示的空心旋转形状。

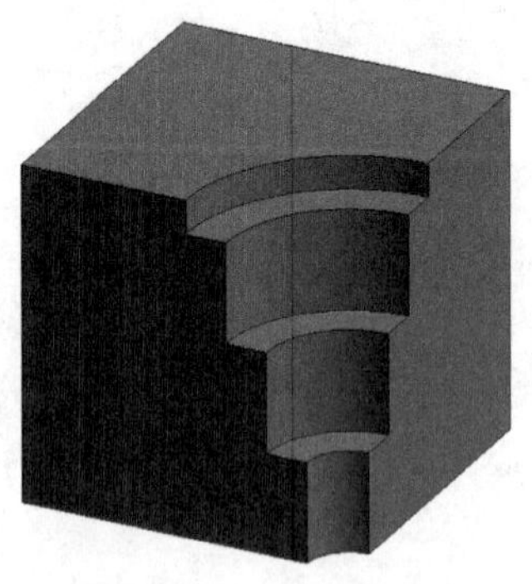

图 5-50　案例形体

具体做法如下：

与之前一样，先绘制立方体，切换至三维视图，点击创建选项卡工作平面面板中的“设置”，弹出“工作平面”，选择“拾取一个平面”，选择图 5-51 所示高亮的面作为工作平面。

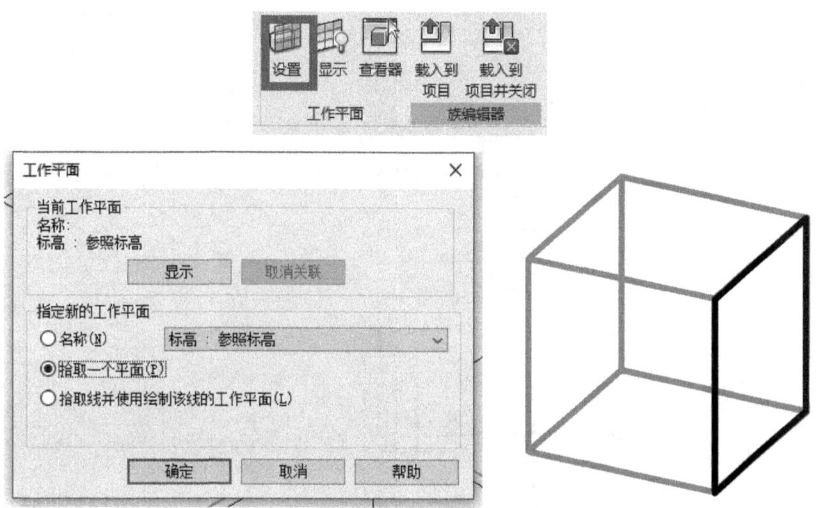

图 5-51　选择工作平面

切换至右立面视图,点击创建选项卡空心形状右侧的小三角,选择“空心旋转”,见图 5-52,自动切换至“修改|创建空心旋转”上下文选项卡,选择绘制面板中的“直线”,按图 5-53 所示尺寸和位置绘制闭合的形状。

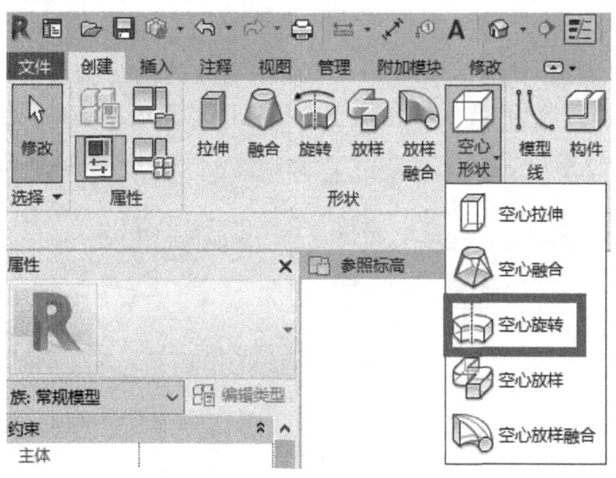

图 5-52　空心旋转

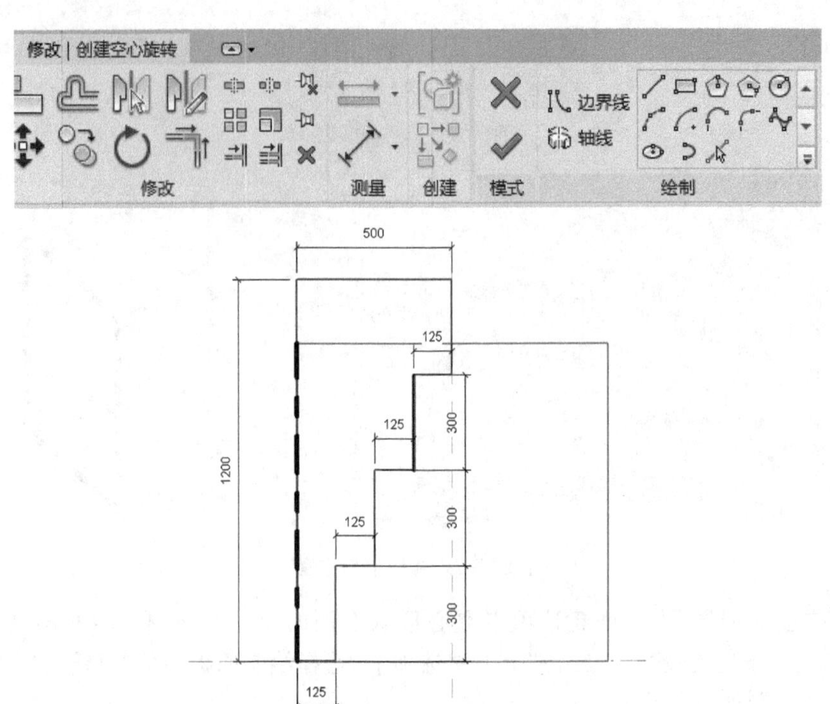

图 5-53　绘制形状

切换到三维视图，点击“轴线”，以图 5-54 所示高亮的线为轴线，点击“✓”，完成空心旋转形状的绘制。视觉样式改为“真实”，切换至三维视图观测最终结果，见图 5-55。

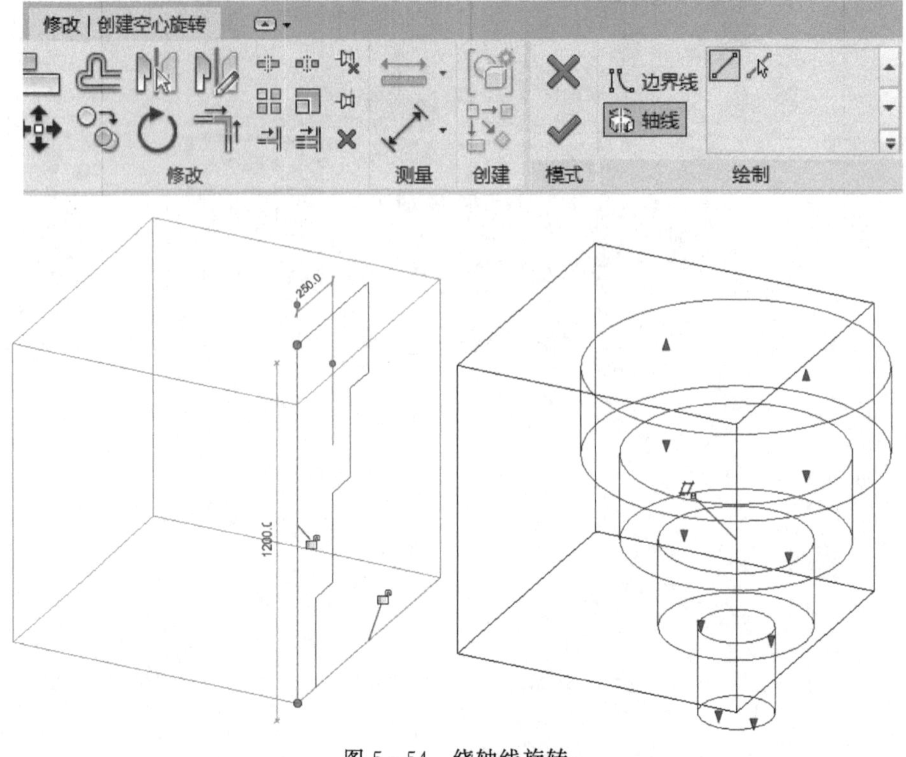

图 5-54　绕轴线旋转

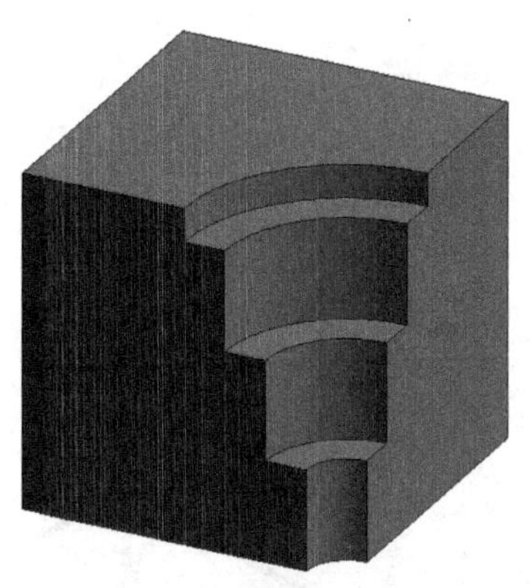

图 5-55　最终效果

图 5-56　案例形状

(4)空心放样。

通过沿路径放样二维轮廓可以创建一个三维形状，并使用生成的三维形状删除实心三维形状的一部分。

例：绘制如图 5-56 所示的空心放样形状。

具体做法如下：

与之前一样，先绘制立方体，切换至三维视图，点击创建选项卡空心形状右侧的小三角，选择“空心放样”，自动切换至“修改|放样”上下文选项卡，见图 5-57。

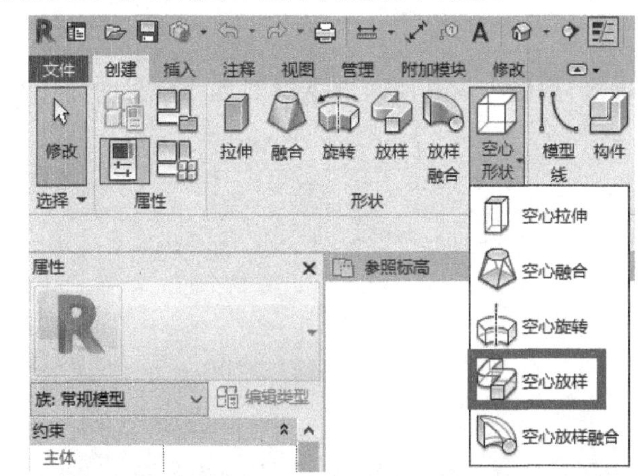

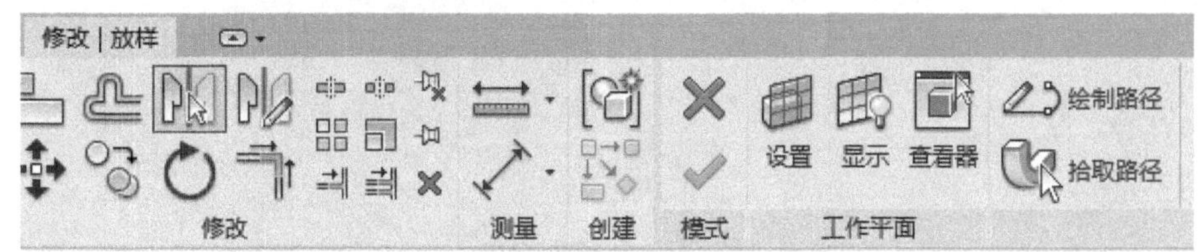

图 5-57　空心放样

点击“绘制路径”，切换至“修改|放样>绘制路径”上下文选项卡，点击工作平面面板中的“设置”，弹出“工作平面”，选择“拾取一个平面”，选择图 5-58 所示高亮的面作为工作平面。

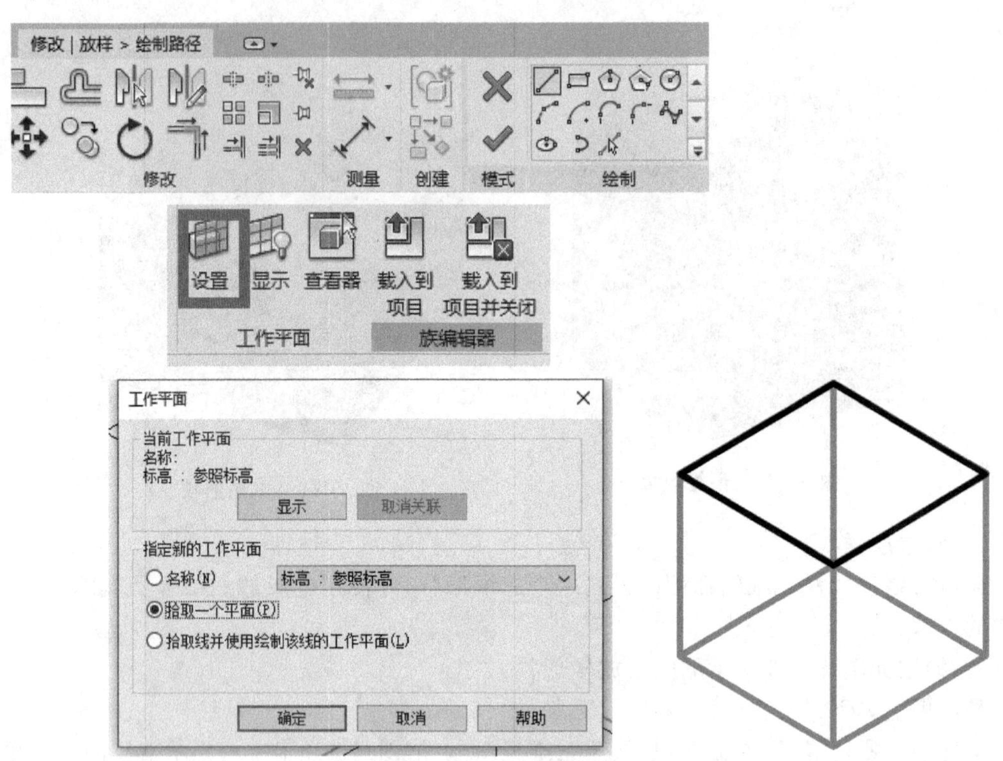

图 5-58　工作平面选择

点击绘制面板中的直线，按图 5-59 所示沿 ABCD 四个字母的顺序绘制顶面闭合的正方形，点击“✔”。

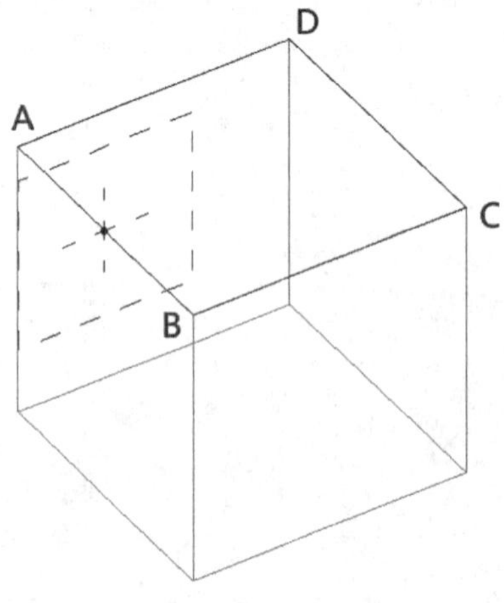

图 5-59　绘制形体

点击放样面板中的“编辑轮廓”，切换至“修改 | 放样＞编辑轮廓”上下文选项卡，选择绘制中的矩形，按图 5-60 所示绘制 300 mm×300 mm 的矩形，点击“✔”。

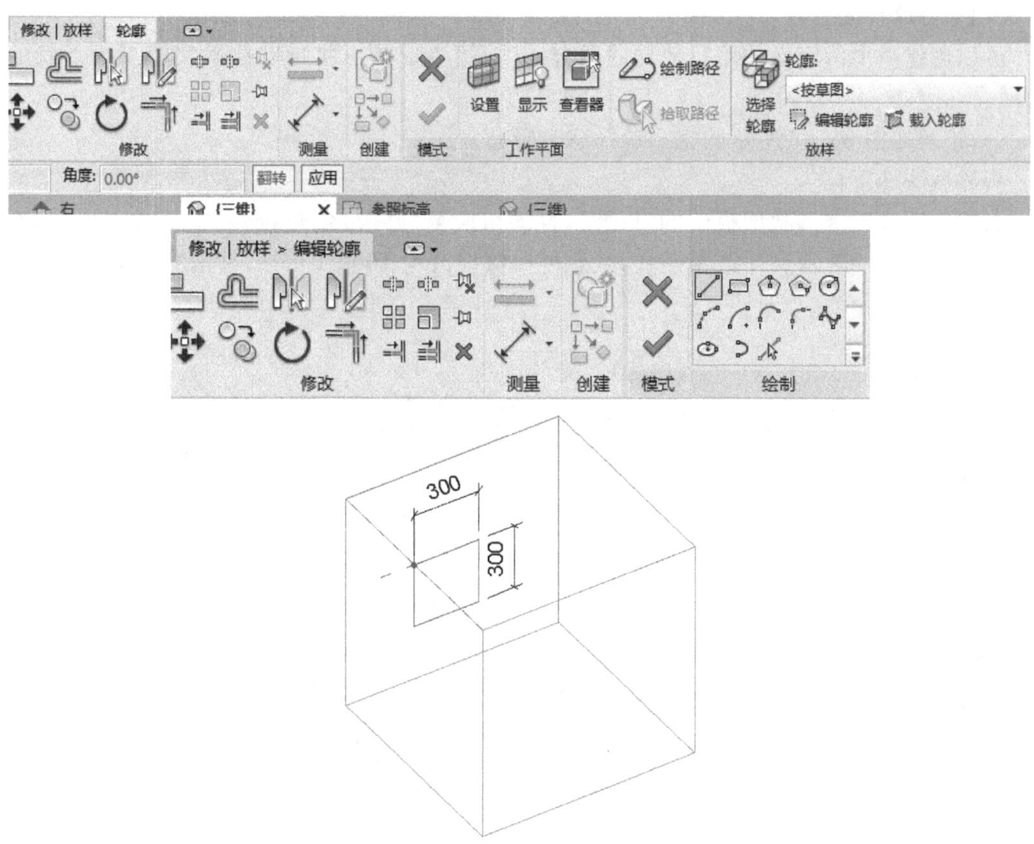

图 5－60　修改/放样 编辑轮廓

点击“修改|放样”上下文选项卡中的“✓”，完成空心放样形状的绘制。视觉样式改为“真实”，切换至三维视图观测最终结果，见图 5－61。

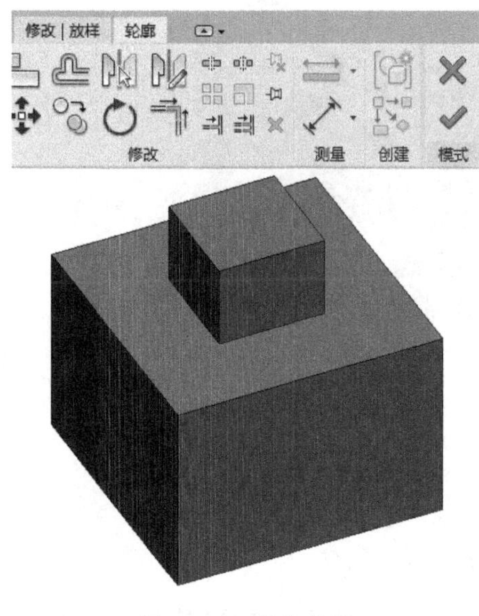

图 5－61　最终效果

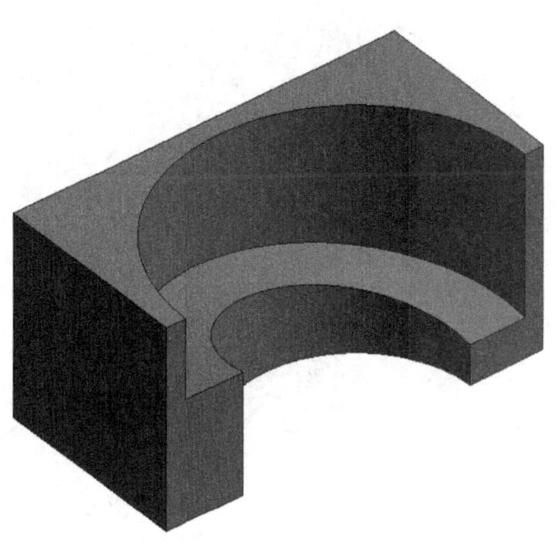

图 5－62　案例形状

(5)空心放样融合。

可以创建一个沿定义的路径放样的融合,并使用生成的三维形状删除实心三维形状的一部分。

例:绘制如图 5-62 所示的空心放样融合形状。

具体做法如下:

点击创建选项卡形状面板中的"拉伸",自动切换至"修改|创建拉伸"上下文选项卡,在平面视图中按图 5-63 示尺寸绘制形状,状态栏中深度改为 1000.0 mm,点击"✔",切换至三维视图。

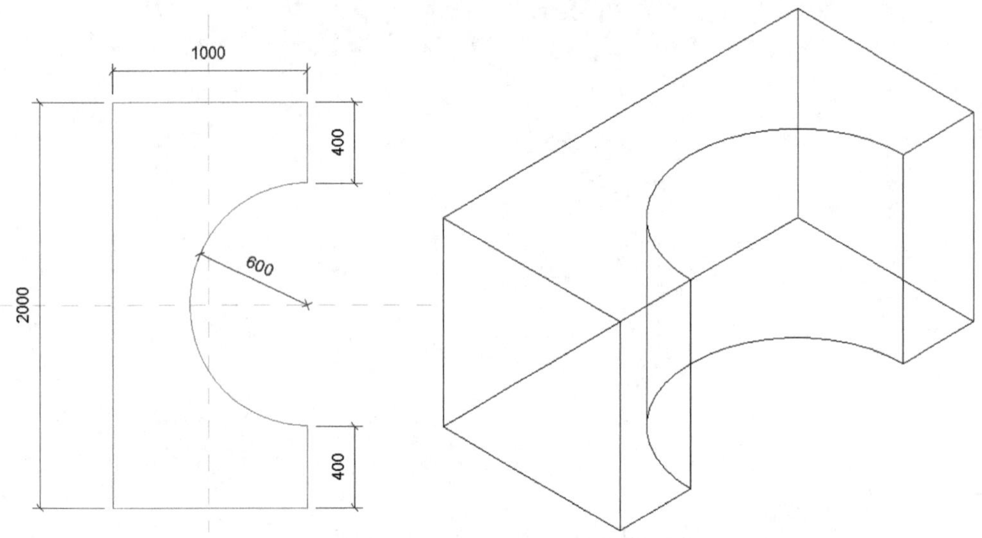

图 5-63　绘制形状

点击创建选项卡空心形状右侧的小三角,选择"空心放样融合",自动切换至"修改|放样"上下文选项卡,见图 5-64。

图 5-64　空心放样融合

点击创建选项卡工作平面面板中的"设置",弹出"工作平面",选择"拾取一个平面",选择图 5-65 所示高亮的面作为工作平面。

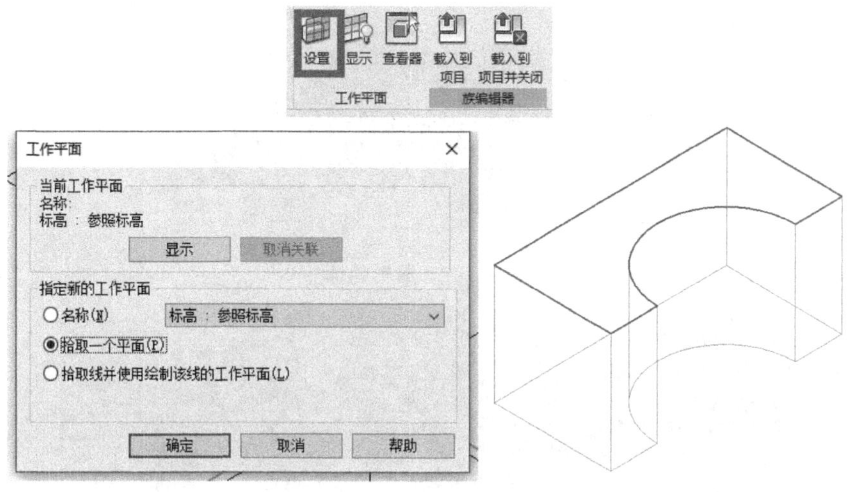

图 5-65　选择工作平面

点击创建选项卡空心形状右侧的小三角，选择“空心放样融合”，自动切换至“修改|放样融合”上下文选项卡，点击绘制路径，切换至“修改|放样融合>绘制路径”上下文选项卡，选择其中的“起点-终点-半径弧”按图 5-66 所示绘制半径为 600.0 mm 的圆弧路径，点击“✔”，完成路径绘制。

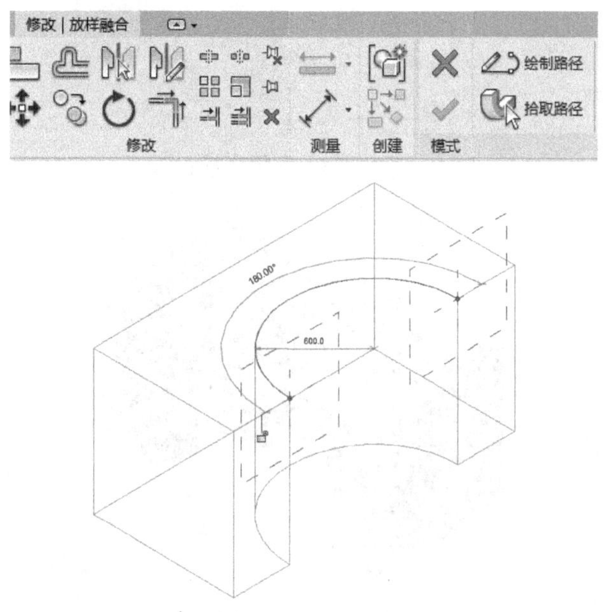

图 5-66　路径绘制

点击放样融合面板中的“选择轮廓 1”，“编辑轮廓”选项被激活，见图 5-67，选择“编辑轮廓”，弹出“转到视图”对话框，默认“立面：前”，点击“打开视图”，按图示尺寸和位置绘制矩形，点击“✔”，完成轮廓 1 绘制，再点击放样融合面板中的“选择轮廓 2”，选择“编辑轮廓”，按图 5-68 示尺寸和位置绘制正六边形，切换至三维，点击“✔”，完成轮廓 2 绘制，查看轮廓与路径的关系，点击“✔”，完成放样形状绘制。视觉样式改为“真实”，切换至三维视图观测最终结果，见图 5－69。

图 5－67 编辑轮廓

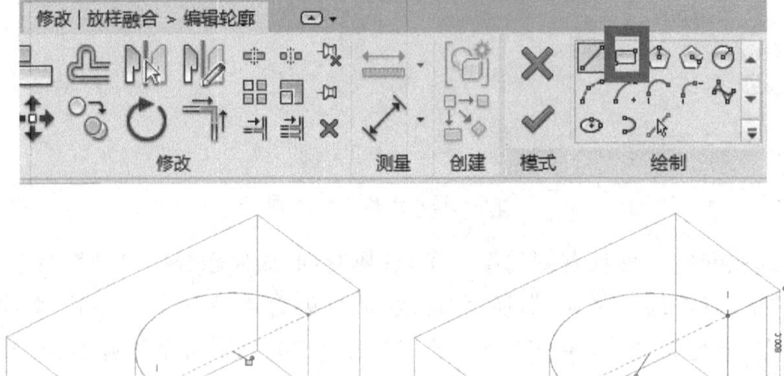

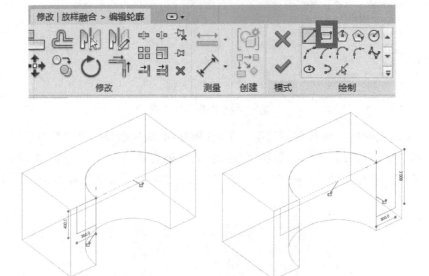

图 5－68 形状绘制

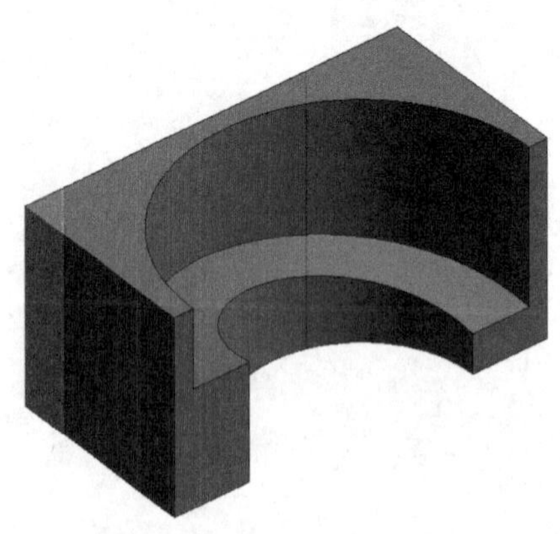

图 5－69 最终效果

5.3 门窗族

5.3.1 参数化

Revit 软件可以通过对创建族的几何参数、材质参数及其他参数进行修改，使族变为可变族。

几何参数主要是指用于控制构件的长度、宽度、高度、角度、半径等几何尺寸。

材质参数主要是对族赋予不同的材质。

其他参数按规程可分为公共、结构、HAVC、电气、管道、能量等，不同的规程下又包含多种参数类型。

接下来通过创建窗族和门族掌握几何参数和材质参数的修改和运用。

5.3.2 窗族

例：绘制小学教学楼项目平开窗族。

新建族，选择"公制窗.rft"样板文件，见图 5－70，系统默认的是一段宽 4000 mm、高 3000 mm的墙，墙厚 200 mm，居中位置为宽 1000 mm、高 1500 mm、距地高度 800 mm 的洞口的公制窗样板。该样板中窗户的宽度、高度、默认窗台高度等几何参数已设定好，见图 5－71。

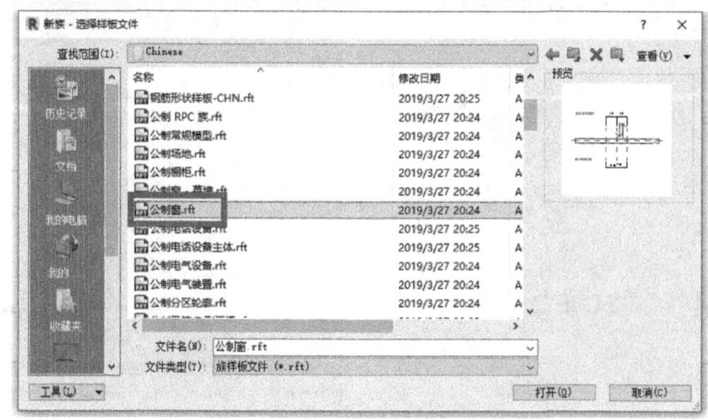

图 5－70　样板文件

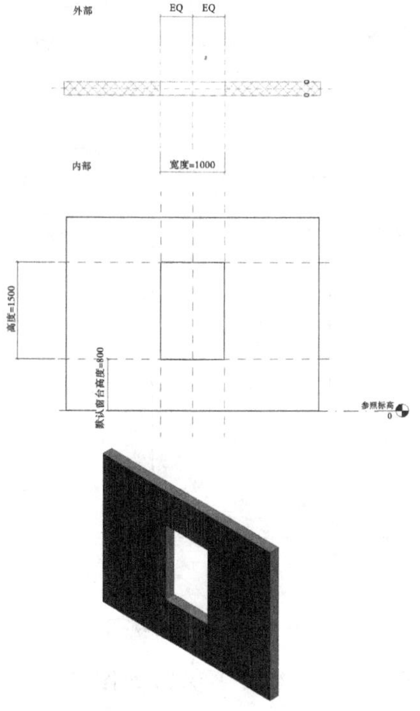

图 5－71　窗洞效果

在楼层平面参照标高视图中点击创建选项卡工作平面面板中的“设置”，弹出“工作平面”对话框，选择“拾取一个平面”，点击确定，见图 5-72。选择参照平面，选择水平方向参照平面。选择完成后，弹出转到视图，选择“立面：外部”，切换至外部立面视图，见图 5-73。

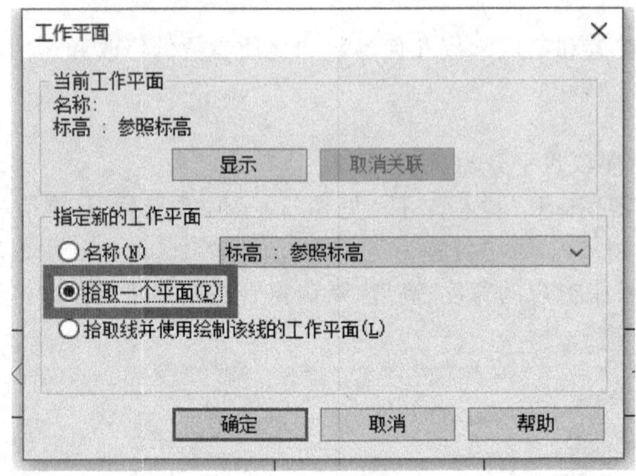

图 5-72　选择工作平面

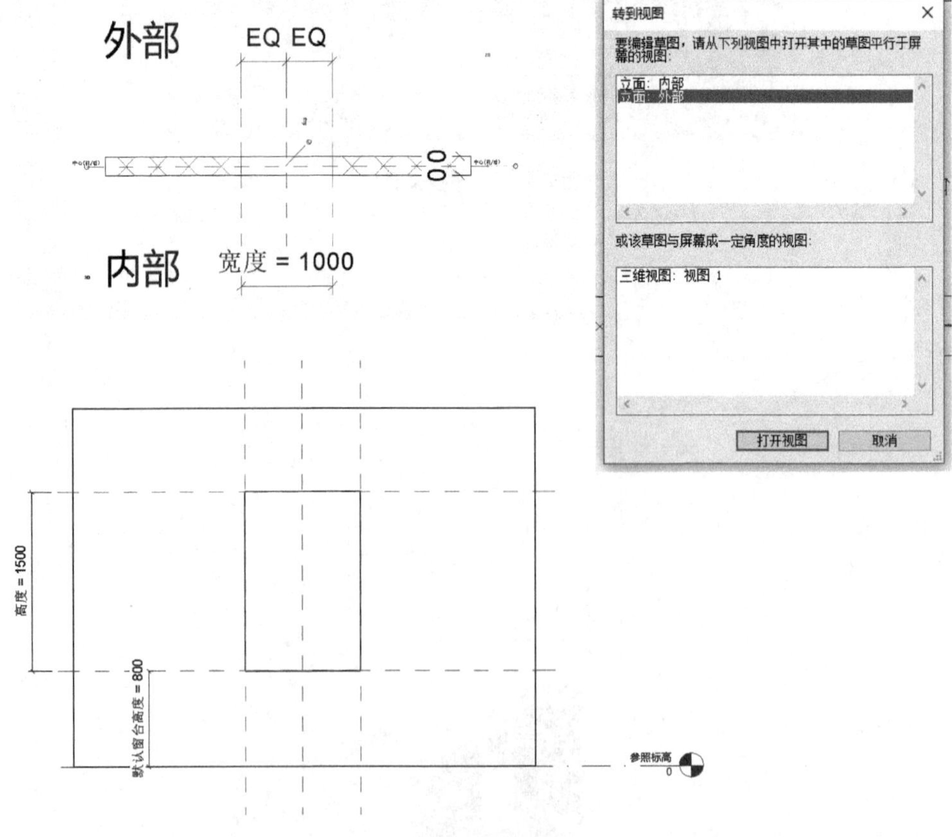

图 5-73　立面视图

创建选项卡工作平面面板中选择“参照平面”，如图 5-74 所示任意绘制一个水平参照平面。

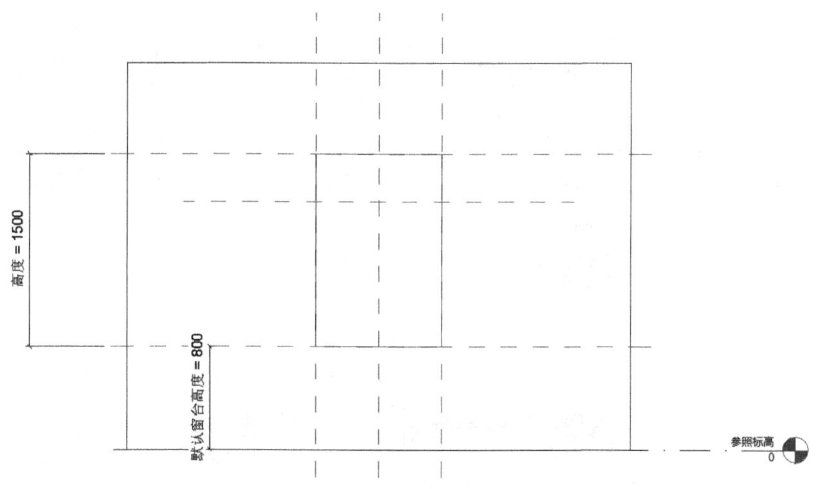

图 5-74 绘制参照平面

点击注释选项卡尺寸标注面板中的“对齐”，自动切换至“修改|放置尺寸标注”上下文选项卡，标注出参照平面与默认窗洞口底部的高度，见图 5-75。

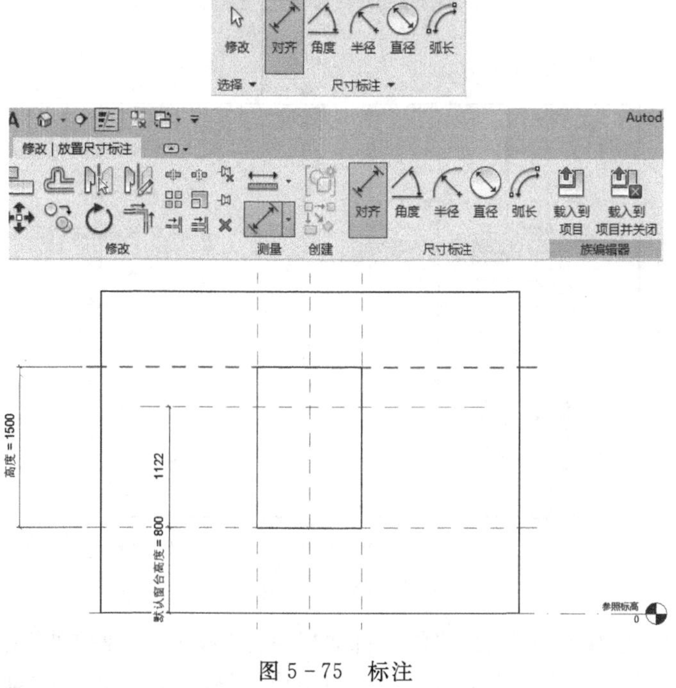

图 5-75 标注

按两次 Esc 键退出尺寸标注，拾取刚标注的尺寸，自动切换至“修改|尺寸标注”上下文选项卡，在标签尺寸标注面板中点击“创建参数”按钮“”，弹出“参数属性”对话框，参数类型为“族参数”，名称为“开启扇高度”，规程和参数类型为默认且不可修改，参数分组方式为“尺寸标注”，其他设置如图 5-76 所示，点击确定，则原标注变为“开启扇高度=1122”。

注：开启扇高度参数设定所用的方法即为几何参数设定的方法。

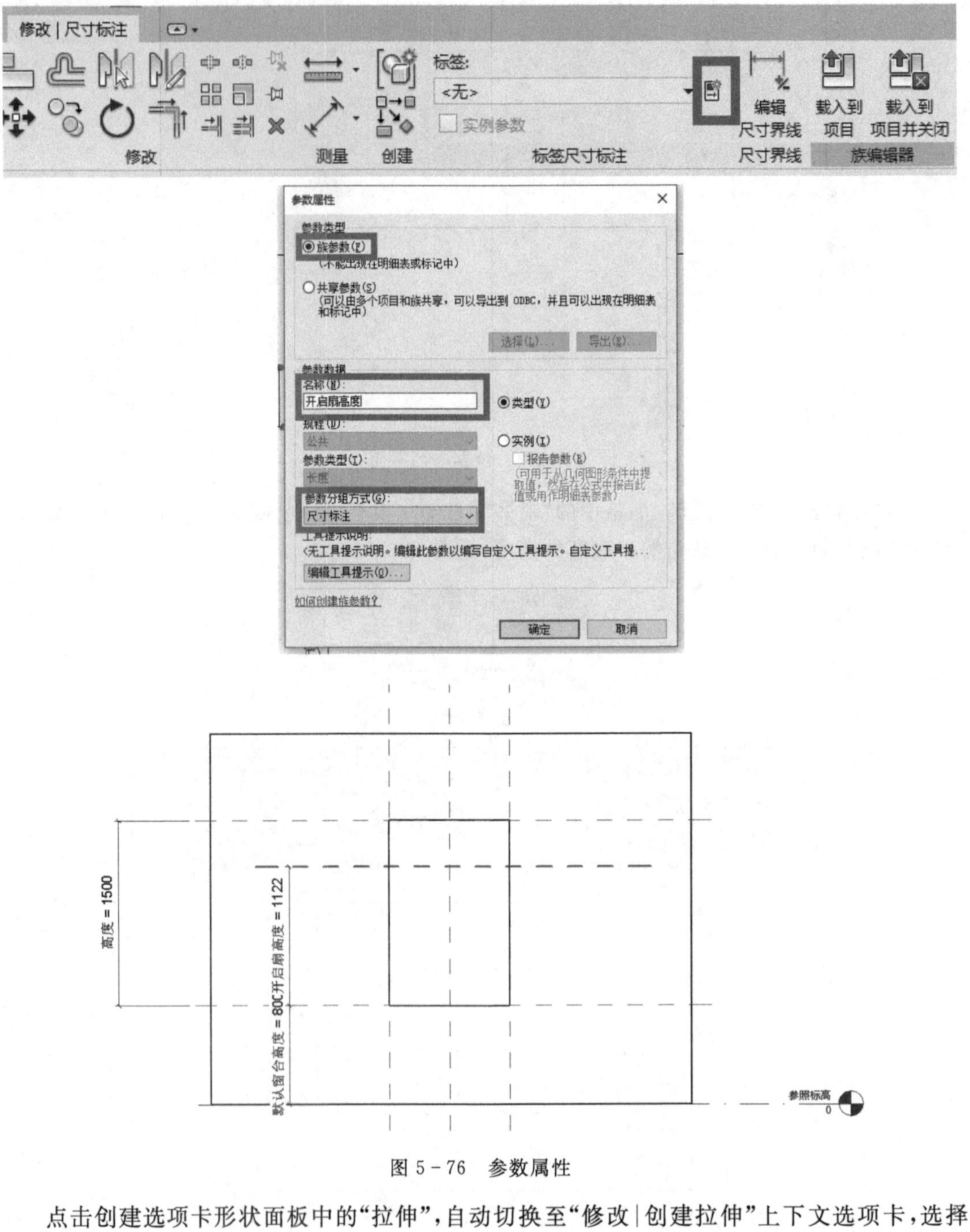

图 5-76　参数属性

点击创建选项卡形状面板中的“拉伸”，自动切换至“修改|创建拉伸”上下文选项卡，选择绘制面板中的“矩形”，按图 5-77 所示位置绘制矩形轮廓线，矩形四条边都会出现锁的符号，且都为打开状态“ ”，逐一将锁全部上锁“ ”，其作用是如果将来参数调整时，这四条边也会相应调整。

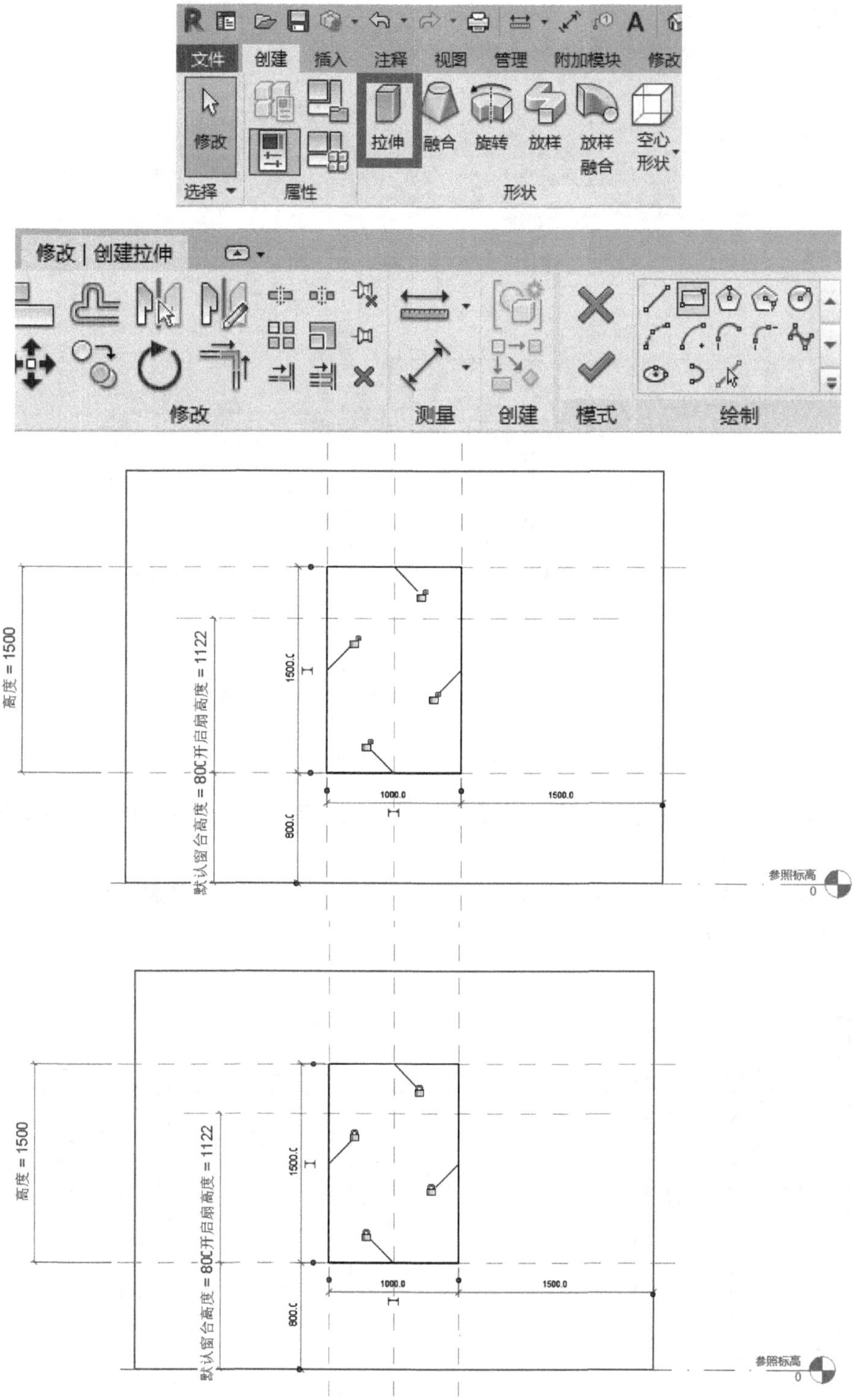

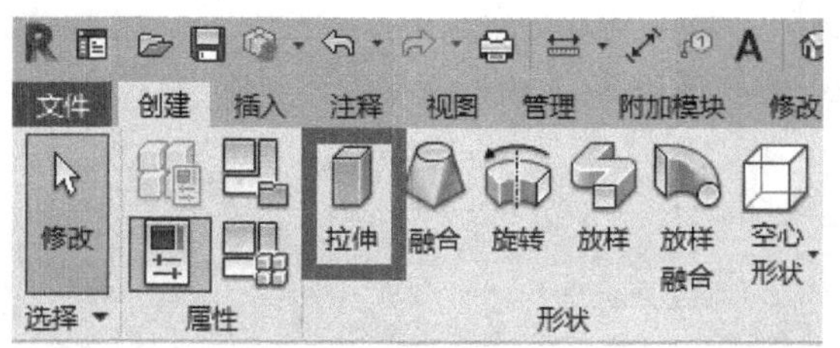

图 5－77　创建拉伸

继续使用矩形，状态栏中的偏移改为“50.0”，点击轮廓线左下角，矩形将向外偏移“50”，敲击空格键，使其向内偏移“50”，绘制如图 5－78 所示形状。

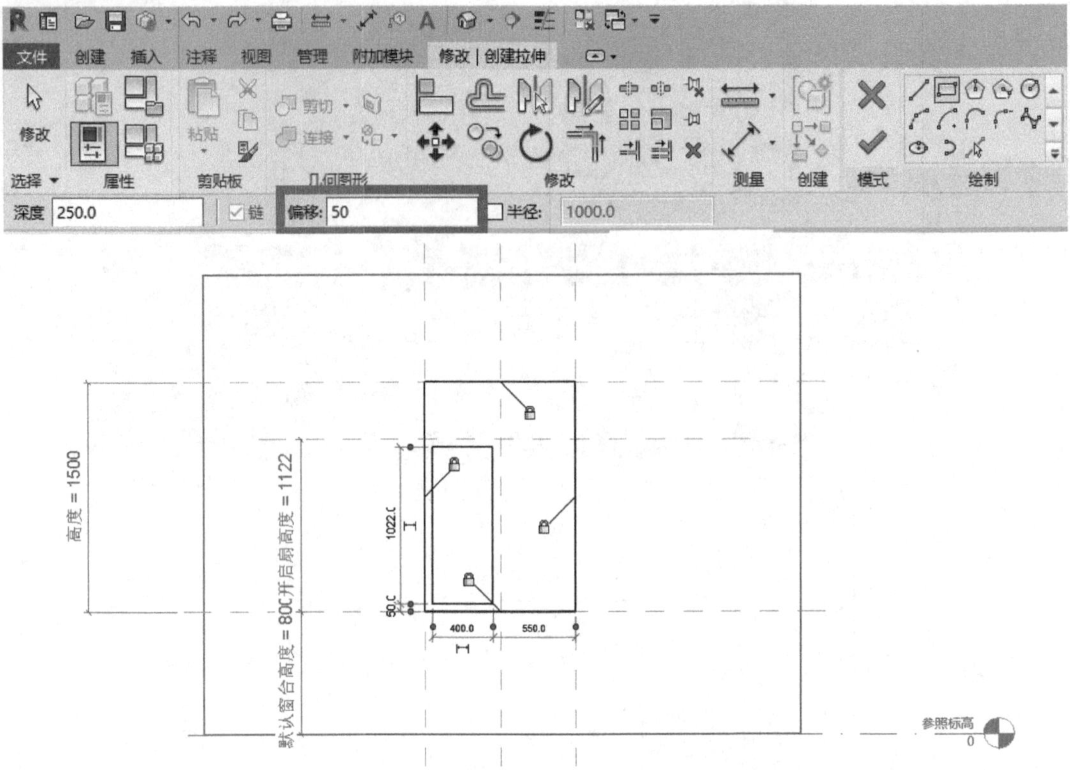

图 5-78　设置偏移

同样方法，完成窗框的绘制。但这样做出来的窗框是不正确的，亮子和窗扇间及两开启扇间的距离均为 100 mm，见图 5-79。

点击注释选项卡尺寸标注面板中的对齐，按图 5-80 所示标注对象，点击尺寸标注外的“EQ”键，即等分标注对象。

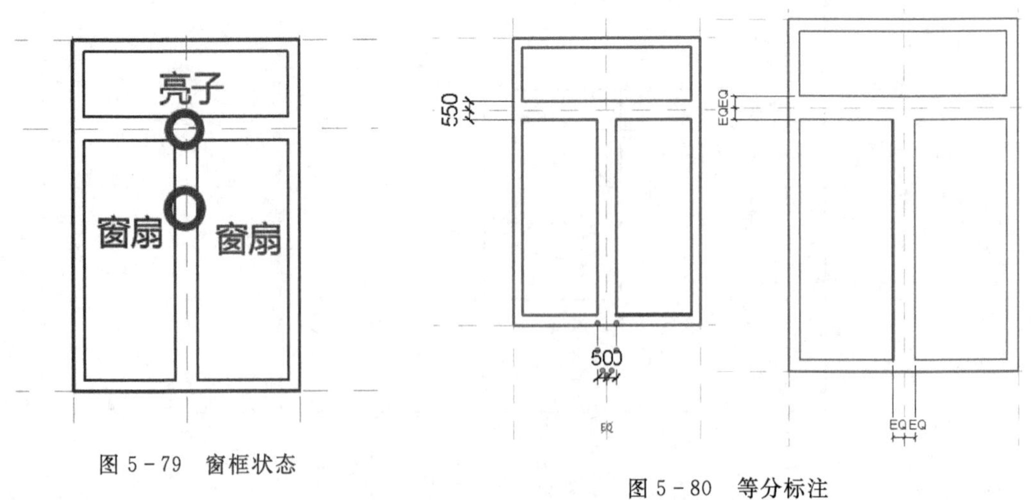

图 5-79　窗框状态

图 5-80　等分标注

按图示标注其他对象。选择其中一个标注数字为“50”的尺寸标注，创建名为“窗框宽度”的参数，见图 5-81。

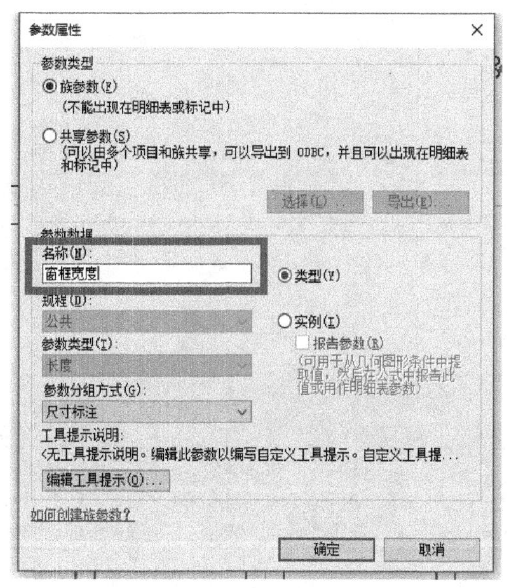

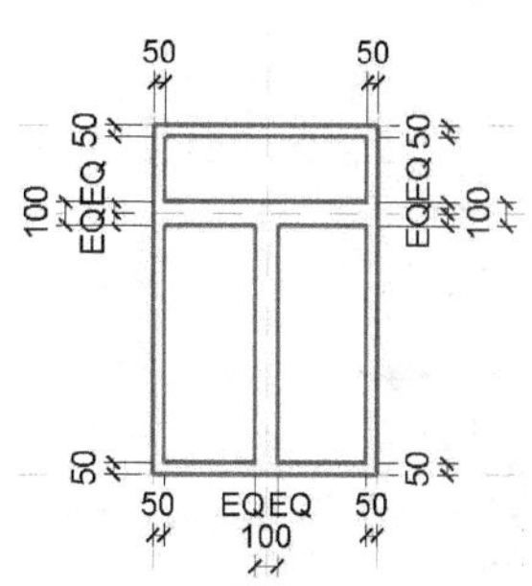

图 5-81 创建参数

点击其他任意一个标注为“50”的尺寸标注，点击标签下方的选择框，选择“窗框宽度＝50”，用该方法修改所有的标注内容。

注：原先标注为“100”的尺寸标注也会进行相应的修改，满足设计要求，见图 5-82。

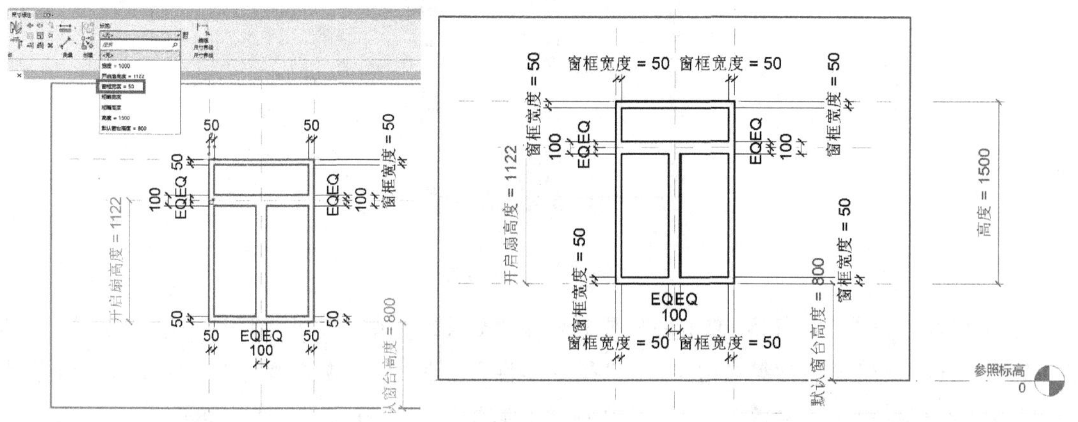

图 5-82 修改尺寸

属性工具栏中将拉伸终点改为“40.0”，拉伸起点改为“－40.0”，点击“✔”，完成拉伸，见图 5-83。

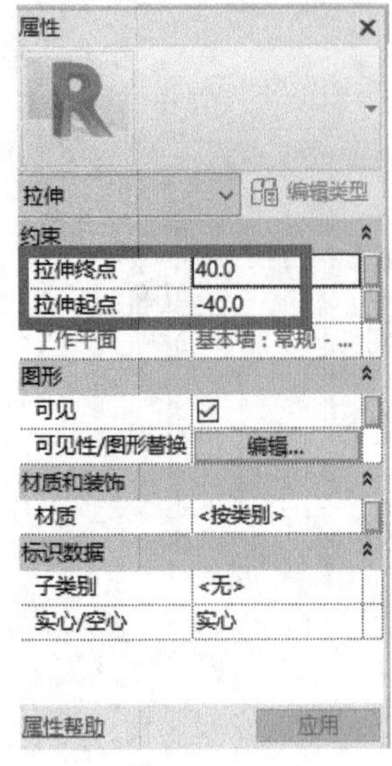

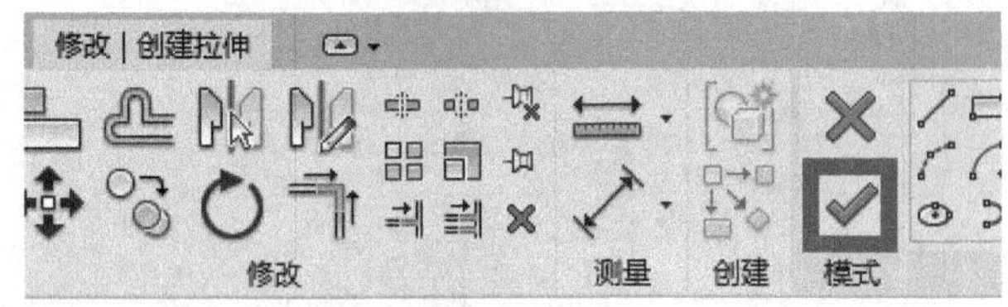

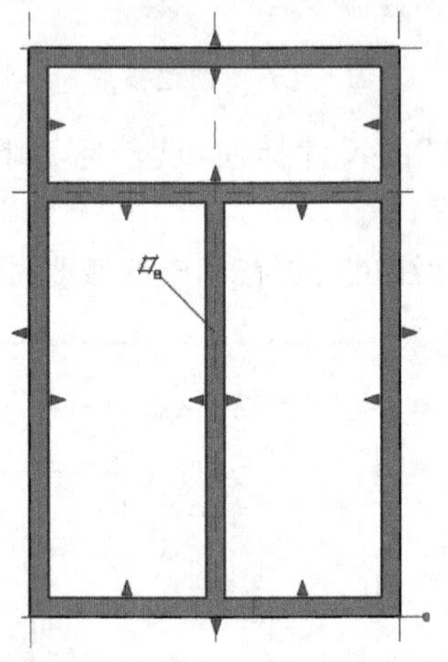

图 5 - 83　完成拉伸

点击属性工具栏材质和装饰中的材质右侧的“关联族参数”按钮，弹出“关联族参数”对话框，点击下方的新建参数“ ”按钮，弹出“参数属性”对话框，参数类型为“族参数”，参数数据中名称改为“窗框材质”，参数分组方式为“材质和装饰”，点击确定，见图 5 - 84。

注：窗框材质参数设定所用的方法即为材质参数设定的方法。

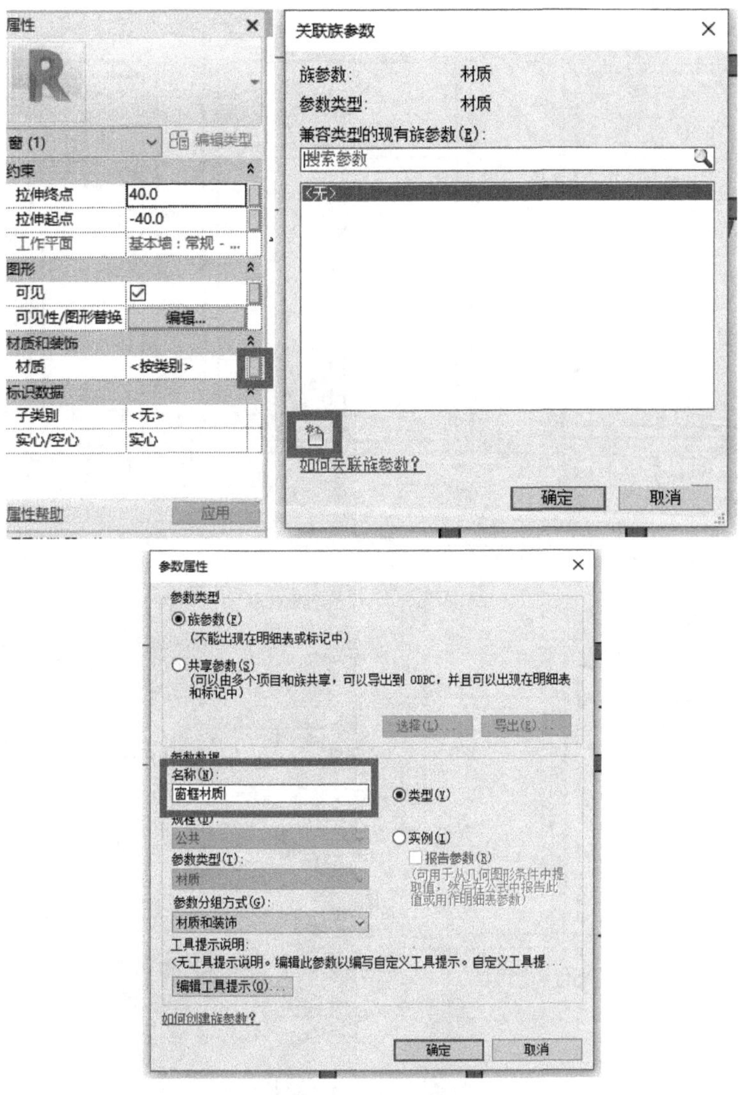

图 5 - 84　关联参数

点击创建选项卡形状面板中的“拉伸”，自动切换至“修改|创建拉伸”上下文选项卡，用同样方法绘制窗户的边框，并创建“边框宽度”几何参数，宽度也为“50”，属性工具栏中修改拉伸终点为“25”|，拉伸起点为“－25”，点击“”，完成拉伸，见图 5 - 85。

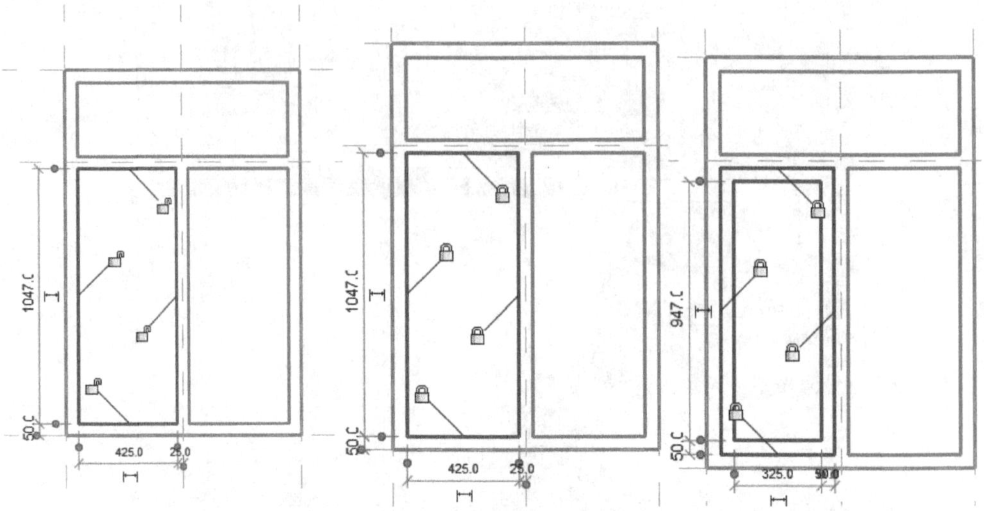

1047.0 50.0 425.0 25.0
1047.0 50.0 425.0 25.0
947.0 50.0 325.0 50.0

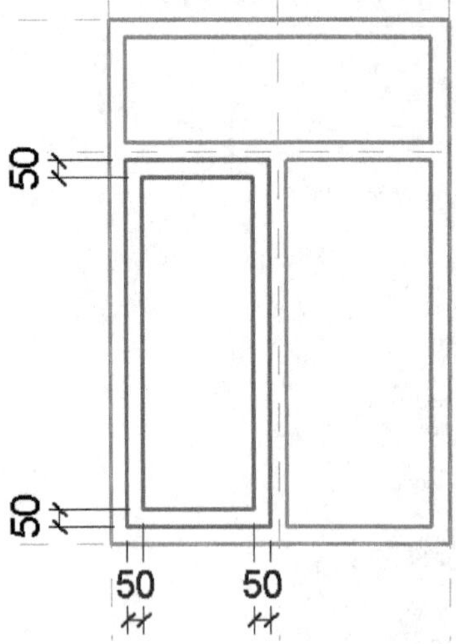

50 50 50 50

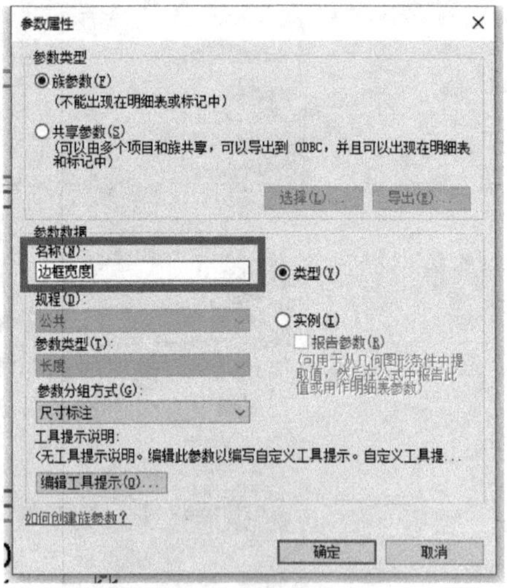

参数属性
参数类型
族参数(F)
(不能出现在明细表或标记中)
共享参数(S)
(可以由多个项目和族共享，可以导出到 ODBC，并且可以出现在明细表和标记中)
选择(L)... 导出(E)...
参数数据
名称(N):
边框宽度
类型(Y)
规程(D):
公共
实例(I)
参数类型(T):
报告参数(R)
长度
(可用于从几何图形条件中提取值，然后在公式中报告此值或用作明细表参数)
参数分组方式(G):
尺寸标注
工具提示说明:
<无工具提示说明。编辑此参数以编写自定义工具提示。自定义工具提...
编辑工具提示(O)...
如何创建族参数?
确定 取消

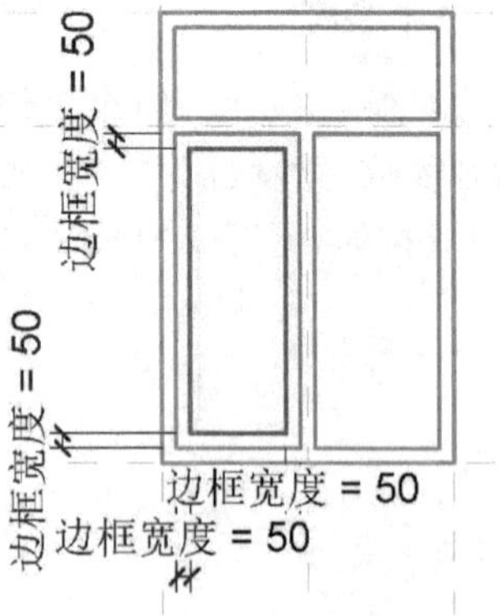

边框宽度 = 50
边框宽度 = 50
边框宽度 = 50
边框宽度 = 50

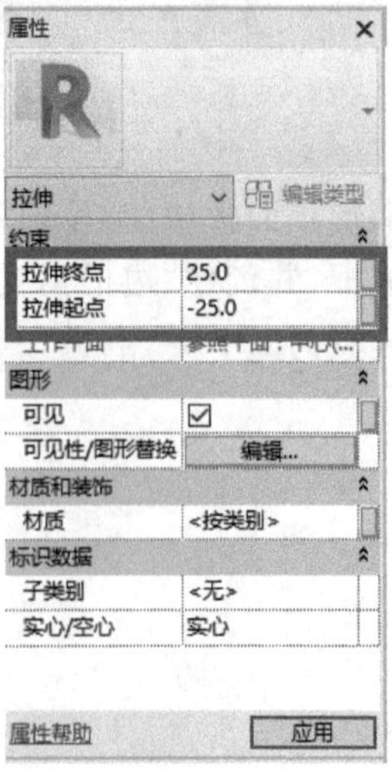

属性	
拉伸	编辑类型
约束	
拉伸终点	25.0
拉伸起点	-25.0
工作平面	参照平面：中心(...
图形	
可见	☑
可见性/图形替换	编辑...
材质和装饰	
材质	<按类别>
标识数据	
子类别	<无>
实心/空心	实心
属性帮助	应用

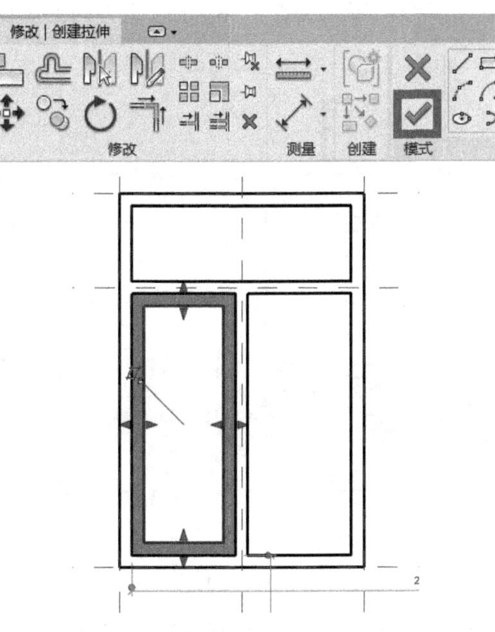

图 5 - 85　完成拉伸

为边框创建材质参数，方法同“窗框材质”，见图 5 - 86。

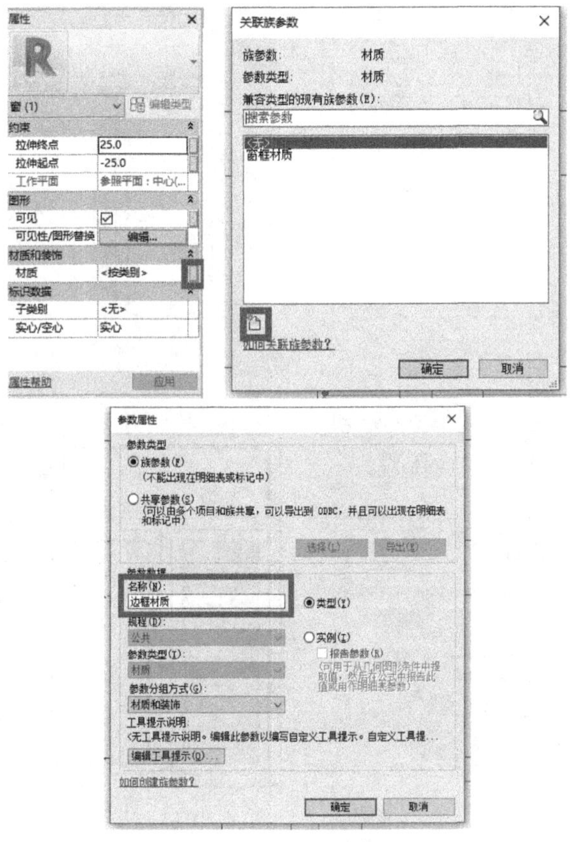

图 5 - 86　窗框材质

点击修改面板中的镜像-拾取轴按钮，以图 5－87 示垂直方向的参照平面为镜像轴进行镜像。

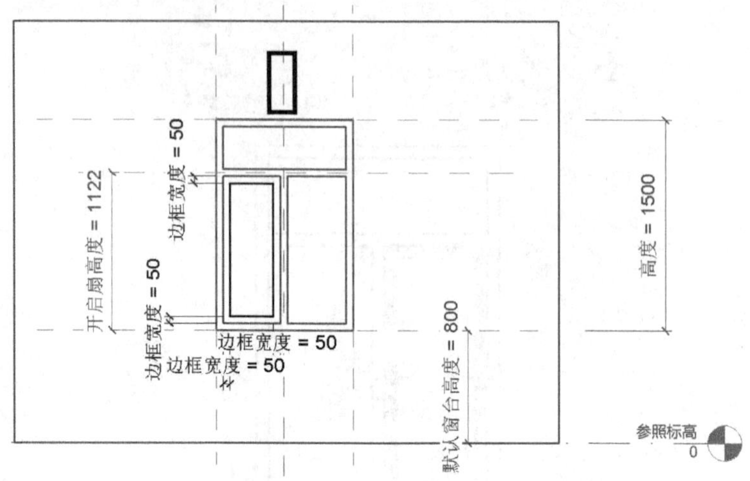

图 5－87 镜像

接下来为窗户附上玻璃材质，继续点击创建选项卡形状面板中的“拉伸”，按图 5－88 所示的位置绘制矩形，并上锁，属性工具栏中修改拉伸终点为“3”，拉伸起点为“－3”，点击“✔”，完成拉伸。

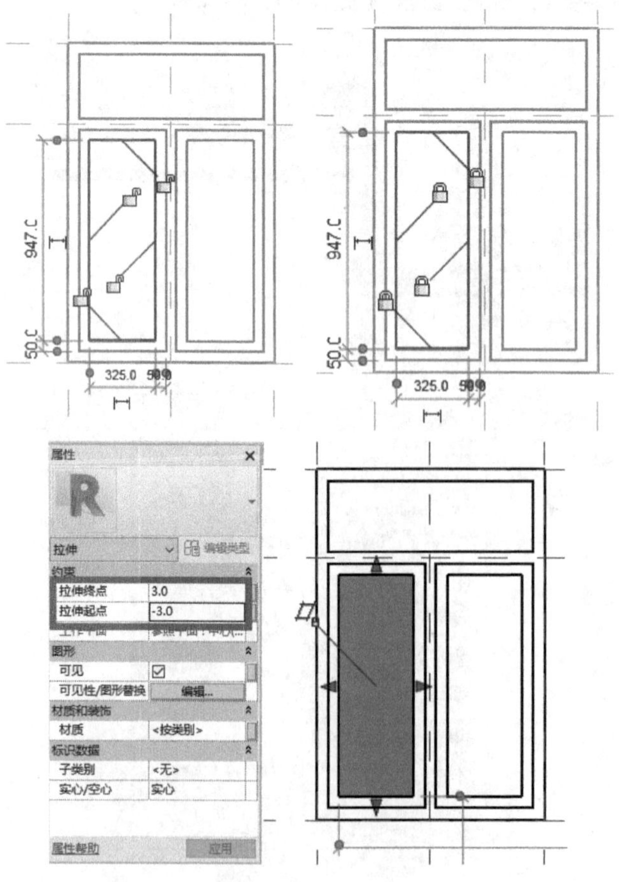

图 5－88 完成拉伸

为玻璃创建名为“玻璃材质”的材质参数，创建完成后点击修改面板中的镜像-拾取轴按钮，仍以垂直参照平面为镜像轴进行镜像，见图 5－89。

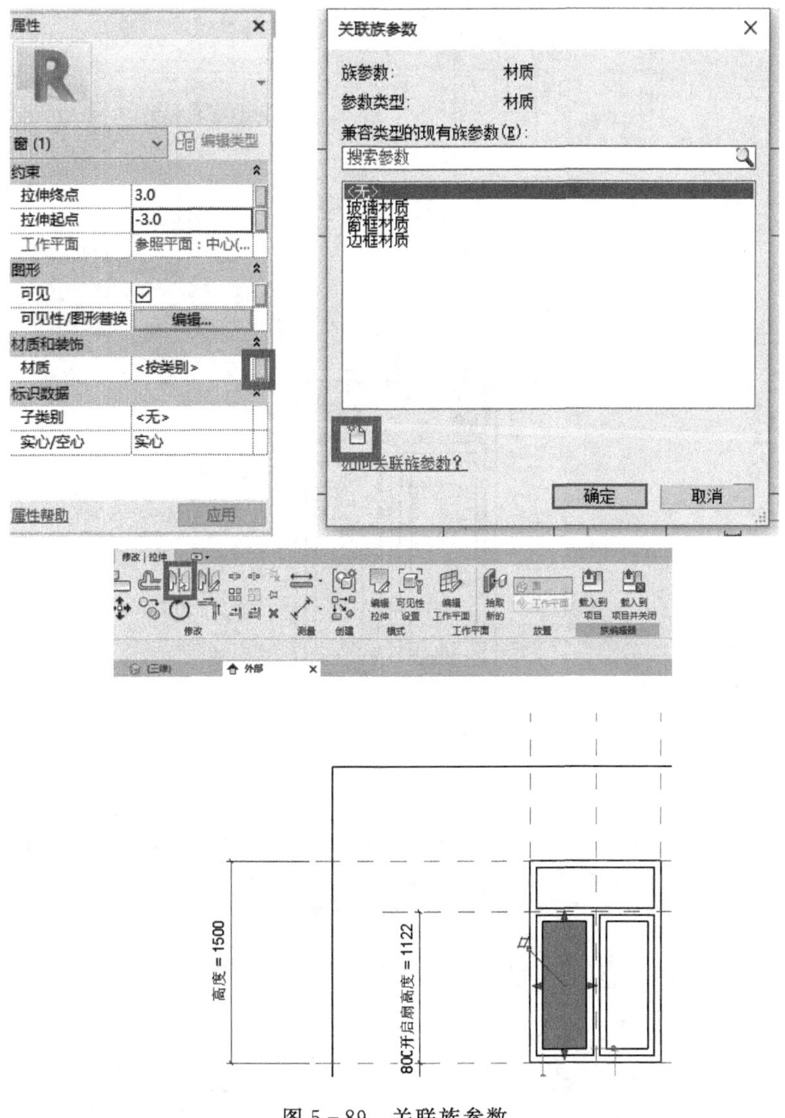

图 5－89　关联族参数

同样方法为窗户的亮子也制作玻璃，见图 5－90。

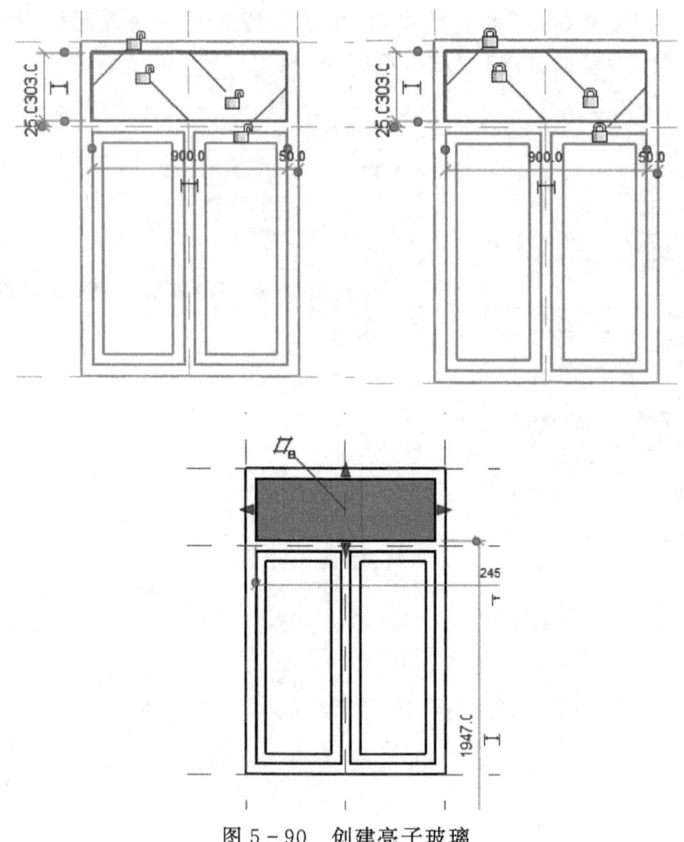

图 5－90　创建亮子玻璃

接下来对公制窗族进行参数化修改和调整。

点击修改选项卡属性面板中的“族类型”，弹出“族类型”对话框，见图 5－91。

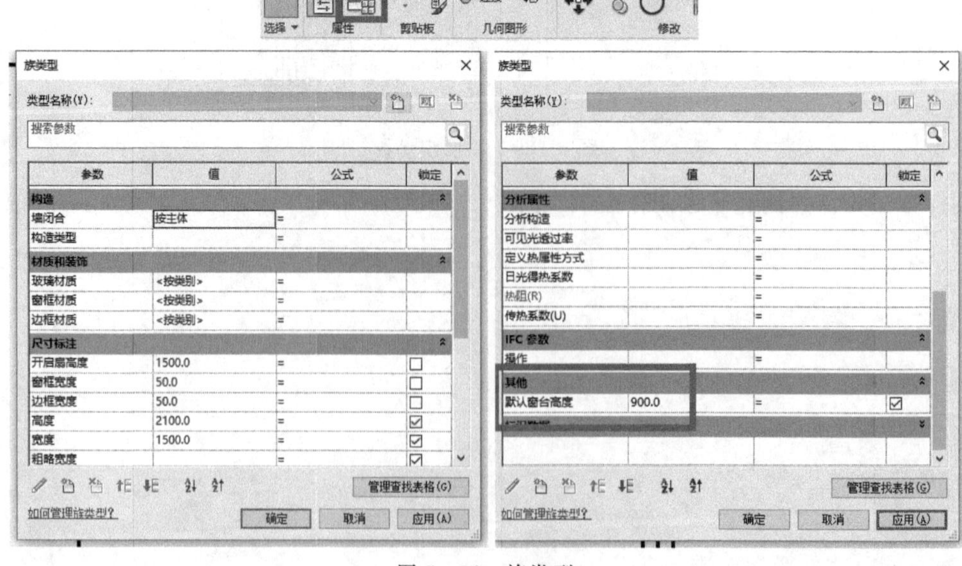

图 5－91　族类型

根据小学教学楼项目信息，按图 5 - 92 所示调整尺寸标注数据。窗框、边框为褐色断桥铝合金，点击窗框参数右侧<按类别>，弹出“材质浏览器”对话框，重命名为“窗框及边框材质”，打开“资源浏览器”，在搜索栏输入“铝合金”，在搜索结果中选择“铝合金 1100－H18”，点击确定，完成铝合金材质选取。

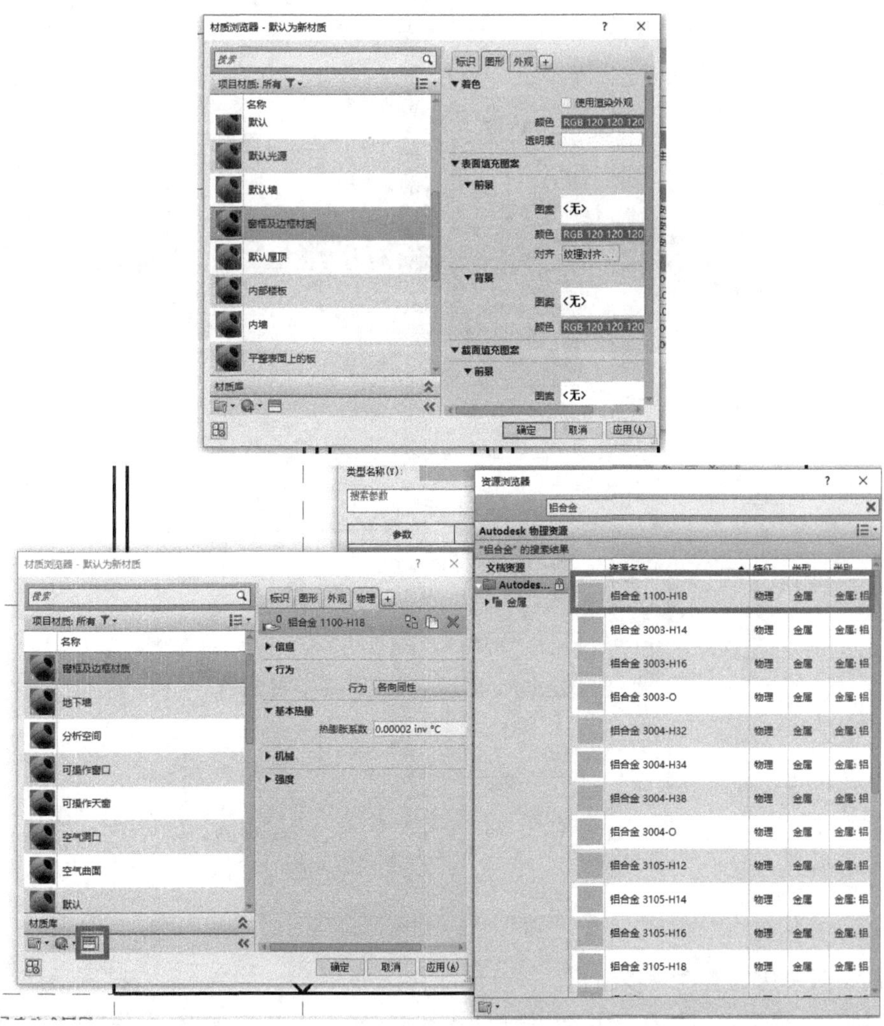

图 5 - 92　材质选择

按图 5 - 93 所示将图形和外观选项卡中的相关选项颜色改为褐色，点击确定，完成“窗框及边框材质”创建，同样方法为玻璃附上玻璃材质。

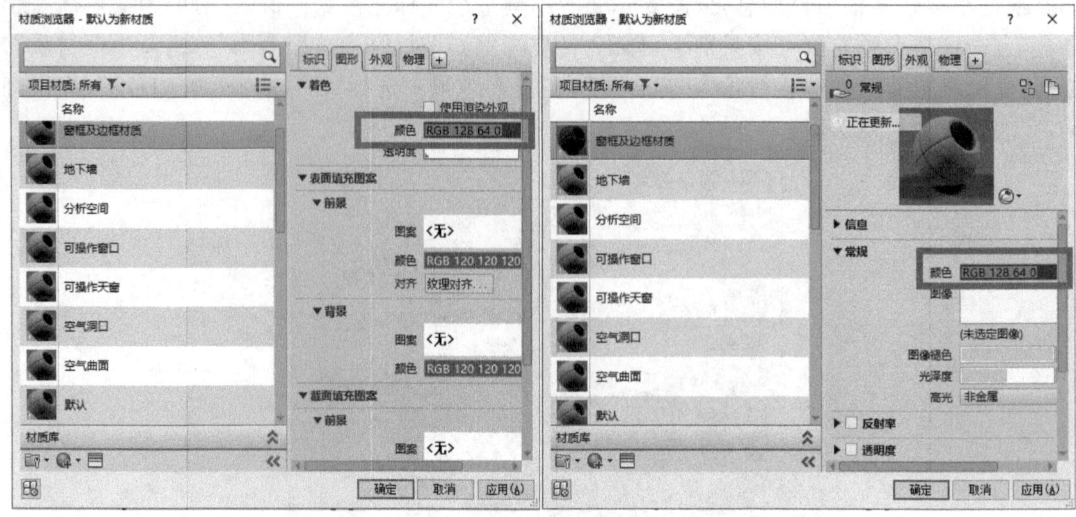

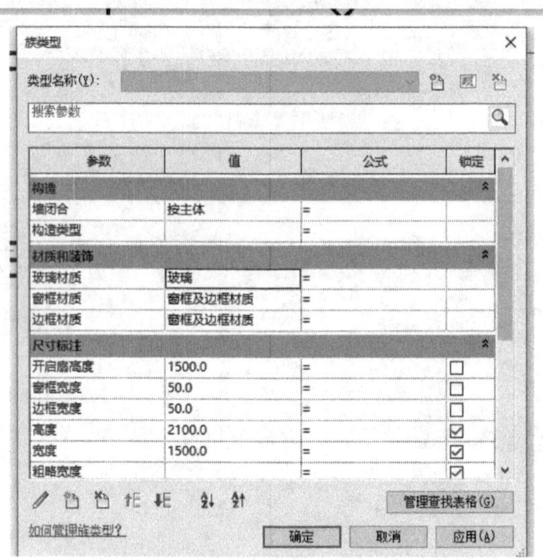

图 5-93　创建材质

平面、立面表达仍需进一步细化。

切换到三维视图，选择窗，切换至“修改|选择多个”上下文选项卡，选择“过滤器”，仅勾选“窗”，点击确定。在属性工具栏图形选项中点击“可见性/图形替换”后的编辑按钮，弹出“族图元可见性设置”对话框，取消勾选“平面/天花板平面视图”和“当在平面/天花板平面视图中被剖切时(如果类别允许)”，点击确定，见图 5-94。

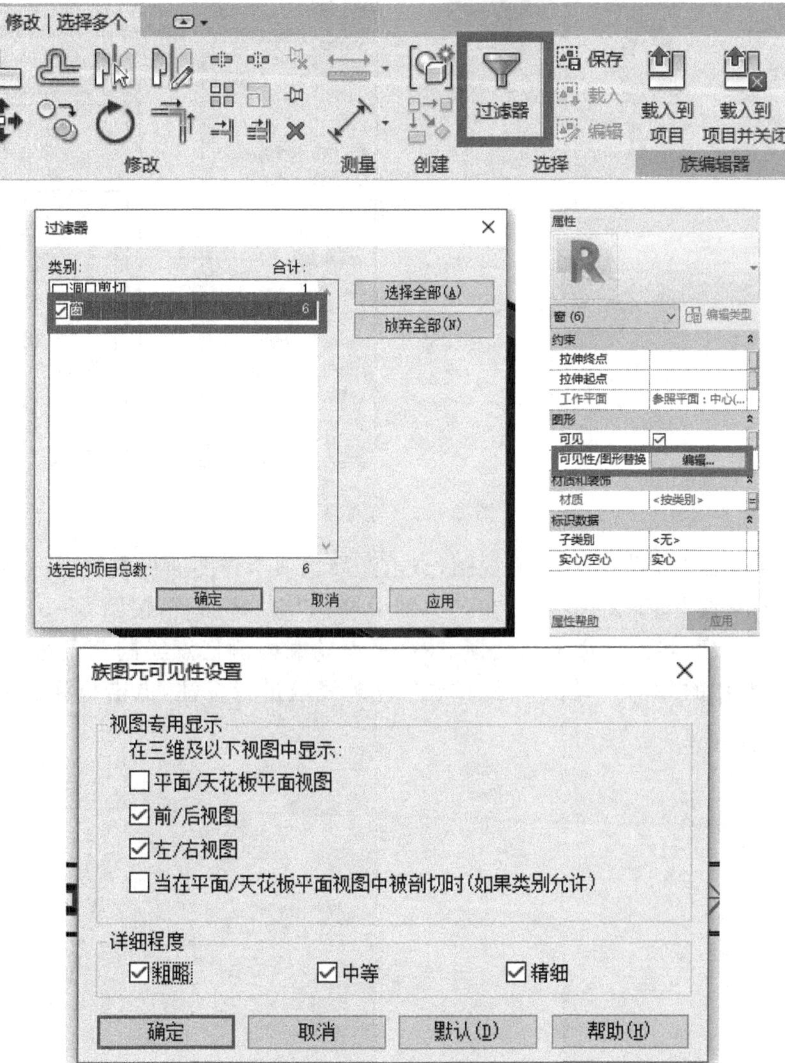

图 5-94　族可见性设置

立面增加开启方向符号线，切换至外部立面视图，点击注释选项卡详图面板中的“符号

线”，见图 5 - 95，自动切换至“修改|放置符号线”上下文选项卡，在子类别中选择“隐藏线[截面]”，按图 5 - 96 所示的位置绘制符号线，完成立面深化绘制。

图 5 - 95　符号线

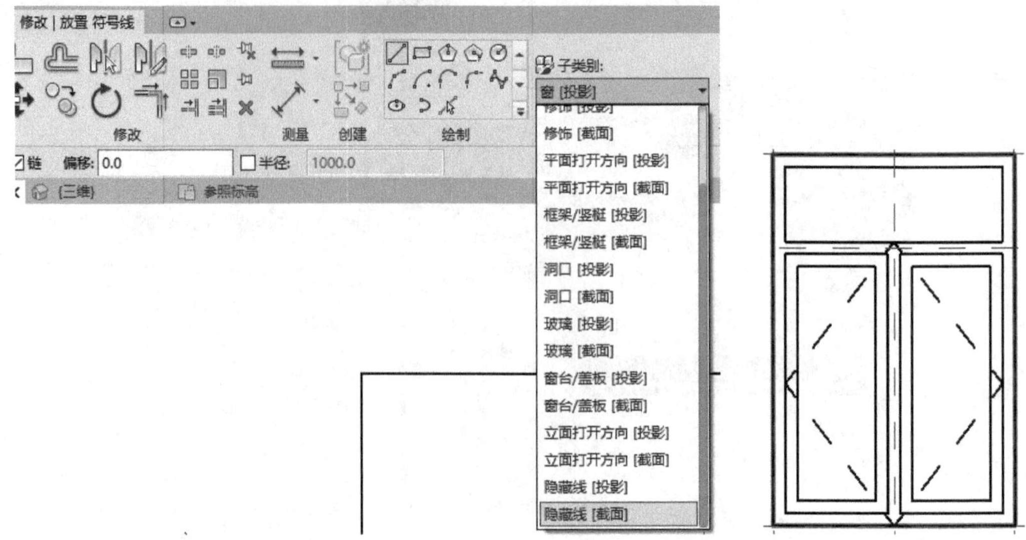

图 5 - 96　立面深化

切换到楼层平面“参照平面”平面视图，点击注释选项卡详图面板中的“符号线”，自动切换至“修改|放置符号线”上下文选项卡，在子类别中选择“窗[截面]”，按图 5 - 97 所示的位置用矩形绘制窗的外轮廓，将四条边全部上锁，在窗平面轮廓内侧任意绘制两条水平符号线，为使其均分，使用注释中的“对齐”对窗户水平方向各条线段进行标注，点击标注右侧的等分标志“EQ，完成平面深化。

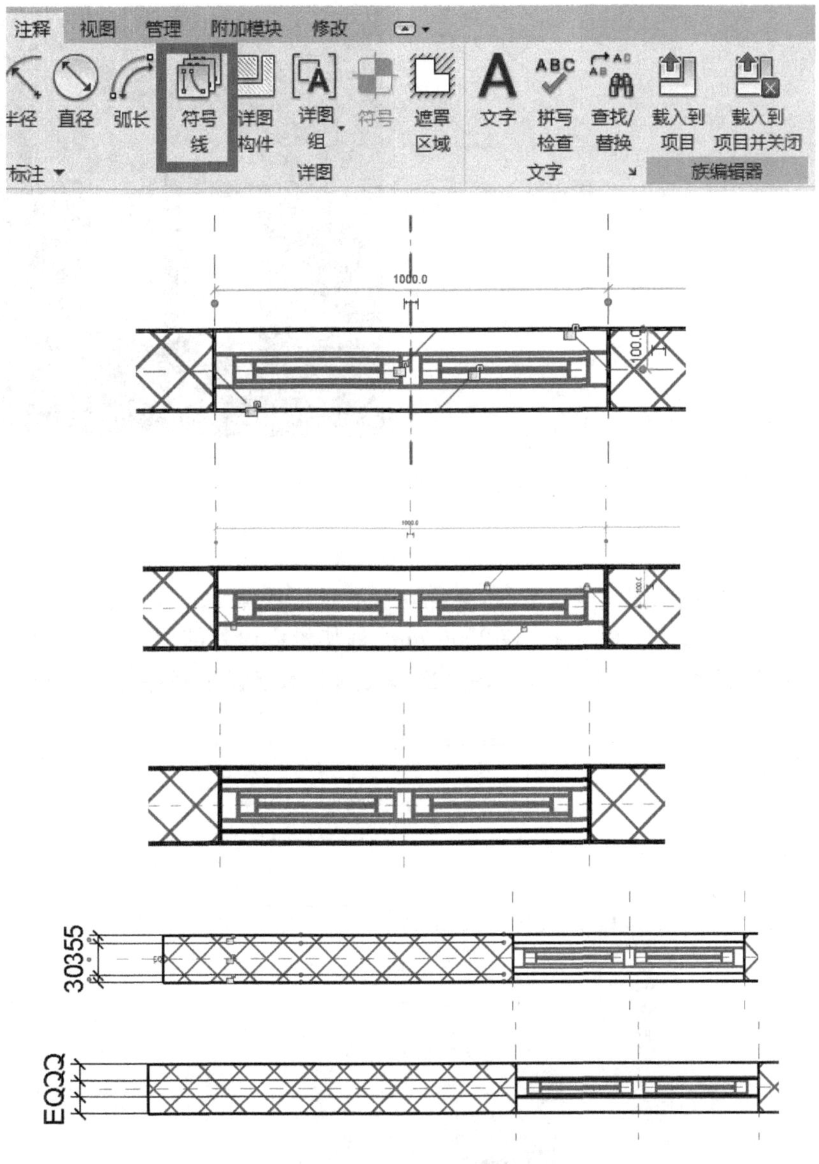

图 5-97　平面深化

新建项目，选择"建筑样板"，任意画一道墙，切换回公制窗族的视图页面，选择创建选项卡族编辑器面板中的"载入到项目"，并将窗插入到墙内（方法参考本书第 3 章），也同样可以进行内外翻转，窗族创建完成，见图 5-98。

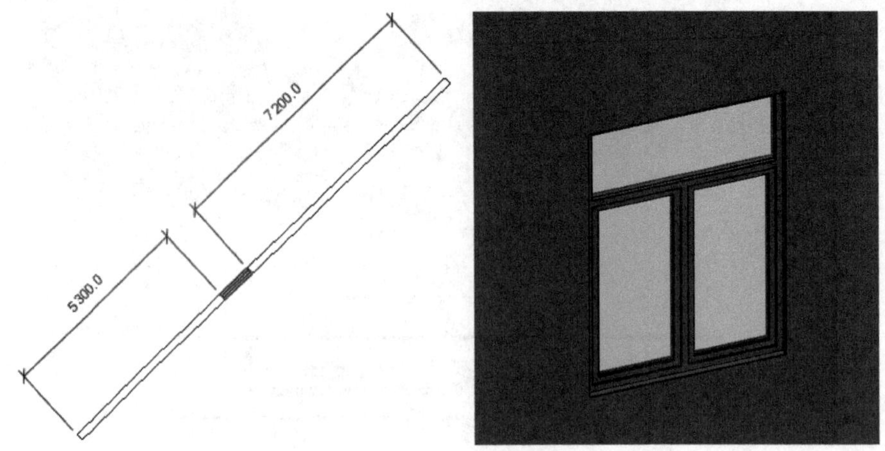

图 5-98　窗族创建完成

5.3.3　门族

新建族，选择“公制门.rft”样板文件，系统默认的是一段宽 5000 mm、高 4000 mm 的墙，墙厚 150 mm，居中位置为宽 1000 mm、高 2000 mm、框架投影内外部均为 25 的洞口的公制门样板。该样板中门的宽度、高度、框架投影内外部等几何参数已设定好，见图 5-99。

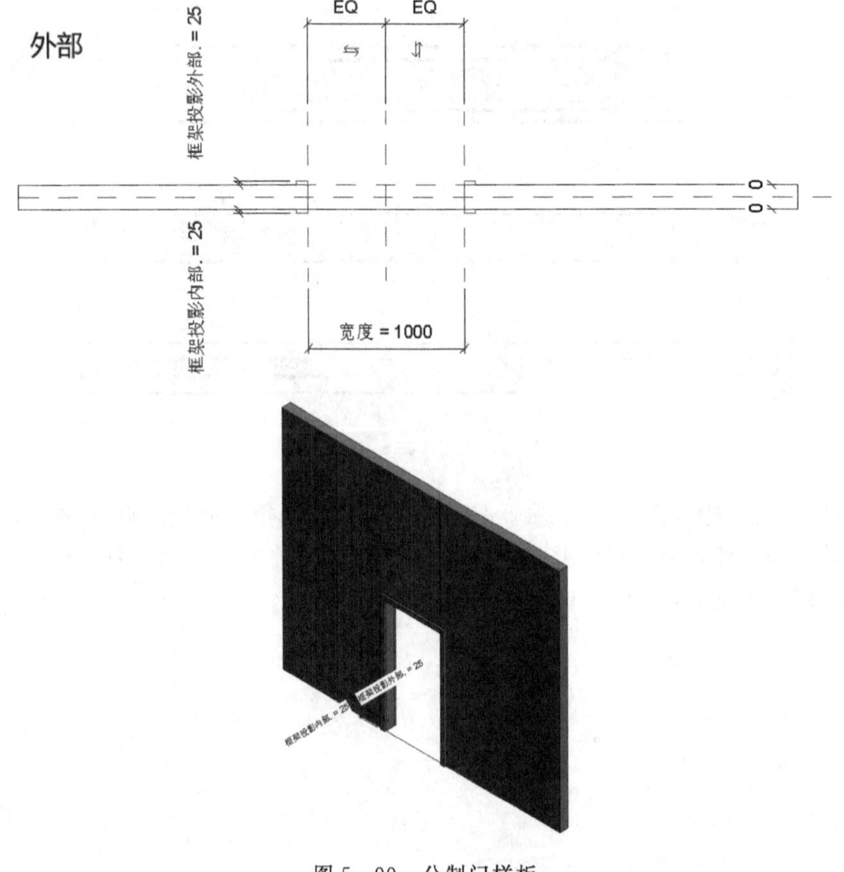

图 5-99　公制门样板

在楼层平面参照标高视图中点击创建选项卡工作平面面板中的“设置”，弹出“工作平面”对话框，选择“拾取一个平面”，点击确定，与窗族绘制方法一样，选择水平方向的参照平面，选择完成后，弹出转到视图，选择“立面：外部”，切换至外部立面视图，见图 5－100。

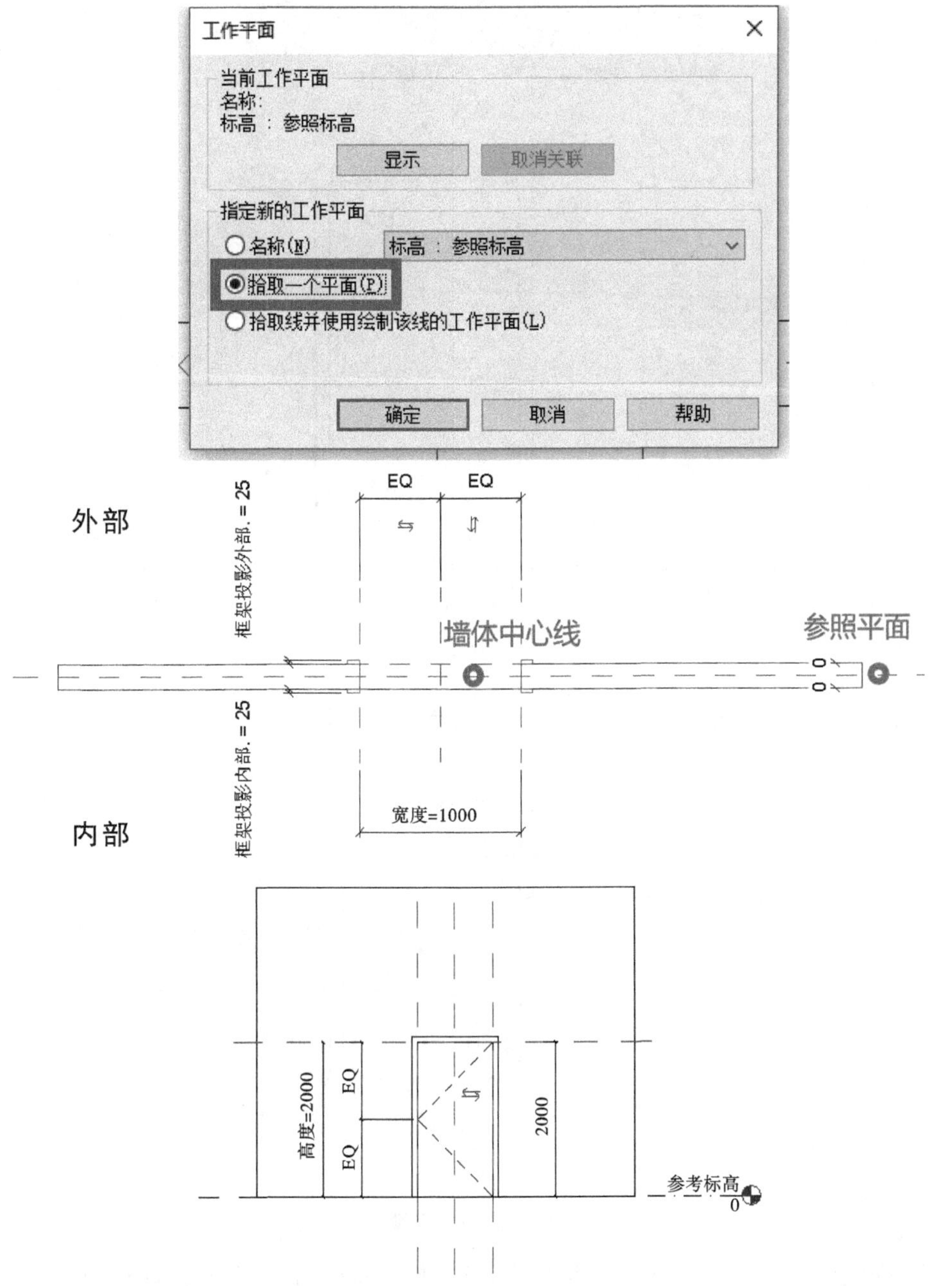

图 5－100　参照平面选择

点击创建选项卡形状面板中的“拉伸”，自动切换至“修改|创建拉伸”上下文选项卡，选择绘制面板中的“矩形”，按图 5－101 所示位置绘制门扇轮廓线，矩形四条边都会出现锁的符号，且都为打开状态“”，逐一将锁全部上锁“”。

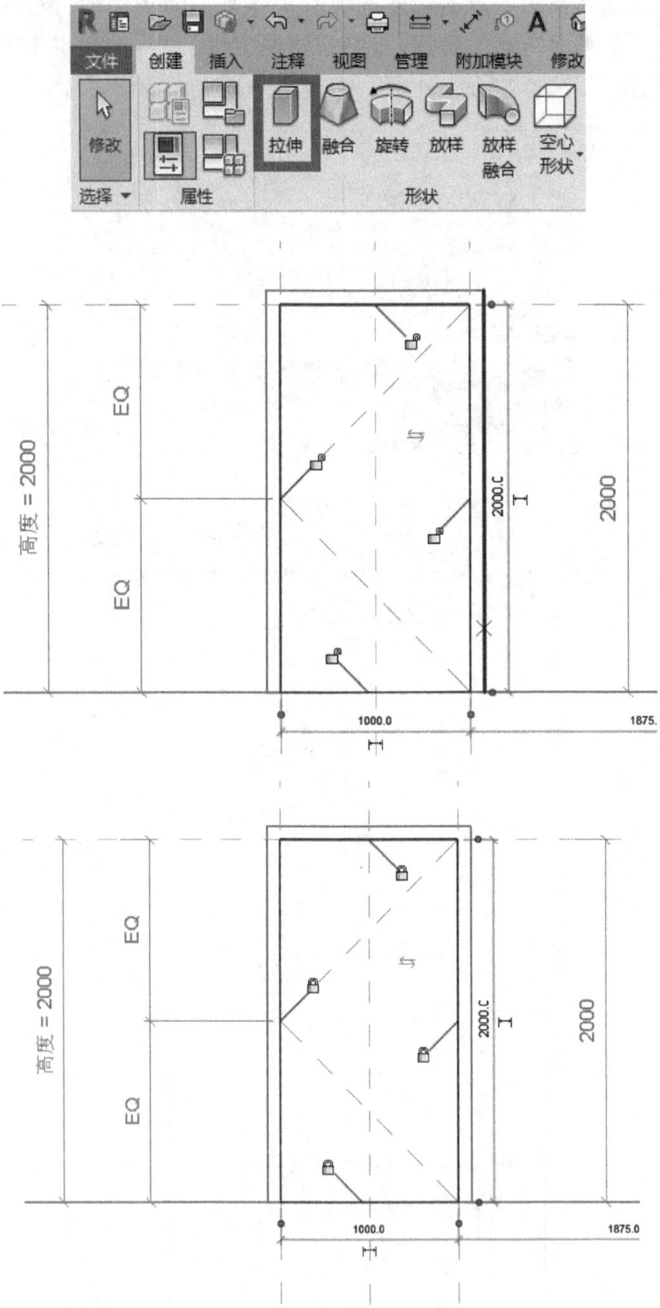

图 5－101　上锁

门板厚度为“40”，所以在属性工具栏中，将拉伸终点改为“20”，拉伸起点为“－20”，点击“✔”，完成拉伸，切换至三维，查看拉伸结果，见图 5－102。

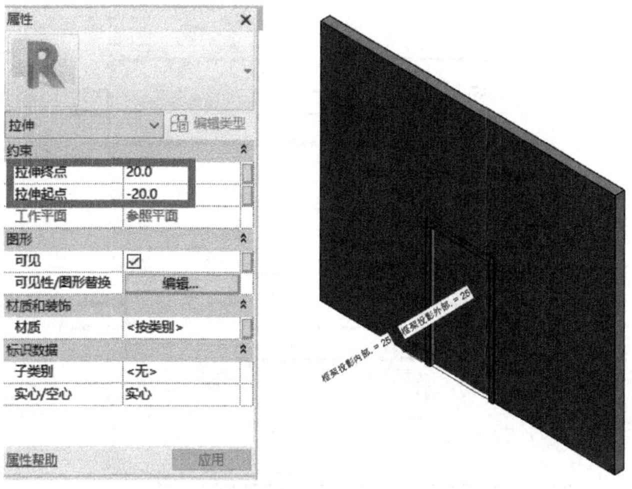

图 5-102　拉伸

接下来为门板厚度设定几何参数，切换至参照标高楼层平面，点击创建选项卡基准面板中的“参照平面”，按图 5-103 所示绘制两个水平参照平面。

注：绘制每个参照平面后都需要锁定该参照平面。

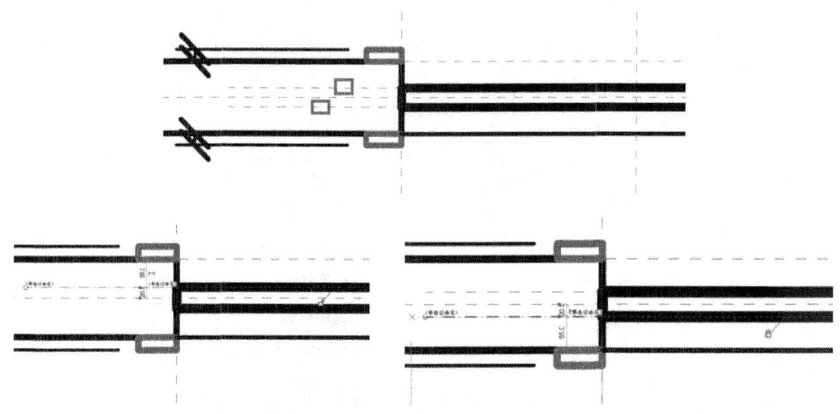

图 5-103　锁定参照平面

点击注释选项卡尺寸标注面板中的“对齐”，对绘制的参照平面和原有的水平参照平面进行标注，并且进行均分，再标注一个总尺寸“40”，见图 5-104，点击总尺寸，切换至“修改尺寸标注”上下文选项卡，在标签尺寸标注面板中点击标签下方的选项，选择“厚度”，为门板添加厚度几何参数，见图 5-105。

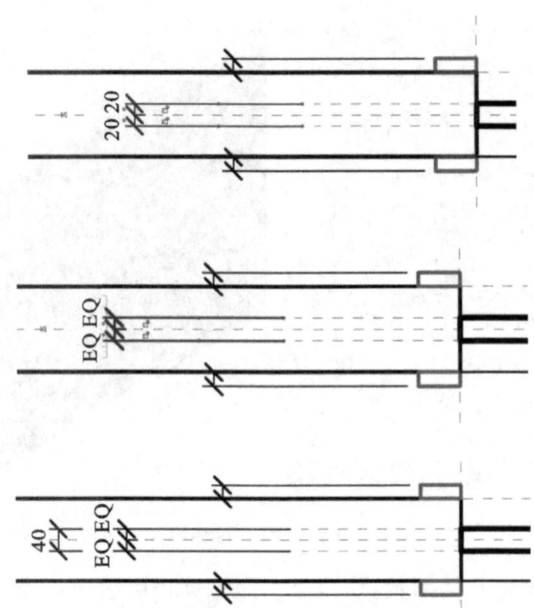

图 5-104　标注尺寸

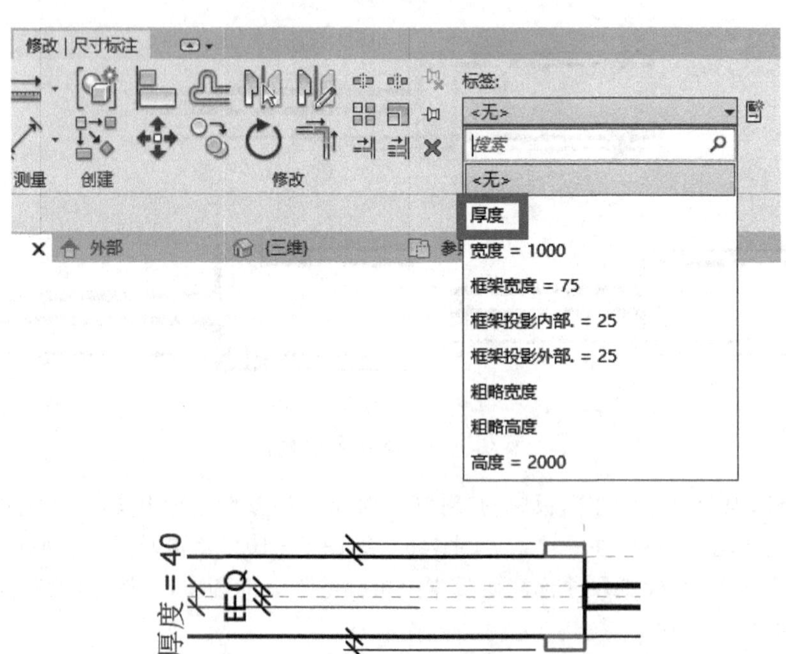

图 5-105　添加几何参数

选择门板，点击属性工具栏材质和装饰中材质右侧的小方块，弹出“关联族参数”对话框，点击下方的“新建参数”，弹出“参数属性”对话框，命名参数数据名称为“门板材质”，点击确定，为门板创建材质参数，见图 5-106。

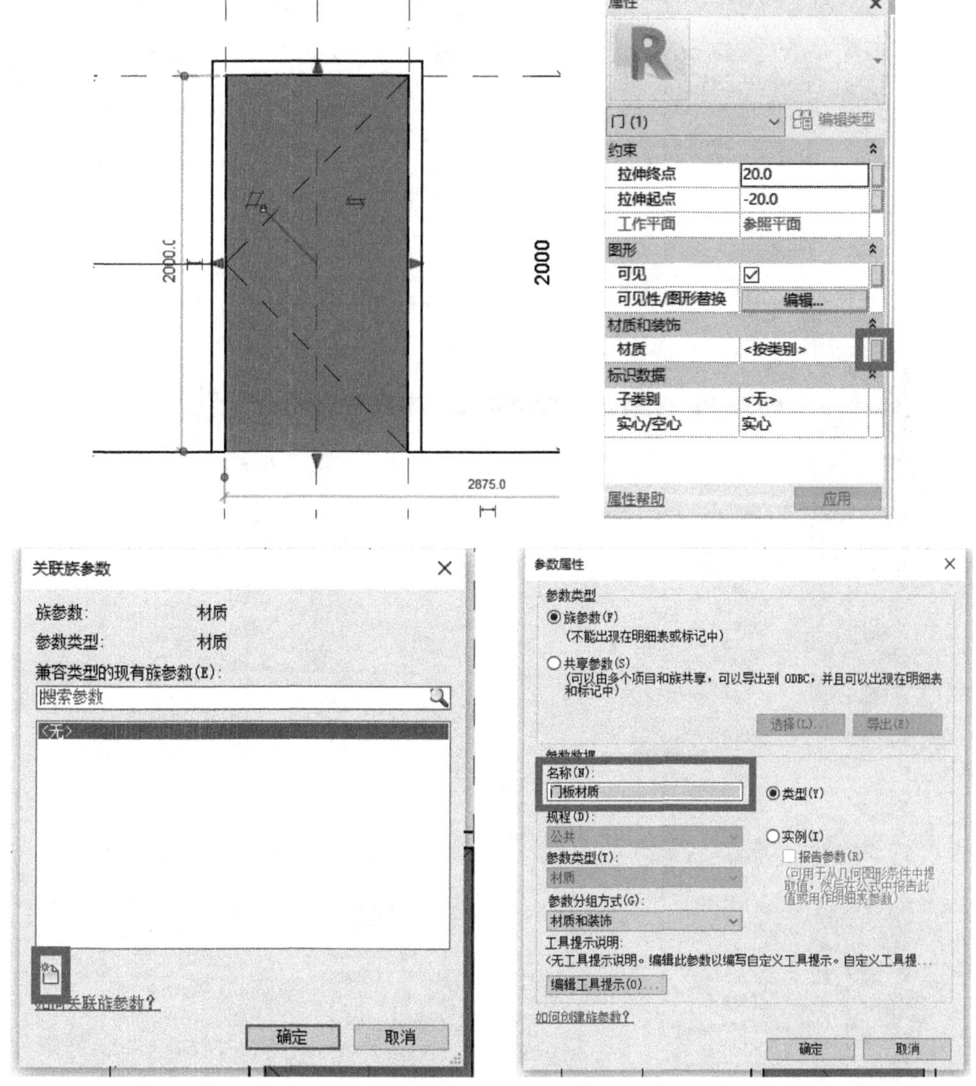

图 5-106 门板材质

下面要为绘制好的公制门添加门把手，将门把手嵌套到门板内。

切换至参照标高楼层平面，插入选项卡从库中载入面板中选择“载入族”，弹出“载入族”对话框，按图 5-107 所示文件夹位置选择“门锁 8”。

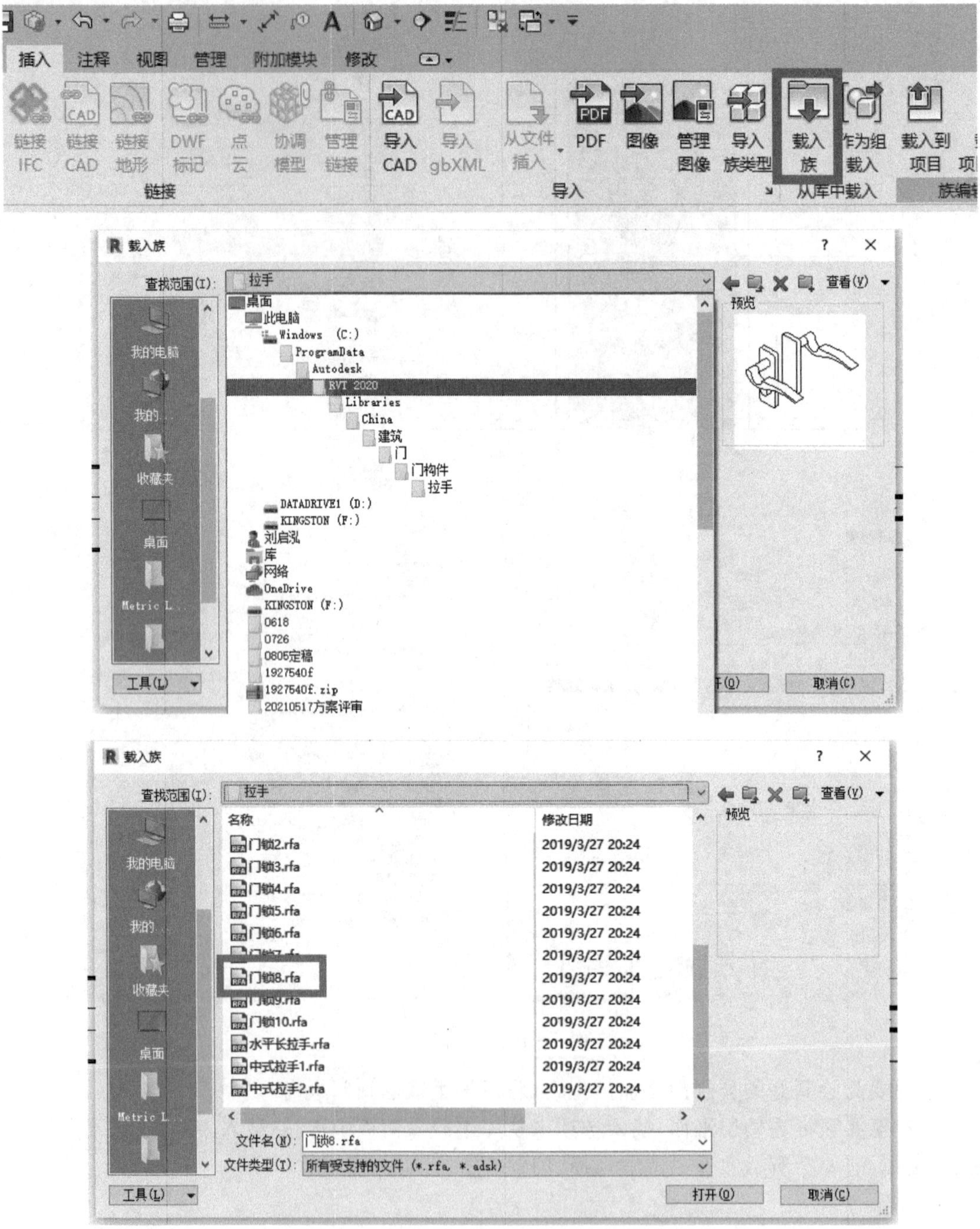

图 5－107　载入族

拖动项目浏览器中族—门—“门锁 8”至图中任意位置，见图 5－108。

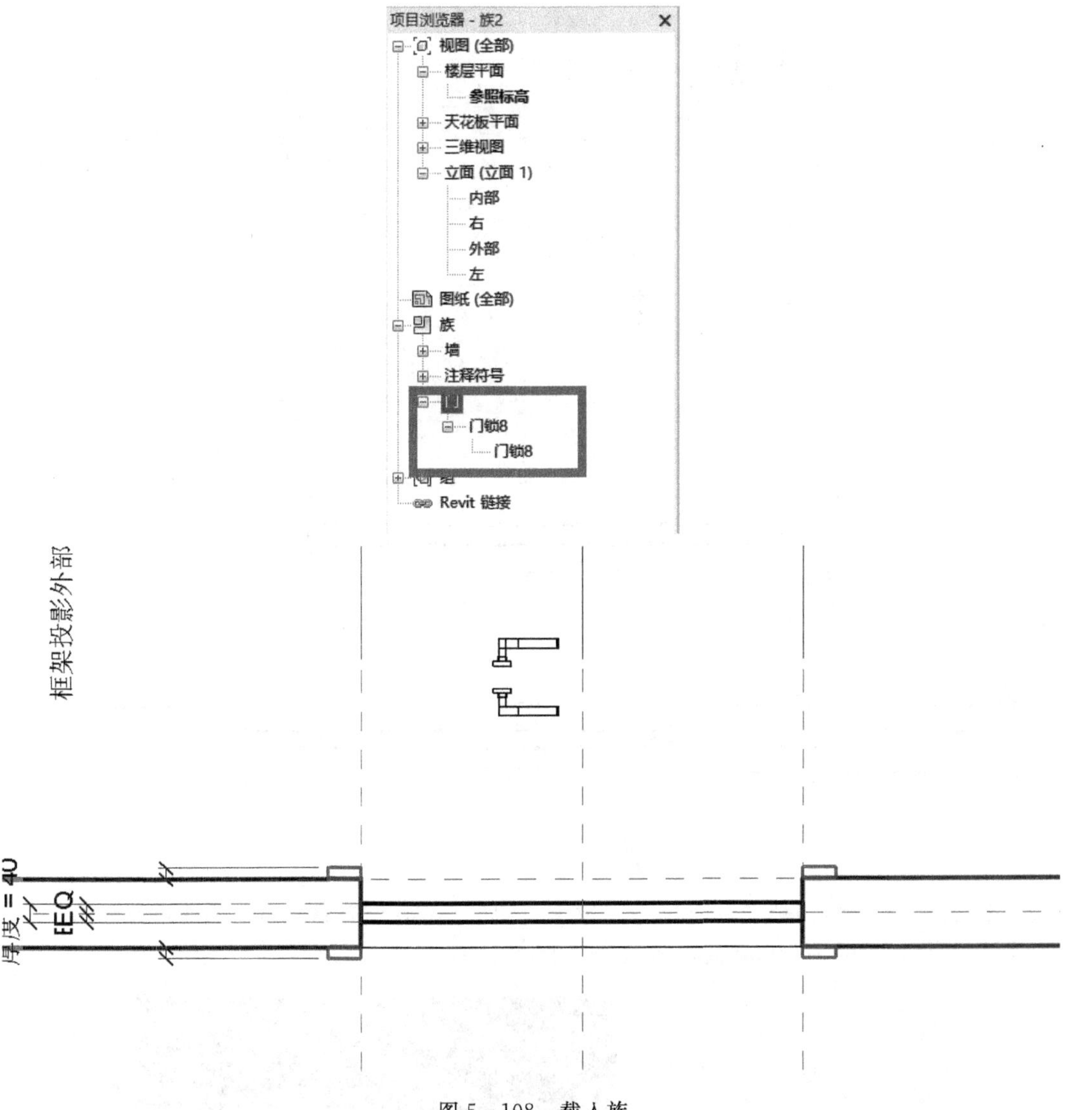

图 5-108　载入族

点击修改选项卡修改面板中的“对齐”，点击墙中心线，以墙中心线为准，再移动鼠标至门把手的中央，会出现蓝色中线，选择中线，则门把手就贴合到门板上了，见图 5-109。

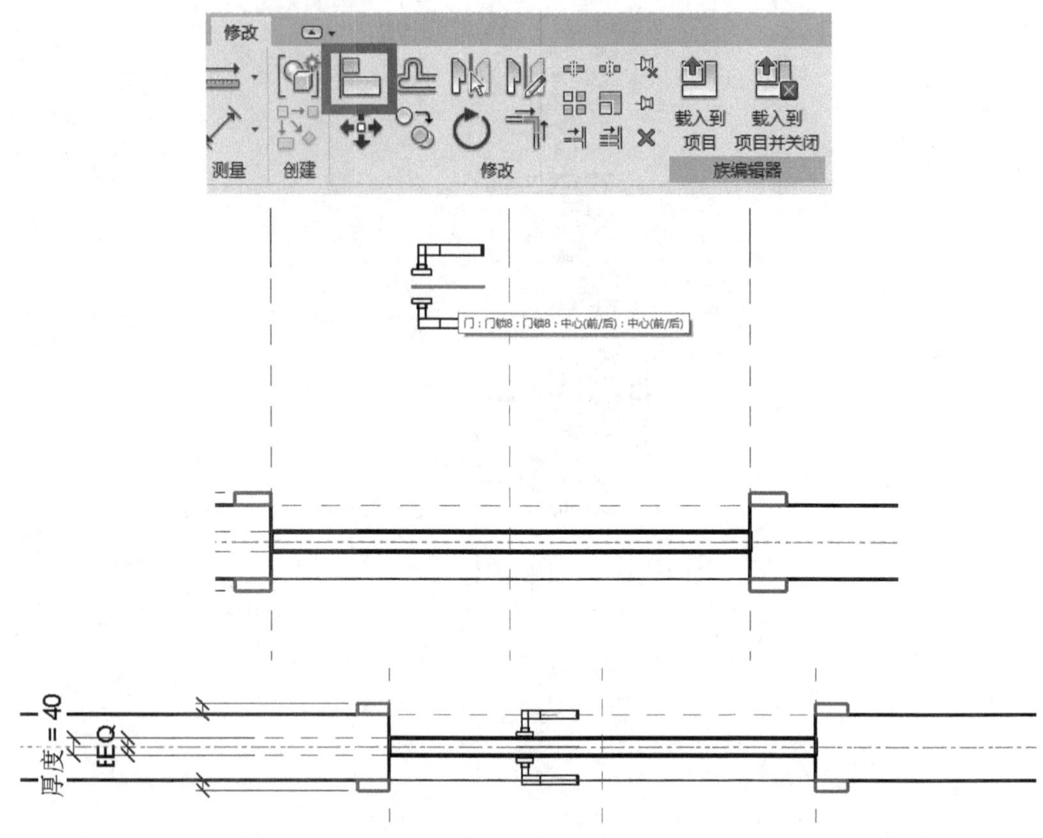

图 5-109　贴合把手

切换至三维视图，门把手此时位于门板下方，属性工具栏中修改主体中的偏移为 700.0，则门锁就上升到门板 700 mm 高的位置，见图 5-110。

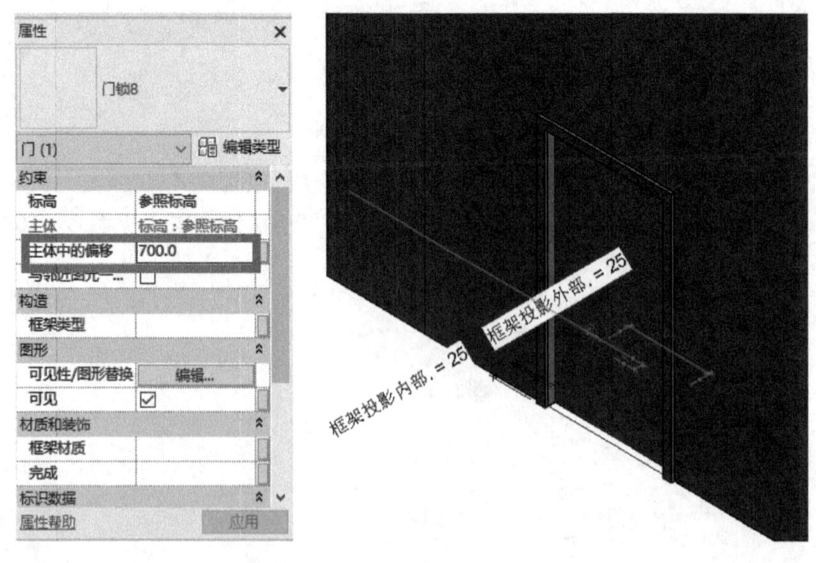

图 5-110　设置把手位置

切换至外部立面视图，绘制如图 5-111 所示的参照平面，使用修改面板中的“对齐”，使门锁的中心和参照平面对齐，并上锁。

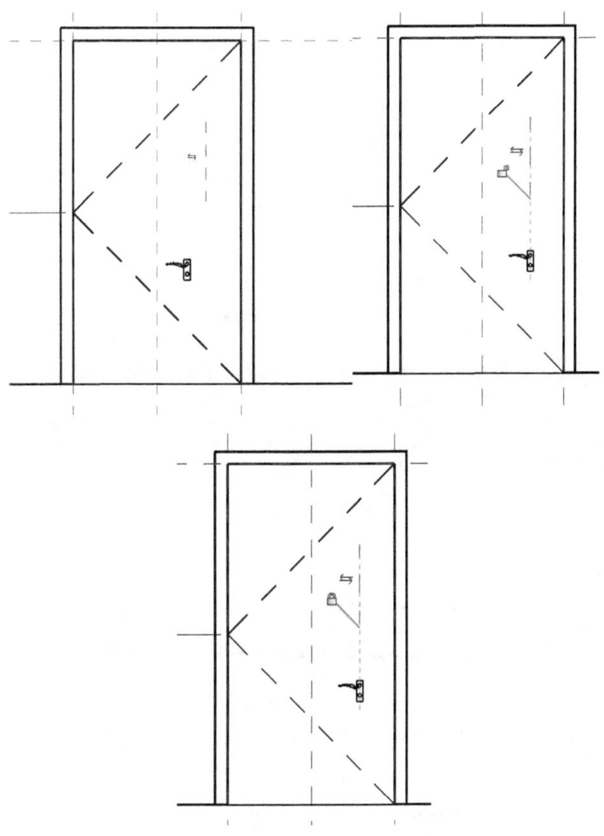

图 5－111　绘制参照平面

点击注释选项卡尺寸标注面板中的“对齐”，按图 5－112 所示位置对两个参照平面进行标注，要注意右边与门板重合的参照平面选取，需要用 Tab 键进行切换才能选中。选择该标注，切换至“修改尺寸标注”上下文选项卡，点击“创建参数”按钮，弹出“参数属性”对话框，参数数据中修改名称为“门锁距门框宽”，点击确定。

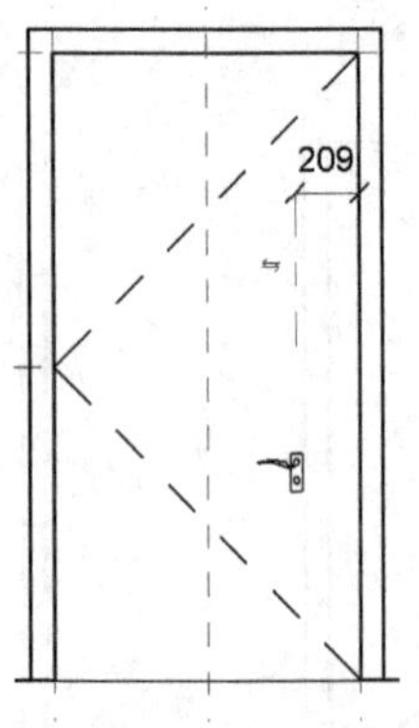

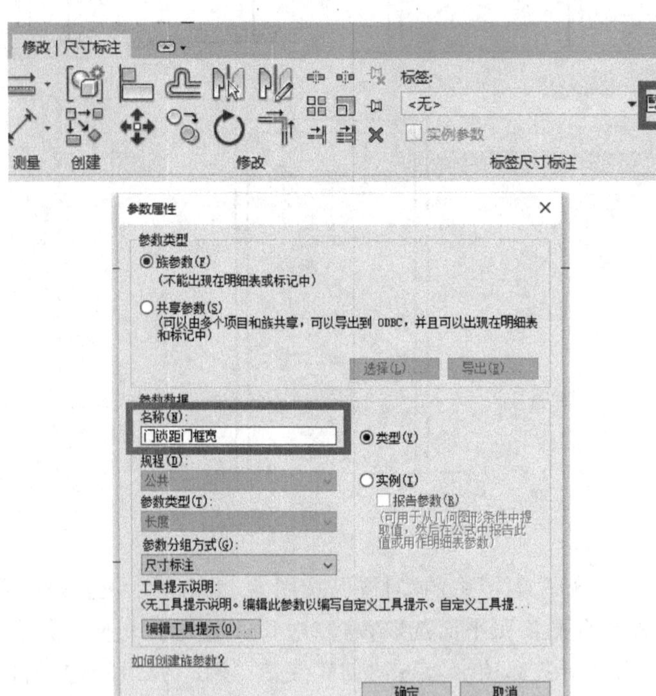

图 5－112　门锁参数设置

点击门锁，在属性工具栏中点击主体中的偏移后面的小方块，弹出“关联族参数”对话框，点击下方的“新建参数”，弹出“参数属性”对话框，在参数数据中名称改为“门锁距地高”，点击确定，见图 5－113。

图 5－113　关联门参数

点击创建选项卡属性面板中“族类型”，见图 5－114，弹出“族类型”对话框，将门锁距地高改为“900”，门锁距门框宽改为“100”，其余的按图 5－115 所示数值调整。点击门板材质后＜按类别＞，弹出“材质浏览器”对话框，点击下方“新建材质”，重命名为“门板材质”，打开资源浏览器，在外观库中选择“黄色松木-浅色着色抛光”，点击确定，完成门板材质参数设定，见图 5－116。

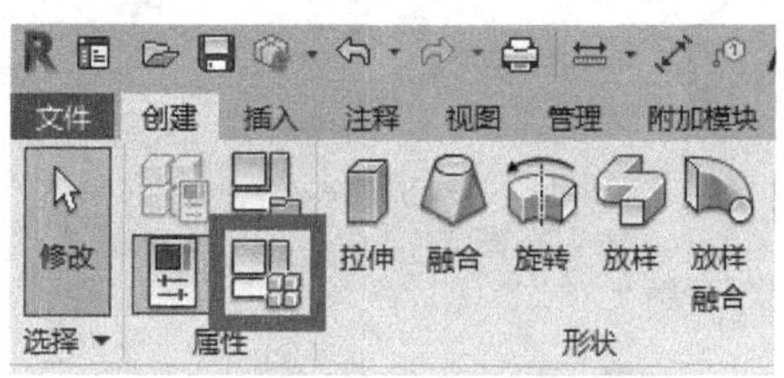

图 5－114　族类型

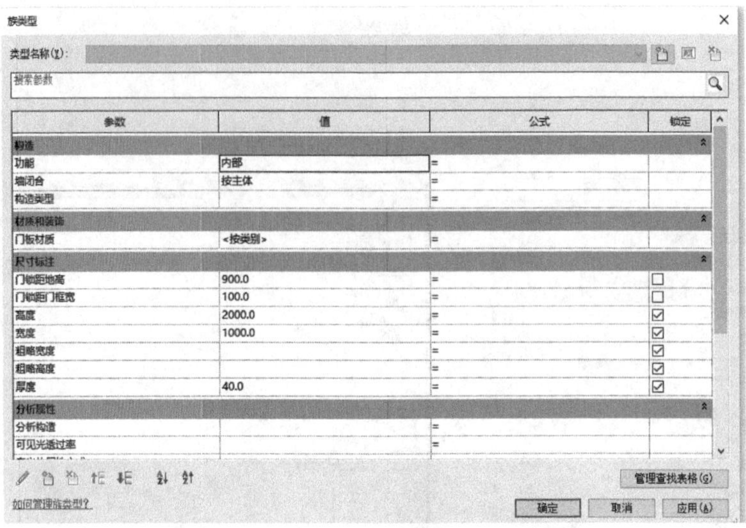

族类型
类型名称(Y):
搜索参数
参数
值
公式
锁定
构造
功能
内部
墙闭合
按主体
构造类型
材质和装饰
门板材质
<按类别>
尺寸标注
门锁距地高
900.0
门锁距门框宽
100.0
高度
2000.0
宽度
1000.0
粗略宽度
粗略高度
厚度
40.0
分析属性
分析构造
可见光透过率
管理查找表格(G)
如何管理族类型?
确定
取消
应用(A)

图 5-115　族类型

材质浏览器 - 内墙
材质浏览器 - 默认为新材质
资源浏览器
项目材质: 所有
名称
玻璃
地下墙
分析空间
可操作窗口
可操作天窗
空气洞口
空气曲面
默认
默认光源
默认墙
门板材质
默认屋顶
内部楼板
内墙
平整表面上的板
材质库
新建材质
复制选定的材质
标识
图形
外观
着色
使用渲染外观
颜色
透明度
RGB 195 229 126
RGB 120 120 120
表面填充图案
前景
背景
图案
<无>
RGB 0 0 0
对齐
纹理对齐...
截面填充图案
确定
取消
应用(A)
外观库: 木材
文档资源
收藏夹
Autodesk 物理资源
外观库
表面处理
玻璃
地板
护墙板
灰泥
混凝土
金属
金属漆
镜子
默认
木材
面板
其他
墙面装饰面层
墙漆
石料
资源名称
特征
类型
类别
桦木 - 天然中光泽
桦木 - 有光泽
黄色松木 - 浅色着色低光泽实心
黄色松木 - 浅色着色抛光
黄色松木 - 浅色着色无光泽实心
黄色松木 - 深色着色无光泽实心
黄色松木 - 深色着色中光泽
黄色松木 - 深色着色中光泽实心
黄色松木 - 天然低光泽实心
黄色松木 - 天然抛光
外观
木材
不透明

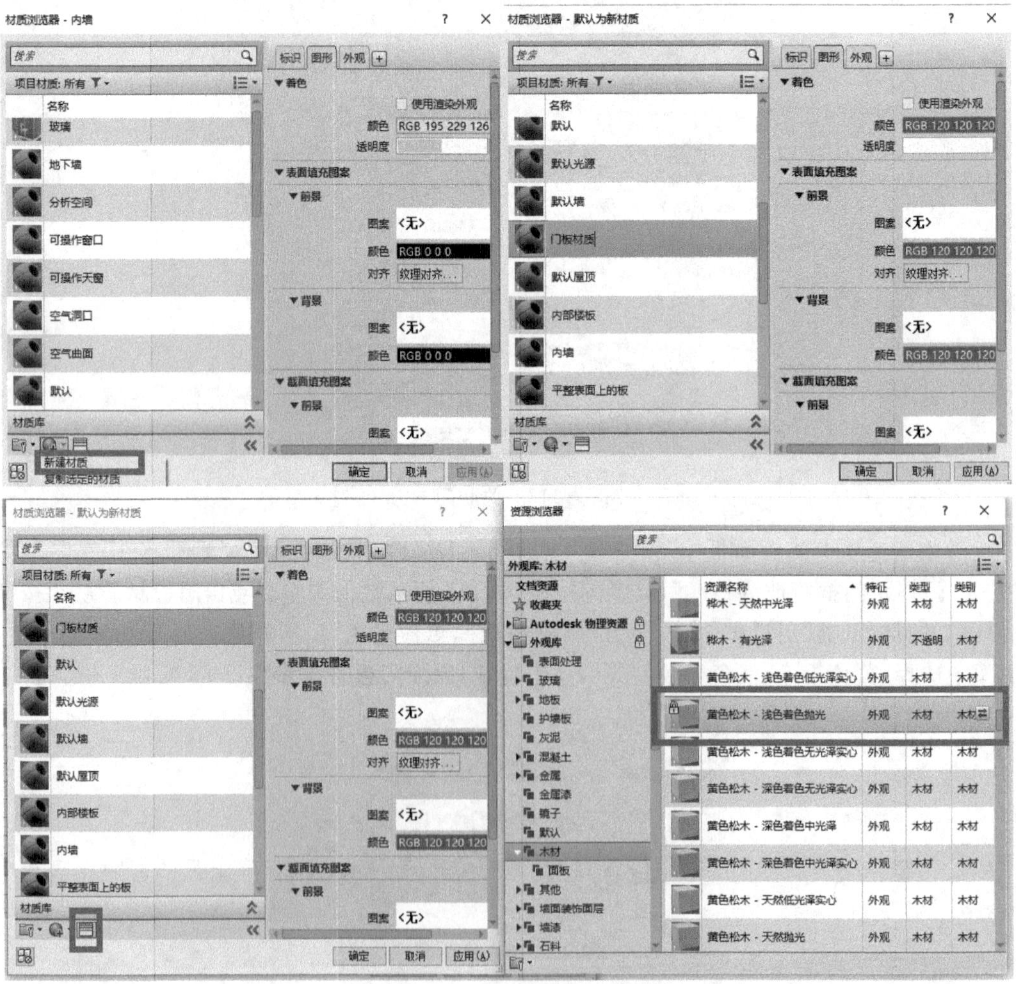

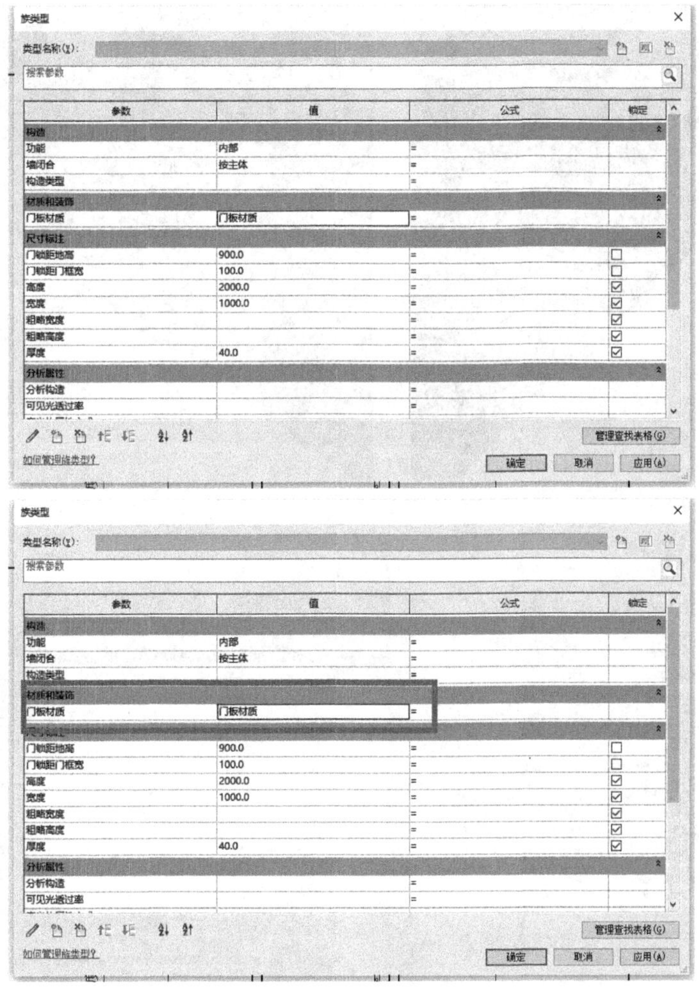

图 5－116　门板材质类型

切换至三维视图，配合 Ctrl 键选中两侧的门框，点击属性工具栏材质和装饰中材质＜按类别＞后面的小方块，弹出“关联族参数”对话框，见图 5－117，点击下方的“新建参数”，弹出“参数属性”对话框，参数数据名称命名为“门框材质”，点击确定，见图 5－118。

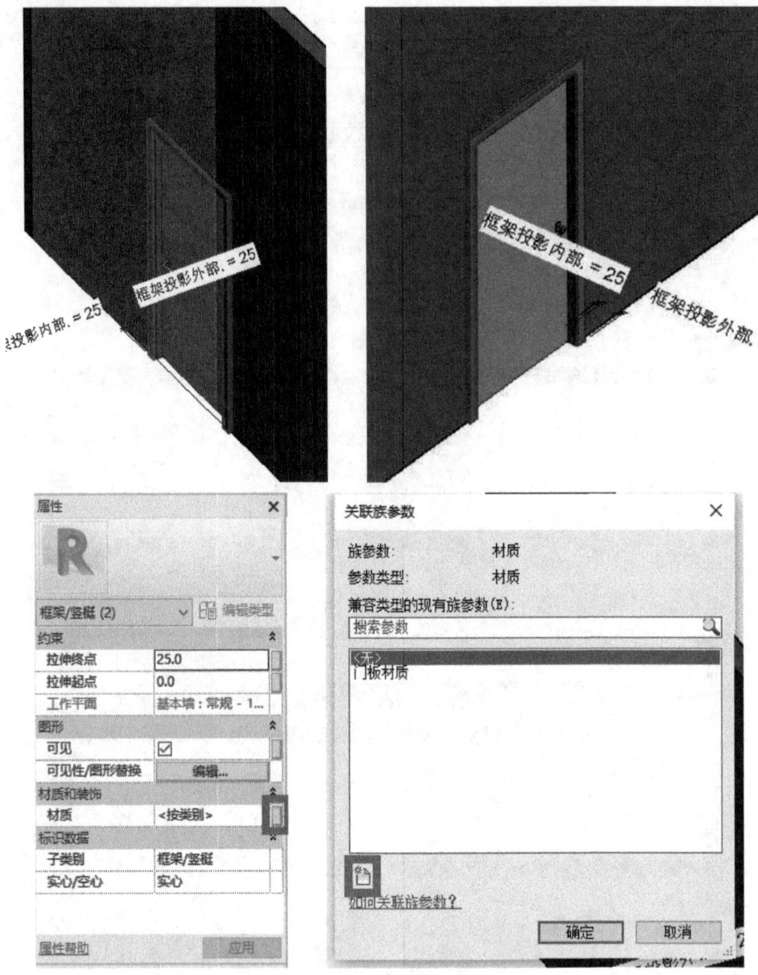

图 5－117　关联族参数

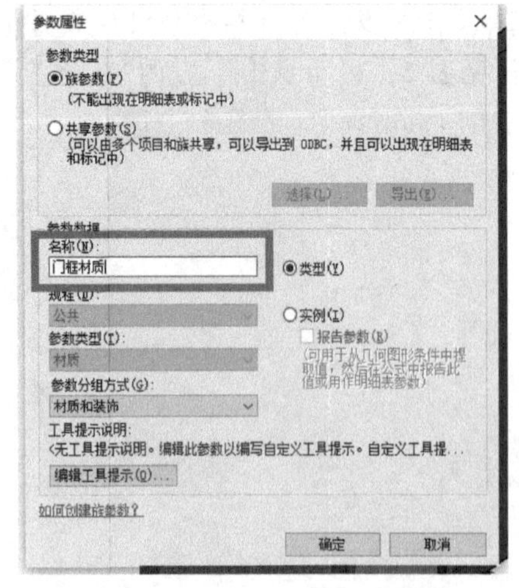

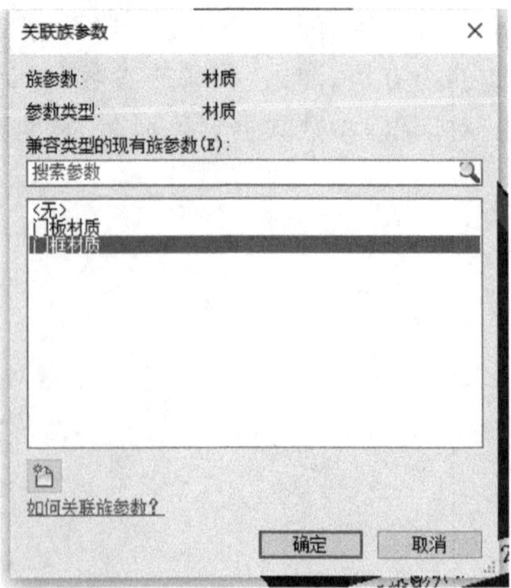

图 5－118　门框材质参数属性

点击创建选项卡属性面板中的“族类型”，弹出“族类型”对话框，点击门框材质<按类别>后的“…”，弹出“材质浏览器”对话框，见图 5-119，新建“门框材质”，在资源浏览器外观库中选择“胡桃木—浅色着色无光泽”材质，点击确定，完成门框材质设置，见图 5-120。

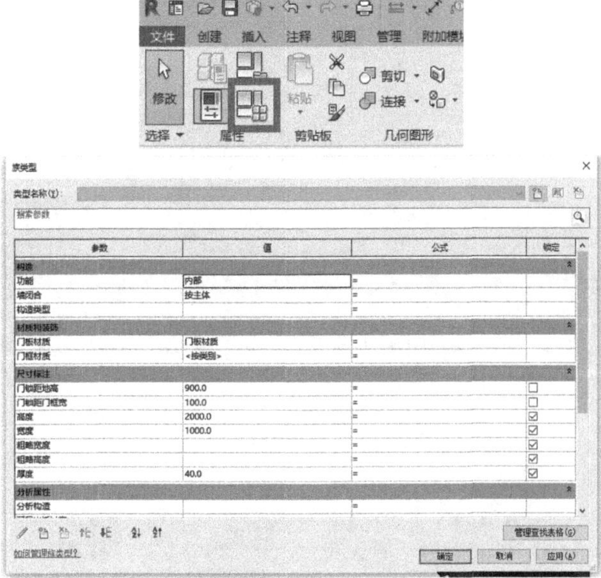

图 5-119　族类型

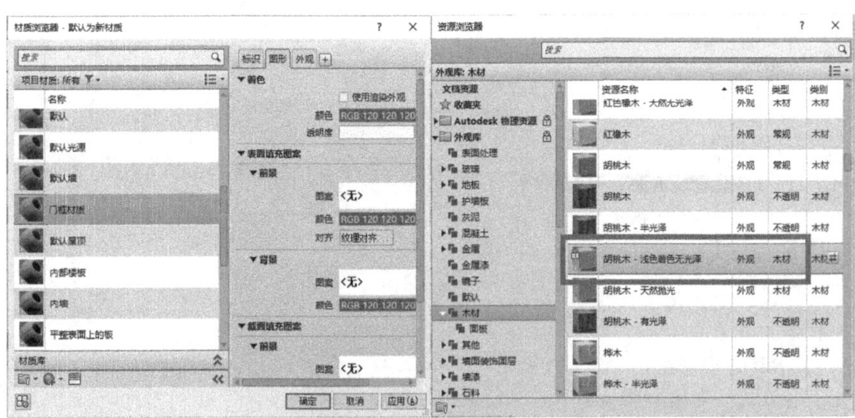

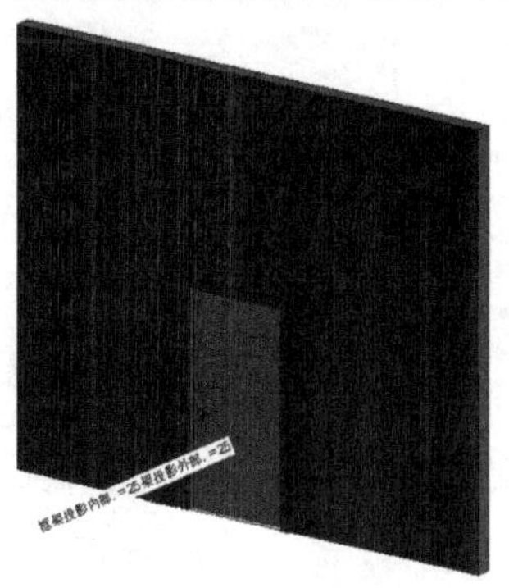

图 5-120　门材质创建

最后为公制门深化平面。

切换至参照标高楼层平面，选择全部元素，切换至“修改|选择多个”上下文选项卡，点击选择面板中的“过滤器”，仅保留勾选“门”，点击确定，点击属性工具栏图形中的“可见性/图形替换”右侧的“编辑”，弹出“族图元可见性设置”对话框，取消勾选“平面/天花板平面视图”，点击确定，见图 5－121。

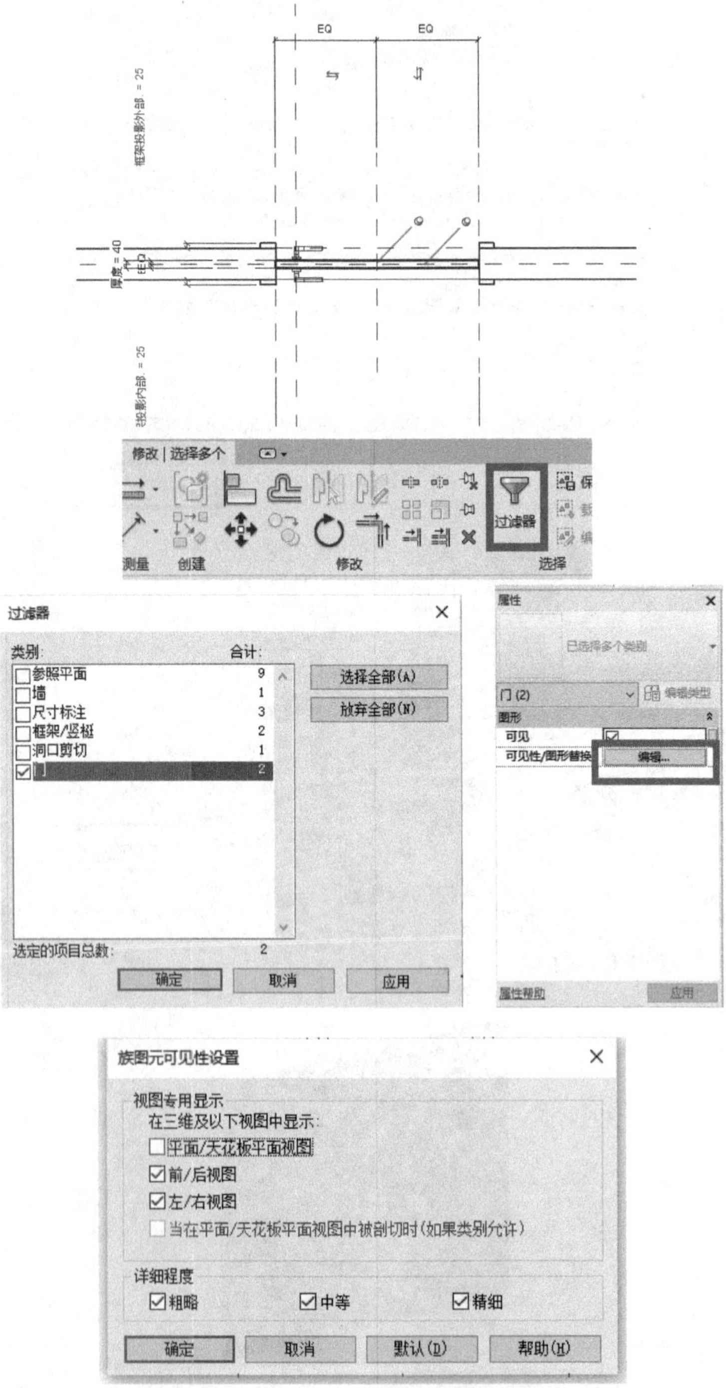

图 5－121　可见性设置

点击注释选项卡详图面板中的“符号线”，切换至“修改|放置符号线”上下文选项卡，选择绘制面板中的“线”，按图示绘制长度为 1000 mm 的线，选择“拾取线”，偏移距离改为“40.0”，选择刚绘制的线，向左偏移，再使用线将两端连接起来，形成门扇，见图 5－122。

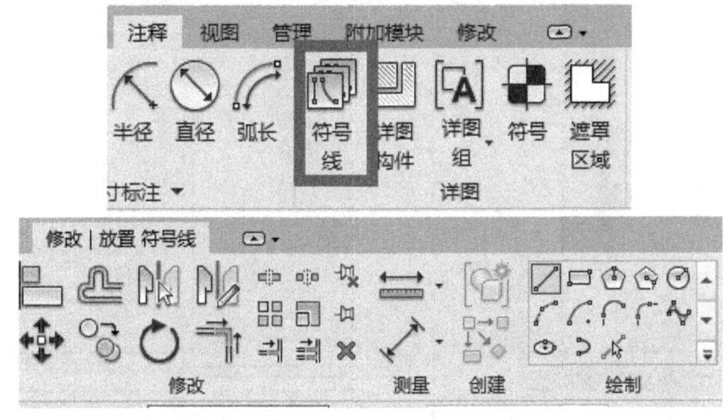

(a)

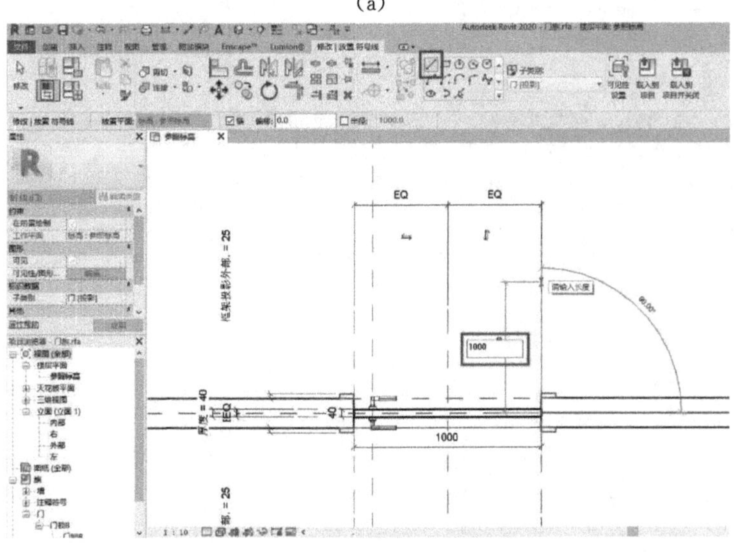

(b)

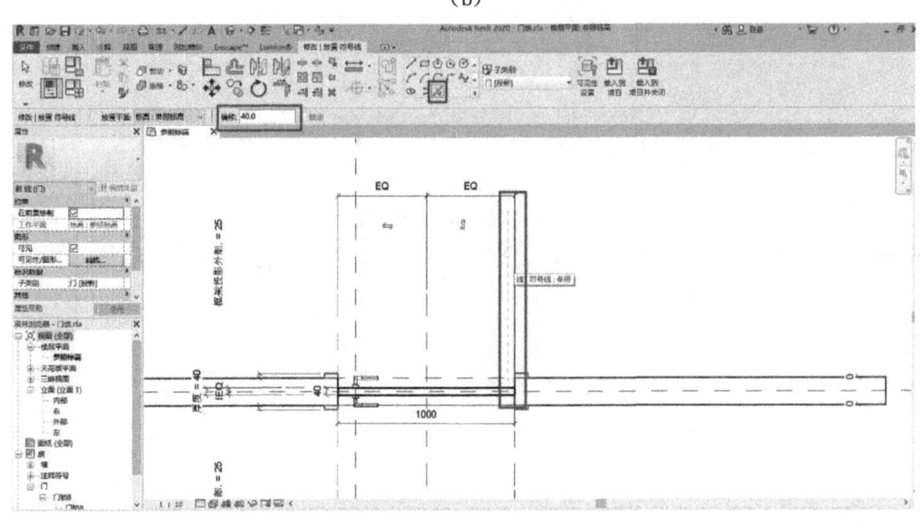

(c)

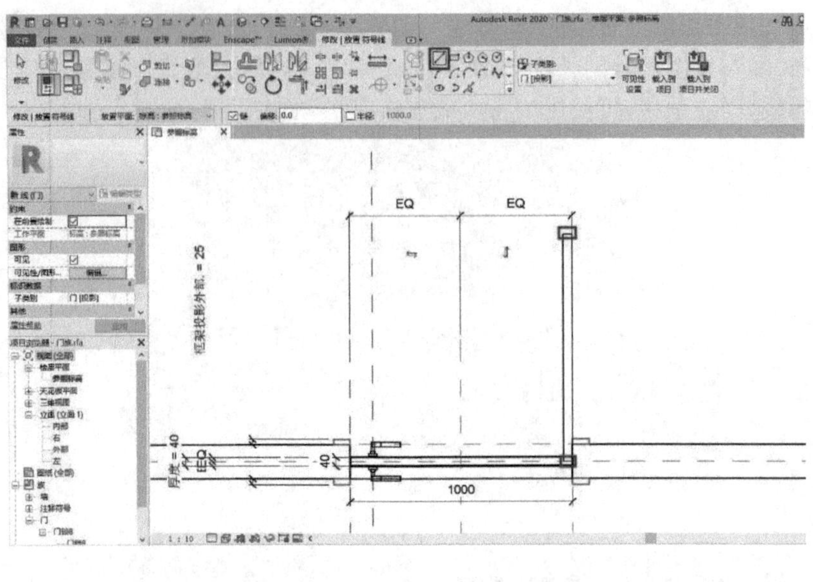

(d)

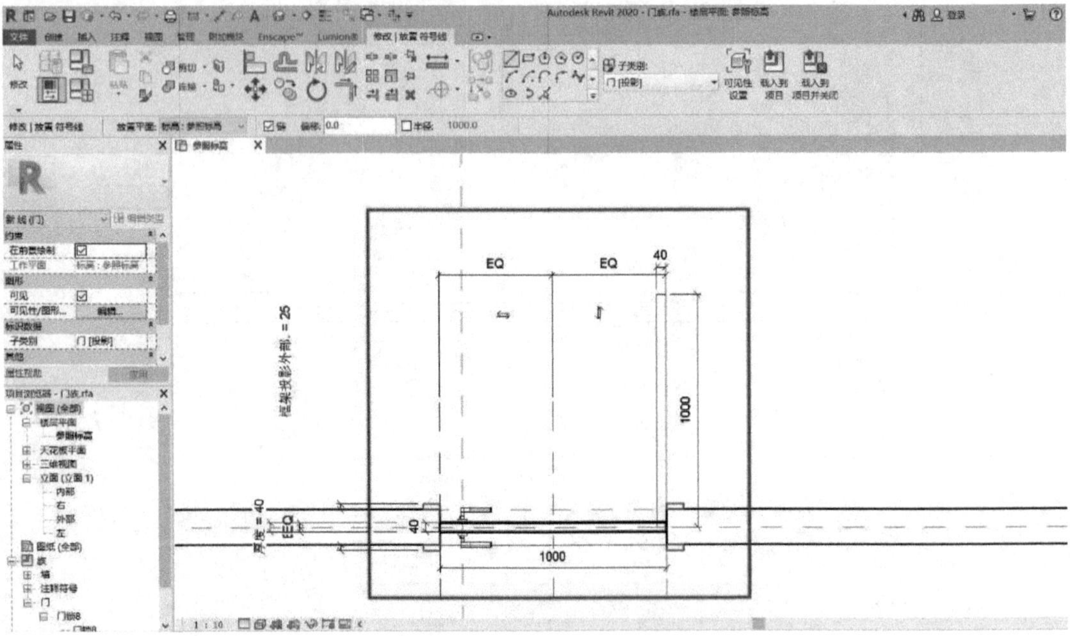

(e)

图 5-122　符号线设置

选择绘制面板中的“起点-端点-半径弧”，绘制门的开启方向，见图 5-123。

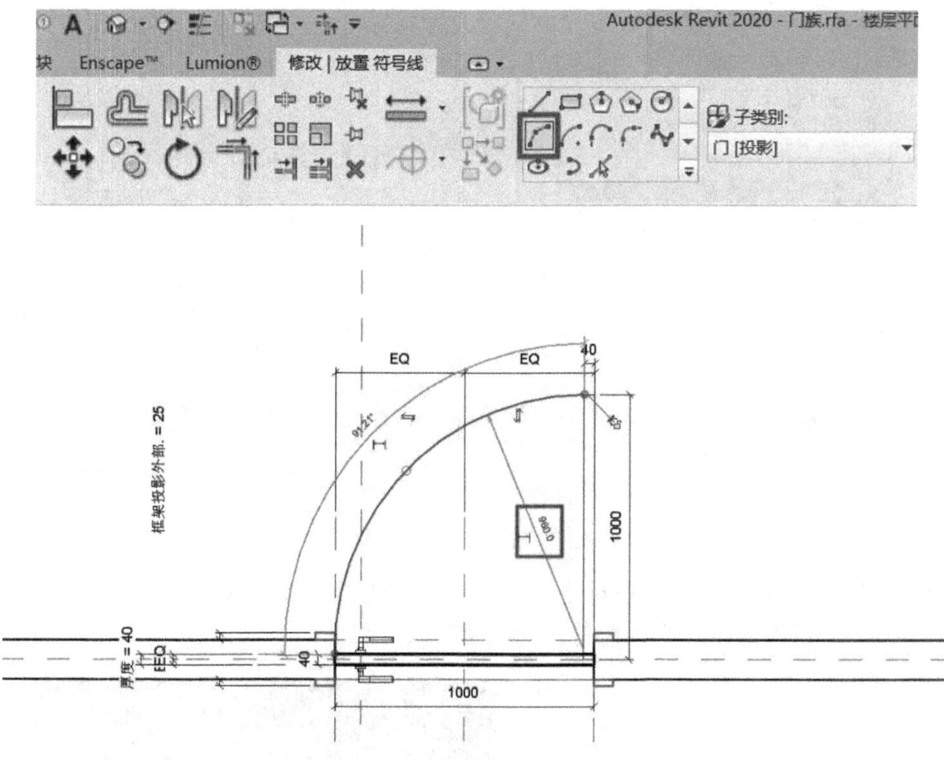

图 5-123　绘制开启方向

选择所有对象，自动切换至“修改|选择多个”上下文选项卡，点击“过滤器”，只勾选“线(门)”，点击确定，在属性工具栏中点击“可见性/图形替换”右侧的“编辑”，弹出“族图元可见性设置”对话框，按图 5-124 所示勾选相应的选项，点击确定。

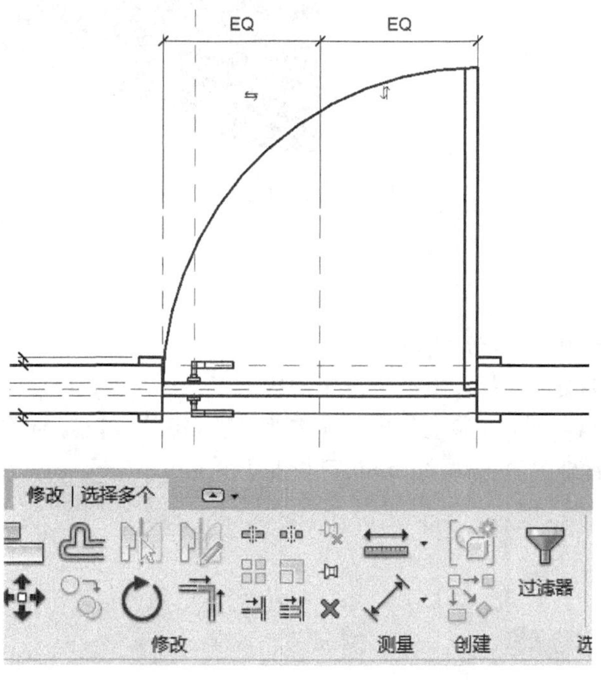

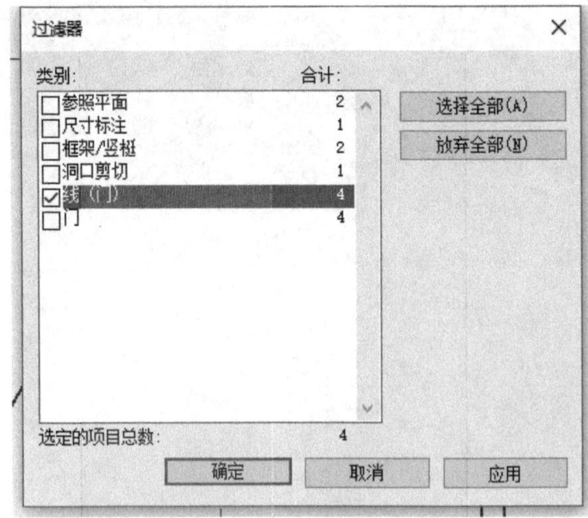

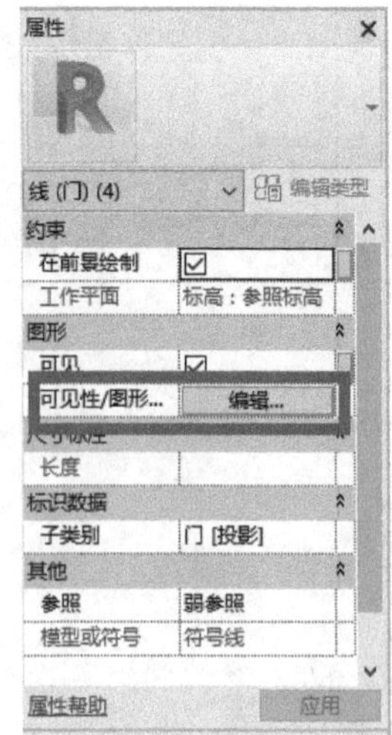

图 5-124　可见性设置

新建项目，选择“建筑样板”，任意绘制一段墙，切换回“公制门”族，选择载入项目，在合适位置插入门族即可，视觉样式选择真实，查看最终结果，见图 5-125。

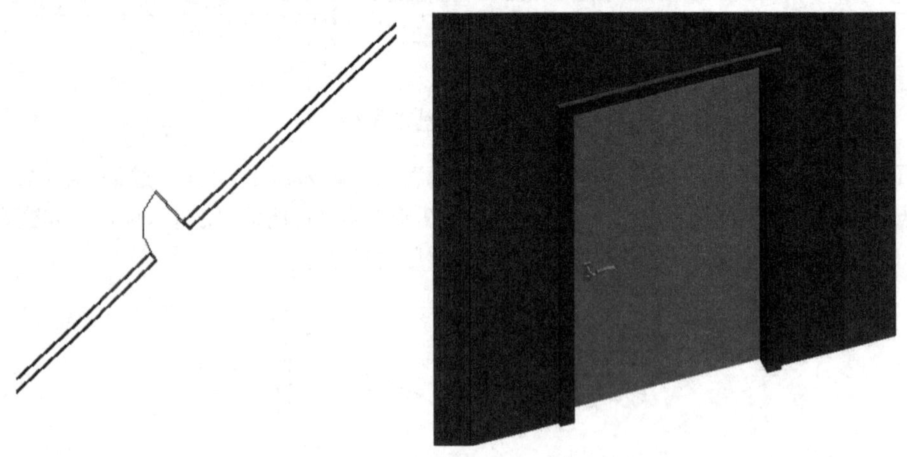

图 5-125　门效果

 思考题

1. Revit 常用族分为几类，分别是什么？

2. 使用自带系统族家具，布置出一个常规的客厅。

3. 创建一个公制常规模型，参数化模型命名为“空心钢管”，设置材质类型为“不锈钢”。管内壁直径为 20 mm、管外壁直径为 26 mm、管长度 100 mm。

第 6 章　建筑 BIM 可视化

教学导入

本章利用现有的三维建筑信息模型，创建建筑漫游动画和渲染效果图，全方位展示建筑师的设计成果，静态效果主要体现在透视图、渲染图，动态效果主要体现在漫游、BIM＋VR。特别是 BIM＋VR 技术的运用，使学生可以体验沉浸式的场地与建筑可视化效果。

6.1　漫游

漫游是在指定的路径上创建多个相机，自动形成多个关键帧，继而形成漫游动画，播放相机形成的视图。

接下来为小学教学楼项目创建漫游。

打开小学教学楼项目，切换至 F1 楼层平面，点击视图选项卡创建面板三维视图下拉菜单中的“漫游”，自动切换至“修改|漫游”上下文选项卡，见图 6－1。

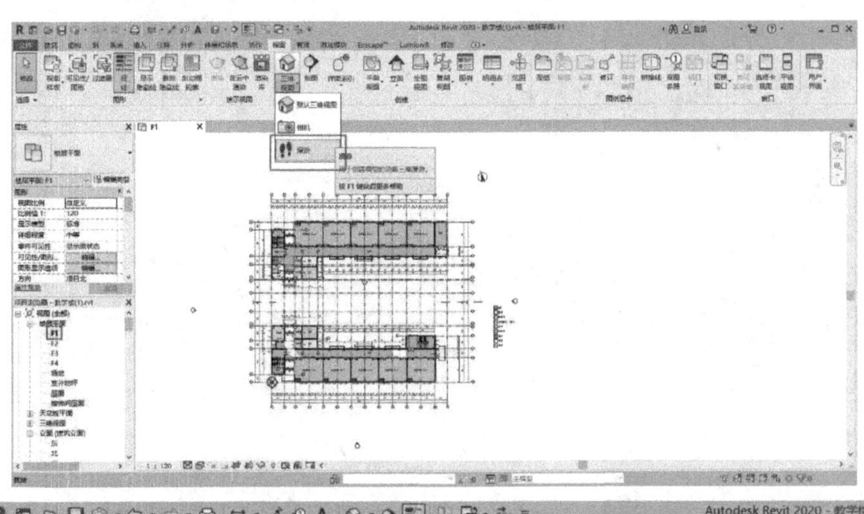

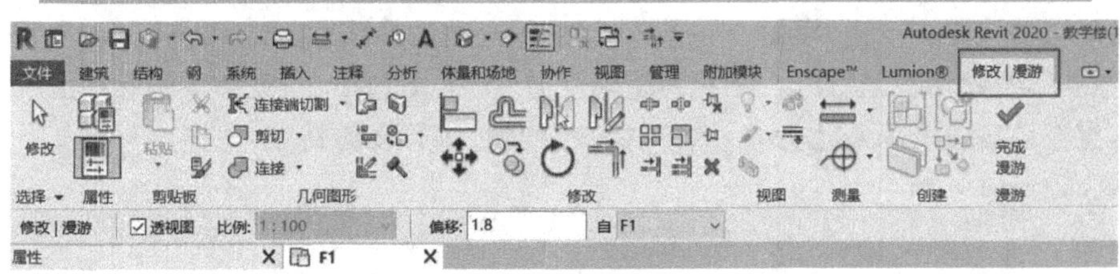

图 6－1　漫游选项卡

在状态栏中勾选透视图，修改偏移值为“1.80”，按图 6－2 所示设置漫游路径，设置完成后点击“完成漫游”，项目浏览器增加漫游项，内含刚生成的“漫游 1”。

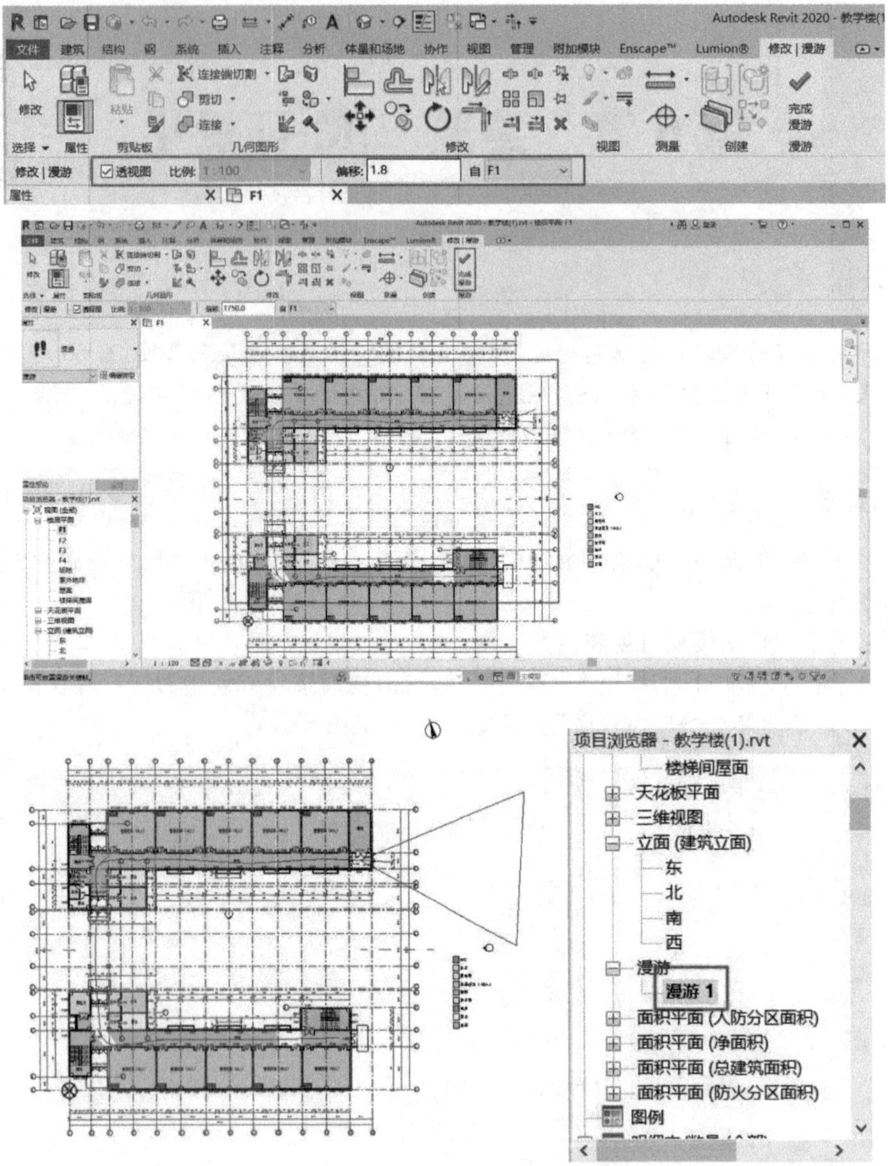

图 6-2　生成漫游

项目浏览器漫游中点击“漫游 1”，选择视图框，自动切换至“修改|相机”上下文选项卡，点击“编辑漫游”，自动切换至“修改|相机| 编辑漫游”上下文选项卡，见图 6-3；点击“上一关键帧”按钮，直至该按钮变为灰色为止，点击“播放”按钮，进行漫游播放，见图 6-4。

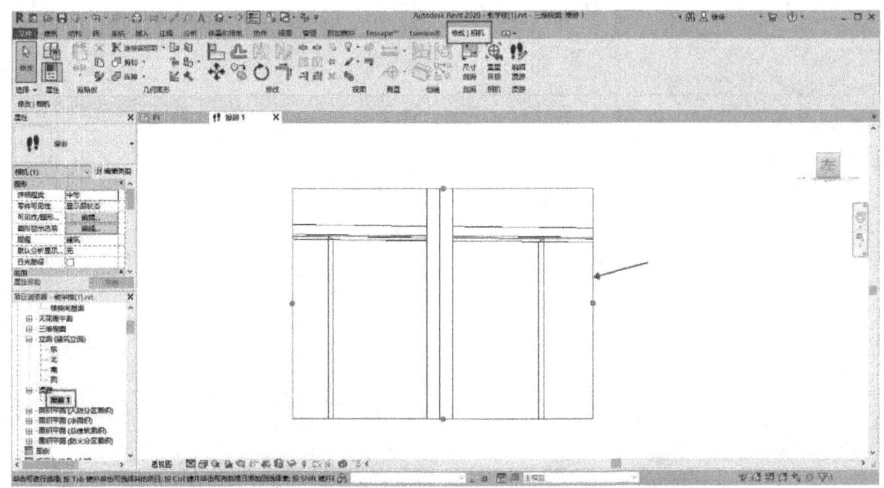

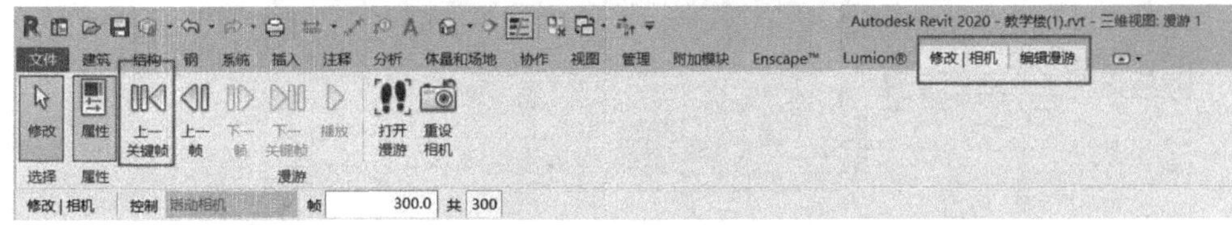

图 6－3　编辑漫游选项卡

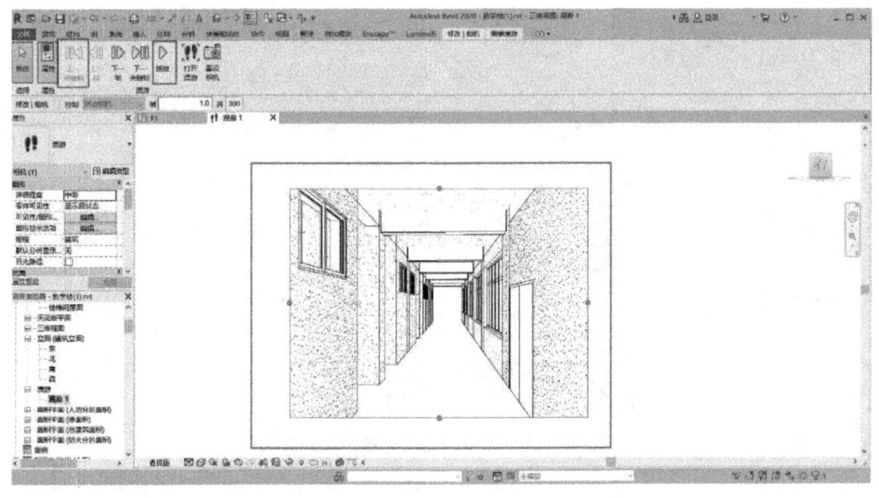

图 6－4　播放漫游

“编辑漫游”还可以重新设定相机，在“漫游 1”视图中选择视图框，自动切换至“修改|相机|编辑漫游”上下文选项卡，切换至 F1 楼层平面，点击“编辑漫游”，可以重新设定相机的位置，见图 6－5。

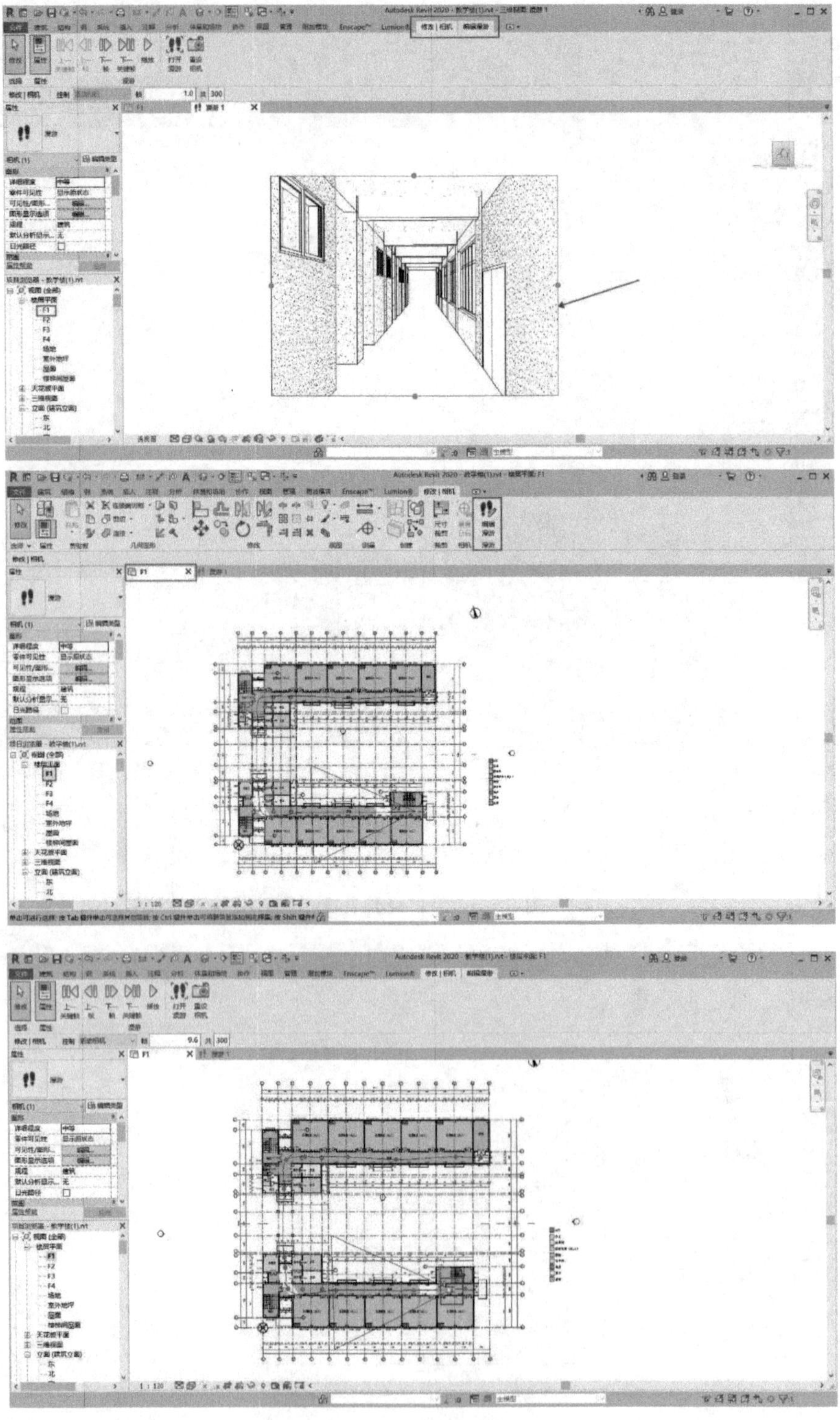

图 6 - 5　编辑漫游

点击文件下拉菜单，选择“导出”右侧的小三角，二级下拉菜单中选择“图像和动画”右侧的小三角，三级下拉菜单中选择“漫游”，弹出“长度/格式”对话框，按图 6 - 6 所示设置帧范围，点击“确定”，弹出“导出漫游”对话框，按需求自定义名称，文件默认保存为“.avi”格式视频文件，见图 6-7。

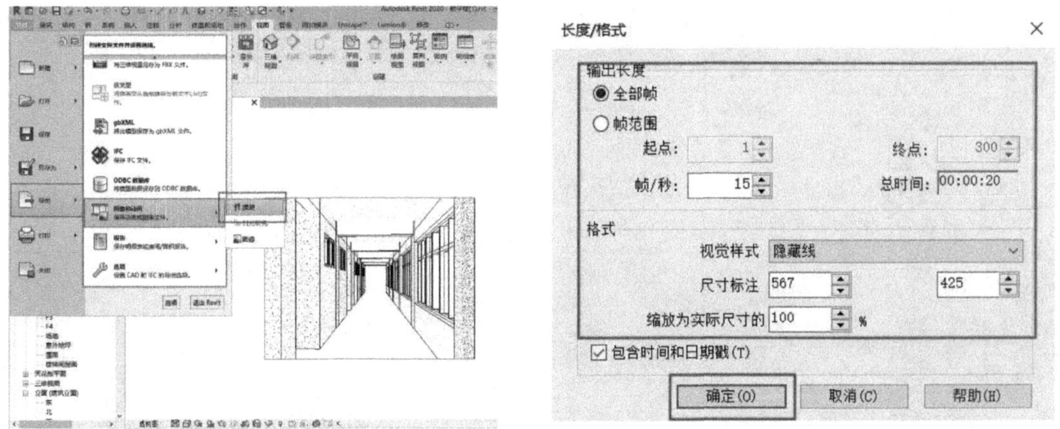

图 6-6　设置帧范围

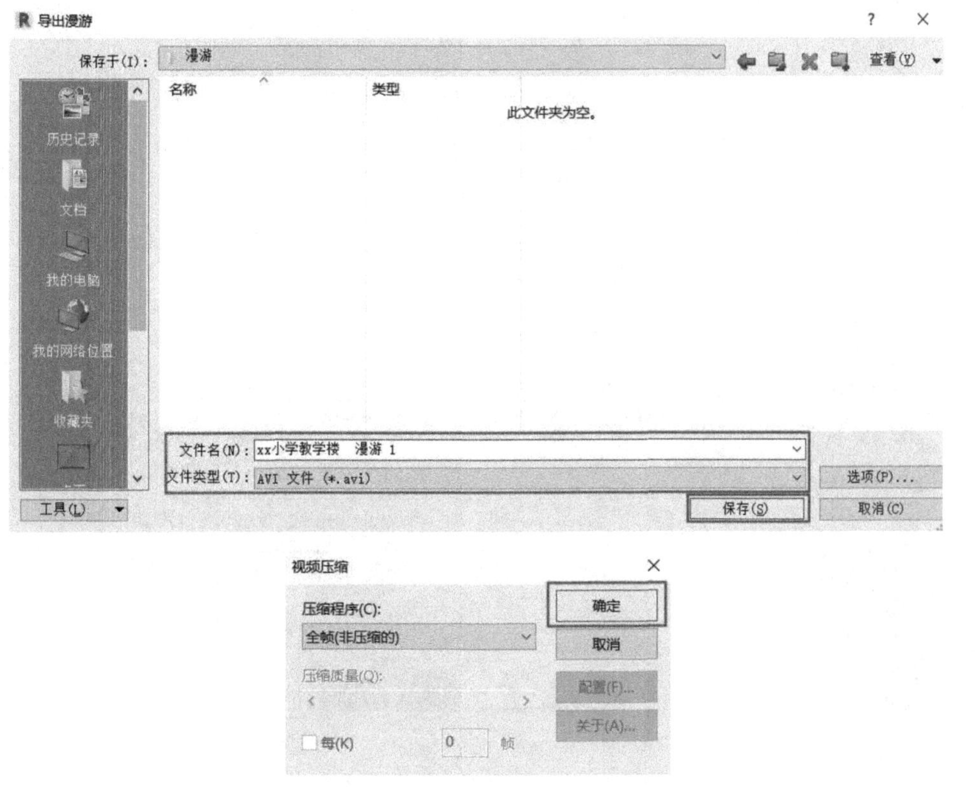

图 6-7　储存文件

6.2　渲染

下面为对小学教学楼项目建筑外轮廓进行渲染。

打开小学教学楼项目，切换到场地视图，在视图选项卡创建面板三维视图的下拉菜单中选择“相机”，拾取合适的位置放置相机，将视线拖动到能观测到建筑立面的两个面为止，三维视图中同步出现新的视图，见图 6－8。

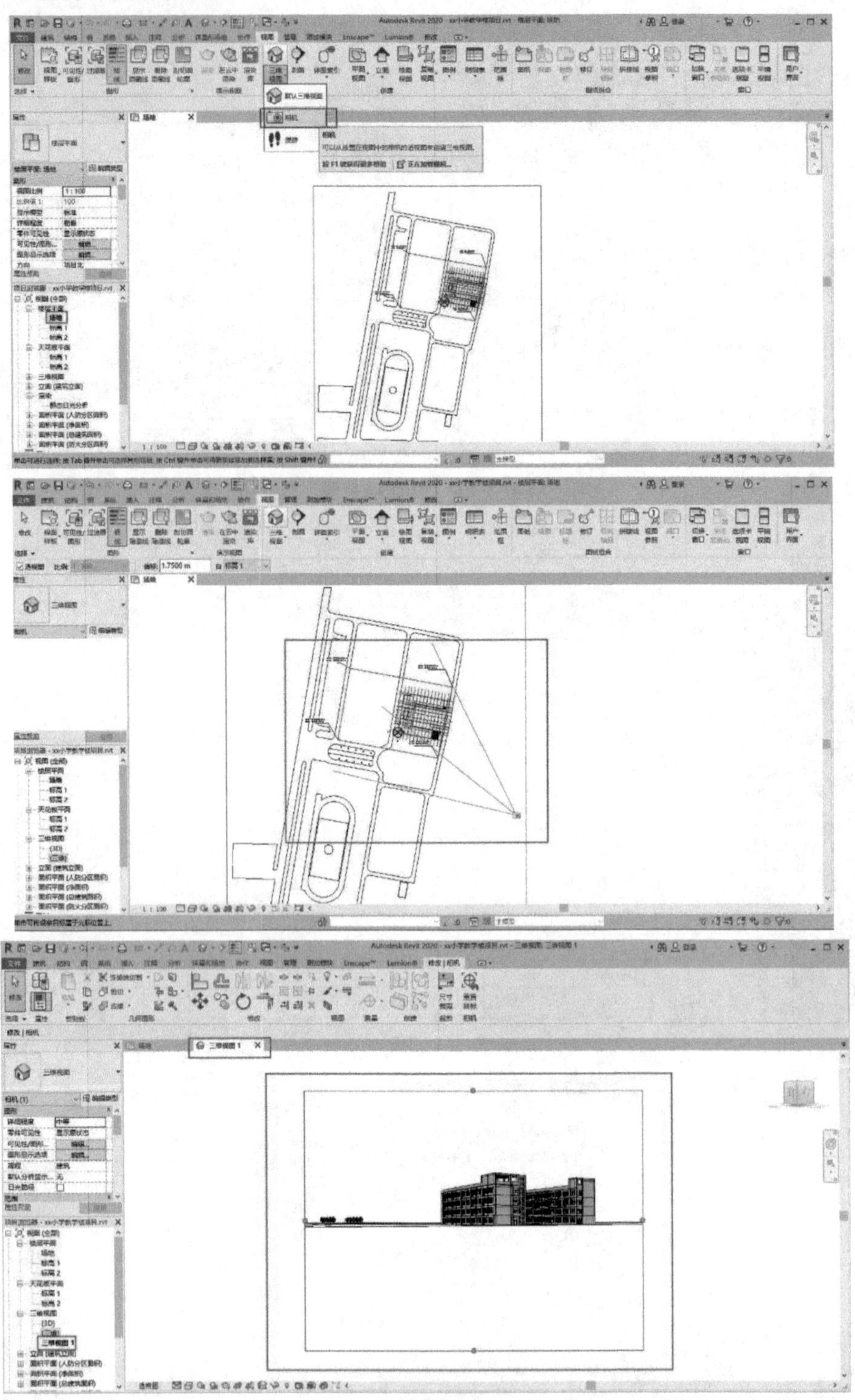

图 6－8 创建视图

点击视图选项卡演示视图面板中的“渲染”，弹出“渲染”对话框，按图 6－9 所示修改渲染参数，点击“渲染”。

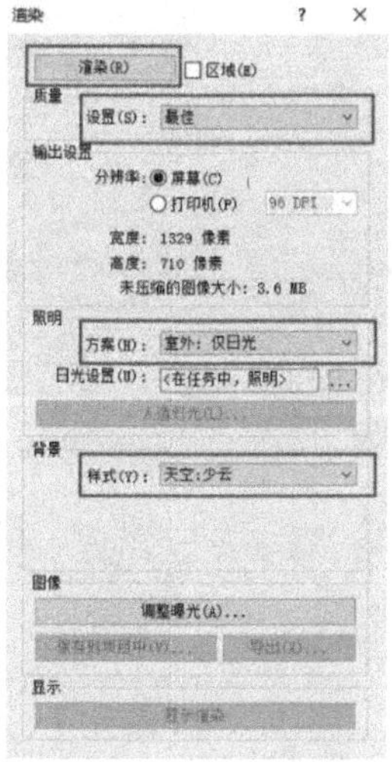

图 6－9　渲染参数

点击“渲染”对话框中的“保存到项目中”，弹出“保存到项目中”对话框(见图 6－10)，修改名称为“教学楼透视”，点击确定，则在项目浏览器渲染中增加“教学楼透视”项。

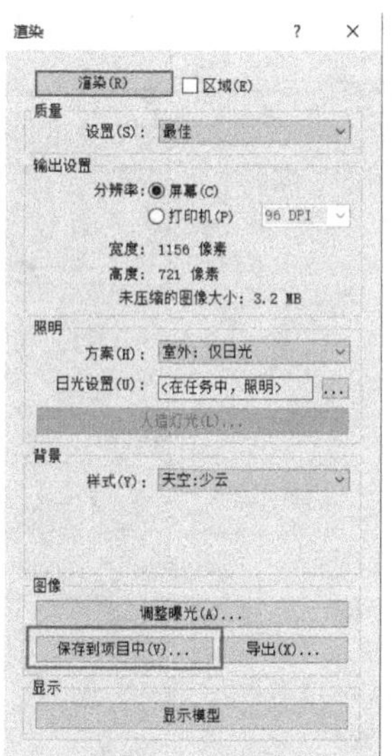

图 6－10　保存到项目中

也可以点击“导出”，弹出“保存图像”对话框，选择电脑中合适的位置，把渲染完的图像导出到电脑中，见图 6－11。

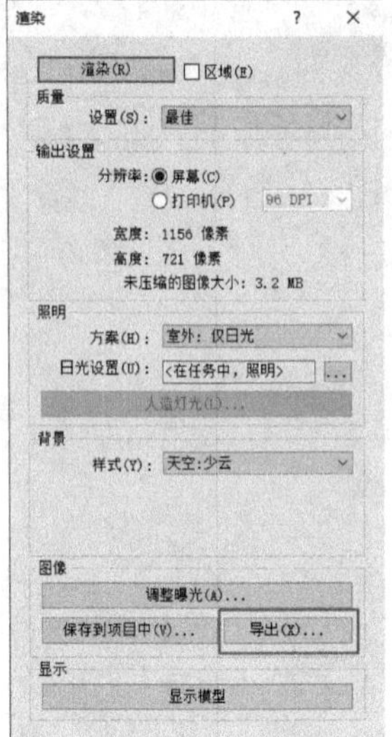
渲染
渲染(R)
区域(E)
质量
设置(S)：最佳
输出设置
分辨率：屏幕(C)
打印机(P)
96 DPI
宽度：1156 像素
高度：721 像素
未压缩的图像大小：3.2 MB
照明
方案(H)：室外：仅日光
日光设置(U)：<在任务中，照明>
人造灯光(L)...
背景
样式(Y)：天空：少云
图像
调整曝光(A)...
保存到项目中(V)...
导出(X)...
显示
显示模型

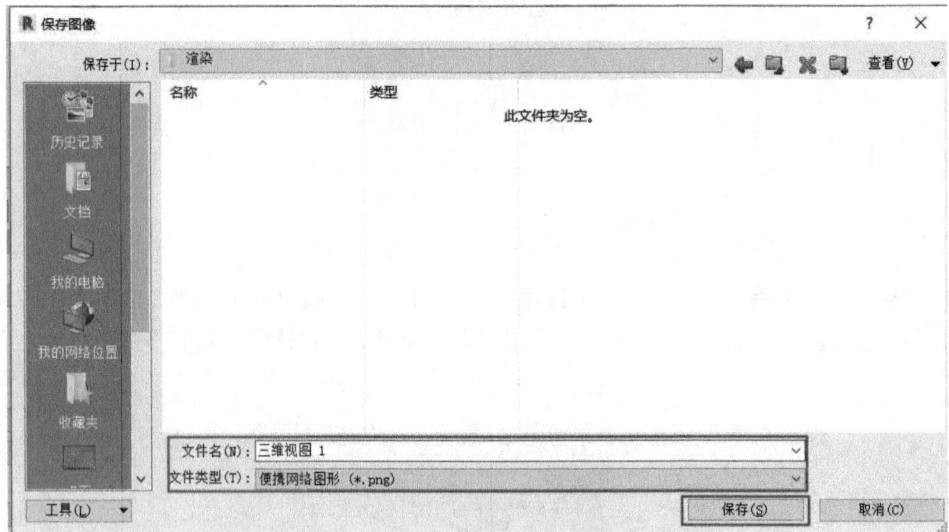
保存图像
保存于(I)：渲染
查看(V)
名称
类型
此文件夹为空。
历史记录
文档
我的电脑
我的网络位置
收藏夹
文件名(N)：三维视图 1
文件类型(T)：便携网络图形 (*.png)
工具(L)
保存(S)
取消(C)

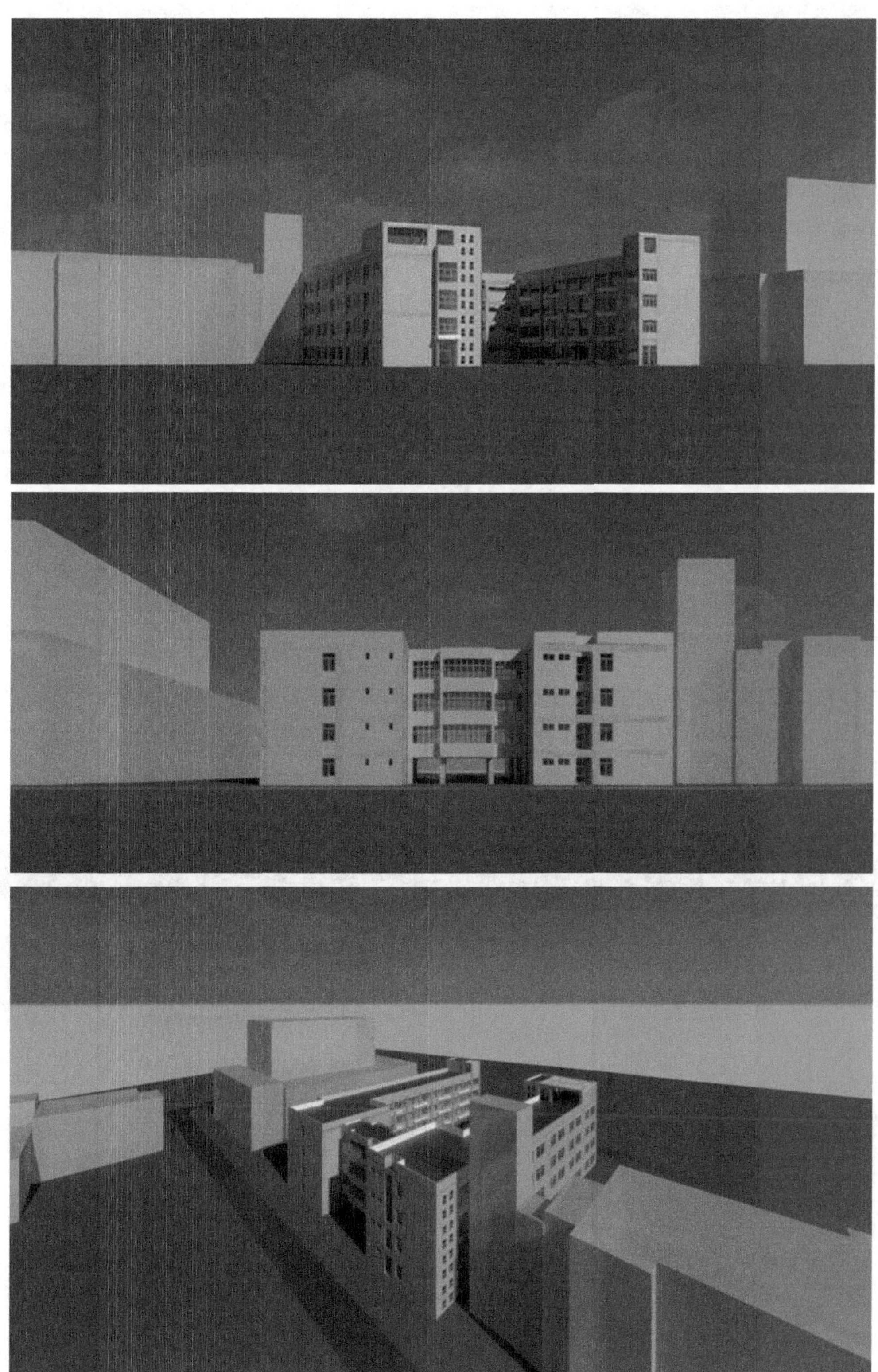

图 6－11　保存渲染图片

6.3 “BIM＋VR”技术

目前BIM领域的应用软件可谓百花齐放，在本书第1章中已经做过详细介绍，此处不再赘述。但应用软件过多也会造成资源无法集中使用，产生场景无法真正融合的问题，本书拟通过Revit模型资源，进行VR部分的优化制作，能够保证BIM信息和计算方式顺利进入VR环境，不再让VR局限于可视化范畴，而让VR真正服务于土建类专业。

市面上有多家企业拥有BIM与VR相结合的技术，如广联达科技股份有限公司、光辉城市(Mars)、北京知感科技有限公司等。本书以光辉城市(Mars)BIM＋VR技术为例。

首先需要把Revit模型导入Mars中，可以使用以下两种方法：

方法一：使用第三方插件将Revit模型导出“.dae”格式的文件。

第三方插件下载链接：

链接：https://pan.baidu.com/s/1A3cRlnd3MuRHQxCdRIP64Q

提取码：pi4w

完成插件下载后，双击“Revit导出插件(Autodesk Plugin).msi”可执行程序，弹出“Autodesk Plug-in Installer”对话框，点击“Install Now”，直至界面出现“Success！ Your product has been installed.”，点击“Close”，见图6-12。

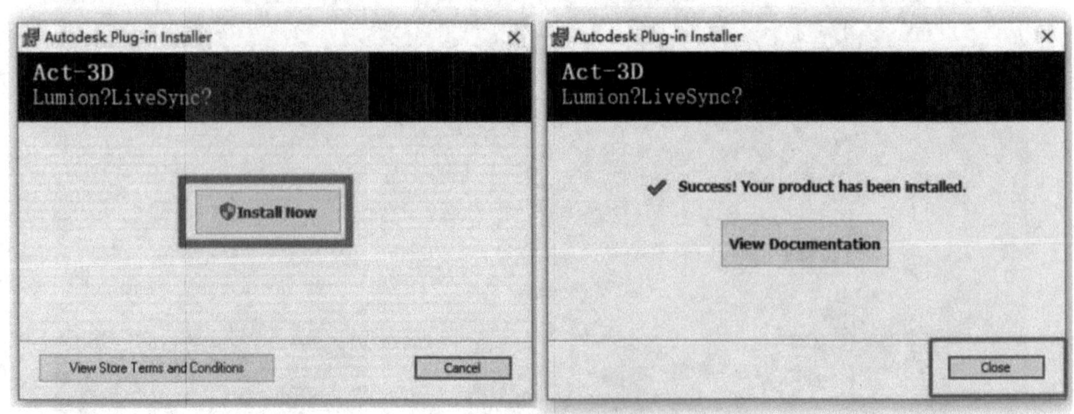

图6-12 安装插件

打开小学教学楼项目，切换至三维视图，选项卡中会增加Lumion®选项卡，见图6-13。

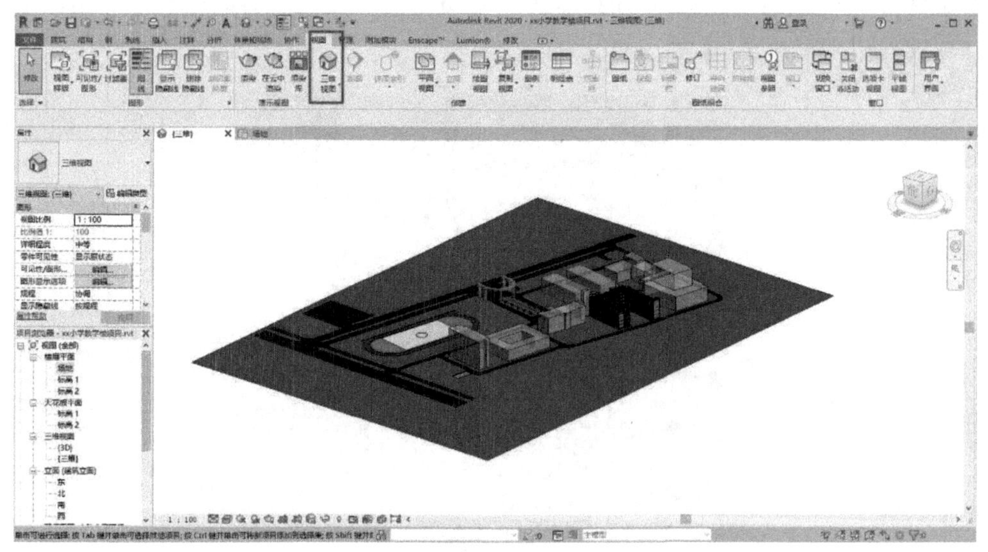

图 6-13　插件位置

点击 Lumion®选项卡，选择“Export”按钮，弹出“Save an COLLADA file”对话框，根据图示调整相应参数，完成后点击“Export”，自定义保存文件名，文件将以“.dae”格式保存，见图6-14。

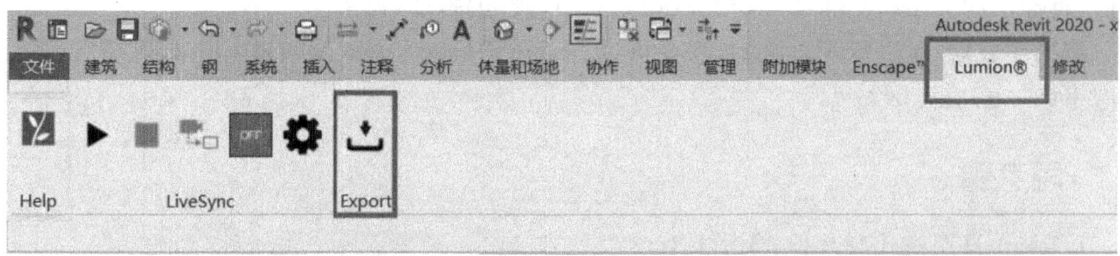

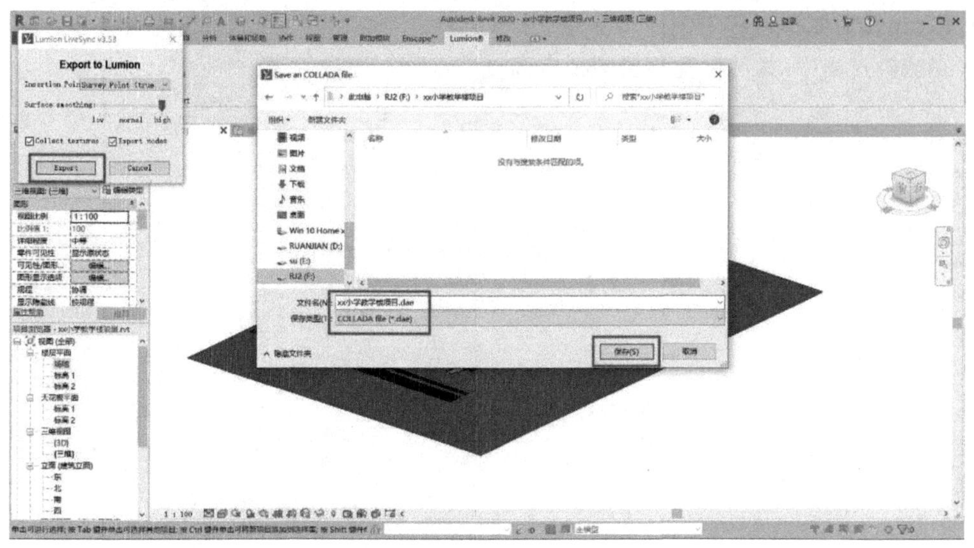

图 6-14　保存文件

将“.dae”格式文件导入到 Mars 2020 中即可。

方法二：打开小学教学楼项目，切换至三维视图，点击“导出”选择 CAD 格式中的 DWG，将文件导出为“. dwg”格式，见图 6－15。

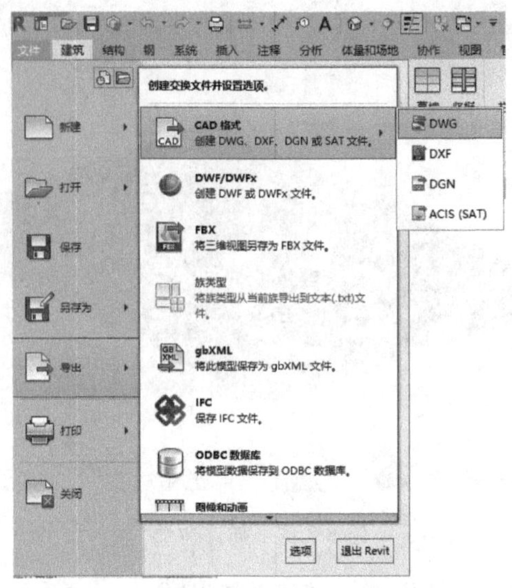

图 6－15　导出 CAD 格式

将“. dwg”格式文件导入到“3ds Max”软件中，根据需要调整相关的参数后，导出为“. fbx”文件，将导出的“. fbx”文件导入到 Mars 2020 中进行编辑即可。

编辑完成后，可进行 VR 漫游，需要借助 SteamVR 以及 VR 设备进行。具体步骤详见光辉城市(Mars)官方网站[①]。

思考题

1. Revit 日照模式有几种，分别是什么？
2. Revit 漫游制作过程中创建步骤是怎样的？
3. 在渲染过程中，如何设置相机的视点高度？

①网站地址为：http://www.sheencity.com/mars。

附　录

软件中常用快捷键如附表 1 至附表 4 所示。

附表 1　建模与绘图工具常用快捷键

命令	快捷键
墙	WA
门	DR
窗	WN
放置构件	CM
房间	RM
房间标记	RT
轴线	GR
文字	TX
对齐标注	DI
标高	LL
高程点标注	EL
绘制参照平面	RP
模型线	LI
按类别标注	TG
详图线	DL

附表 2　编辑修改工具常用快捷键

命令	快捷键
删除	DE
移动	MV
复制	CO
旋转	RO
定义旋转中心	R3
列阵	AR
镜像、拾取轴	MM

续表

命令	快捷键
创建组	GP
锁定位置	PP
解锁位置	UP
对齐	AL
拆分图元	SL
修剪/延伸	TR
偏移	OF
在整个项目中选择全部实例	SA
重复上上个命令	RC
匹配对象类型	MA
线处理	LW
填色	PT
拆分区域	SF

附表 3　捕捉替代常用快捷键

命令	快捷键
捕捉远距离对象	SR
象限点	SQ
垂足	SP
最近点	SN
中点	SM
交点	SI
端点	SE
中心	SC
捕捉到远点	PC
点	SX
工作平面网络	SW
切点	ST
关闭替换	SS
形状闭合	SZ
关闭捕捉	SO

附录 4　视图控制常用快捷键

命令	快捷键
区域放大	ZR
缩放配置	ZF
上一次缩放	ZP
临时隐藏类别	RC
临时隔离类别	IC
重设临时隐藏	HR
动态视图	F8
线框显示模式	WF
隐藏线显示模式	HL
带边框着色显示模式	SD
细线显示模式	TL
视图图元属性	VP
可见性图元	VV
临时隐藏图元	HH
临时隔离图元	HI
隐藏图元	EH
隐藏类别	VH
取消隐藏图元	EU
取消隐藏类别	VU
切换显示隐藏图元模式	RH
渲染	RR
快捷键定义窗口	KS
视图窗口平铺	WT
视图窗口层叠	WC

参考文献

[1]李畅,刘启波.论 BIM 技术在建筑生命周期领域的综合运用[J].2018 年全国建筑院系建筑数字技术教学与研究学术研讨会(西安).2018:325 - 329.

[2]赵杨.BIM 正向设计与应用实践[J].城市住宅,2019,26(07):6 - 11.

[3]许良梅,刘梦,李伟,等.基于 Revit 平台的 BIM 全过程正向设计[J].安徽建筑,2019,26(11):79 - 80.

[4]焦柯,陈少伟,许志坚,等.BIM 正向设计实践中若干关键技术研究[J].土木建筑工程信息技术,2019,11(05):19 - 27.

[5]胡仁喜,刘炳辉.Revit 2020 中文版从入门到精通[M].北京:人民邮电出版社,2020.

[6]孙仲健.BIM 技术应用——Revit 建模基础[M].北京:清华大学出版社,2018.

[7] 王君峰,廖小烽.Revit 2013/2014 建筑设计火星课堂[M].北京:人民邮电出版社,2013.

[8]住房和城乡建设部.建筑信息模型应用统一标准:GB/T 51212—2016[S].北京:中国建筑工业出版社,2017.

[9]住房和城乡建设部.建筑信息模型交付标准:GB/T 51301—2018[S].北京:中国建筑工业出版社,2018.